城镇供水行业职业技能培训系列丛书

仪器仪表维修工（供水）基础知识与专业实务

南京水务集团有限公司　主编

中国建筑工业出版社

图书在版编目（CIP）数据

仪器仪表维修工（供水）基础知识与专业实务/南京水务集团有限公司主编. —北京：中国建筑工业出版社，2019.5（2023.6重印）
（城镇供水行业职业技能培训系列丛书）
ISBN 978-7-112-23366-3

Ⅰ.①仪… Ⅱ.①南… Ⅲ.①城市供水-仪器-维修-技术培训-教材②城市供水-仪表-维修-技术培训-教材 Ⅳ.①TU991

中国版本图书馆 CIP 数据核字(2019)第 036697 号

为了更好地贯彻实施《城镇供水行业职业技能标准》，进一步提高供水行业从业人员职业技能，南京水务集团有限公司主编了《城镇供水行业职业技能培训系列丛书》。本书为丛书之一，以仪器仪表维修工（供水）本岗位应掌握的知识为指导，坚持理论联系实际的原则，从基本知识入手，系统地阐述了本岗位应该掌握的基础理论与基本知识、专业知识与操作技能以及安全生产知识。本书可供城镇供水行业从业人员参考。

责任编辑：何玮珂 杜 洁 王 磊
责任校对：姜小莲

城镇供水行业职业技能培训系列丛书
仪器仪表维修工（供水）基础知识与专业实务
南京水务集团有限公司 主编

*

中国建筑工业出版社出版、发行（北京海淀三里河路 9 号）
各地新华书店、建筑书店经销
北京科地亚盟排版公司制版
建工社（河北）印刷有限公司印刷

*

开本：787×1092 毫米 1/16 印张：20¼ 字数：501 千字
2019 年 7 月第一版 2023 年 6 月第二次印刷
定价：**59.00** 元
ISBN 978-7-112-23366-3
（33682）

《城镇供水行业职业技能培训系列丛书》
编写委员会

主　　编： 单国平

副 主 编： 周克梅

主　　审： 张林生　许红梅

委　　员： 周卫东　陈振海　陈志平　竺稽声　金　陵　祖振权
黄元芬　戎大胜　陆聪文　孙晓杰　宋久生　臧千里
李晓龙　吴红波　孙立超　汪　菲　刘　煜　周　杨

主编单位： 南京水务集团有限公司

参编单位： 东南大学
江苏省城镇供水排水协会

本书编委会

主　　编： 宋久生　李晓龙

参　　编： 张少凯　毕小稳　庞颐泽　张绍成

《城镇供水行业职业技能培训系列丛书》
序　言

城镇供水，是保障人民生活和社会发展必不可少的物质基础，是城镇建设的重要组成部分，而供水行业从业人员的职业技能水平又是供水安全和质量的重要保障。1996 年，中国城镇供水协会组织编制了《供水行业职业技能标准》，随后又编写了配套培训丛书，对推进城镇供水行业从业人员队伍建设具有重要意义。随着我国城市化进程的加快，居民生活水平不断提升，生态环境保护要求日益提高，城镇供水行业的发展迎来新机遇、面临更大挑战，同时也对行业从业人员提出了更高的要求。我们必须坚持以人为本，不断提高行业从业人员综合素质，以推动供水行业的进步，从而使供水行业能适应整个城市化发展的进程。

2007 年，根据原建设部修订有关工程建设标准的要求，由南京水务集团有限公司主要承担《城镇供水行业职业技能标准》的编制工作。南京水务集团有限公司有近百年供水历史，一直秉承“优质供水、奉献社会”的企业精神，职工专业技能培训工作也坚持走在行业前端，多年来为江苏省内供水行业培养专业技术人员数千名。因在供水行业职业技能培训和鉴定方面的突出贡献，南京水务集团有限公司曾多次受省、市级表彰，并于 2008 年被人社部评为“国家高技能人才培养示范基地”。2012 年 7 月，由南京水务集团有限公司主编，东南大学、南京工业大学等参编的《城镇供水行业职业技能标准》完成编制，并于 2016 年 3 月 23 日由住建部正式批准为行业标准，编号为 CJJ/T 225—2016，自 2016 年 10 月 1 日起实施。《标准》的颁布，引起了行业内广泛关注，国内多家供水公司对《标准》给予了高度评价，并呼吁尽快出版《标准》配套培训教材。

为更好地贯彻实施《城镇供水行业职业技能标准》，进一步提高供水行业从业人员职业技能，自 2016 年 12 月起，南京水务集团有限公司又启动了《标准》配套培训系列丛书的编写工作。考虑到培训系列教材应对整个供水行业具有适用性，中国城镇供水排水协会对编写工作提出了较为全面且具有针对性的调研建议，也多次组织专家会审，为提升培训教材的准确性和实用性提供技术指导。历经两年时间，通过广泛调查研究，认真总结实践经验，参考国内外先进技术和设备，《标准》配套培训系列丛书终于顺利完成编制，即将陆续出版。

该系列丛书围绕《城镇供水行业职业技能标准》中全部工种的职业技能要求展开，结合我国供水行业现状、存在问题及发展趋势，以岗位知识为基础，以岗位技能为主线，坚持理论与生产实际相结合，系统阐述了各工种的专业知识和岗位技能知识，可作为全国供水行业职工岗位技能培训的指导用书，也能作为相关专业人员的参考资料。《城镇供水行业职业技能标准》配套培训教材的出版，可以填补供水行业职业技能鉴定中新工艺、新技术、新设备的应用空白，为提高供水行业从业人员综合素质提供了重要保障，必将对整个供水行业的蓬勃发展起到极大的促进作用。

中国城镇供水排水协会

2018年11月20日

《城镇供水行业职业技能培训系列丛书》前言

城镇供水行业是城镇公用事业的有机组成部分，对提高居民生活质量、保障社会经济发展起着至关重要的作用，而从业人员的职业技能水平又是城镇供水质量和供水设施安全运行的重要保障。1996年，按照国务院和劳动部先后颁发的《中共中央关于建立社会主义市场经济体制若干规定》和《职业技能鉴定规定》有关建立职业资格标准的要求，建设部颁布了《供水行业职业技能标准》，旨在着力推进供水行业技能型人才的职业培训和资格鉴定工作。通过该标准的实施和相应培训教材的陆续出版，供水行业职业技能鉴定工作日趋完善，行业从业人员的理论知识和实践技能都得到了显著提高。随着国民经济的持续、高速发展，城镇化水平不断提高，科技发展日新月异，供水行业在净水工艺、自动化控制、水质仪表、水泵设备、管道安装及对外服务等方面都发展迅速，企业生产运营管理水平也显著提升，这就使得职业技能培训和鉴定工作逐渐滞后于整个供水行业的发展和需求。因此，为了适应新形势的发展，2007年原建设部制定了《2007年工程建设标准规范制订、修订计划（第一批）》，经有关部门推荐和行业考察，委托南京水务集团有限公司主编《城镇供水行业职业技能标准》，以替代96版《供水行业职业技能标准》。

2007年8月，南京水务集团精心挑选50名具备多年基层工作经验的技术骨干，并联合东南大学、南京工业大学等高校和省住建系统的14位专家学者，成立了《城镇供水行业职业技能标准》编制组。通过实地考察调研和广泛征求意见，编制组于2012年7月完成了《标准》的编制，后根据住房城乡建设部标准司、人事司及市政给水排水标准化技术委员会等的意见，进行修改完善，并于2015年10月将《标准》中所涉工种与《中华人民共和国执业分类大典》（2015版）进行了协调。2016年3月23日，《城镇供水行业职业技能标准》由住建部正式批准为行业标准，编号为CJJ/T 225—2016，自2016年10月1日起实施。

《标准》颁布后，引起供水行业的广泛关注，不少供水企业针对《标准》的实际应用提出了问题：如何与生产实际密切结合，如何正确理解把握新工艺、新技术，如何准确应对具体计算方法的选择，如何避免因传统观念陷入故障诊断误区，等等。为了配合《城镇供水行业职业技能标准》在全国范围内的顺利实施，2016年12月，南京水务集团启动《城镇供水行业职业技能培训系列丛书》的编写工作。编写组在综合国内供水行业调研成果以及企业内部多年实践经验的基础上，针对目前供水行业理论和工艺、技术的发展趋势，充分考虑职业技能培训的针对性和实用性，历时两年多，完成了《城镇供水行业职业技能培训系列丛书》的编写。

《城镇供水行业职业技能培训系列丛书》一共包含了10个工种，除《中华人民共和国执业分类大典》（2015版）中所涉及的8个工种，即自来水生产工、化学检验员（供水）、供水泵站运行工、水表装修工、供水调度工、供水客户服务员、仪器仪表维修工（供水）、供水管道工之外，还有《大典》中未涉及但在供水行业中较为重要的泵站机电设备维修工、变配电运行工 2 个工种。

本系列《丛书》在内容设计和编排上具有以下特点：（1）整体分为基础理论与基本知识、专业知识与操作技能、安全生产知识三大部分，各部分占比约为 3：6：1；（2）重点介绍国内供水行业主流工艺、技术、设备，对已经过时和应用较少的技术及设备只作简单说明；（3）重点突出岗位专业技能和实际操作，对理论知识只讲应用，不作深入推导；（4）重视信息和计算机技术在各生产岗位的应用，为智慧水务的发展奠定基础。《丛书》既可作为全国供水行业职工岗位技能培训的指导用书，也能作为相关专业人员的参考资料。

《城镇供水行业职业技能培训系列丛书》在编写过程中，得到了中国城镇供水排水协会的指导和帮助，刘志琪秘书长对编写工作提出了全面且具有针对性的调研建议，也多次组织专家会审，为提升培训教材的准确性和实用性提供了技术指导；东南大学张林生教授全程指导丛书编写，对每个分册的参考资料选取、体量结构、理论深度、写作风格等提出大量宝贵的意见，并作为主要审稿人对全书进行数次详尽的审阅；中国生态城市研究院智慧水务中心高雪晴主任协助编写组广泛征集意见，提升教材适用性；深圳水务集团、广州水投集团、长沙水业集团、重庆水务集团、北京市自来水集团、太原供水集团等国内多家供水企业对编写及调研工作提供了大力支持，值此《丛书》付梓之际，编写组一并在此表示最真挚的感谢！

《丛书》编写组水平有限，书中难免存在错误和疏漏，恳请同行专家和广大读者批评指正。

南京水务集团有限公司

2019 年 1 月 2 日

前　言

随着社会和供水行业的不断发展，现代供水企业对员工综合业务素质和职业技能提出了更高的要求。仪器仪表维修工是对供水企业仪器仪表及自动化设备进行安装、调试、校验、检修、维护的重要岗位。近年来，为了保证安全、准确、高效的生产，供水行业的自动化控制已经广泛应用在各工艺流程中，仪器仪表是水行业生产自动化的核心。在水处理行业，仪器仪表维修涉及知识面十分广泛，不仅需精通检测仪表、自动控制知识技能，还需对计量、电气、工艺知识有所掌握，才能准确判断、处理故障。

2016年3月，住房和城乡建设部颁布了《城镇供水行业职业技能标准》CJJ/T 225—2016。为了提高城镇供水行业仪表工职业技能水平，编写组按照标准要求，结合仪器仪表维修工的岗位特点，组织编写了本教材，以满足供水行业仪表工培训和鉴定的需要。

本教材根据仪器仪表维修工岗位技能要求，广泛调研了供水行业仪器仪表的使用现状和发展趋势，扩充了新仪器仪表设备的应用知识，在广泛征求意见以及认真总结编者们多年工作实践经验的基础上编写而成。本书主要内容有仪表的检定、校准及误差分析、供水自动控制系统基础知识、常用测量仪表的使用、常用在线仪表的使用、安装与维护等。并通过对典型应用案例的分析，将在线仪表、控制系统及工艺流程有机地结合了起来。

本书编写组水平有限，书中难免存在疏漏和错误，敬请广大读者和同行专家们批评指正。

仪器仪表维修工（供水）编写组

2019年1月

目　　录

第一篇　基础理论与基本知识

第 1 章　供水工程仪表基本知识

1.1　供水工程常用仪表分类

检测与过程控制仪表（通常称自动化仪表）分类方法很多，根据不同原则可以进行相应的分类。例如按仪表所使用的能源分类，可以分为气动仪表、电动仪表和液动仪表；按仪表组合形式，可以分为基地式仪表、单元组合仪表和综合控制装置；按仪表安装形式，可以分为现场仪表、盘装仪表和架装仪表；随着微处理机的蓬勃发展，根据仪表是否引入微处理机又可以分为智能仪表与非智能仪表；根据仪表信号的形式可分为模拟仪表和数字仪表。

检测与过程控制仪表最通用的分类，是按仪表在测量与控制系统中的作用进行划分，一般分为检测仪表、显示仪表、调节（控制）仪表和执行器 4 大类，见表 1-1。

检测与过程控制仪表分类表　　　**表 1-1**

功能	被测变量	工作原理或结构形式	按组合形式	按能源	其他
检测仪表	压力	液柱式、弹性式、电气式、活塞式	单元组合	电、气	智能
	温度	膨胀式、热电偶、热电阻、光学、辐射	单元组合		智能
	流量	节流式、转子式、容积式、速度式、电磁	单元组合	电、气	智能
	物位	浮力、静压、电学、声波、辐射、光学	单元组合		
	成分	pH 值、氧分析、色谱、红外、紫外	实验室和流程	电、气	智能
显示仪表		模拟和数字 指示和记录 动圈、自动平衡电桥、电位差计		电、气	单点 多点 打印 笔录
调节（控制）仪表		自力式 组装式 可编程	基地式 单元组合	气动 电动	
执行器	执行机构	薄膜、活塞、长行程、其他	执行机构和阀可以进行各种组合	气电液	
	阀	直通单座、直通双座、套筒（笼式）球阀、蝶阀、隔膜阀、偏心旋转、角形、三通、阀体分离			直线 对数 抛物线 快开

检测仪表根据其被测变量不同，根据 5 大参量又可分为温度检测仪表、流量检测仪表、压力检测仪表、物位检测仪表和分析仪表（器）。

显示仪表根据记录和指示，模拟与数字等功能，又可以分为记录仪表和指示仪表、模拟仪表和数显仪表，其中记录仪表又可分为单点记录和多点记录（指示亦可以有单点和多点），其中又有有纸记录和无纸记录，若是有纸记录又分笔录和打印记录。

调节仪表可以分为基地式调节仪表和单元组合式调节仪表。由于微处理机引入，又有可编程调节器与固定程序调节器之分。

执行器由执行机构和调节阀两部分组成。执行机构按能源划分为有气动执行器、电动执行器和液动执行器，按结构形式可以分为薄膜式、活塞式（气缸式）和长行程执行机构。调节阀根据其结构特点和流量特性不同进行分类，按结构特点分通常有直通单座、直通双座、三通，角形、隔膜、蝶形、球形、阀体分离等，按流量特性分有直线、对数、抛物线、快开等。

这类分类方法相对比较合理，仪表覆盖面也比较广，但任何一种分类方法均不能将所有仪表分门别类地划分得井井有条，它们中间互有渗透，彼此沟通。例如变送器具有多种功能，温度变送器可以划归温度检测仪表，差压变送器可以划归流量检测仪表，压力变送器可以划归压力检测仪表，若用静压法测液位可以划归物位检测仪表，很难确切划归哪一类。另外单元组合仪表中的计算和辅助单元也很难归并。

1.2　供水工程仪表主要性能指标

（1）变差性与灵敏度

在工程上仪表性能指标通常用精确度（又称精度）、变差、灵敏度来描述。仪表工校验仪表通常也是调校精确度、变差和灵敏度3项。变差是指仪表被测变量（可理解为输入信号）多次从不同方向达到同一数值时，仪表指示值之间的最大差值。或者说是仪表在外界条件不变的情况下，被测参数由小到大变化（正向特性）和被测参数由大到小变化（反向特性）不一致的程度，两者之差即为仪表变差，如图1-1所示，变差大小取最大绝对误差与仪表标尺范围之比的百分比：

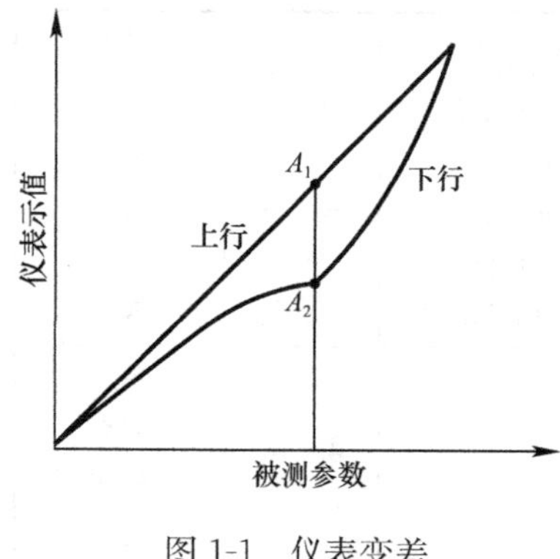

图1-1　仪表变差

$$变差 = \frac{\Delta max}{标尺上限值 - 标尺下限值} \times 100\% \quad (1\text{-}1)$$

式中　$\Delta max = |A_1 - A_2|$

变差产生的主要原因是仪表传动机构的间隙、运动部件的摩擦、弹性元件滞后等。随着仪表制造技术的不断改进，特别是微电子技术的引入，许多仪表电子化程度更高，无可动部件，模拟仪表改为数字仪表等，所以变差这个指标在智能型仪表中显得不那么重要和突出了。

灵敏度是指仪表对被测参数变化的灵敏程度，或者说是对被测量变化的反应能力，是在稳态下，输出变化增量对输入变化增量的比值：

$$s = \frac{\Delta L}{\Delta x} \quad (1\text{-}2)$$

式中　s——仪表灵敏度；

ΔL——仪表输出变化增量；

Δx——仪表输入变化增量。

灵敏度有时也称“放大比”，即仪表静特性曲线上各点的斜率。增加放大倍数可以提高仪表灵敏度，单纯加大灵敏度并不改变仪表的基本性能，即仪表精度并没有提高，相反有时会出现振荡现象，造成输出不稳定。仪表灵敏度应保持适当的量。

然而对于仪表用户，诸如水处理行业来讲，更强调仪表的稳定性和可靠性，因为企业将检测与过程控制仪表大量的用于检测。另外，用于过程控制系统中的检测仪表，其稳定性、可靠性更为重要。

（2）精确度

仪表精确度简称精度，通常用相对误差表示。相对误差公式见公式（1-3）。

$$\delta=\frac{\Delta x}{\text{标尺上限值}-\text{标尺下限值}}\times 100\% \tag{1-3}$$

式中 δ——检测过程中相对百分误差；

（标尺上限值－标尺下限值）——仪表测量范围；

Δx——绝对误差，是被测参数测量值 X_1 和被测参数标准值 X_0 之差。

所谓标准值是精确度比被测仪表高 3～5 倍的标准表测得的数值。

从公式（1-3）中可以看出，仪表精确度不仅和绝对误差有关，而且和仪表的测量范围有关。绝对误差大，相对百分误差就大，仪表精确度就低。如果绝对误差相同的两台仪表，其测量范围不同，那么测量范围大的仪表相对百分误差就小，仪表精确度就高。精确度是仪表很重要的一个质量指标，常用精度等级来规范和表示。精度等级就是最大相对百分误差去掉正负号（±）和百分比（%）。按国家统一规定划分的等级有 0.005，0.02，0.05，0.1，0.2，0.35，0.5，1.0，1.5，2.5，4 等。仪表精度等级一般都标识在仪表标尺或标牌上，如 0.5 等。数字越小，说明仪表精确度越高。

要提高仪表精确度，就要进行误差分析。误差通常可以分为疏忽误差、缓变误差、系统误差和随机误差。疏忽误差是指测量过程中人为造成的误差，一则可以克服，二则和仪表本身没有什么关系。缓变误差是由于仪表内部元器件老化过程引起的，它可以用更换元器件、零部件或通过不断校正加以克服和消除。系统误差是指对同一被测参数进行多次重复测量时，所出现的数值大小或符号都相同的误差，或按一定规律变化的误差，可以通过分析计算加以处理，使其最后的影响减到最小，但是难以完全消除。随机误差（偶然误差）是由于某些目前尚未被人们认识的偶然因素所引起，其数值大小和性质都不固定，难以估计，但可以通过统计方法从理论上估计其对检测结果的影响。误差主要指系统误差和随机误差。在用误差表示精度时，是指随机误差和系统误差之和。

（3）复现性

测量复现性是在不同测量条件下，其结果一致的程度。测量的精确性不仅仅是仪表的精确度，它还包括各种因素对测量参数的影响，是综合误差。以某型差压变送器为例，综合误差如公式（1-4）所示：

$$e_{\text{综}}=(e_0^2+e_1^2+e_2^2+e_3^2+e_4^2+\cdots)^{1/2} \tag{1-4}$$

式中 e_0——(25±1)℃状态下的参考精度，±0.25%或±0.5%；

e_1——环境温度对零点（4mA）的影响，±1.75%；

e_2——环境温度对全量程（20mA）的影响，±0.5%；

e_3——工作压力对零点（4mA）的影响，±0.25%；

e_4——工作压力对全量程（20mA）的影响，±0.25%。

将 e_0、e_1、e_2、e_3、e_4 的数值代入公式（1-4）得：

$$e_{综}=[(0.25)^2+(1.75)^2+(0.5)^2+(0.25)^2+(0.25)^2]^{1/2}=\pm 1.87\%$$

这说明该差压变送器测量精度由于温度和工作压力变化的影响，由原来的0.25级下降为1.87级，说明对同一被测量进行检测时，由于测量条件不同，受到环境温度和工作压力的影响，其测量结果一致性的差别。全智能差压变送器对温度和压力进行补偿，抗环境温度和工作压力能力强。可以用仪表复现性来描述仪表的抗干扰能力。

测量复现性通常用不确定度来估计。不确定度是由于测量误差的存在而对被测量值不能肯定的程度，可采用方差或标准差（取方差的正平方根）表示。不确定度的所有分量分为两类：

A类：用统计方法确定的分量。

B类：用非统计方法确定的分量。

设A类不确定度的方差为 S_i^2（标准差为 S_i），B类不确定度假定存在的相应近似方差为 U_j^2（标准差为 U_j）则合成不确定度为：

$$\sigma=\sqrt{\sum S_i^2+\sum u_j^2} \tag{1-5}$$

（4）稳定性

在规定工作条件内，仪表某些性能随时间保持不变的能力称为稳定性（度）。仪表稳定性是仪表工十分关心的一个性能指标。由于企业使用仪表的环境相对比较恶劣，被测量介质的温度、压力变化也相对较大，在这种环境中投入仪表使用，仪表的某些部件随时间保持不变的能力会降低，仪表的稳定性会下降。衡量或表征仪表稳定性现在尚未有定量值，企业通常用仪表零点漂移来衡量仪表的稳定性。仪表投入运行一年之中零位没有漂移，说明这台仪表稳定性好，相反仪表投入运行不到3个月，仪表零位就变了，说明仪表稳定性不好。仪表稳定性的好坏直接关系到仪表的使用范围，有时直接影响生产。仪表稳定性不好造成的影响往往比仪表精度下降对生产的影响还要大。仪表稳定性不好，仪表维护量增大，是仪表工最不希望出现的事情。

（5）可靠性

仪表可靠性是仪表工所追求的另一个重要性能指标。可靠性和仪表维护是相辅相成的。仪表可靠性高说明仪表维修量小，反之仪表可靠性差，仪表维护量就大。对于水行业检测与过程控制仪表，大部分安装在工艺管道，以及各类塔、罐、器上，而且生产的连续性给仪表维护增加了很多困难。一是考虑生产安全，二是关系到仪表维护人员人身安全，所以企业使用检测与过程控制仪表要求维护量越小越好，亦即要求仪表可靠性尽可能地高。

随着仪表更新换代，特别是微电子技术引入仪表制造行业，仪表可靠性大大提高，仪表生产厂商对这个性能指标也越来越重视。通常用平均无故障时间 *MTBF* 来描述仪表的可靠性。一台全智能变送器的平均故障间隔时间（*MTBF*）比一般非智能仪表要高10倍左右，可以高达100～390年。

第2章　计量知识

2.1　法定计量单位及其组成

2.1.1　法定计量单位

法定计量单位是指由国家法承认具有法定地位的计量单位，并与国际主流计量单位相一致。

我国《计量法》规定："国家采用国际单位制。国际单位制计量单位和国家选定的其他计量单位，为国家法定计量单位。"

国际单位制是我国法定计量单位的主体，所有国际单位制单位都是我国的法定计量单位。国家选定的作为法定计量单位的非国际单位制单位，是我国法定计量单位的重要组成部分，具有与国际单位制单位相同的法定地位。

国际标准或有关国际组织的出版物中列出的非国际单位制单位（选入我国法定计量单位的除外），一般不得使用。若某些特殊领域或特殊场合下有特殊需要，可以使用某些非法定计量单位，但应遵守相关的规定。

国际单位制是在米制的基础上发展起来的一种一贯单位制，其国际通用符号为"SI"。它由SI单位（包括SI基本单位、SI导出单位），以及SI单位的倍数单位（包括SI单位的十进倍数单位和十进分数单位）组成，具有统一性、简明性、实用性、合理性和继承性等特点。SI单位是我国法定计量单位的主体，所有SI单位都是我国的法定计量单位。此外，我国还选用了一些非SI的单位，作为国家法定计量单位。

（1）我国法定计量单位的构成

我国法定计量单位的构成见表2-1，具体如下：

中华人民共和国法定计量单位构成示意图　　**表2-1**

<table>
<tr><td rowspan="6">中华人民共和国法定计量单位</td><td rowspan="4">国际单位制（SI）的单位</td><td rowspan="3">SI单位</td><td colspan="2">SI基本单位</td></tr>
<tr><td rowspan="2">SI导出单位</td><td>包括SI辅助单位在内的具有专门名称的SI导出单位</td></tr>
<tr><td>组合形式的SI导出单位</td></tr>
<tr><td colspan="3">SI单位的倍数单位（包括SI单位的十进倍数单位和十进分数单位）</td></tr>
<tr><td colspan="4">国家选定的作为法定计量单位的非SI单位</td></tr>
<tr><td colspan="4">由以上单位构成的组合形式单位</td></tr>
</table>

1）SI基本单位共7个，见表2-2。

2）包括SI辅助单位在内的具有专门名称的SI导出单位共21个，见表2-3。

SI 基本单位　　　　表 2-2

量的名称	单位名称	单位符号
长度	米	m
质量	千克（公斤）	kg
时间	秒	s
电流	安［培］	A
热力学温度	开［尔文］	K
物质的量	摩［尔］	mol
发光强度	坎［德拉］	cd

注：1. 圆括号中的名称，是它前面的名称的同义词；
2. 无方括号的量的名称与单位名称均为全称。方括号中的字，在不致引起混淆、误解的情况下，可以省略。去掉方括号中的字即为其名称的简称；
3. 本表中使用的符号，除特殊指明外，均指我国法定计量单位的规定符号和国际符号；
4. 在日常生活和贸易中，质量习惯称为重量。

包括 SI 辅助单位在内的具有专门名称的部分 SI 导出单位　　　　表 2-3

量的名称	SI 导出的单位		
	名称	符号	用 SI 基本单位和 SI 导出单位表示
［平面］角	弧度	rad	$1rad=1m/m=1$
立体角	球面度	sr	$1sr=1m^2/m^2=1$
频率	赫［兹］	Hz	$1Hz=1s^{-1}$
力	牛［顿］	N	$1N=1kg \cdot m/s^2$
压力、压强、应力	帕［斯卡］	Pa	$1Pa=1N/m^2$
能［量］、功、热量	焦［耳］	J	$1J=1N \cdot m$

3）由 SI 基本单位和具有专门名称的 SI 导出单位构成的组合形式的 SI 导出单位。

4）SI 单位的倍数单位，包括 SI 单位的十进倍数单位和十进分数单位。构成倍数单位的 SI 词头共 20 个，见表 2-4。

词头名称及符号　　　　表 2-4

因数	词头名称		词头符号
	英文	中文	
10^{24}	yotta	尧［它］	Y
10^{21}	zetta	泽［它］	Z
10^{18}	exa	艾［可萨］	E
10^{15}	peta	拍［它］	P
10^{12}	tera	太［拉］	T
10^{9}	giga	吉［咖］	G
10^{6}	mega	兆	M
10^{3}	kilo	千	k
10^{2}	hecto	百	h
10^{1}	deca	十	da
10^{-1}	deci	分	d

续表

因数	词头名称		词头符号
	英文	中文	
10^{-2}	centi	厘	c
10^{-3}	milli	毫	m
10^{-6}	micro	微	μ
10^{-9}	nano	纳［诺］	n
10^{-12}	pico	皮［可］	p
10^{-15}	femto	飞［母托］	f
10^{-18}	atto	阿［托］	a
10^{-21}	zepto	仄［普托］	z
10^{-24}	yoct	幺［科托］	y

5）国家选定的作为法定计量单位的非 SI 单位共 16 个，见表 2-5。

可与 SI 单位并用的我国法定计量单位　　　　**表 2-5**

量的单位	单位名称	单位符号	与 SI 单位的关系
时间	分	min	1min=60s
	［小］时	h	1h=60min=3600s
	日（天）	d	1d=24h=86400s
［平面］角	度	°	1°=(π/180) rad
	［角］分	′	1′=(1/60)°=(π/10800)rad
	［角］秒	″	1″=(1/60)′=(π/648000)rad
体积	升	L，(l)	$1L=1dm^3=10^{-3}m^3$
质量	吨	t	$1t=10^3kg$
	原子质量单位	u	$1u\approx1.6605655\times10^{-27}kg$
旋转速度	转每分	r/min	$1r/min=(1/60)\ s^{-1}$
长度	海里	n mile	1n mile=1852m（只用于航行）
速度	节	kn	1kn=1n mile/h=(1852/3600)m/s（只用于航行）
能	电子伏	eV	1eV ≈ 1.602177 ×10-19J
级差	分贝	dB	
线密度	特［克斯］	tex	$1tex=10^{-6}kg/m$
面积	公顷	hm^2	$1hm^2=10^4m^2$

注：平面角单位度、分、秒的符号，在组合单位中应采用（°）、（′）、（″）的形式。

6）由以上单位构成的组合形式的单位。

（2）SI 基本单位

表 2-2 列出了 7 个 SI 基本量的基本单位，它们是构成 SI 的基础。

（3）SI 导出单位

SI 导出单位是用 SI 基本单位以代数形式表示的单位。这种单位符号中的乘和除采用数学符号，如速度的 SI 单位为米每秒（m/s）。这种形式的单位称为组合单位。

某些 SI 单位，例如力的 SI 单位，在用 SI 基本单位表示时，因写成这种表示方法显然比较繁琐，不便使用。为了简化单位的表示式，经国际计量大会讨论通过，以专门的名称——牛［顿］来表示，符号为 N。类似地，热和能的单位通常用焦［耳］（J）代替牛顿米（N·m）和 kg·m^2/s^2。这些导出单位，称为具有专门名称的 SI 导出单位。

电离辐射，医疗卫生领域中的某些量，涉及人类健康和安全防护。这些量的量纲相同，或具有与其他量相同的量纲，因此，用 SI 基本单位表示这些量的 SI 导出单位时，也具有相同的形式。为了便于区分不同的物理量，避免使用时混淆而造成事故，这些量的 SI 导出单位也被赋予专门的名称。例如：吸收剂量、比授（予）能及比释动能的单位，通常用戈［瑞］（Gy）代替焦耳每千克（J/kg），剂量当量的单位则用希［沃特］代替焦耳每千克（J/kg）。

SI 单位弧度（rad）和球面度（sr），称为 SI 辅助单位，它们是具有专门名称和符号的量纲为一的量的导出单位。例如：角速度的 SI 单位可写成弧度每秒（rad/s）。

电阻率的单位通常用欧姆米（Ω·m）代替伏特米每安培（V·m/A），它是组合形式的 SI 导出单位之一。

表 2-3 列出的是包括 SI 辅助单位在内的具有专门名称的 SI 导出单位。

详细导出单位见《通用计量术语及定义》JJF 1001—2011。

（4）SI 单位的倍数

在 SI 中，用劲倍数表示倍数单位的词头，称为 SI 词头。它们是构词成分，用于附加在 S 单位之前构成倍数单位（十进倍数单位和分数单位），不能单独使用。

表 2-4 共列出 20 个词头，所代表的因数的覆盖范围。词头符号与所紧接着的单个单位符号（这里仅指 SI 基本单位和 SI 导出单位）应视作一个整体对待，共同组成一个新单位，并具有相同的幂次，而且还可以和其他单位构成组合单位。

（5）可与 SI 单位并用的我国法定计量单位

由于实用上的广泛性和重要性，我国在法定计量单位中，为 11 个物理量选定了 16 个与 SI 单位并用的非 SI 单位见表 2-5。其中 10 个是国际计量大会同意并用的非 SI 单位，它们是：时间单位——分、［小］时、日（天）；［平面］角单位——度、［角］分、［角］秒；体积单位——升；质量单位——吨和原子质量单位；能量单位——电子伏。另外 6 个，即海里、节、公顷、转每分、分贝、特［克斯］，则是根据国内外的实际情况选用的。

2.1.2　法定计量单位的基本使用方法

（1）法定计量单位的名称

法定计量单位的名称，除特别说明外，一般指法定计量单位的中文名称，用于叙述性文字和口述中。

组合单位的中文名称，原则上与其符号表示的顺序一致。单位符号中的乘号没有对应的名称，只要将单位名称接连读出即可。例如：N·m 的名称为“牛顿米”，简称为“牛米”。而表示相除的斜线（/），对应名称为“每”，且无论分母中有几个单位，“每”只在分母的前面出现一次。例如：单位 J/(kg·K) 的中文名称为“焦耳每千克开尔文”，简称为“焦每千克开”。

如果单位中带有幂，则幂的名称应在单位之前。二次幂为二次方，三次幂为三次方，以此类推。但是如果长度的二次幂和三次幂分别表示面积和体积，则相应的指数分别称为平方和立方；否则，仍称为“二次方”和“三次方”。例如：m^2/s 这个单位符号，当用与表示运动黏度时，名称为“二次方米每秒”：但当用于表示覆盖速率时，则为“平方米每秒”。负数幂的含义为除，既可用幂的名称，也可用“每”。

(2) 法定计量单位和词头的符号

法定计量单位的词头和符号，是代表单位和词头名称的字母或特种符号，它们采用国际通用符号。在中、小学课本和普通书中，必要时也可以将单位的简称（包括带有词头的单位简称）作为符号使用，这样的符号称为“中文符号”。

法定计量单位和词头的符号，不论拉丁字母或者希腊字母，一律用正体。单位符号一般为小写字母，只有单位名称来源于人名时，其符号的第一个字母大写；只有“升”的符号例外，可以用 L。例如：时间单位“秒”的符号是 s，电导单位“西［门子］”的符号是 S，压力、压强、应力的单位“帕［斯卡］”的符号是 Pa。

词头符号的字母，当其所表示的因数小于 10^6 时，一律用小写体；而当大于或等于 10^6 时，则用大写体。尤其是注意区分词头符号 Y（10^{24}）与 y（10^{-24}），Z（10^{21}）与 z（10^{-21}），P（10^{15}）与 p（10^{-12}），M（10^6）与 m（10^{-3}）。

单位符号没有复数形式，不得附加任何其他标记或符号来表示量的特性或测量过程的信息。它不是缩略语，除正常语句结尾的标点符号外，词头或单位符号后都不加标点。

词头的单位符号之间不得有间隙，也不加相乘的符号。口述单位符号时应使用单位名称而非字母名称。

(3) 法定计量单位和词头的使用规则

法定计量单位和词头的名称，一般适宜在口述和叙述性文字中使用。而符号可用于一切需要简单明了表示单位的地方，也可用于叙述性文字之中。

单位的名称与符号必须作为一个整体使用，不得拆开。例如：“摄氏度”的单位符号为℃，20℃不得读成或写成“摄氏 20 度”或“20 度”，而应读成“20 摄氏度”，写成“20℃”。

用词头构成倍数单位时，不得使用重叠词头。例如：不得使用毫微米、微微法拉等。选用 SI 单位的倍数单位，一般应使量的数值处于 0.1～1000 的范围内。例如：1.2×10^4N 可以写成 12kN；1401Pa 可以写成 1.401kPa。非十进制的单位，不得使用词头构成倍数单位。亿（10^8）、万（10^4）不是词头，只按一般数词使用。只通过相乘构成的组合单位，词头通常加在组合单位中的第一个单位之前。例如：力矩的单位 kN·m，不宜写成 N·km。

只通过相除构成或通过乘和除构成的组合单位，词头通常加在分子中的第一个单位之前，分母中一般不用词头。例如：摩尔内能单位 kJ/mol，不宜写成 J/mmol。但质量的 SI 单位 kg 不作为有词头的单位对待。例如：比授能的单位可以写成 J/kg。当组合单位分母是长度、面积和体积单位时，按习惯和方便，分母中可以选用词头构成倍数单位。例如：密度的单位可以选 g/cm^3。

2.2 量值传递及误差分析

2.2.1 量值传递

(1) 企业计量标准

为了保证检测与过程控制仪表的完好，需要定期进行修理和校正，根据《中华人民共和国计量法》和有关法规的要求，这些仪表以及其他计量器具要定期进行检定，企业根据生产经营管理和保证产品质量的要求，有必要建立量值传递标准，也称企业计量标准，企业计量标准通常分为两个部分，一是企业最高标准，二是次级标准，也称工作标准。

企业要不要建立计量标准，建多少个标准，可以参考以下原则：

1）根据企业生产、经营、保证产品质量等的实际需要出发，同时兼顾及时、方便、适用等因素，要考虑到生产的特点及对仪表的要求。

2）进行必要的经济分析。

根据原则 1)，初步确定企业应建计量标准；根据原则 2)，进行经济分析，以获得最佳方案。

经济分析大致如下。

计量器具检定一般采取两种方法，一是送检，二是自检。两者费用做一粗略概算，加以比较，从而确定最佳方案。

① 计量器具送检所需费用

$$F_A = NSP_1 + P_2 \tag{2-1}$$

式中 F_A——企业计量器具年送检费用；

N——送检计量器具总数；

S——年送检次数；

P_1——每件计量器具检定费用；

P_2——其他费用，如差旅费、修理费等。

② 计量器具自检所需费用

$$F_B = P_A + P_B + P_C + P_D \tag{2-2}$$

式中 F_B——企业自建计量标准年投资费用；

P_A——建标总投资每年折旧费用（总投资/使用年限）；

P_B——每年维护费用；

P_C——配备检定人员年平均费用；

P_D——认证考核年平均费用。

若 $F_A \geqslant F_B$，则建标为好。即使是 F_B 稍大于 F_A，如有可能也应该建标，因为企业建标还包含着社会效益（如有可能可以对外开展技术服务，增加收益），同时它也标志企业计量水平的一个方面。若 $F_A \ll F_B$，则送检为好。

建立企业计量标准，有以下四个要素：

1）根据计量法有关法规，企业各项最高标准器具要经过有关人民政府计量行政部门主持考核合格后才能使用。要求计量标准必须做到准确、可靠和完善。要求计量标准器、配套仪器和技术资料应具备以下条件：

① 计量标准器及附属设备的名称、规格型号、精度等级、制造厂编号；

② 出厂年、月；

③ 技术条件及使用说明书；

④ 定点计量部门检定合格证书；

⑤ 政府计量部门考核结果及考核所需的全部技术文件资料；

⑥ 计量标准器使用履历表。

2）具有计量标准正常工作所需要的温度、湿度、防尘、防震、防腐蚀、抗干扰等环境条件和工作场所。

3）计量检定人员应取得所从事的检定项目的计量检定证件。

4）具有完善的管理制度，包括计量标准的保存、维护、使用制度、周期检定制度和技术规范。

（2）量值传递定义

量值传递系统是指通过检定，将国家基准所复现的计量单位量值通过标准逐级传递到工作用计量器具，以保证被测对象所测得的量值准确一致的工作系统。量值传递是计量领域中的常用术语，其含义是指单位量值的大小，通过基准、标准直至工作计量器具逐级传递下来。它是依据计量法、检定系统和检定规程，逐级地进行溯源测量的范畴。其传递系统是根据量值准确度的高低，规定从高准确度量值向低准确度量值逐级确定的方法、步骤。

2.2.2 误差的基本性质与处理

仪表指示装置所显示的被测值称为示值，它是被测真值的反映。严格地说，被测真值只是一个理论值，因为无论采用何种仪表测到的值都有误差。实际中常将用适当精度的仪表测出的或用特定的方法确定的约定真值代替真值。例如使用国家标准计量机构标定过的标准仪表进行测量，其测量值即可作为约定真值。

示值与公认的约定真值之差称为绝对误差，即：

$$\text{绝对误差} = \text{示值} - \text{约定真值} \tag{2-3}$$

绝对误差通常可简称为误差。当误差为正时表示仪表的示值偏大，反之偏小。绝对误差与约定真值之比称为相对误差，常用百分数表示，即：

$$\text{相对误差}(\%) = \frac{\text{绝对误差}}{\text{约定真值}} \tag{2-4}$$

虽然用绝对误差占约定真值的百分数来衡量仪表的精度比较合理，但仪表多应用在测量接近上限值的量，因而用量程取代公式（2-4）中的约定真值则得到引用误差如公式（2-5）所示：

$$\text{引用误差}(\%) = \frac{\text{绝对误差}}{\text{量程}} \tag{2-5}$$

考虑整个量程范围内的最大绝对误差与量程的比值，则获得仪表的最大引用误差为：

$$\text{最大引用误差}(\%) = \frac{\text{最大绝对误差}}{\text{量程}} \tag{2-6}$$

最大引用误差与仪表的具体示值无关，可以更好地说明仪表测量的精确程度。它是基本误差的主要形式，仪表的主要质量指标之一。

仪表在出厂时要规定引用误差的允许值，简称允许误差。若将仪表的允许误差记为 Q，最大引用误差记为 Q_{max}，则两者之间满足如下关系：

$$Q_{max} \leqslant Q \tag{2-7}$$

任何测量都是与环境条件相关的，这些环境条件包括环境温度、相对湿度、电源电压和安装方式等。仪表应用时应严格按规定的环境条件即参比工作条件进行测量，此时获得的误差称为基本误差；因此如果在非参比工作条件下进行测量，此时获得的误差除包含基本误差外，还会包含额外的误差，又称附加误差，即：

$$误差 = 基本误差 + 附加误差 \tag{2-8}$$

以上的讨论基本针对仪表的静态误差，静态误差是指仪表静止状态时的误差，或被测量对象变化十分缓慢时所呈现的误差，此时不考虑仪表的惯性因素。仪表还存在有动态误差，动态误差是指仪表因惯性迟延所引起的附加误差，或变化过程中的误差。仪表静态误差的应用更为普遍。

2.2.3 测量不确定度

测量不确定度的含义是：表征合理地赋予被测量之值的分散性，与测量结果相联系的参数。测量不确定度实质上就是对真值所处范围的评定，是对测量误差可能大小的评定，也是对测量结果不能肯定的程度的评定。不确定度理论将不确定度按照测量数据的性质分类。符合统计规律的，称为A类不确定度；而不符合统计规律的统称为B类不确定度。

合成标准不确定度：当测量结果是若干个其他分量求得时，由其他各量的方差或（和）协方差算得的标准不确定度。

2.3 仪表检定与校准

各类仪表都是用以直接或间接地测量被测对象量值的器具。根据计量器具的定义，各类仪表都属于计量器具。运行中的计量器具由于多种原因，可能会导致计量性能的改变，因而有必要对其进行定期检定或校准。

（1）计量检查基本要求

检定是为评定计量器具的计量性能（准确度、稳定度、灵敏度等），并确定其是否合格所进行的全部工作。

校准（Calibration）是确定计量器具示值误差（必要时也包括确定其他计量性能）的全部工作。

按计量管理要求的规定，计量检定必须执行计量检定规程。

检定规程（Regulation of vevification）是为评定计量器具的计量性能，作为检定依据的具有国家法定性的技术文件。在检定规程中，对规程适用范围、计量器具的计量性能、检定项目、检定条件、检定方法、检定周期及检定结果处理等内容都规定。

1）计量检定工作要具备以下基本的条件：

① 应具备一个满足检定规程要求，可开展计量检定工作的环境条件（温度、湿度、振动、磁场等对计量器具的影响），应尽可能使计量器具的计量性能达到最佳状态。

② 要有满足精度要求的计量标准器。按一般规定，作为标准器的误差限至少应是被检计量器具的误差限的1/3～1/10，并且这些标准器都应按计量管理要求溯源。

③ 要有合格的检定人员。进行计量检定工作的人员必须持有“检定员证”，只有持证人员才有资格出具计量检定合格证及检定结果数据。“检定员证”由政府计量行政部门或企业主管部门主持考核，成绩合格后颁发，一般有效期3～5年。

这三条是开展计量检定应具备的最基本的要求。计量器具检定后应认真填写记录，加盖检定印章，签上检定、复核、主管人员的姓名。经检定合格的计量器具应签发“检定证书”，检定不合格的计量器具应该填写“检定结果通知书”。

2）校准应满足的基本要求如下：

① 环境条件。校准如在检定（校准）室进行，则环境条件应满足实验室要求的温度、湿度等规定。校准如在现场进行，则环境条件以能满足仪表现场使用的条件为准。仪器作为校准用的标准仪器，其误差限应是被校表误差限的1/3～1/10。

② 人员。校准虽不同于检定，但进行校准的人员也应经有效的考核，并取得相应的合格证书，只有持证人员方可出具校准证书和校准报告，也只有这种证书和报告才认为是有效的。

（2）检定与校准的异同

校准和检定是两个不同的概念，但两者之间有密切的联系。校准一般是用比被校计量器具精度高的计量器具（称为标准器具）与被校计量器具进行比较，以确定被校计量器具的示值误差，有时也包括部分计量性能。但往往进行校准的计量器具只需确定示值误差。如果校准是检定工作中示值误差的检定内容，那校准可说是检定工作中的一部分，但校准不能视为检定，况且校准对条件的要求亦不如检定那么严格，校准工作可在生产现场进行，而检定则须在检定室内进行。

有人把校准理解为将计量器具调整到规定误差范围的过程，这是不够确切的。虽然校准过程中可以调整，但调整又不等于校准。

第 3 章　供水自动控制系统基本理论

3.1　自动控制系统

（1）自动控制系统概述

自动控制系统是在人工控制的基础上产生和发展起来的。为对自动控制有一个更加清晰的了解，下面对人工操作与自动控制作一个对比与分析。一个液体贮槽，在生产中常用来作为一般的中间容器或成品罐，如图 3-1 所示。从前一个工序出来的物料连续不断地流入槽中，而槽中的液体又送至下一工序进行加工或包装。当流入量 Q_i（或流出量 Q_o）波动时会引起槽内液位的波动，严重时会溢出或抽空。解决这个问题的最简单办法，是以贮槽液位为操作指标，以改变出口阀门开度为控制手段。当液位上升时，将出口阀门开度开大，液位上升越多，阀门开得越大；反之，当液位下降时，则关小出口阀门，液位下降越多，阀门关得越小。为了使液位上升和下降都有足够的余地，选择玻璃管液位计指示值中间的某一点为正常工作时的液位高度，通过改变出口阀门开度而使液位保持在这一高度上，这样就不会使贮槽中液位过高而溢出槽外，或使贮槽内液位抽空而发生事故。归纳起来，操作人员所进行的工作有以下三个方面：

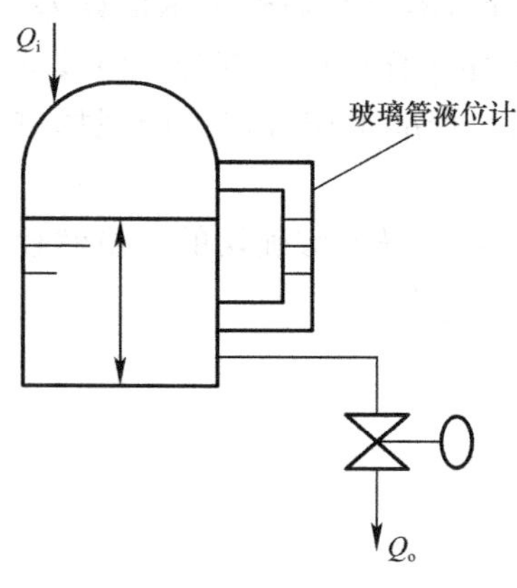

图 3-1　液体贮槽

1）检测。用眼睛观察玻璃管液位计（测量元件）中液位的高低。

2）运算、命令。大脑根据眼睛所看到的液位高度，与要求的液位值进行比较得出偏差的大小和正负，然后根据操作经验，经思考、决策后发出命令。

3）执行。根据大脑发出的命令，通过手去改变阀门开度，以改变出口流量 Q_o，从而使液位保持在所需要高度上。

眼、脑、手三个器官，分别承担了检测、运算/决策和执行三个任务，来完成测量偏差、操纵阀门以及纠正偏差的全过程。

所谓自动控制，是指在没有人直接参与的情况下，利用控制装置使整个生产过程或工作机械自动地按预选规定的规律运行，达到要求的指标；或使它的某些物理量按预定的要求变化。所谓系统，就是通过执行规定功能、实现预定目标的一些相互关联单元的组合体。自动控制系统就是为实现某一控制目标所需要的所有装置的有机组合体。例如，家用电冰箱能保持恒温；高楼水箱能保持恒压供水；电网电压和频率自动保持不变；火炮根据雷达指挥仪传来的信息，能够自动地改变方位角和俯仰角，随时跟踪目标；人造卫星能够按预定的轨道运行并返回地面；程序控制机床能够按预先排定的工艺程序自动地进刀切削，加工出预期几何形状的零件；焊接机器人能自动地跟踪预期轨迹移动，焊出高质量的产品。所有这些自动控制系统的例子，尽管它们的结构和功能各不相同，但它们有共同的规律，即它们被控制的物理量保持恒定，或者按照一定的规律变化。

（2）自动控制系统中常用的名词术语

系统——系统是由被控对象和自动控制装置按一定方式联结起来的，以完成某种自动控制任务的有机整体。在工程领域中，系统可以是电气、机械、气动和液压或它们的组合。不同的系统所要完成的任务也不同。有的要求某物理量（如温度、压力、转速等）保持恒定，有的则要求按一定规律变化。

输入信号——作用于系统的激励信号定义为系统的控制量或参考输入量。通常是指给定值，它是控制着输出量变化规律的指令信号。

输出信号——被控对象中需要控制的物理量定义为系统的被控量或输出量。它与输入量之间保持一定的函数关系。

反馈信号——由系统（或元件）输出端取出并反向送回系统（或元件）输入端的信号称为反馈信号。反馈有主反馈和局部反馈之分。

偏差信号——指参考输入与主反馈信号之差。偏差信号简称偏差，其实质是从输入端定义的误差信号。

误差信号——指系统输出量的实际值与期望值之差，简称误差，其实质是从输出端定义的误差信号。

扰动信号——在自动控制系统中，妨碍控制量对被控量进行正常控制的所有因素称为扰动量，简称扰动或干扰。它与控制作用相反，是一种不希望的、能破坏系统输出规律的不利因素。例如，在直流调速系统中，触发器放大倍数的变化，外接交流电源的电压波动，电动机负载的变化等，都可看成是扰动量。扰动量和控制量都是自动控制系统的输入量。扰动量按其来源可分为内部扰动和外部扰动。内部扰动是指来自系统内部的扰动，如系统元件参数的变化。来自系统外部的扰动称为外扰动，如电动机负载的变化、电网电压的波动、环境温度的变化等。在控制系统中如何使被控制量按照预定的变化规律变化而不受扰动的影响，这是控制系统所要解决的最基本的问题。

3.2 自动控制系统组成与基本原理

（1）自动控制系统的组成

上节讲到的液位控制系统可用方块图来表示，如图 3-2 所示。每个方块表示组成系统的一个环节，两个方块之间用一条带箭头的线条表示其相互间的信号联系，箭头表示进入还是离开这个方块，线上的字母表示相互间的作用信号。

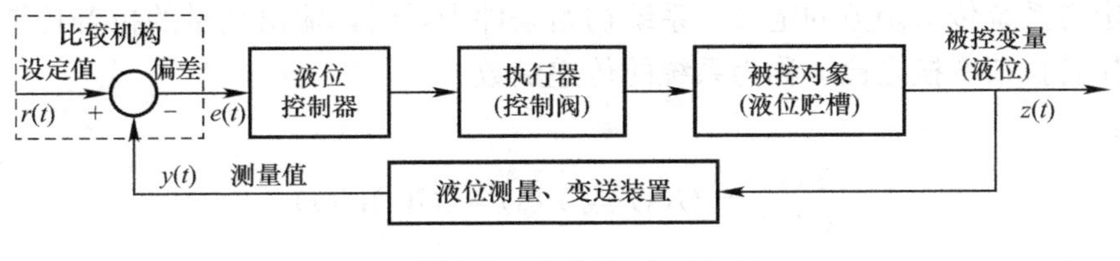

图 3-2 液位控制系统

通过方块图，我们可以得出自动控制系统的组成一般包括比较机构、控制器，被控对象、执行机构和测量变送器四个环节组成。

1）比较、控制器

目前控制系统的控制器主要包括PLC、DCS、FCS等主控制系统。在底层应用最多的就是PLC控制系统，一般大中型控制系统中要求分散控制、集中管理的场合就会采用DCS控制系统，FCS系统主要应用在大型系统中，它也是21世纪最具发展潜力的现场总线控制系统，与PLC和DCS之间有着千丝万缕的联系。

控制器是现场自动化设备的核心控制器，现场所有设备的执行和反馈、所有参数的采集和下达全部依赖于控制器的指令。

2）被控对象

在自动控制系统中被控对象一般指控制设备或过程（工艺、流程等）等。在自动控制系统中，广义的理解被控对象包括处理工艺、电机、阀门等具体的设备；狭义的理解可以是各设备的输入、输出参数等。

3）执行机构

在自动控制系统中，执行机构主要是系统中的阀门执行器，根据不同的工艺及流程控制，控制器通过输出信号对执行机构进行控制，执行机构发生动作之后信号反馈给控制器，控制器接收到反馈信号后判断执行器完成了指定动作，一次控制完成。

4）测量变送器

测量变送器是将现场设备传感器的非电量信号转换为0～10V或4～20mA标准电信号的一种设备。例如温度、压力、流量、液位、电导率等非电量信号，经过变送器转换后才可以接到PLC等控制器接口，才能最终参与整个系统的参数采集和控制。

典型的应用如V型滤池恒水位控制系统。

在过滤状态，PLC系统进行滤池的恒水位调节，即根据滤池的水位调节清水阀的开度，以确保滤池水位的基本恒定。滤格水位的控制是一个典型的闭环控制系统，控制过程是：具有参数可调的PID方程根据设定值和过程变量输入之间的误差，经运算后把输出信号传送给输出附加处理程序，再输出给控制阀，对整个过程进行控制。即实际水位比设定水位的值大得越多，输出的开度就越大。开度增大的数值是由一定累积时间内水位上升的速度及实际水位和设定水位的差共同决定的。表现为进水流速越快，清水出水阀开度越大，反之亦然。PID方程计算的目标是把受控的过程变量保持在设定值。附加值可作为补偿添加到输出控制中。输出附加处理程序是把PID方程的运算输出按一定的规律输出给清水阀。

（2）传递函数与频率特性

1）传递函数

线性定常系统传递函数的定义：系统初始条件为零时，输出变量的拉普拉斯变换与输入变量的拉普拉斯变换之比，称为系统的传递函数。

记作：

$$\frac{Y(s)}{U(s)} = G(s) \text{ 或 } Y(s) = G(s)U(s) \tag{3-1}$$

传递函数是经典控制理论中最重要的数学模型之一。利用传递函数，可以做到：

① 不必求解微分方程就可以研究零初始条件系统在输入作用下的动态过程。

② 了解系统参数或结构变化时系统动态过程的影响。

③ 可以将对系统性能的要求转化为对传递函数的要求。

2）结构图

控制系统方框图又称结构图，是系统数学模型的另一种形式，它不仅能直观形象地表明输入量以及各中间量的传递过程，还能根据等效变换原则，方便地求取系统的传递函数。因此，方框图作为一种数学模型，在控制理论中得到广泛的应用。

将控制系统的各环节的传递函数框图，根据系统的物理原理，按信号传递的关系，依次将各框图正确地连接起来，即为系统的方框图。

方框图是系统的又一种动态数学模型，采用方框图更便于求传递函数，同时能形象直观地表明各信号在系统或元件中的传递过程。

① 结构图的组成

系统的方框图，是由许多对信号进行单向运算的方框和一些信号线组成。包括：

a. 信号线（物理量）：带箭头的线段。表示系统中信号的流通方向，一般在线上标注信号所对应的变量。

b. 引出点：信号引出或测量的位置。

c. 比较点：表示两个或两个以上信号在该点相加（＋）或相减（－）。

d. 方框：表示输入、输出信号之间的动态传递关系。

② 结构图的绘制步骤

a. 首先按照系统的结构和工作原理，分解出各环节，确定各元部件或环节的输入量与输出量，并写出它的传递函数。

b. 绘出各环节的动态框图，框图中标明它的传递函数，并以箭头和字母符号表明其输入量和输出量。

c. 将系统的输入量放在最左边，输出量放在最右边，按照信号的传递顺序把各框图依次连接起来，就构成了系统的动态结构图。

3）频率响应是时间响应的特例，是控制系统对正弦输入信号的稳态正弦响应。即一个稳定的线性定常系统，在正弦信号的作用下，稳态时输出仍是一个与输入同频率的正弦信号，且稳态输出的幅值与相位是输入正弦信号频率的函数。

（3）影响自动控制系统的因素

自动控制的理想目标就是自动控制系统能快速将生产过程稳定在预期状态，实际应用中自动控制系统控制品质会受到测量信号、执行机构特性、被控过程的滞后特性、被控对象的时间常数、生产过程的非线性、时变性和化学反应过程与生化反应过程的本征不稳定影响。

1）信号的测量问题

水生产过程的部分变量很难在线测量，比如净水剂实际配比浓度只能通过现场测量或取样送实验室化验分析才能获得，对于负反馈控制系统而言，它完全依赖于工业生产过程信号测量的准确性。

2）执行器特性

作为一个自动控制系统，由测量环节、控制器、被控过程和执行器四部分组成，执行器的静态和动态特性，直接影响控制系统的品质指标。

3）被控过程的滞后特性

被控过程或被控对象存在各种纯滞后或称时滞。一个控制系统的输出作用希望能尽快在被控变量中反映出来，然而由于纯滞后的存在，其动态响应不及时，影响控制品质。

4）被控对象的时间常数不一样

如流量控制的被控对象时间常数小，而加热炉则时间常数大，时间常数大小将影响到自动控制的品质。

5）非线性特性

工业生产过程一般都具有非线性的特性，这种非线性特性使得控制校正和扰动在不同的工作区域会有不同的作用特性。

6）时变性

例如生物发酵过程，生物质浓度的增长随着时间而变化，相应的原料消耗与产物的形成都是时间的函数。

7）本征不稳定性

一些化学反应过程与生化反应过程，在某些操作范围内系统本身是不稳定的，如果过程进入不稳定的操作区域，其过程变量的变化，如化学反应温度与压力，可能会以指数形式增加，在这时候系统可能会进入循环振荡而不稳定，这时自动控制系统会显得无能为力。

3.3　自动控制系统的性能要求和指标

（1）控制系统性能的基本要求

一个理想的控制系统，系统的输入量和输出量应时时相对应，运行中没有偏差，完全不受干扰的影响。而实际上，由于机械质量和惯量的存在，电路中储能元件存在，以及能源的功率限制，使得运动部件的加速度不会太大，速度和位移不能突变，所以当系统输入量变化或有干扰信号作用时，其输出量可能要经历一个逐渐变化的过程才能到达一个稳定值。系统受到外加信号作用后，输出量随时间变化的全过程称为动态过程。输出量处于相对稳定的状态，称为静态或稳态。

系统的动态品质和稳态性能可用相应的指标衡量。工程上常从稳定性（简称“稳”）、快速性（简称“快”）和准确性（简称“准”）三个方面分析系统的性能。通常用系统的稳定性、稳态特性和动态特性来描述。

1）稳定性

稳定性是指系统重新恢复平衡状态的能力。当系统受到外作用后产生振荡，输出量将会偏离原来的稳定值，这时，通过系统的反馈调节作用，系统可能回到（或接近）原来的稳定值（或跟随给定量）稳定下来，如图3-3所示，则该系统是稳定的。但也可能系统不能抑制振荡，输出是发散的，如图3-4所示，即系统不稳定。不稳定的控制系统无法完成正常的控制任务，甚至会损害设备，造成事故。因此，对任何控制系统，系统正常工作的首要条件是其必须是稳定系统。

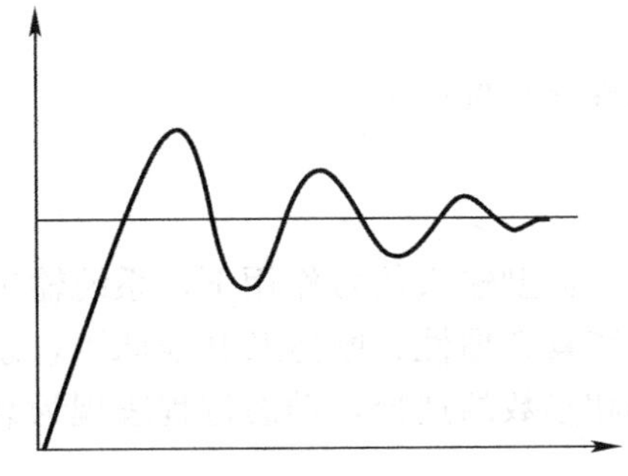

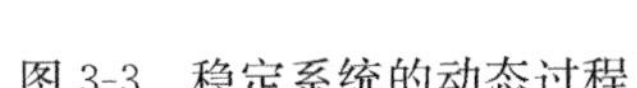

图 3-3 稳定系统的动态过程

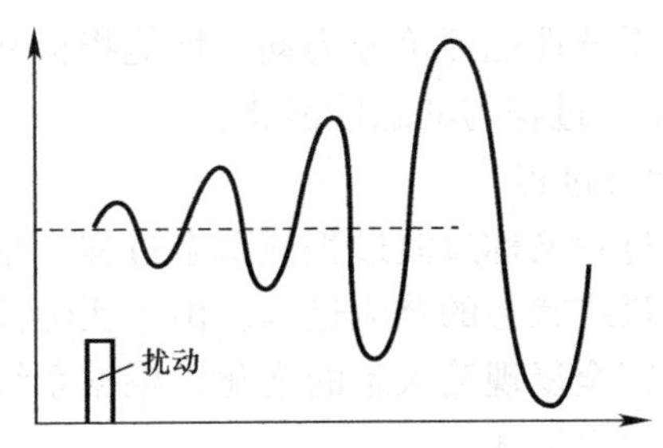

图 3-4 不稳定系统的动态过程

2）快速性

快速性是指系统动态过程经历时间的长短。表征这个动态过渡过程的性能指标称为动态性能指标（又称为动态响应指标）。动态过渡过程时间越短，系统的快速性越好，即具有较高的动态精度。

3）准确性

准确性指过渡过程结束后被控制量与希望值接近的程度，通常也叫作系统的稳态性能指标，用稳态误差来表示。所谓稳态误差，指的是动态过程结束后系统又进入稳态，此时系统输出量的期望值和实际值之间的偏差值。它表明了系统控制的准确程度。稳态误差越小，则系统的稳态精度越高。若稳态误差为零，则系统称为无差系统；若稳态误差不为零，则系统称为有差系统，如图 3-5 所示。

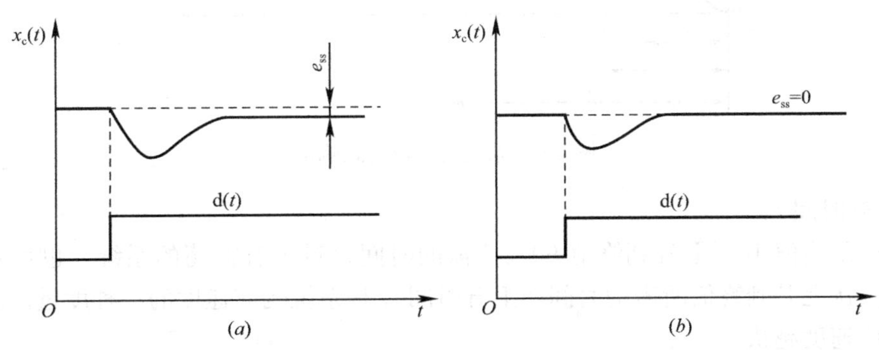

图 3-5 自动控制系统的稳态性能
（a）有差系统；（b）无差系统

考虑到控制系统的动态过程在不同阶段的特点，工程上常常从稳、快、准三个方面来评价系统的总体精度。例如，恒值控制系统对准确性要求较高，随动控制系统则对快速性要求较高。同一系统中，稳定性、快速性和准确性往往是相互制约的。提高了快速性，可能增大振荡幅值，加剧了系统的振荡，甚至引起不稳定；而改善了稳定性又有可能使过渡过程变得缓慢，增长了过渡时间，甚至导致稳态误差增大，降低了系统的精度。所以，需要根据具体控制对象所提出的要求，在保证系统稳定的前提下，对其中的某些指标有所侧重，同时又要注意兼顾其他性能指标。此外，在考虑提高系统的性能指标的同时，还要考虑到系统的可靠性和经济性。

（2）控制过程的性能指标

控制系统性能评价分为动态性能指标和稳态性能指标两类。

1）动态过程与动态性能指标

① 动态过程

动态过程又称过渡过程或瞬态过程，指系统在典型输入信号作用下，系统输出量从初始状态到最终状态的响应过程。由于实际控制系统具有惯性、摩擦及其他原因，系统输出量不可能完全复现输入量的变化。根据系统结构和参数的选择，动态过程表现为衰减、发散等幅振荡等形式。

② 动态性能

系统的动态过程提供系统稳定性、响应速度及阻尼情况，由动态性能指标描述。通常在阶跃函数作用下，测定或计算系统的动态性能。描述稳定的系统在单位阶跃函数的作用下，动态过程随时间 t 的变化状况的指标，称为动态性能指标。系统的单位阶跃响应如图 3-6 所示。

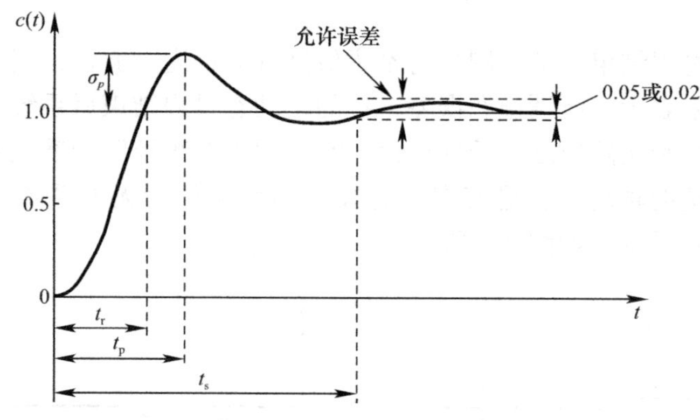

图 3-6 系统的单位阶跃响应

③ 上升时间 t_r

指响应从终值 10%上升到终值 90%所需的时间；对于有振荡的系统，也可定义为响应从零第一次上升到终值所需的时间。上升时间 t_r 是系统响应速度的一种度量。上升时间越短，响应速度越快。

④ 峰值时间 t_p

指响应超过其终值达到第一个峰值所需的时间。上升时间 t_p 是系统响应速度的一种度量。

⑤ 调节时间 t_s

指响应到达并保持在终值±5%（或±2%）内所需的最短时间。调节时间 t_s 是评价系统响应速度和阻尼程度的综合指标。

超调量（overshoot）：$\sigma\%$

指响应的最大偏离量 $c(t_p)$ 与终值 $c(\infty)$ 之比的百分数，即：

$$\sigma\% = \frac{c(t_p) - c(\infty)}{c(\infty)} \times 100\% \tag{3-2}$$

若 $c(t_p) < c(\infty)$，则响应无超调。$\sigma\%$评价系统的阻尼程度。

2）稳态过程和稳态指标

① 稳态过程

稳态过程指系统在典型输入信号作用下，当时间 t 趋于无穷时，系统输出量的表现方式。稳态过程又称为稳态响应，表征系统输出量最终复现输入量的程度，提供系统有关稳态误差的信息，用稳态性能描述。

② 稳态性能——稳态误差

稳态误差是描述系统稳态性能的一种性能指标，通常在阶跃函数、斜坡函数或加速度函数作用下进行测定或计算。若时间区域无穷时，系统的输出量不等于输入量或者输入量的确定函数，则系统存在稳态误差。稳态误差是系统控制精度或抗扰动能力的一种度量。

3.4 自动控制系统的控制方法

（1）自适应控制

在日常生活中，所谓自适应是指生物能改变自己的习性以适应新的环境的一种特征。因此，直观地说，自适应控制系统是一种能够连续测量输入信号和系统特征的变化，自动地改变系统的结构与参数，使系统具有适应环境变化并始终保持优良品质的自动控制系统。例如飞机特性随飞行高度和气流速度而变化；轧机张力随卷板机卷绕钢板多少而变化等。在这些情况下，普通固定结构的反馈自动控制系统就不能满足需要了，它们只能采用自适应控制系统。

自适应控制的研究对象是具有一定程度不确定性的系统，这里所谓的“不确定性”是指描述被控对象及其环境的数学模型不是完全确定的，其中包含一些未知因素和随机因素。

任何一个实际系统都具有不同程度的不确定性，这些不确定性有时表现在系统内部，有时表现在系统的外部。从系统内部来讲，描述被控对象的数学模型的结构和参数，设计者事先并不一定能准确知道。作为外部环境对系统的影响，可以等效地用许多扰动来表示。这些扰动通常是不可预测的。此外，还有一些测量时产生的不确定因素进入系统。面对这些客观存在的各式各样的不确定性，如何设计适当的控制作用，使得某一指定的性能指标达到并保持最优或者近似最优，这就是自适应控制所要研究解决的问题。

自适应控制和常规的反馈控制和最优控制一样，也是一种基于数学模型的控制方法，所不同的只是自适应控制所依据的关于模型和扰动的先验知识比较少，需要在系统的运行过程中去不断提取有关模型的信息，使模型逐步完善。具体地说，可以依据对象的输入输出数据，不断地辨识模型参数，这个过程称为系统的在线辨识。随着生产过程的不断进行，通过在线辨识，模型会变得越来越准确，越来越接近于实际。既然模型在不断地改进，显然，基于这种模型综合出来的控制作用也将随之不断地改进。在这个意义下，控制系统具有一定的适应能力。比如说，当系统在设计阶段，由于对象特性的初始信息比较缺乏，系统在刚开始投入运行时可能性能不理想，但是只要经过一段时间的运行，通过在线辨识和控制以后，控制系统逐渐适应，最终将自身调整到一个满意的工作状态。再比如某些控制对象，其特性可能在运行过程中要发生较大的变化，但通过在线辨识和改变控制器参数，系统也能逐渐适应。

常规的反馈控制系统对于系统内部特性的变化和外部扰动的影响都具有一定的抑制能力，但是由于控制器参数是固定的，所以当系统内部特性变化或者外部扰动的变化幅度很大时，系统的性能常常会大幅度下降，甚至是不稳定。所以对那些对象特性或扰动特性变化范围很大，同时又要求经常保持高性能指标的一类系统，采取自适应控制是合适的。但是同时也应当指出，自适应控制比常规反馈控制要复杂的多，成本也高得多，因此只是在用常规反馈达不到所期望的性能时才会考虑采用。

（2）模糊控制与智能控制

1）模糊控制

利用模糊数学的基本思想和理论的控制方法。在传统的控制领域里，控制系统动态模式的精确与否是影响控制优劣的最主要关键，系统动态的信息越详细，则越能达到精确控制的目的。然而，对于复杂的系统，由于变量太多，往往难以正确地描述系统的动态，于是工程师便利用各种方法来简化系统动态，以达成控制的目的，但却不尽理想。换言之，传统的控制理论对于明确系统有强而有力的控制能力，但对于过于复杂或难以精确描述的系统，则显得无能为力了。因此便尝试着以模糊数学来处理这些控制问题。

“模糊”是人类感知万物、获取知识、思维推理、决策实施的重要特征。“模糊”比“清晰”所拥有的信息容量更大，内涵更丰富，更符合客观世界。

美国的L. A. Zadeh创立的模糊数学，对不明确系统的控制有极大的贡献，自20世纪70年代以后，一些实用的模糊控制器的相继出现，使得我们在控制领域中又向前迈进了一大步，下面本文将对模糊控制理论做一番浅介。

模糊逻辑控制（Fuzzy Logic Control）简称模糊控制（Fuzzy Control），是以模糊集合论、模糊语言变量和模糊逻辑推理为基础的一种计算机数字控制技术。1965年，美国的L. A. Zadeh创立了模糊集合论；1973年他给出了模糊逻辑控制的定义和相关的定理。1974年，英国的E. H. Mamdani首次根据模糊控制语句组成模糊控制器，并将它应用于锅炉和蒸汽机的控制，获得了实验室的成功。这一开拓性的工作标志着模糊控制论的诞生。

模糊控制实质上是一种非线性控制，从属于智能控制的范畴。模糊控制的一大特点是既有系统化的理论，又有大量的实际应用背景。模糊控制的发展最初在西方遇到了较大的阻力；然而在东方尤其是日本，得到了迅速而广泛的推广应用。近20多年来，模糊控制不论在理论上还是技术上都有了长足的进步，成为自动控制领域一个非常活跃而又硕果累累的分支。其典型应用涉及生产和生活的许多方面，例如在家用电器设备中有模糊洗衣机、空调、微波炉、吸尘器、照相机和摄录机等；在工业控制领域中有水净化处理、发酵过程、化学反应釜、水泥窑炉等；在专用系统和其他方面有地铁靠站停车、汽车驾驶、电梯、自动扶梯、蒸汽引擎以及机器人的模糊控制。

2）智能控制

智能控制是具有智能信息处理、智能信息反馈和智能控制决策的控制方式，是控制理论发展的高级阶段，主要用来解决那些用传统方法难以解决的复杂系统的控制问题。智能控制研究对象的主要特点是具有不确定性的数学模型、高度的非线性和复杂的任务要求。

1967年首次正式使用“智能控制”一词。随着研究的展开和深入，形成智能控制新学科的条件逐渐成熟。1985 年 8 月，IEEE 在美国纽约召开了第一届智能控制学术讨论会，讨论了智能控制原理和系统结构。由此，智能控制作为一门新兴学科得到广泛认同，并取得迅速发展。

近十几年来，随着智能控制方法和技术的发展，智能控制迅速走向各种专业领域，应用于各类复杂被控对象的控制问题，如工业过程控制系统、机器人系统、现代生产制造系统、交通控制系统等。

智能控制具有以下基本特点：

① 智能控制的核心是高层控制，能对复杂系统（如非线性、快时变、复杂多变量、环境扰动等）进行有效的全局控制，实现广义问题求解，并具有较强的容错能力。

② 智能控制系统能以知识表示的非数学广义模型和以数学表示的混合控制过程，采用开闭环控制和定性决策及定量控制结合的多模态控制方式。

③ 其基本目的是从系统的功能和整体优化的角度来分析和综合系统。以实现预定的目标。智能控制系统具有变结构特点，能总体自寻优。具有自适应、自组织、自学习和自协调能力。

④ 智能控制系统具有足够的关于人的控制策略、被控对象及环境的有关知识以及运用这些知识的能力。

⑤ 智能控制系统有补偿及自修复能力和判断决策能力。

3.5 常用 PID 控制算法

（1）比例控制算法

自动控制系统是利用负反馈原理构成，即采用偏差信号 ΔU 进行控制，也就是说，偏差信号 ΔU 是产生控制作用的主要信号源。如图 3-7 所示，是一种运算放大器组成的比例控制器原理图。

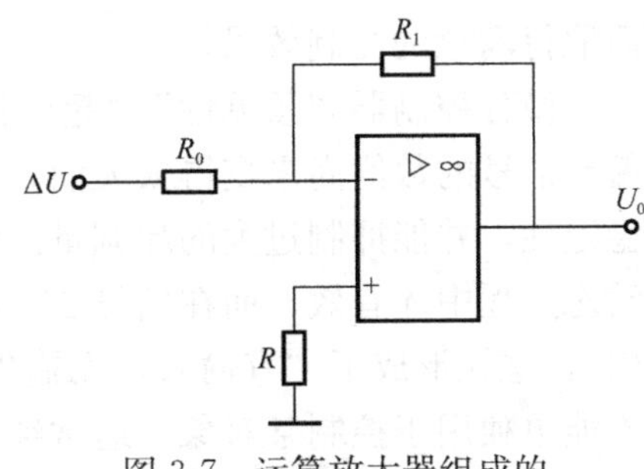

图 3-7 运算放大器组成的比例控制器原理图

1）原理分析

比例控制器是指控制器的输出量 U_0 与输入量（偏差）ΔU 的大小成正比，可得：

$$U_0 = K_P \Delta U \tag{3-3}$$

其中，K_P 称为控制器的比例系数，从上式中可知 U_0 与输入信号 ΔU 存在着一一对应关系。

2）比例控制器的特点

由此可见，比例控制器的优点为：一旦偏差 ΔU 出现，控制器的输出 U_0 立即随之变化，响应及时，没有丝毫的时间滞后，说明比例控制具有作用及时、快速、控制作用强的优点。而且 K_P 越大，系统的静差就越小，对提高控制精度有好处，但是要注意，K_P 值过大将会导致瞬态响应过程出现剧烈的振荡，甚至造成系统的不稳定。

从公式（3-3）可以看出，当输入偏差 ΔU 为零，则比例（P）控制器的输出 U_0 亦为零，控制器推动控制作用，系统无法正常运行，因此，在工程设计中，对于高质量的控制系统，一般不单独使用比例控制，而常常将比例控制规律与其他控制规律一起使用，如比例积分（PI）、比例微分（PD）、比例积分微分（PID）等。

注意：无论控制规律如何组合，根据反馈控制系统按偏差进行控制的特点，比例控制必不可少，也就是说，在各控制规律组合中，比例控制是主控制，而其他如积分、微分则为附加控制。

（2）比例积分控制算法

在积分控制中，控制器的输出与输入误差信号的积分成正比关系。对一个自动控制系统，如果在进入稳态后存在稳态误差，则称这个控制系统是有稳态误差的或简称有差系统。为了消除稳态误差，在控制器中必须引入“积分项”。积分控制虽能消除静差，但控制过程慢，而比例控制速度快，但有静差，两种控制器的优缺点相反。如果将两者合理组合，取长补短，则可获得一种较理想的控制规律。比例积分控制器就是这样形成的。PI控制器的输出U_0实际上是比例和积分两个分量相加而成，只要改变R_1和C_1的值，就可方便地改变PI控制器的积分时间$T_1=R_1C_1$，从而取得满意的控制效果。

（3）比例微分控制算法

在微分控制中，控制器的输出与输入误差信号的微分（即误差的变化率）成正比关系。自动控制系统在克服误差的调节过程中可能会出现振荡甚至失稳。其原因是存在有较大惯性组件（环节）或有滞后（delay）组件，具有抑制误差的作用，其变化总是落后于误差的变化。解决的办法是使抑制误差作用的变化“超前”，即在误差接近零时，抑制误差的作用就应该是零。这就是说，在控制器中仅引入“比例”项往往是不够的，比例项的作用仅是放大误差的幅值，而目前需要增加的是“微分项”，它能预测误差变化的趋势，这样，具有比例＋微分的控制器，就能够提前使抑制误差的控制作用等于零，甚至为负值，从而避免了被控量的严重超调。所以对有较大惯性或滞后的被控对象，比例微分（PD）控制器能改善系统在调节过程中的动态特性。PD控制器的输出U_0实际上是比例和微分两个分量相加而成，只要改变R_1和C_0的值，就可方便地改变PD控制器的微分时间T_D，从而取得满意的控制效果。

微分控制器“预见性”“超前性”优点，能反映出偏差的大小及其变化趋势，并能在偏差信号的数值尚未变得太大前，在系统中引进一个有效的早期修正信号，有助于系统的稳定性，并能抑制过大的超调量。但必须指出，由于纯微分控制作用只是在ΔU变化着的瞬态过程中才有效，而在信号ΔU不变化或变化极其缓慢的稳态情况下将完全失效（无输出），这就形成了“有输入，无输出”的状态。所以，单纯的微分控制器在任何情况下都不能单独用于控制某对象。通常纯微分控制总是和比例控制组合在一起形成比例微分PD控制器。

（4）比例积分微分控制算法

从比例（P）、积分（I）、微分（D）控制器的特点看，若将比例、积分、微分控制结合起来，形成比例积分微分控制（简称PID控制），将会得到更完善的控制效果。

1）原理分析

如前所述，我们可以得出PID控制器的定义为：控制器的输出U_0既与偏差信号ΔU成正比，又与偏差信号ΔU对时间的积分成正比，还与偏差信号ΔU的一阶导数成正比。

PID控制规律表达式为：

$$U_0 = K_P\left(\Delta U + \frac{1}{T_1}\int_0^t \Delta U \mathrm{d}t + T_D \frac{\mathrm{d}\Delta U}{\mathrm{d}t}\right) \tag{3-4}$$

如图 3-8 所示为一种由运算放大器组成的 PID 控制器原理图及其输入输出特性。

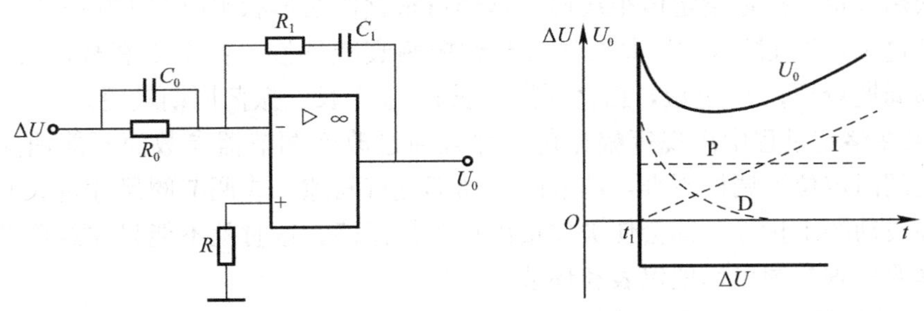

图 3-8 控制器原理图及其输入输出特性

2）PID 控制器的特点

该电路的输出特性 U_0 为 P、I、D 三个输出信号之和。从其输出曲线可见，从 $t=t_1$ 开始，比例作用（P）就始终存在，它是 PID 控制的基本分量；微分作用（D）在 t_1 的瞬间有很大的输出，具有超前作用，迫使系统强烈调节，然后逐渐消失，进入了“有输入，无输出”的状态；积分作用则在开始时作用不明显，但随着时间的推移，其作用逐渐增大，呈现出主要控制作用，直至系统静差消失为止。

由于 PID 控制规律全面地综合了比例、积分、微分控制的优点，故 PID 控制器是一种相当完善的控制器。PID 控制不但可以实现控制系统无静差，而且具有比 PI 控制更快的动态响应速度。因而，PID 控制在实际工程中得到了极其广泛的应用。

（5）PID 控制参数整定方法

采用 PID 控制时，人们常提及控制器参数的整定，以便使系统达到最佳控制效果。参数整定的方法较多，其中不少是理论研究的成果，并已在工程实践中予以采用，另外，参数整定的另一方法是经验整定法，其实是一种经验试凑法，是工程技术人员在长期生产实践中总结出来的经验。

PID 参数整定方法就是确定调节器的比例带 PB、积分时间 T_i 和和微分时间 T_d。一般可以通过理论计算来确定，但误差太大。目前，应用最多的还是工程整定法，如经验法、衰减曲线法、临界比例带法和反应曲线法。各种方法的大体过程如下：

1）经验法又叫现场凑试法，即先确定一个调节器的参数值 PB 和 T_i，通过改变给定值对控制系统施加一个扰动，现场观察判断控制曲线形状。若曲线不够理想，可改变 PB 或 T_i，再画控制过程曲线，经反复凑试直到控制系统符合动态过程品质要求为止，这时的 PB 和 T_i 就是最佳值。如果调节器是 PID 三作用式，那么要在整定好的 PB 和 T_i 的基础上加进微分作用。由于微分作用有抵制偏差变化的能力，所以确定一个 T_d 值后，可把整定好的 PB 和 T_i 值减小一点再进行现场凑试，直到 PB、T_i 和 T_d 取得最佳值为止。显然用经验法整定的参数是准确的。但花时间较多。

为缩短整定时间，应注意以下几点：

① 根据控制对象特性确定好初始的参数值 PB、T_i 和 T_d。可参照在实际运行中的同类控制系统的参数值，使确定的初始参数尽量接近整定的理想值。这样可大大减少现场凑试的次数。

② 在凑试过程中，若发现被控量变化缓慢，不能尽快达到稳定值，这是由于 PB 过大

或 T_i 过长引起的，但两者是有区别的：PB 过大，曲线漂浮较大，变化不规则，T_i 过长，曲线带有振荡分量，接近给定值很缓慢。这样可根据曲线形状来改变 PB 或 T_i。

③ PB 过小，T_i 过短，T_d 太长都会导致振荡衰减得慢，甚至不衰减，其区别是 PB 过小，振荡周期较短；T_i 过短，振荡周期较长；T_d 太长，振荡周期最短。

④ 如果在整定过程中出现等幅振荡，并且通过改变调节器参数而不能消除这一现象时，可能是阀门定位器调校不准，调节阀传动部分有间隙（或调节阀尺寸过大）或控制对象受到等幅波动的干扰等，都会使被控量出现等幅振荡。这时就不能只注意调节器参数的整定，而是要检查与调校其他仪表和环节。

2）衰减曲线法是以 4∶1 衰减作为整定要求的，先切除调节器的积分和微分作用，用凑试法整定纯比例控制作用的比例带 PB（比同时凑试两个或三个参数要简单得多），使之符合 4∶1 衰减比例的要求，记下此时的比例带 PB_s 和振荡周期 T_S。如果加进积分和微分作用，可按经验公式进行计算。若按这种方式整定的参数作适当的调整。对有些控制对象，控制过程进行较快，难以从记录曲线上找出衰减比。这时，只要被控量波动 2 次就能达到稳定状态，可近似认为是 4∶1 的衰减过程，其波动一次时间为 T_S。

3）临界比例带法，用临界比例带法整定调节器参数时，先要切除积分和微分作用，让控制系统以较大的比例带，在纯比例控制作用下运行，然后逐渐减小 PB，每减小一次都要认真观察过程曲线，直到达到等幅振荡时，记下此时的比例带 PB_k（称为临界比例带）和波动周期 T_k，然后经验公式求出调节器的参数值。按该表算出参数值后，要把比例带放在比计算值稍大一点的值上，把 T_i 和 T_d 放在计算值上，进行现场观察，如果比例带可以减小，再将 PB 放在计算值上。这种方法简单，应用比较广泛。但对 PB_k 很小的控制系统不适用。

4）反应曲线法，前三种整定调节器参数的方法，都是在预先不知道控制对象特性的情况下进行的。如果知道控制对象的特性参数，即时间常数 T、时间迟延 ξ 和放大系数 K，则可按经验公式计算出调节器的参数。利用这种方法整定的结果可达到衰减率 $\phi=0.75$ 的要求。

第 4 章　电工与电子学知识

4.1　基本电路

4.1.1　电路模型及电路元件

电路是电流的流通路径，它是由一些电气设备和元器件按一定方式连接而成的。

电路的组成方式不同，功能也就不同。电路的一种作用是实现电能的传输和转换，各类电力系统就是典型实例。图 4-1（*a*）是一种简单的实际电路，它由干电池、开关、小灯泡和连接导线等组成。当开关闭合时，电路中有电流通过，小灯泡发光，干电池向电路提供电能；小灯泡是耗能器件，它把电能转化为热能和光能；开关和连接导线的作用是把干电池和小灯泡连接起来，构成电流通路。

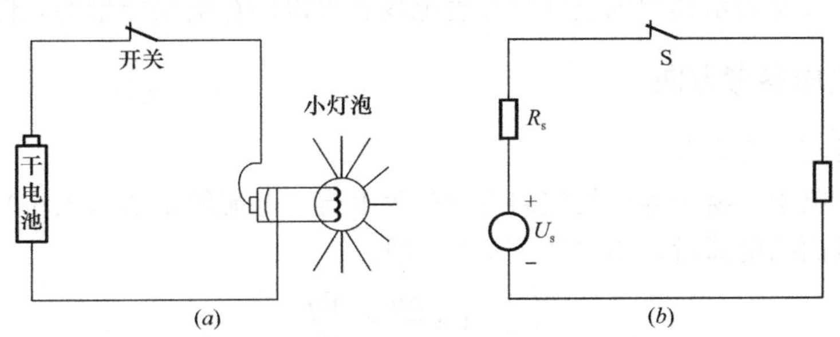

图 4-1　实际电路与电路模型

（*a*）实际电路；（*b*）电路模型

电路的另一种作用是实现信号的处理，收音机和电视机电路就是这类实例。收音机和电视机中的调谐电路是用来选择所需要的信号的。由于收到的信号很弱，因此需要采用放大电路对信号进行放大。调谐电路和放大电路的作用就是完成对信号的处理。

电路中提供电能或信号的器件称为电源，如图 4-1（*a*）中的干电池。电路中吸收电能或输出信号的器件称为负载，如图 4-1（*a*）中的小灯泡。在电源与负载之间引导控制电流的导线和开关等是传输控制器件。

（1）电路模型

实际电路可以用一个或若干个理想电路元件经理想导体连接起来进行模拟，这便构成了电路模型。图 4-1（*b*）是图 4-1（*a*）的电路模型示意图。实际器件和电路的种类繁多，而理想电路元件只有有限的几种，用理想电路元件建立的电路模型将使电路的研究大大简化。建立电路模型时应使其外部特性与实际电路的外部特性尽量近似，但两者的性能不可能完全相同。同一实际电路在不同条件下往往要求用不同的电路模型来表示。例如，一个线圈在低频时可以只考虑其中的磁场和耗能，甚至有时只考虑磁场就可以了，但在高频时则应考虑电场的影响，而在直流时就只需考虑耗能了。所以建立电路模型一般应指明它们的工作条件。

在电路理论中，我们研究的是由理想元件所构成的电路模型及其一般性质。借助于这种理想化的电路模型可分析和研究实际电路——无论它是简单的还是复杂的，都可以通过理想化的电路模型来充分描述。

（2）电路元件

组成电路的实际电气元器件是多种多样的，其电磁性能的表现往往是相互交织在一起的。在研究时，为了便于分析，常常在一定条件下对实际器件加以理想化，只考虑其中起主要作用的某些电磁现象，而将次要现象忽略，或者将一些电磁现象分别表示。

在一定的条件下，我们用足以反映其主要电磁性能的一些理想电路元件或它们的组合来模拟实际电路中的器件。理想电路元件是一种理想化的模型，简称为电路元件。每一种电路元件只表示一种电磁现象，具有某种确定的电磁性能和精确的数学定义。

我们常见的电路元件是一些所谓的集中参数元件，元件特性由其端点上的电流和电压来确切表示。当构成电路的元件及电路本身的尺寸远小于电路工作时的电磁波的波长时，这些元件称为集中参数元件。由集中参数元件组成的电路称为集中参数电路。例如，电阻元件是表示消耗电能的元件；电感元件是表示其周围空间存在着磁场且可以储存磁场能量的元件；电容元件是表示其周围空间存在着电场且可以储存电场能量的元件等。

4.1.2　电流电压参考方向

（1）电流及其参考方向

带电粒子（电子、离子等）的定向运动称为电流。电流的量值（大小）等于单位时间内穿过导体横截面的电荷量，用符号 i 表示，即：

$$i=\lim_{\Delta t\to 0}\frac{\Delta q}{\Delta t}=\frac{\mathrm{d}q}{\mathrm{d}t} \tag{4-1}$$

式中，Δq 为极短时间 Δt 内通过导体横截面的电荷量。

电流的实际方向为正电荷的运动方向。

当电流的量值和方向都不随时间变化时，$\mathrm{d}q/\mathrm{d}t$ 为定值，这种电流称为直流电流，简称直流（DC）。直流电流常用英文大写字母 I 表示。对于直流，公式（4-1）可写成：

$$I=\frac{q}{t} \tag{4-2}$$

式中，q 为时间 t 内通过导体横截面的电荷量。

量值和方向随着时间周期性变化的电流称为交流电流，常用英文小写字母 i 表示。

在国际单位制（SI）中，电流的 SI 主单位是安［培］，符号为 A。常用的电流的十进制倍数和分数单位有千安（kA）、毫安（mA）、微安（μA）等，它们之间的换算关系是：

$$1\mathrm{A}=10^{3}\mathrm{mA}=10^{6}\mu\mathrm{A}$$

在复杂电路的分析中，电路中电流的实际方向很难预先判断出来。有时，电流的实际方向还会不断改变。因此，很难在电路中标明电流的实际方向。为此，在分析与计算电路时，常可任意规定某一方向作为电流的参考方向或正方向，并用箭头表示在电路图上。规定了参考方向以后，电流就是一个代数量了，若电流的实际方向与参考方向一致，如图 4-2（a）所示，则电流为正值；若两者相反，如图 4-2（b）所示，则电流为负值。这样，就可以利用电流的参考方向和正、负值来判断电流的实际方向。应当注意，在未规定参考方向的情况下，电流的正、负号是没有意义的。

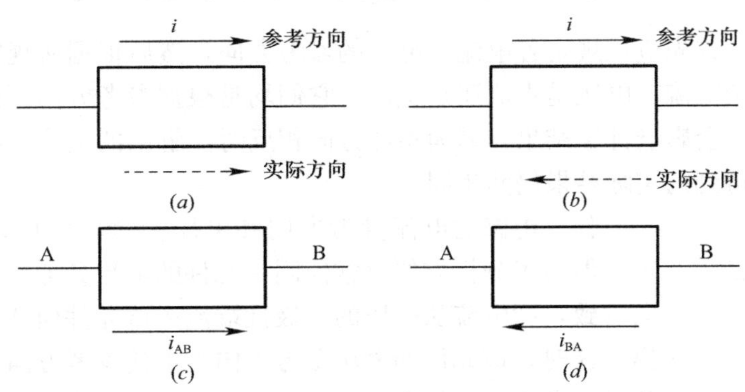

图 4-2 电流的参考方向

（a）电流的实际方向与参考方向一致；（b）电流的实际方向与参考方向相反；

（c）用 i_{AB}表示参考方向为由 A 指向 B；（d）用 i_{BA}表示参考方向为由 B 指向 A

电流的参考方向除用箭头在电路图上表示外，还可用双下标表示，如对某一电流，用 i_{BA}表示其参考方向为由 A 指向 B，如图 4-2（c）所示，用 i_{BA}表示其参考方向为由 B 指向 A，如图 4-2（d）所示。

（2）电压及其参考方向

当导体中存在电场时，电荷在电场力的作用下运动，电场力对运动电荷做功，运动电荷的电能将减少，电能转化为其他形式的能量。电路中 A、B 两点间的电压是单位正电荷在电场力的作用下由 A 点移动到 B 点所减少的电能，即

$$u_{AB}=\lim_{\Delta q\to 0}\frac{\Delta W_{AB}}{\Delta q}=\frac{dW_{AB}}{dq} \tag{4-3}$$

式中 Δq——由 A 点移动到 B 点的电荷量

ΔW_{AB}——移动过程中电荷所减少的电能。

电压的实际方向是使正电荷电能减少的方向，当然也是电场力对正电荷做功的方向。

在国际单位制中，电压的 SI 单位是伏［特］，符号为 V。常用的电压的十进制倍数和分数单位有千伏（kV）、毫伏（mV）、微伏（μV）等。

量值和方向都不随时间变化的直流电压用大写字母 U 表示。量值和方向随着时间周期性变化的交流电压用小写字母 u 表示。

与电流类似，在电路分析中也要规定电压的参考方向，通常用下面两种方式表示：

1）采用正（+）、负（－）极性表示，称为参考极性，如图 4-3（a）所示。这时，从正极性端指向负极性端的方向就是电压的参考方向。

2）采用实线箭头表示，如图 4-3（b）所示。

电压的参考方向指定之后，电压就是代数量。当电压的实际方向与参考方向一致时电压为正值；当电压的实际方向与参考方向相反时，电压为负值。

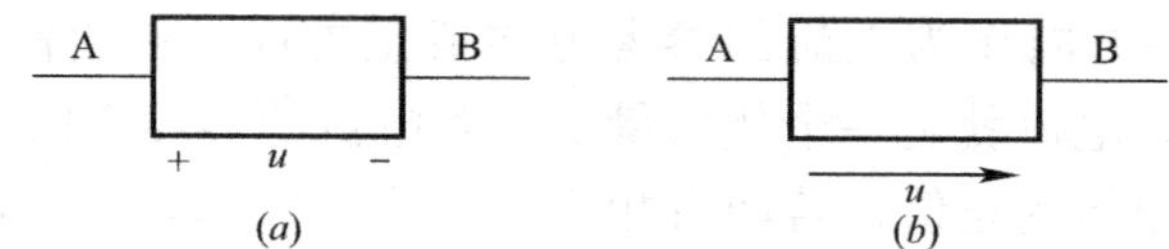

图 4-3　电压的参考方向

（a）采用正（+），负（−）极性表示；（b）采用实线箭头表示

分析电路时，首先应该规定各电流、电压的参考方向，然后根据所规定的参考方向列写电路方程。不论电流、电压是直流还是交流，它们均是根据参考方向写出的。参考方向可以任意规定，不会影响计算结果，因为参考方向相反时，解出的电流、电压值也要改变正、负号，最后得到的实际结果仍然相同。

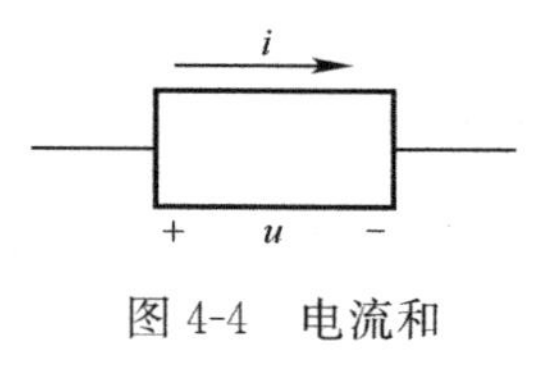

图 4-4　电流和电压参考方向

任一电路的电流参考方向和电压参考方向可以分别独立地规定。但为了分析方便，常使同一元件的电流参考方向与电压参考方向一致，即电流从电压的正极性端流入该元件而从它的负极性端流出。这时，该元件的电压参考方向与电流参考方向是一致的，称为关联参考方向，如图 4-4 所示。

4.1.3　电压源与电流源

电压源和电流源是两种有源元件。电压源是一个理想二端元件，其图形符号如图 4-5 所示，电压源特点为：电源两端电压由电源本身决定，与外电路无关。u_s 为电压源的电压，“+”“−”为电压的参考极性。

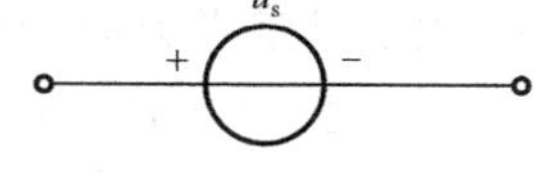

图 4-5　电压源电路符号

电压 u_s 是某种给定的时间函数，与通过电压源的电流无关。因此电压源具有以下两个特点：

（1）电压源对外提供的电压 $u(t)$ 是某种确定的时间函数，不会因所接的外电路不同而改变，即 $u(t)=u_s(t)$。

（2）通过电压源的电流 $i(t)$ 随外接电路不同而不同。

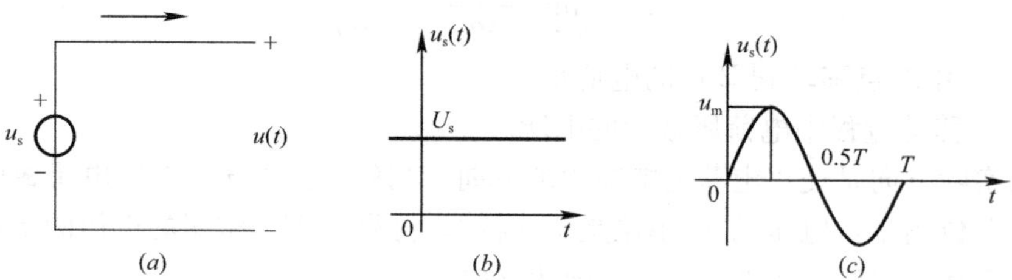

图 4-6　电压源电压波形

（a）电压源；（b）直流电压源电压波形曲线；（c）正弦交流电压源波形曲线

常见的电压源有直流电压源和正弦交流电压源。直流电压源的电压 u_s 是常数，即 $u_s=U_s$（U_s 是常数）。直流电压源电压的波形曲线如图 4-6（b）所示。正弦交流电压源的电压 $u_s(t)$ 为

$$u_s(t) = U_m \sin\omega t \tag{4-4}$$

正弦交流电压源的波形曲线如图 4-6（c）所示。

直流电压源的伏安特性如图 4-7 所示，它是一条与电流轴平行且纵坐标为 u_s 的直线，

表明其端电压恒等于 u_s，与电流大小无关。当电流为零，亦即电压源开路时，其端电压仍为 U_s。

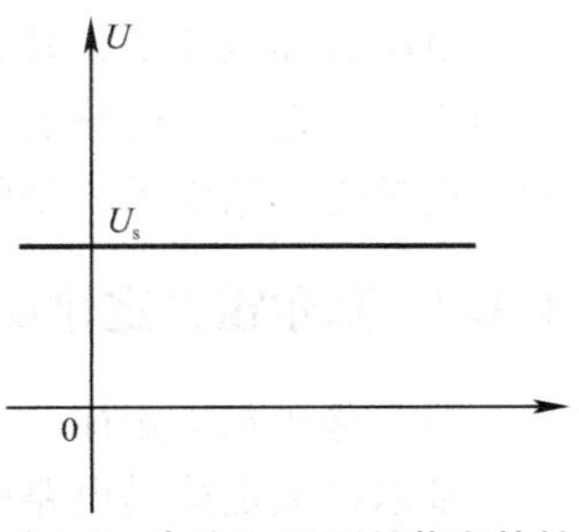

图 4-7 直流电压源的伏安特性

如果一个电压源的电压 $U_s=0$，则此电压源的伏安特性为与电流轴重合的直线，它相当于短路。电压为零的电压源相当于短路。

电压源发出的功率为：

$$P = u_s i \tag{4-5}$$

$P>0$ 时，电压源实际上是发出功率，电流实际方向是从电压源的低电位端流向高电位端；$P<0$ 时，电压源实际上是接受功率，电流的实际方向是从电压源的高电位端流向低电位端，电压源是作为负载出现的。电压源中电流可以从 0 变化到∞。

实际电压源其端电压会随电流的变化而变化。当电池接上负载电阻时，其端电压会降低，这是电池有内阻的缘故。

电流源也是一个理想二端元件，图形符号如图 4-8（a）所示。

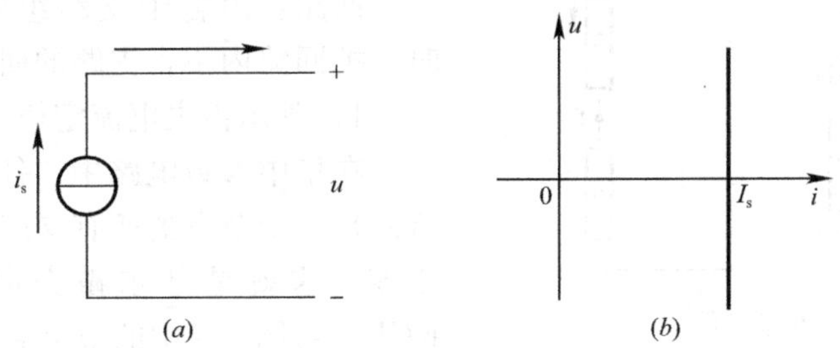

图 4-8 电流源及直流电流源的伏安特性

（a）电流源；（b）直流电流源伏安特性

i_s 是电流源的电流，电流源旁边的箭头表示电流 i_s 的参考方向。电流 i_s 是某种给定的时间函数，与其端电压 u 无关。因此电流源有以下两个特点：

（1）电流源向外电路提供的电流 $i(t)$ 是某种确定的时间函数，不会因外电路不同而改变，即 $i(t)=i_s$，i_s 是电流源的电流。

（2）电流源的端电压 $u(t)$ 随外接电路的不同而不同。

如果电流源的电流 $i_s=I_s$（I_s 是常数），则为直流电流源。它的伏安特性是一条与电压轴平行且横坐标为 I_s 的直线，如图 4-8（b）所示，表明其输出电流恒等于 I_s，与端电压无关。当电压为零，亦即电源短路时，它发出的电流仍为 I_s。

如果一个电流源的电流 $i_s=0$，则此电流源的伏安特性为与电压轴重合的直线，它相当于开路。电流为零的电流源相当于开路。

电流源发出的功率为

$$P = ui \tag{4-6}$$

$P>0$，电流源实际是发出功率；

$P<0$，电流源实际是接受功率，此时，电流源是作为负载出现的。电流源的端电压可从 0 变化到∞。

恒流源电子设备和光电池器件的特性都接近电流源。

电压源和电流源，其源电压和源电流都是给定的时间函数，不受外电路的影响，故称为独立源。在电子电路的模型中还常常遇到另一种电源，它们的源电压和源电流不是独立的，而是受电路中另一处的电压或电流控制，称为受控源或非独立源。

4.1.4　基尔霍夫定律及其他

（1）基尔霍夫定律

基尔霍夫定律是电路中电流和电压所遵守的基本定律，该定律主要包含基尔霍夫电流定律以及基尔霍夫电压定律。基尔霍夫定律不但适合于直流电路的分析，同时也适用于交流电路的分析。

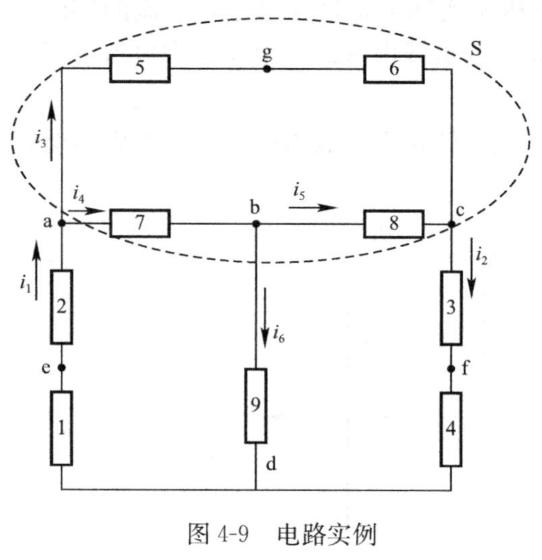

图 4-9　电路实例

为了说明基尔霍夫定律，先介绍支路、节点以及回路的概念。电路实例如图 4-9 所示。

支路：电路中流过同一个电流的每一个分支。

节点：三条或三条以上支路的连接点。

回路：由若干支路组成的闭合路径。同时，把回路内不含支路的回路叫作网孔。

1）基尔霍夫电流定律（KCL）

在集中参数电路中，任何时刻，流出（或流入）一个节点的所有支路电流的代数和恒等于零，这就是基尔霍夫电流定律，简写为 KCL。对图 4-9 中的节点 a，应用 KCL 则有：

$$-i_1+i_3+i_4=0 \tag{4-7}$$

写出一般式子，为：

$$\Sigma i=0 \tag{4-8}$$

$$i_1=i_3+i_4 \tag{4-9}$$

上式表明：在集中参数电路中，任何时刻流入一个节点的电流之和等于流出该节点的电流之和。

流出节点的电流前取“＋”号，流入节点的电流前取“－”号，而电流是流出节点还是流入节点均按电流的参考方向来判定。

KCL 原是适用于节点的，也可以把它推广运用于电路的任一假设的封闭面。如图 4-9 所示，封闭面 S 所包围的电路，有三条支路与电路的其余部分连接，其电流为 i_1、i_6、i_2，则

$$i_6+i_2=i_1 \tag{4-10}$$

因为对一个封闭面来说，电流仍然是连续的，所以通过该封闭面的电流的代数和也等于零，也就是说，流出封闭面的电流等于流入封闭面的电流。基尔霍夫电流定律也是电荷守恒定律的体现。

KCL 给电路中的支路电流加上了线性约束。以图 4-9 中节点 a 为例，若已知 $i_1=-5\text{A}$，$i_3=3\text{A}$，则按公式（4-7）就有 $i_4=-8\text{A}$，i_4 不能取其他数值，也就是说，公式（4-7）为这三个电流施加了一个约束关系。

2）基尔霍夫电压定律（KVL）

在集中参数电路中，任何时刻，沿着任一个回路绕行一周，所有支路电压的代数和恒等于零，这就是基尔霍夫电压定律，简写为 KVL，用数学表达式表示为：

$$\sum u=0 \tag{4-11}$$

在写出公式（4-11）时，先要任意规定回路绕行的方向：凡支路电压的参考方向与回路绕行方向一致者，此电压前面取“+”号；支路电压的参考方向与回路绕行方向相反者，则电压前面取“−”号。回路的绕行方向可用箭头表示，也可用闭合节点序列来表示。

在图 4-9 中对回路 abcga 应用 KVL，有：

$$u_{ac}+u_{bc}+u_{cg}+u_{ga}=0 \tag{4-12}$$

如果一个闭合节点序列不构成回路，例如图 4-9 中的节点序列 acga，在节点 ac 之间没有支路，但节点 ac 之间有开路电压 u_{ac}，KVL 同样适用于这样的闭合节点序列，即有：

$$u_{ac}+u_{cg}+u_{ga}=0 \tag{4-13}$$

所以，在集中参数电路中，任何时刻，沿任何闭合节点序列，全部电压之代数和恒等于零。这是 KVL 的另一种形式。

将（4-13）改写为：

$$u_{ac}=-u_{cg}-u_{ga}=u_{ag}=u_{gc} \tag{4-14}$$

由此可见，电路中任意两点间的电压是与计算路径无关的，是单值的。所以，基尔霍夫电压定律实质是两点间电压与计算路径无关这一性质的具体表现。KVL 为电路中支路电压施加了线性约束。

KCL 规定了电路中任一节点处电流必须服从的约束关系，而 KVL 规定了电路中任一回路内的各电压必须服从的约束关系。这两个定律仅与元件的相互连接有关，而与元件性质无关，所以这种约束称为互连约束或“拓扑”约束。不论元件是线性的还是非线性的，电流、电压是直流的还是交流的，只要是集中参数电路，KCL 和 KVL 总是成立的。

（2）电路的等效变换

对电路进行分析计算时，可以将复杂电路的某一部分进行简化，这样可以用一个简单电路代替该电路，使得整个电路简化。只有伏安特性相同的两个电路才能进行代替，这样就保证了该电路未被代替部分的任何电压和电流都保持与原电路相同，这就是电路的等效概念。下文介绍一下常见的等效电路。

1）等效电源

在一些复杂电路中，出现的电源可能会不止一个，这时候为了方便分析电路，可以用一个电源来等效替代。电源可分为电压源和电流源，由于实际电源与电压源比较接近，我们着重介绍一下电压源，电流源不予介绍。

电压源是一个理想电路元件。端电压保持不变，而电流大小由外电路决定，我们把这种电源称之为直流电压源。一般用如图 4-5 所示符号表示直流电压源。

① 电源串联

如图 4-10 所示，为 n 个电源串联，可以用一个等效电源替代，这个等效电源电压为：

$$U=U_1+U_2+\cdots\cdots+U_n=\sum_{i=1}^{n}U_i \tag{4-15}$$

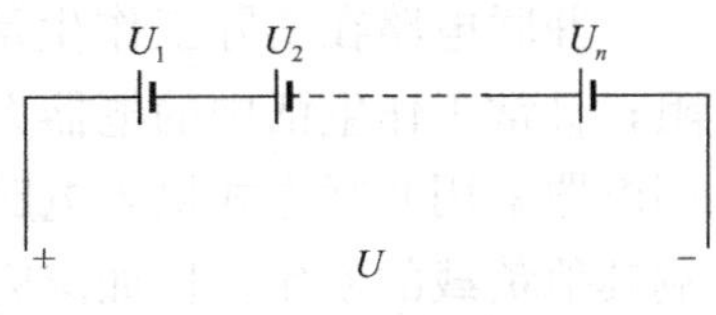

图 4-10　电源的串联

② 电源并联

只有电压相等且极性一致的电源才允许并联，否则与基尔霍夫定律相违背。并联电源等效电路为其中任一电源。

2）等效电阻

电阻有三种连接方式：串联、并联以及混联。如果某段电路中的各个元件是首尾连接起来的，那么这段电路就是串联连接。

串联电路有以下几个特点：

① 串联的电路只有一条电流的路径，各元件顺次相连，没有分支；

② 串联电路中各负载之间相互影响，若有一个负载断路，其他负载也无法工作；

③ 串联电路的开关控制整条串联电路上的负载，并与其在串联电路中的位置无关。

n 个电阻串联的等效电阻：

$$R = R_1 + R_2 + \cdots\cdots + R_n \tag{4-16}$$

即串联电路的等效电阻等于各串联电阻值之和。

串联电路中，各个电阻两端分配的电压与电阻值成正比，若已知串联电阻的总电压 U 以及各个电阻的阻值 R_1、R_2、……、R_n，那么分配在其中一个电阻 R_x 两端的电压为

$$U_x = \frac{R_x}{R_1 + R_2 + \cdots\cdots + R_n} U \tag{4-17}$$

公式（4-17）通常称为串联电路的分压公式。

在实际的工作生活中，串联电阻有很多应用。比如当我们需要一个较大的电阻时，可以将几个较小的电阻串联起来；当某个负载的额定电压低于电源电压时，可以串联一个合适的电阻进行分压；当不希望电路中电流过大时，可以串联一个电阻进行限流。

如果某段电路中的各个元件并列连接在电路的两点之间，那么这段电路就是并联连接，如马路上的路灯电路图，各个路灯 L_1、L_2、……L_n 就是并联连接的。

并联电路有以下几个特点：

① 并联电路由干路和若干条支路构成，每条支路各自和干路形成回路，每条支路两端的电压相等；

② 并联电路中各负载之间互不影响，若其中一个负载断路，其他负载仍可正常工作；

③ 并联电路中，干路开关控制所有支路负载，支路开关只控制其所在支路的负载。

n 个电阻并联的等效电阻符合式（4-18）：

$$\frac{1}{R} = \frac{1}{R_1} + \frac{1}{R_2} + \frac{1}{R_3} + \cdots \frac{1}{R_n} \tag{4-18}$$

即并联电路的等效电阻的倒数等于各并联电阻倒数之和。

在并联电路中通过各支路的电流与该支路的电阻值成反比，阻值越大的支路流过的电流越小。

并联电路在实际工作生活中应用十分广泛。例如可以并联电阻以获得一个较小的电阻；日常工作生活中的电器大多在某几个固定的额定电压下工作，我们将额定电压相同的用电器采用并联方式接入电路，每个负载都有其各自的回路，每个负载的运行停止均不影响其他负载的使用，比如家庭里的冰箱、电灯、空调等，工厂里的各种机器，还有前面提到的马路上的路灯，都是并联连接的。

(3) 基本电路的一般分析方法

基本电路的一般分析方法包括等效变换、支路电流法、节点电位法、叠加原理和戴维南定理等。这些方法可统称为网络方程法；它是以电路元件的伏安关系和基尔霍夫定律为基础的，选择适当的未知变量，建立一组独立的网络方程，并求解方程组；最后得出所需要的支路电流或支路电压或其他变量。

1) 等效电阻和等效二端网络

通常，工程中所接触的电路形状复杂如网，故电路又称为网络。

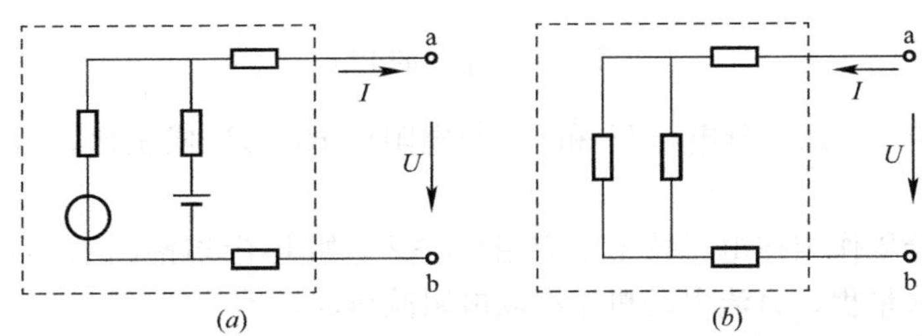

图 4-11 二端网络

(a) 有源二端网络；(b) 无源二端网络

如果电路只有一个输入端口或输出端口，则这个电路称为单口网络或二端网络。若二端网络内部含有电源，则称为有源二端网络。若内部不含电源，则称为无源二端网络。如图 4-11 (a) 所示为一个有源二端网络，a、b 为此网络的输出端点。图 4-11 (b) 所示为一个无源二端网络。

无源二端网络是由电阻元件组成的。在它内部，电阻的连接可能很复杂，但对外部电路来说，可以用一个等效电阻来代替它。这个电阻就称为这一无源二端网络的等效电阻。这里，“等效”是对外部电路来说。如图 4-11 (b) 中虚线框内的四个电阻，可以用一个等效电阻来代替它们，只要端口上的 U、I 不变，则对虚线以外的电路来说是等效的，因为它不影响虚线以外的任何电路。但对虚线框内部，也就是说对无源二端网络内部并不等效。电路原是四个电阻组成，现只有一个电阻，电路的结构、参数完全不同，不可能等效。所以说，等效是一个相对的概念。

电阻的串联与分压。所谓串联就是两个或多个元件首尾相连接流过同一电流。

如图 4-12 (a) 所示为两个电阻 R_1、R_2 串联，可以用等效电阻 R 代替它们，串联电阻的关系参见前文，串联电阻的等效电阻值总是大于其中任一个电阻阻值的。

在电工技术中常常遇到把总电压分为若干个分电压的问题，解决方法之一是用电阻来串联。如图 4-12 (a) 所示，根据 KVL 有：

$$U = U_1 + U_2 \tag{4-19}$$

串联电路中，电流相等。所以，两个电阻上的电压 U_1 和 U_2 分别为：

$$U_1 = R_1 \cdot I = U\frac{R_1}{R_1 + R_2}$$

$$U_2 = R_2 \cdot I = U\frac{R_2}{R_1 + R_2} \tag{4-20}$$

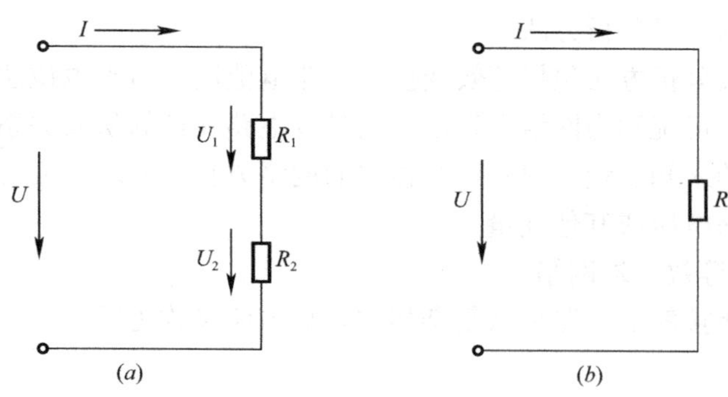

图4-12　电阻的串联

从公式（4-20）可知，分电压U_1和U_2与电阻值R_1、R_2成正比，阻值较大的电阻承受较高的电压。

串联电阻的分压作用在电工技术中应用很广泛，如电子线路中的信号分压，电压表中用串联电阻来扩大量程；直流电动机用串联电阻减压起动等。

同理，根据欧姆定律可得出总电流与各支路电流的关系。

$$I_1=\frac{U}{R_1}=\frac{R\cdot I}{R_1}=I\frac{R_2}{R_1+R_2}$$

$$I_2=\frac{U}{R_2}=\frac{R\cdot I}{R_2}=I\frac{R_1}{R_1+R_2}\qquad(4\text{-}21)$$

公式（4-21）是两个电阻并联时的分流公式，它表明通过并联电阻的电流大小与电阻值成反比，并联电阻中阻值愈小的将从总电流中分得愈多的电流。

在实际中，同一电压等级的用电器是并联在该电压的电源上使用的。在电源电压不变的条件下，并联的负载愈多，即负载愈大，则电路的等效电阻越小，电路中总电流和总功率也就越大。相反，电阻增大，则负载减小。

有时为了某种需要，可将电路中的某一段与电阻或变阻器并联，以起分流或调节电流的作用。

一个电路中的电阻，既有串联又有并联，这样的连接方式称为混联。实际上，不管混联电路有多么复杂，都可以由“远”而“近”地用串、并联等效电阻公式加以简化，最后简化为一个等效电阻，即从远离所求端开始等效；而计算各支路电流、电压，又应从前到后，可视为一张图先卷起来而后又摊开。

2）支路电流法

前面已经说过，凡是能够用电阻串、并联等效变换公式将电路化简，并且用欧姆定律求解的电路都是简单电路；反之，则为复杂电路。复杂电路的分析与计算的主要内容是：给定网络的结构、电源及元件的参数，要求计算出网络里各个支路的电流及电压，还有时要计算电源或电阻元件的功率。

不管实际电路如何复杂，它都是由节点和回路组成的，它的各支路电流、各部分电压之间必定遵循基尔霍夫的两个定律。而对于一段线性电阻电路来说，其电流和端电压之间必定符合欧姆定律。所以我们分析与计算线性网络的理论基础和基本工具是基尔霍夫定律和欧姆定律。

支路电流法是以支路电流为未知量，根据KCL和KVL列出电路中节点电流方程及回路电压方程，然后联立求解，计算出各支路电流。

3）节点电压法

如图 4-13 所示的电路是具有两个节点 a 和 b、四条支路的复杂电路，这类少节点多支路的电路特别适合于采用节点电压法。

节点间的电压 U 称为节点电压，现结合图 4-13 所示电路讨论应用节点电压法的一般步骤：

① 选一个节点作为参考节点，则其余节点对参考节点的电压就是所需求的未知量。通常都假定指向参考点的方向为各节点电压参考方向，如图 4-13 所示，其参考方向由 a 指向 b。

② 标出各支路电流的参考方向，根据基尔霍夫电压定律或欧姆定律用相应的结点电压来表达各支路电流。

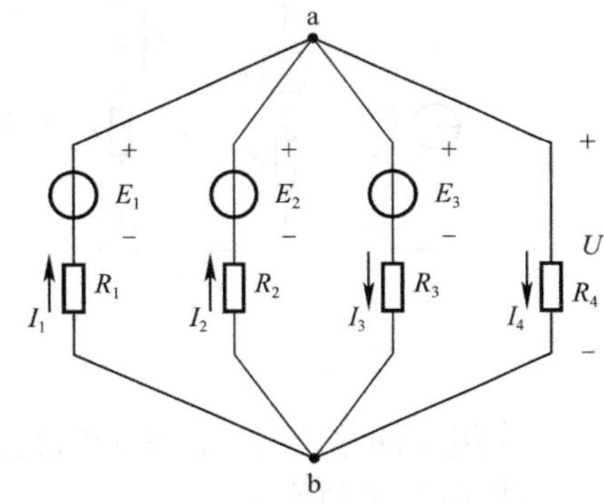

图 4-13 节点电压法

$$\left.\begin{aligned} &U=E_1-R_1I_1,\quad I_1=\frac{E_1-U}{R_1}\\ &U=E_2-R_2I_2,\quad I_2=\frac{E_2-U}{R_2}\\ &U=E_3+R_3I_3,\quad I_3=\frac{-E_3+U}{R_3}\\ &U=R_4I_4,\quad I_4=\frac{U}{R_4}\end{aligned}\right\}\tag{4-22}$$

③ 参考节点以外的各节点可应用基尔霍夫电流定律得出，经整理后即得出节点电压的公式：

$$U=\frac{\dfrac{E_1}{R_1}+\dfrac{E_2}{R_2}+\dfrac{E_3}{R_3}}{\dfrac{1}{R_1}+\dfrac{1}{R_2}+\dfrac{1}{R_3}+\dfrac{1}{R_4}}=\frac{\Sigma\dfrac{E}{R}}{\Sigma\dfrac{1}{R}}\tag{4-23}$$

公式（4-23）是求解只有 2 个结点的电路中节点电压的公式，它是节点电压法的特例。该公式是由弥尔曼于 1940 年提出的，故也称为“弥尔曼定理”。公式中分子各项是有电动势的支路中电动势与该支路电阻比值的代数和，也就是各含源支路的等效电流源的代数和。若等效电流源的电流是流入节点 a 的，则该支路的为正，反之为负。公式分母是各支路电阻的倒数和，即各支路电导之和，均为正值。

4）叠加原理

叠加原理是线性电路的一个重要的基本性质，是构成其他网络理论的基础，它说明了在线性电路中各个电源作用的独立性。正确掌握叠加原理将能使我们进一步加深对线性电路的认识。

在多个电源共同作用的线性电路中，任一支路中的电压和电流等于各个电源分别单独作用时在该支路中产生的电压和电流的代数和。图 4-14（a）所示的电路中，恒流源 I_S 与电压源 E 共同作用在电阻 R 上，产生电流 I。这个电流分别是由恒流源 I_S 单独作用时在 R 上产生的电流 I'（4-14（b）），和电压源 E 单独作用时在 R 上产生的电流 I''

［图 4-14（*c*）］，的代数和，即 $I=I'+I''$。对其他支路的电流或电压也有同样的结论。这就是叠加原理。

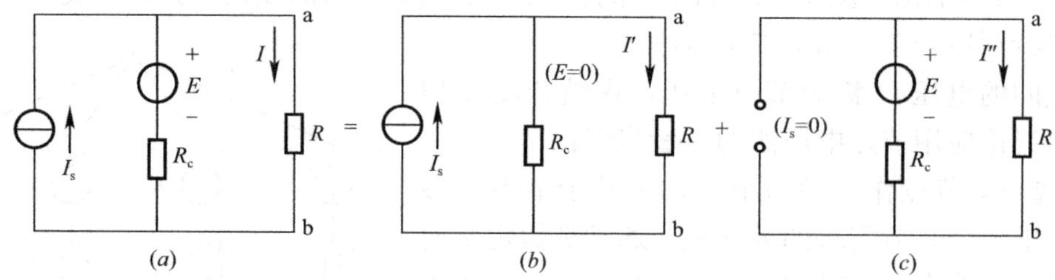

图 4-14　叠加原理

应用叠加原理时应注意的问题：

① 电源单独作用

当某一电源单独作用时，其他电源“不作用”，即其他电源取零值。恒压源取零值，即两端电压为零，把恒压源两端视为“短路”即可，如图 4-14（*b*）所示。恒流源取零值时即电流为零，把恒流源视为“开路”即可，如图 4-14（*c*）所示。但应注意，电压源、电流源的内阻均应保留。

② 代数和中的正负值

当分别求出各个电源单独作用的“分量”后，求“总量”时即是求各分量的代数和。当分电压或分电流与总电压或总电流方向一致时取正值，方向相反时取负值。如图 4-14 所示，两电源共同作用时，电流的假定正方向从 a 指向 b，而在图（*b*）、（*c*）中分电流 I' 和 I'' 的假定正方向也是从 a 指向 b，与 I 的方向相同。所以求代数和时 $I=I'+I''$。假若 I'' 的假定正方向是从 b 指向 a，则叠加时求代数和就应该是 $I=I'-I''$。

（4）戴维南定理与诺顿定理

在一个有源网络中，若只需求某一支路的电压、电流、功率，则可以把需求支路从网络中分离出来，网络的剩余部分就是一个有源二端网络。任何一个由电阻和电源组成的线性二端网络均可以用一个电压源来等效它。戴维南定理就是说明这种线性有源二端网络等效变换的定理。

1）戴维南定理

任何一个线性有源二端网络对于外电路来说，可用一个等效电压源来代替，如图 4-15 所示。等效电压源的电动势 E 等于有源二端网络输出端开路时的输出电压 U_0；内电阻 R_0 等于二端网络内部所有独立电源为零值时在网络输出端的等效电阻。

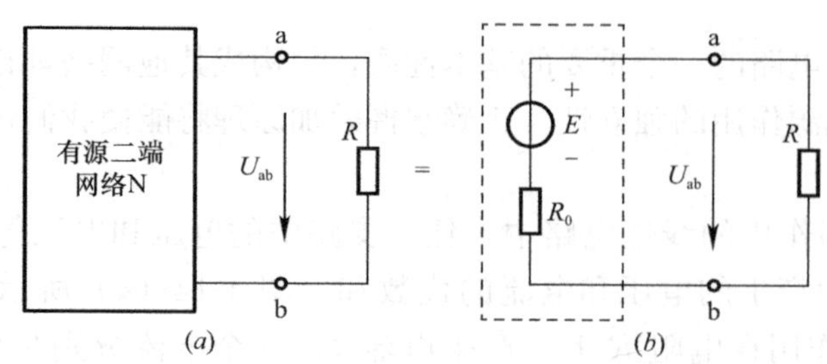

图 4-15　戴维南定理

如图 4-16 所示，N 代表有源二端网络，a、b 为输出端，N_0 表示 N 中所有独立电源为零值时（即恒压源短路、恒流源开路）所得的无源二端网络。如图 4-16（a）所示的 U_0 是输出端开路时的输出电压，也称为“开路电压”，它不同于图 4-15 中接有 R 时的 U_{ab}。如图 4-15（b）所示的等效电压源表示的电路也称为戴维南等效电路，其中等效电压源的内电阻 R_0，在电子电路中常称为“输出电阻”。

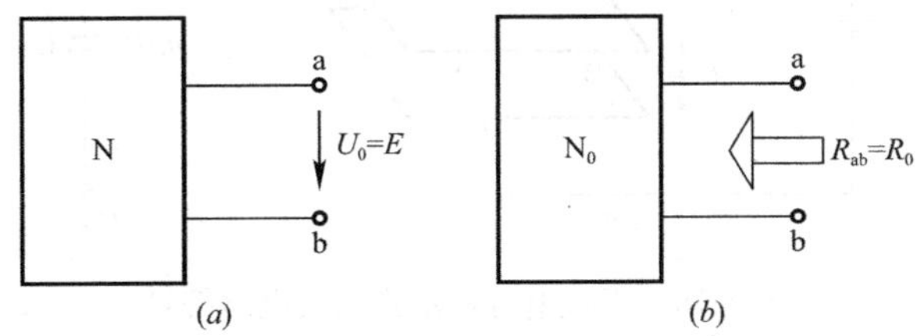

图 4-16　等效电源 E 和 R_0 的确定

2）诺顿定理

一个有源二端网络可以通过戴维南定理用一个电压源来等效，也可以应用诺顿定理用电流源来等效。

诺顿定理：任何一个线性有源二端网络，对于外电路来说，可以用一个等效电流源来代替，等效电流源的电激流 I_S 等于有源二端网络输出端短路时的输出电流，内电阻 R_0 等于有源二端网络内部所有独立电源为零值时在网络输出端的等效电阻，如图 4-17 所示。

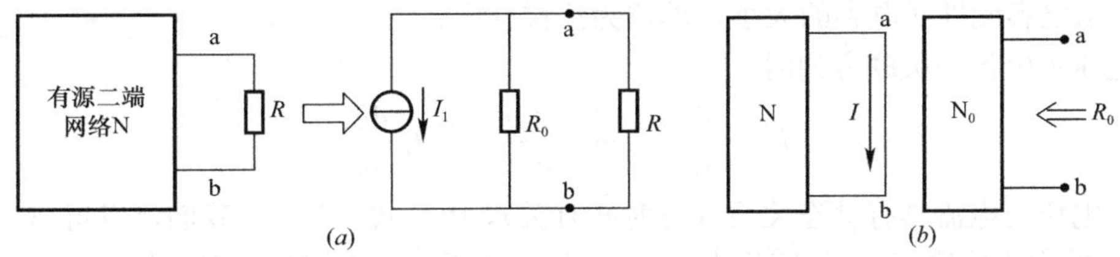

图 4-17　诺顿定理

（a）等效电流源代替有源二端网络；（b）等效电源 I 和 R_0 的确定

如图 4-17（a）所示的用等效电流源代替有源二端网络的电路称为诺顿等效电路。

（5）储能元件

储能元件，在交流电路中无功率消耗，无能量的消耗，只有能量的转换，所以称为储能元件。最常见的储能元件是电容、电感以及化学电池。含有储能元件的电路，从一种稳态变换到另一种稳态必须要一段时间，这个变换过程就是电路的过渡过程。

电容存储的是电荷。电感存储的是磁通引起的材料极化能，空心电感的能量主要存储在电感线圈自身的材料里，有芯电感的能量主要存储在磁性材料里。

1）电容元件

电容亦称作“电容量”，是指在给定电位差下的电荷储藏量，记为 C，国际单位是法拉（F）。一般来说，电荷在电场中会受力而移动，当导体之间有了介质，则阻碍了电荷移动而使得电荷累积在导体上，造成电荷的累积储存，储存的电荷量则称为电容。

电容是指容纳电场的能力。任何静电场都是由许多个电容组成，有静电场就有电容，电容是用静电场描述的。一般认为：孤立导体与无穷远处构成电容，导体接地等效于接到无穷远处，并与大地连接成整体。电容元件示意图及电路符号如图4-18所示。

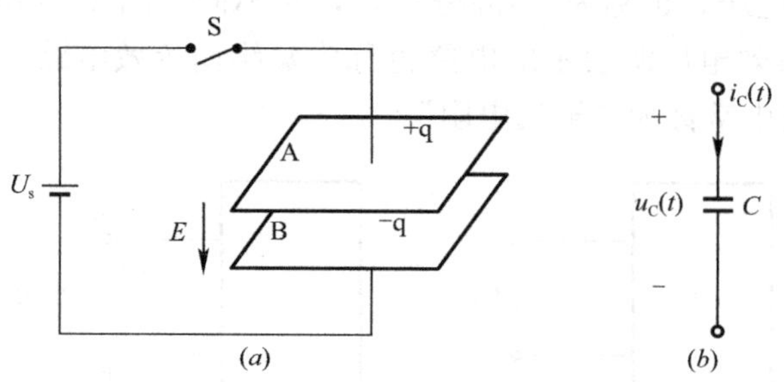

图4-18　平板电容器示意图及电路符号
(a) 平行板电容器；(b) 电路符号

电容是表现电容器容纳电荷本领的物理量。从物理学上讲，电容是一种静态电荷存储介质，可能电荷会永久存在，这是它的特征。电容的用途较广，是电子、电力领域中不可缺少的电子元件。主要用于电源滤波、信号滤波、信号耦合、谐振、滤波、补偿、充放电、储能、隔直流等电路中。电容元件是一个二端元件，如果在任一时刻 t，它的电荷 $q(t)$ 同它的电压 $u(t)$ 之间的关系可以用 u-q 平面上的一条曲线来确定，则此二端元件称为电容元件。对于线性时不变电容元件，这种电荷和电压的关系可表示为：

$$q(t) = C_u(t) \tag{4-24}$$

C 表示电容元件或电容的大小，单位为法拉（F）。

当电压和电流为关联方向时：

$$i_c = \frac{dq}{dt} = \frac{d(C \times u_c)}{dt} = C\frac{du_c}{dt} \tag{4-25}$$

电容电压与电流具有动态关系（与时间有关），由公式（4-25）我们可以得出：

① i_c 的大小取决于 u_C 的变化率，与 u_C 的大小无关，电容是动态元件；

② 当 u_C 为常数（直流）时，$i_c=0$，电容相当于开路，电容有隔直流的作用。

电容的功率和储能：

$$P_c = u_c i_c = u_c \cdot C\frac{du_c}{dt} \tag{4-26}$$

当电容充电，$u \nearrow$，$\frac{du}{dt}>0$，则 $i>0$，则 $P>0$，电容吸收功率。

当电容放电，$u \searrow$，$\frac{du}{dt}<0$，则 $i<0$，$P<0$，电容发出功率。

电容能在一段时间内吸收外部供给的能量转化为电场能量储存起来，在另一段时间内又把能量释放回电路，因此电容元件是无源元件、储能元件，它本身不消耗能量。

电容的储能：

$$W_C = \frac{1}{2}C \times u_c^2(t) \geq 0 \tag{4-27}$$

从 t_1 到 t_2 电容储能的变化量：

$$W_C = \frac{1}{2}C \times u_c^2(t_2) - \frac{1}{2}Cu_c^2(t_1) \tag{4-28}$$

电容的储能只与当时的电压值有关，电容电压不能跃变，反映了储能不能跃变。电容储存的能量一定大于或等于零。

电容的串联：$\frac{1}{C_{eq}}=\frac{1}{C_1}+\frac{1}{C_2}+\frac{1}{C_3}+\cdots\frac{1}{C_n}$

电容的并联：$C_{eq}=C_1+C_2+C_3+\cdots+C_n$

2）电感元件

电感元件也是一种储能元件，电感元件的原始模型为导线绕成圆柱线圈。当线圈中通以电流 i，在线圈中就会产生磁通量 Φ，并储存能量。表征电感元件（简称电感）产生磁通，存储磁场的能力的参数，也叫电感，用 L 表示，单位为亨利（H）。电感元件是指电感器（电感线圈）和各种变压器。电感线圈示意图及电路符号如图 4-19 所示。

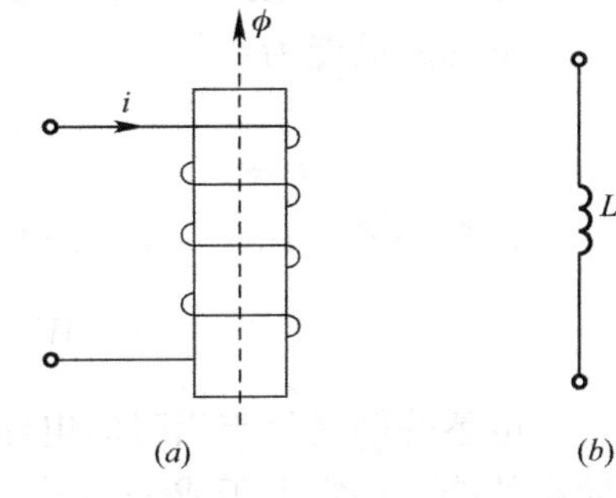

图 4-19 电感线圈及电路符号
（a）电感线圈示意图；
（b）电路符号示意图

穿过一个闭合导体回路的磁感线条数称为磁通量。由于穿过闭合载流导体（很多情况是线圈）的磁场在其内部形成的磁通量变化，根据法拉第电磁感应定律，闭合导体将产生一个电动势以“反抗”这种变化，即电磁感应现象。电感元件的电磁感应分为自感应和互感应，自身磁场在线圈内产生磁通量变化导致的电磁感应现象，称为“自感应”现象；外部磁场在线圈里磁通量变化产生的电磁感应现象，称为“互感应”现象。一个电感元件储存的能量（单位“焦”）等于流经它的电流建立磁场所做的功。

电感器的特性与电容器的特性正好相反，它具有阻止交流电通过而让直流电顺利通过的特性。直流信号通过线圈时的电阻就是导线本身的电阻压降很小；当交流信号通过线圈时，线圈两端将会产生自感电动势，自感电动势的方向与外加电压的方向相反，阻碍交流的通过，所以电感器的特性是通直流、阻交流，频率越高，线圈阻抗越大。电感器在电路中经常和电容器一起工作，构成 LC 滤波器、LC 振荡器等。另外，人们还利用电感的特性，制造了阻流圈、变压器、继电器等。

通直流：指电感器对直流呈通路关态，如果不计电感线圈的电阻，那么直流电可以“畅通无阻”地通过电感器，对直流而言，线圈本身电阻对直流的阻碍作用很小，所以在电路分析中往往忽略不计。

阻交流：当交流电通过电感线圈时电感器对交流电存在着阻碍作用，阻碍交流电的是电感线圈的感抗。

当电压和电流为关联方向时：

$$u_L(t)=L\frac{di_L(t)}{dt} \tag{4-29}$$

电感的电压与电流具有动态关系（与时间 t 有关）。

由公式（4-29）我们可以得出：

① 电感电压 u 的大小取决于 i 的变化率，与 i 的大小无关，电感是动态元件；

② 当 i 为常数（直流）时，$u=0$。电感相当于短路；电感具有通直流、阻交流的作用。

电感的功率：

$$P_L = u_L i_L = i_L \cdot L \frac{di_L}{dt} \tag{4-30}$$

① 当电流增大，$i>0$，$\frac{di}{dt}>0$，则 $u>0$，$P>0$，电感吸收功率。

② 当电流减小，$i>0$，$\frac{di}{dt}<0$，则 $u<0$，$P<0$，电感发出功率。

电感能在一段时间内吸收外部供给的能量转化为磁场能量储存起来，在另一段时间内又把能量释放回电路，因此电感元件是储能元件，它本身不消耗能量。

电感的储能为：

$$W_L = \frac{1}{2} L \times i_L^2(t) \geqslant 0 \tag{4-31}$$

根据公式（4-31），从 t_1 到 t_2 电感储能的变化量为：

$$W_L = \frac{1}{2} L \times i_L^2(t_2) - \frac{1}{2} L \times i_L^2(t_1) \tag{4-32}$$

电感的储能只与当时的电流值有关，电感电流不能跃变，反映了储能不能跃变；电感储存的能量一定大于或等于零。

电感的串联：　$L_{eq} = L_1 + L_2 + L_3 + \cdots + L_n$

电感的并联：　$\frac{1}{L_{eq}} = \frac{1}{L_1} + \frac{1}{L_2} + \frac{1}{L_3} + \cdots \frac{1}{L_n}$

4.2　电子电路常用元器件

（1）半导体二极管及三极管

1）半导体二极管

半导体二极管由 PN 结组成，具有单向导电性。即当二极管加正向电压（阳极电位高于阴极电位），二极管导通，管压降近乎为 0（$u_d \approx 0$），理想情况下相当于短路；当二极管加反向电压后，电流几乎消失，$i_d \approx 0$，二极管断开，因此，晶体二极管通常做电子开关使用。

① PN 结的形成

用半导体工艺将 P 型半导体和 N 型半导体结合在一起，在其交界面处载流子由于浓度差产生多子扩散，形成内电场，进而产生电子漂移，当扩散运动与漂移运动达到动态平衡时，在交界面处形成一层只有不能移动的离子而没有载流子的区域，称该区域为空间电荷区或耗尽层，即 PN 结。

② PN 结的单向导电性

PN 结在未加外加电压时，扩散运动与漂移运动处于动态平衡，通过 PN 结的电流为零。外加正向电压时，耗尽层变窄，内电场减弱，扩散大于漂移，扩散电流形成的正向电流大，受外加电压影响显著，正向 PN 结呈现低电阻特征；外加反向电压时，耗尽层变宽，内电场增强，漂移大于扩散，漂移电流形成很小的反向电流，且不随外加电源变化，反向 PN 结呈现高电阻特征。

综上所述，PN 结的电路特征表现为正向电阻很小，反向电阻很大，这就是 PN 结的单向导电性。

2）二极管的伏-安特性

二极管的伏-安特性如图 4-20 所示，分为三个区段：A 段——正向特性，B 段——反向特性，C 段——反向击穿特性。如图 4-21 所示为理想二极管的伏-安特性，正向压降 $u_D=0V$。

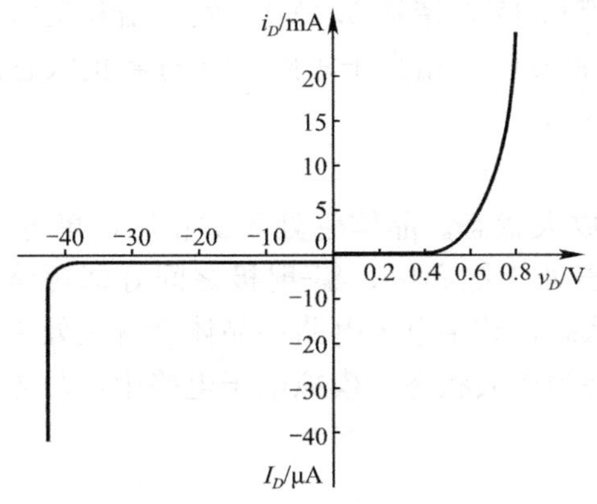

图 4-20 二极管的伏-安特

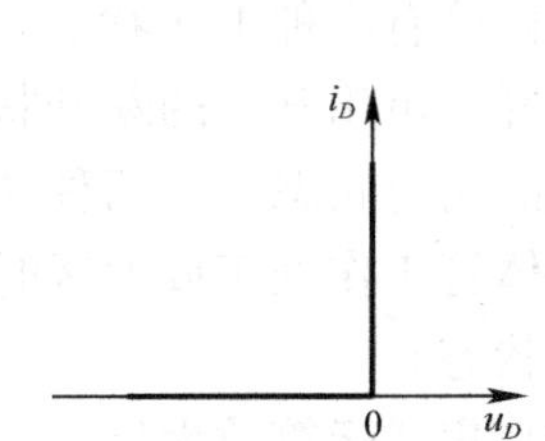

图 4-21 理想二极管的伏-安特性

3）三极管

① 三极管又称双极晶体三极管，简称晶体管。三极管根据组成材料分为 NPN 型晶体管和 PNP 型晶体管，他们的图形符号如图 4-22 所示。

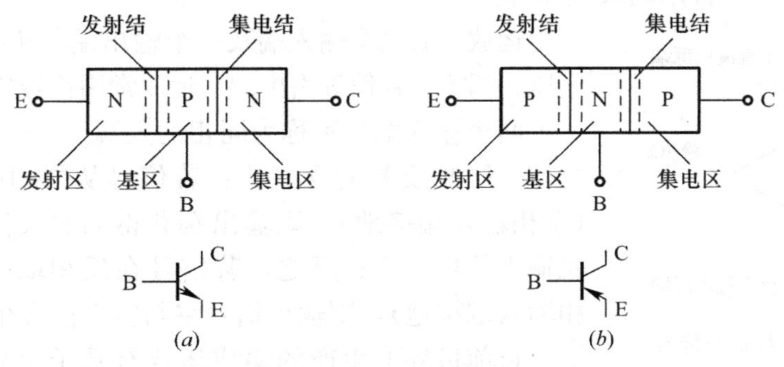

图 4-22 三极管结构示意图及电路符号

（a）NPN 型；（b）PNP 型

② 三极管的三种状态也叫三个工作区域，即：截止区、放大区和饱和区。三极管的工作区域如图 4-23 所示。

a. 截止区：三极管工作在截止状态，当发射结电压 U_{BE} 小于导通电压，发射结没有导通，集电结处于反向偏置，没有放大作用。

b. 放大区：三极管的发射极加正向电压（锗管约为 0.3V，硅管约为 0.7V），集电极加反向电压导通后，三极管处于放大区。此时集电极电流与基极电流成正比，二者满足关系式：

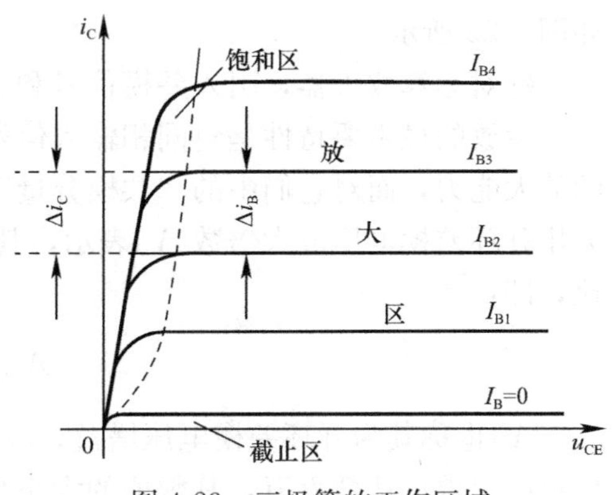

图 4-23 三极管的工作区域

$$I_C = \beta I_B \tag{4-33}$$

β 为三极管的电流放大系数，因此放大区也称线性区。

c. 饱和区：当三极管的集电结电流 i_C 增大到一定程度时，再增大 i_B，i_C 也不会增大，超出了放大区，进入了饱和区。饱和时，i_C 最大，集电极和发射之间的内阻最小，电压 U_{CE} 只有 0.1V～0.3V，$U_{CE}<U_{BE}$（硅管 0.3V，锗管 0.1V），发射结和集电结均处于正向电压。三极管没有放大作用，集电极和发射极相当于短路，常与截止状态配合用于开关电路。

4）晶体管的开关状态和放大状态

晶体管有两种工作状态，即开关状态和放大状态。晶体管处于截止区，集-射极之间如同断开，可用开关的断开状态表示；晶体管处于饱和区，集-射极之间好似短路，相当于开关的闭合状态。这两种状态合称为开关状态，数字电子电路中晶体管就是处于开关状态。晶体管工作处于放大区时，晶体管的状态为放大状态。模拟电子电路中，晶体管工作于放大状态。

（2）集成运算放大器

1）集成运算放大器的功能

集成运算放大器（以下简称运放）是一个具有较高放大倍数的多级直接耦合放大电路。它除了具有常规的放大器放大功能外，还能对模拟量实现多种线性运算（包括加、减、乘、除、积分、微分等），以及其他某些特殊功能（如模拟量的比较，波形发生等），所以运放是一种较为常用的放大器件。

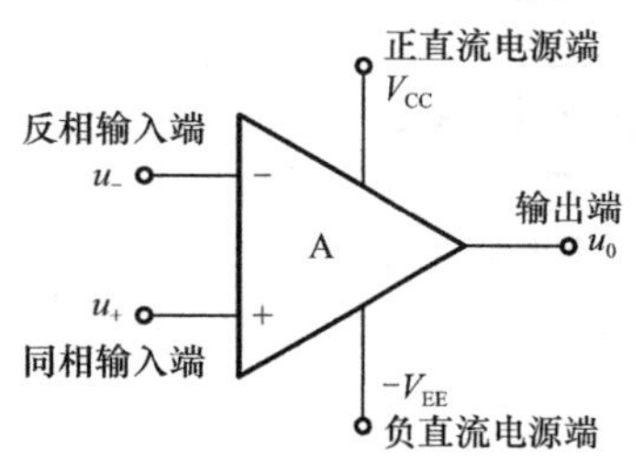

图 4-24　运算放大器的符号

运放具有两个输入端及一个输出端，还有用以连接电源电压、调零、补偿等引出端。运放常用符号如图 4-24 所示。

两个输入端分别称为同相输入端“＋”及反相输入端“－”。同相反相的含义为：若信号从同相端“＋”输入（反相输入端接地），则输出端获得的放大信号在相位上与原输入信号一致；反之，若信号在反相端“－”输入（同相输入端接地），则输出信号将与输入信号相位相反。

目前世界上生产的集成运放有几千个型号，但它们的外形逐渐趋于统一化，大多采用分列直插式或贴片式芯片结构，其中有单运放（一个芯片内有一个运放）、双运放（一个芯片内有两个运放）和四运放（一个芯片内有四个运放），如图 4-25 所示。

针对运算放大器，引入差模信号和共模信号的概念。

运放的最主要特性是对同相输入信号 u_+ 和反相输入信号 u_- 的“差模分量”具有很强的放大能力，而对它们中的“共模分量”放大能力却很弱。运放对“差模分量”的放大能力用开环差模电压放大倍数 A_{od} 表示，其是指输入差模分量时输出电压与输入差模电压之比，即：

$$A_{od} = \left|\frac{u_o}{u_{id}}\right|_{R_L=\infty} \tag{4-34}$$

A_{od} 也称其为开环差模电压增益，或简称开环电压增益。其数值一般为数万到数十万，优良的运放可达数百万，其数值的大小是决定运放精度的重要因素。

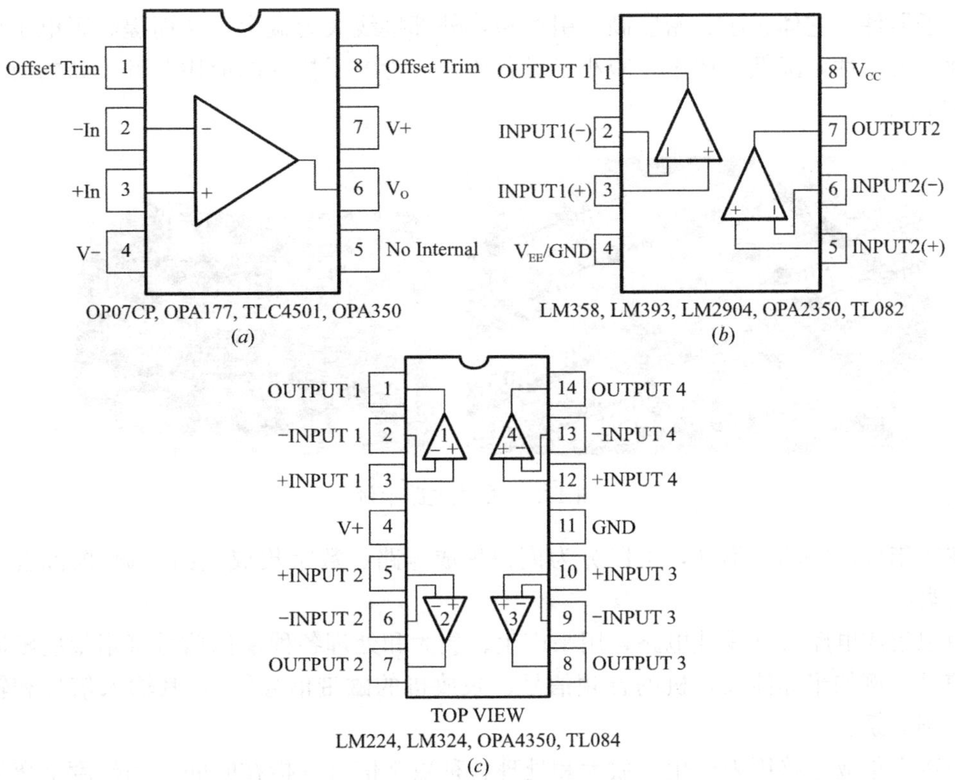

图 4-25 部分集成运放结构图

（*a*）单运放；（*b*）双运放；（*c*）四运放

类似地，运放对共模信号的放大能力，可用开环共模电压放大倍数 A_{oc} 表示，其是指输入共模分量时输出电压与输入共模信号电压之比。即：

$$A_{oc} = \left| \frac{u_o}{u_{ic}} \right| \tag{4-35}$$

其值一般只有零点几到几，数值越小，表明运放的性能越优良。

为了综合评价运放的放大能力，引入共模抑制比 K_{CMR}，其定义为：开环差模电压放大倍数与开环共模电压放大倍数之比，即：

$$K_{CMR} = \left| \frac{A_{od}}{A_{oc}} \right| \tag{4-36}$$

2）集成运算放大器特性

① 具有极高的差模电压放大倍数和共模抑制比，可以近似地认为：运放只放大差模信号而不放大共模信号，即 K_{CMR} 为无穷大。

② 具有极高的差模输入电阻 r_{id} 及共模输入电阻 r_{ic}。在一般的计算精度下，可完全不考虑它的存在，即可将其输入端看作开路而没有输入电流。

③ 由于运放是高增益的电压放大器件，所以运放具有较小的输出阻抗。

（3）电子集成电路

集成电路（Integrated Circuit，缩写为 IC）是在半导体制造工艺的基础上，把整个电路中的元器件（包括三极管、电阻、电容等）及连线制作在一块硅片上，从而构成特定功能的电子器件。它体积小、密度高、引线短，外部接线大为减少，从而提高了电子设备的可靠性、灵活性，降低了成本，减小了设备体积，为电子技术的应用开辟了新的时代，如图4-26所示。

图4-26　集成电路示例

按照集成电路功能不同，可以分为模拟集成电路、数字集成电路和数/模混合集成电路三大类。

模拟集成电路又称线性电路，用来产生、放大和处理各种模拟信号（指幅度随时间变化的信号，例如半导体收音机的音频信号、录放机的磁带信号等），其输入信号和输出信号成比例关系。

而数字集成电路用来产生、放大和处理各种数字信号（指在时间上和幅度上离散取值的信号，例如3G手机、数码相机、电脑CPU、数字电视的逻辑控制和重放的音频信号和视频信号）。

数模混合集成电路就是将数字模块和模拟模块内嵌在同一芯片中。数模混合电路应用最广泛的领域主要集中在通信和消费类电子领域，而消费类电子产品已成为全球集成电路产业高速发展的主要推动力之一。

集成电路具有体积小、重量轻、引出线和焊接点少、寿命长、可靠性高、性能好等优点，同时成本低，便于大规模生产。它不仅在工、民用电子设备如收录机、电视机、计算机等方面得到广泛的应用，同时在军事、通信、遥控等方面也得到广泛的应用。用集成电路来装配电子设备，其装配密度比晶体管可提高几十倍至几千倍，设备的稳定工作时间也可大大提高。

4.3　典型模拟电路

（1）放大电路

放大电路（又称放大器）是电子技术中最基本的电子线路，它的功能是把较小的电信号（电压、电流）不失真地放大到所需要的数值。放大电路在通信、控制、广播、测量等领域应用广泛。

1）放大电路的组成

从结构上看，放大电路由有源器件、直流电源和相应的偏置电路、信号源、负载、耦合电路和公共点构成，如图4-27所示。

有源器件：有源器件是放大电路的核心，它通常是三极管、场效应管或集成运放等。

直流电源及偏置电路：三极管、场效应管等有源器件都是非线性器件，为了不失真地放大输入信号，必须给三极管或场效应管提供静态（直流）工作点（通常用Q来表示）。直流电源及偏置电路的作用就是给三极管或场效应管提供合适的静态工作点，使得三极管或场效应管在放大交流信号时工作在线性区域。

信号源：信号源给放大电路提供输入信号，它通常是某个物理量的电气模拟变换，随时间的变化规律一般是非正弦的。为了分析和计算的方便，通常都是假定输入信号是正弦的。

负载：负载是接受放大电路输出的元件，可以是电阻、电容、电感等，也可以是下一级放大电路的等效输入阻抗。

耦合电路：信号源通过输入耦合电路把信号加到放大电路上，通过输出耦合电路把放大后的信号加到负载上，耦合电路通常是电容、变压器，也可能是导线，即直接耦合。

地：把放大器中信号源、有源器件、直流电源及偏置电路、负载的公共点，称为“地”，用符号“⊥”表示。它通常是输入电压、输出电压和电源电压的公共参考点。

如图4-28所示为三极管构成的共发射极放大电路。三极管VT作为有源器件，u_s、r_s代表信号源电压和内阻，R_L代表负载电阻，电源（$+V_{CC}$）和偏置电阻（R_B、R_C）给三极管提供直流工作点Q，C_1、C_2是耦合电容，作用是隔断直流、耦合交流。

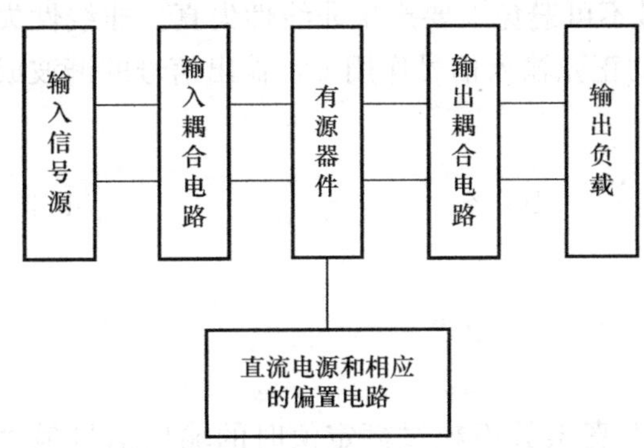

图4-27 放大电路的基本组成

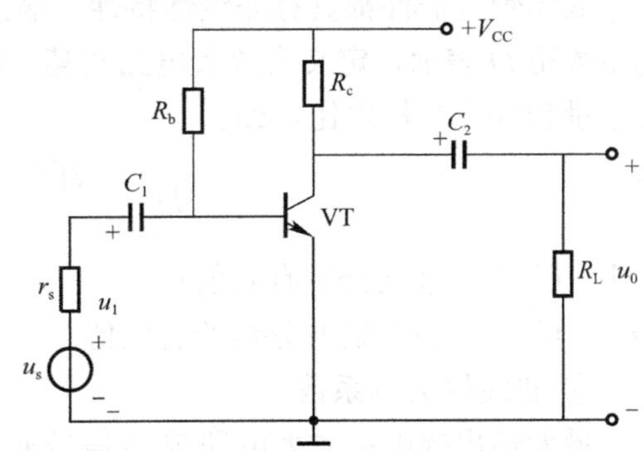

图4-28 三极管构成的共发射极放大电路

2）放大电路的技术指标：

对于小信号放大器，通常用放大倍数、输入阻抗、输出阻抗、通频带等指标衡量其性能。

① 放大倍数：放大倍数通常又称为增益，是衡量放大器放大能力的指标。当输入正弦信号时，用输出量与输入量的正弦相量之比来表示。

电压放大倍数 $\dot{A}_u$ 定义为：

$$\dot{A}_u = \frac{\dot{U}_o}{\dot{U}_i} \tag{4-37}$$

式中，$\dot{U}_o$、$\dot{U}_i$ 分别为输出端和输入端的正弦电压相量。

② 输入阻抗 R_i

R_i 定义为：

$$R_i = \frac{U_i}{I_i} \tag{4-38}$$

这是从放大器输入端看进去的等效交流阻抗，不包括信号源内阻 r_s。在中频段，它是一个纯电阻，$R_i=\frac{u_i}{i_i}$。输入电阻 R_i 越大，表明放大电路从信号源所索取的电流越小，放大电路输入端所得到的电压 u_i 越接近信号源电压 u_s。

③ 输出阻抗 R_o

R_o 是负载开路时，从输出端向放大器看进去的等效交流阻抗。

R_o 可通过实验法和计算法确定。

④ 通频带 BW

一般情况下，放大器只能放大某一频段范围内的信号。由于电路中有电抗元件和晶体管结电容的影响，当信号频率太高或太低时，放大倍数都会大幅度下降。当信号频率升高时，放大器放大倍数下降为中频放大倍数的 0.707 倍（即下降 3dB），所对应的信号频率称为上限截止频率 f_H。同样，当信号频率降低时，放大倍数降为中频放大倍数的 0.707 倍，所对应的信号频率称为下限截止频率 f_L。f_H 和 f_L 之间的频率范围称为通频带，用 BW 表示。即：

$$BW=f_H-f_L \tag{4-39}$$

⑤ 非线性失真系数

晶体管等器件都具有非线性特性，输出信号不可避免地要产生非线性失真。非线性失真系数用 D 表示，定义为放大电路在某一频率的正弦输入信号作用下，输出信号的谐波成分总量和基波分量之比，即：

$$D=\frac{\sqrt{U_2^2+U_3^2+\cdots}}{U_1}\times 100\% \tag{4-40}$$

式中　U_1——基波分量有效值；

U_2、U_3——各次谐波分量的有效值。

⑥ 非线性失真系数

最大输出幅度指放大电路输出信号非线性失真系数不超过额定值时的输出信号最大值，用 U_{om} 或 I_{om} 表示。

3）放大电路三种基本组态

双极型晶体管（简称晶体管）工作过程涉及电子和空穴两种载流子的运动，所以称为双极型。由双极型晶体管组成的放大电路有三种基本组态：共射极电路、共集电极电路、共基极电路。

晶体管另一大类是场效应管，它只有一种极性的多数载流子（电子或空穴）在起导电作用，所以也称单极型晶体管。场效应管和双极型晶体管都有放大和开关作用，但工作原理和特点却不同，场效应管组成放大电路也有三种组态：共源极电路、共漏极电路、共栅极电路。

（2）整流滤波电路

1）整流电路

将正弦交流电变成直流电的过程叫作整流。通常采用二极管的单向导电特性实现整流，能实现整流的电路称为整流电路。整流电路按结构形式分为半波整流、全波整流和桥式整流 3 种。典型单相半波整流电路如图 4-29 所示，单相半波整流电路波形图如图 4-30 所示。如图 4-29 所示，u_1 为正弦交流电压，通常为 220V 单相电源；T 为变压器；TD 为二极管；u_2 为整流所需电压，它通过变压器实现；R_L 为负载电阻；U_L 为输出直流电压。

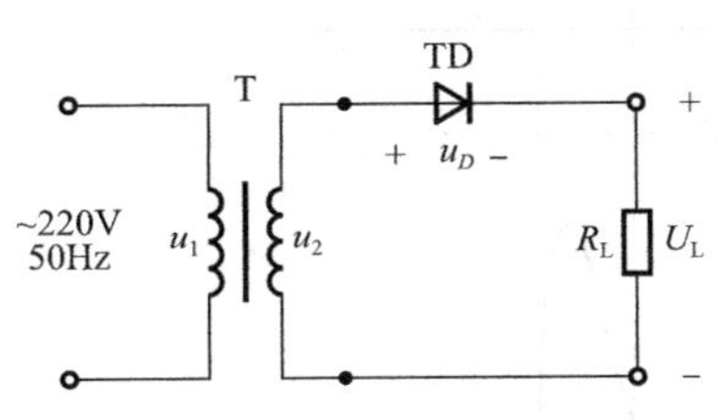

图 4-29 典型单相半波整流电路

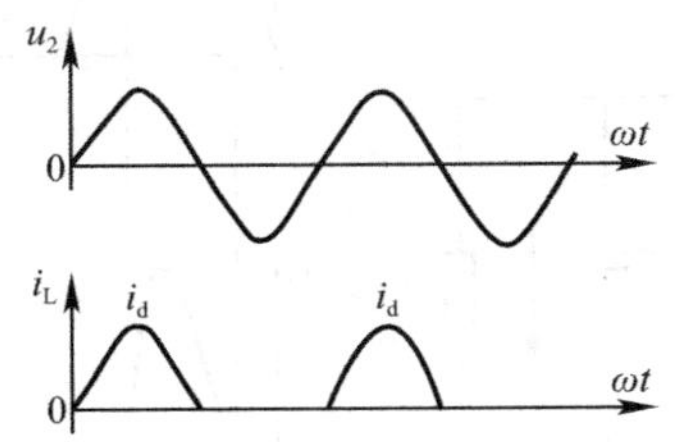

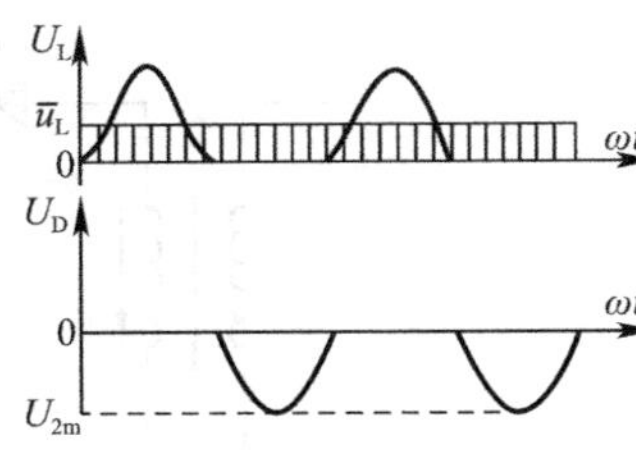

图 4-30 单相半波整流电路波形图

当 u_1 为正半周时，二极管 VD 导通，电流 i_d 通过二极管 VD 和负载电阻 R_L，并在 R_L 上产生压降 U_L。当 u_1 为负半周时，二极管 VD 不导通，加在它两端的最高反向电压为：

$$U_{im} = \sqrt{2}U_2 \tag{4-41}$$

负载电阻上的脉动电压在一个周期中的平均值为：

$$\overline{U}_L = 0.45U_2 \tag{4-42}$$

单相半波整流电路的优点是线路简单，缺点是只利用了交流电的正半周，通常采用全波整流。

单相半波整流和单相变压器中心抽头式全波整流及单相桥式全波整流电路特性比较见表 4-1。

常用小功率整流电路特性比较 **表 4-1**

电路型式	输入交流电压（有效值）	输出直流电压（平均值）$\overline{U}_L$	二极管承受最大反向电压 U_{im}	二极管平均电流	二极管数量
单相半波整流	U_2	$0.45U_2$	$\sqrt{2}U_2=3.14\overline{U}_L$	$\overline{I}_D=\overline{I}_L$	1
单相全波整流	$U_{2a}+U_{2b}$ （$U_{2a}=U_{2b}$）	$0.45U_{2a}$	$2\sqrt{2}U_{2a}=3.14U_L$	$\overline{I}_D=\frac{1}{2}\overline{I}_L$	2
单相桥式整流	U_2	$0.9U_2$	$\sqrt{2}U_2=1.57U_L$	$\overline{I}_D=\frac{1}{2}\overline{I}_L$	4

2）滤波电路

把脉动的直流电变成比较平滑的直流电的过程叫作平滑滤波，具有这种功能的电路叫作平滑滤波电路。滤波电路中的主要元件是电容、电感和电阻。

最简单的滤波器为电容滤波器，如图 4-31 所示，当 u_2 为正半周时，二极管 VD 导通，电流 i_D 通过负载电阻 R_L 电容 C 充电。电容器上电压 u_c 随着 u_2 增至最大值也达到最大值。当 u_2 下降，且 $u_2<u_c$ 时、二极管 VD 处于反偏截止状态。这时，电容器向负载电阻放电，放电时间常数 $\tau_{放}=R_LC$。当 u_2 开始第二个周期，即 $u_2>u_c$ 时，二极管 VD 又导通，电容 C 又充电，u_c 增加。当 u_2 下降且小于 u_c 时，二极管 VD 又截止，电容 C 再次向负载放电。这时的负载电压不再是半波整流电压，而是呈锯齿波电压，提高了整流输出电压平均值，降低了纹波。电容滤波电路对二极管 VD 的影响是增加了反向承受电压，$U_{rm}=u_2+u_c$，缩小了正向导通角 θ，流过二极管和变压器的电流形成尖峰性波形。电容 C 容量越大，放电时间越长，u_c越平稳，但 θ 角小，对二极管和变压器工作都不利。常见滤波电路特性见表 4-2。

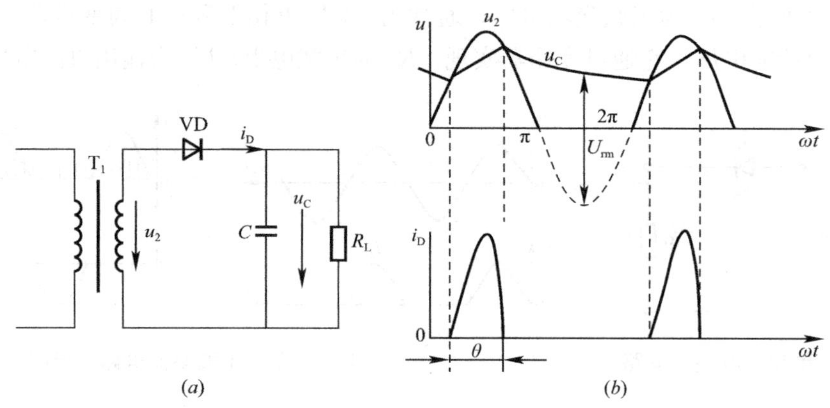

图 4-31　电容滤波电路

（a）电容滤波电路图；（b）波形曲线示意图

常见滤波电路结构及特点　　**表 4-2**

常用滤波	电路图	优点	缺点	适用场合
电容滤波	$\overline{I}_L$ u_d C R_L U_L	1. 输出电压高； 2. 电流较小时滤波效果好	1. 带负载能力差 2. 启动时充电电流大	负载较轻且变化不大场合
电感滤波	L u_d R_L $\overline{U}_L$	1. 负载能力好； 2. I_L 大时，滤波效果好； 3. 对整流管无损坏	当负载突变时，电感上的自感电势可能击穿稳压调整管	负载大且经常变动场合
LC 滤波	L u_d C R_L $\overline{U}_L$	滤波效率高，几乎无直流电压损失	体积大，成本高	负载较大，脉动要求严格的场合
π 滤波	R u_d C_1 C_2 R_L $\overline{U}_L$	结构简单、经济，能兼降压限流作用，滤波效果高	带负载能力差，有直流电压损失	负载较轻，脉动要求严格的场合

（3）稳压电路

1）稳压二极管稳压电路

稳压电路常用硅稳压二极管与负载组成并联型稳压电路或用晶体管电路组成串联型稳压电路。

稳压二极管并联稳压电路是利用稳压二极管的反向稳压特性达到稳压目的。稳压管的特性曲线和图形符号如图 4-32 所示，稳压管反向接入电路，当反向电压从零值开始上升时，反向电流很小，基本上不导电。当反向电压升到击穿电压 U_{W0} 时，反向电流突然增加。

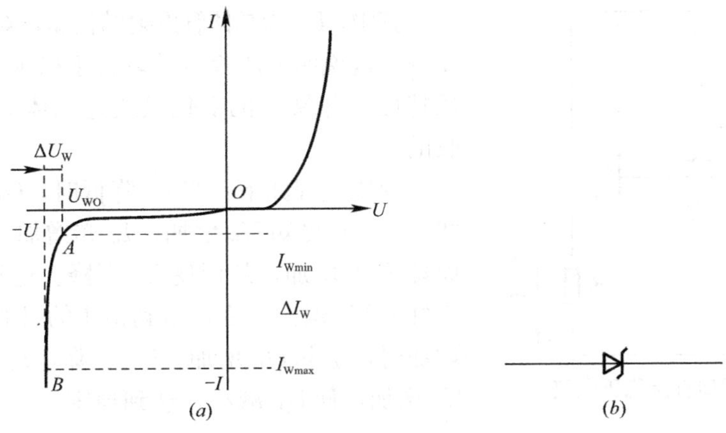

图 4-32 稳压管的特性曲线和图形符号

(a) 伏安特性曲线；(b) 符号图形

其后，反向电压稍有增加 ΔU_W，反向电流就会有较大增加（ΔI_W 很大）。利用稳压管反向击穿时电流变化很大而管子两端电压几乎不变这一特性，把稳压管作为稳压元件。稳压电路一般分为并联稳压电路和串联稳压电路。如图 4-33 所示为并联稳压电路。图中，V_{DW}为稳压管，R_L 为负载电阻，共同组成并联稳压电路；u_i 为稳压器输入电压；R 为串联限流电阻，起调压和限制流过稳压管电流的作用；U_o为稳压电路输出电压。由图可得：

$$U_o = U_i - R(I_W + I_L) \tag{4-43}$$

当负载 R_L 不变，U_i 升高时，引起稳压管两端电压升高，稳压管 V_{DW}的反向电流将有很大增加，于是限流电阻 R 上的压降增加，从而使输出电压 U_o下降 R 下降。反之，当输入电压减小而引起输出电压 U_o下降时，稳压管 V_{DW}的反向电流有较大的减小，R 上的压降减小，使输出电压 U_o 增加。所以当输入电压 U_i 在一定范围内变化时，稳压电路可以基本上保持输出电压稳定。

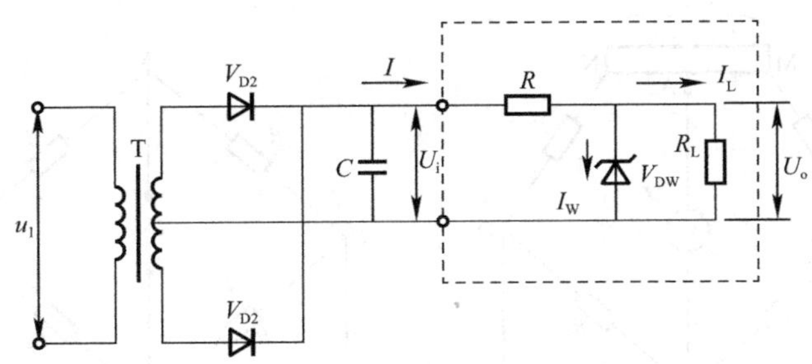

图 4-33 并联稳压电路

2）串联稳压电路

串联型直流稳压电路如图 4-34 所示。图中 T 为晶体管，V_{DW}为稳压二极管，U_W 为基准电压，R_L 为负载电阻。稳压二极管 V_{DW}和电阻 R_L 为晶体管 T 提供基准电压 U_W。负载电阻 R_L 上的电压 U_L 为：

$$U_L = U_W - U_{be} \tag{4-44}$$

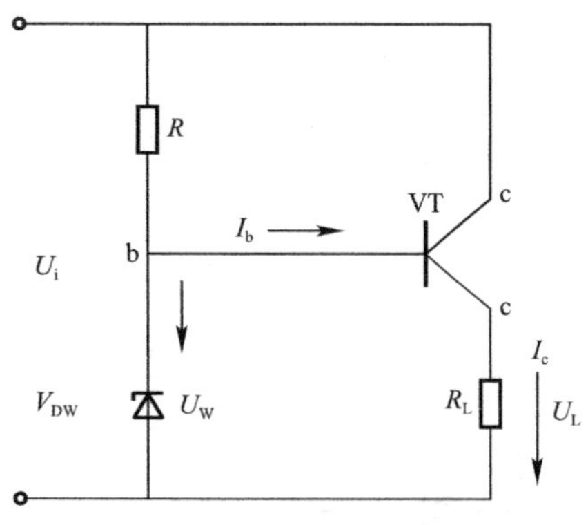

图 4-34　串联型直流稳压电路

其中，U_{be}为晶体管发射结偏压，对于硅管为 0.6～0.7V。这说明电压稳定性取决于稳压二极管 V_{DW}的稳压特性。电源 u_i 的变化是通过晶体管 T 的变化来吸收的。

稳压过程如下：当U_i 降低时，U_L 亦下降。由公式（4-44）可知U_{be}增加，I_b 亦增加，根据放大电路原理 I_c 亦增加，从而使U_{ce}下降。u_i 增加，U_{ce}减小，正好使U_L 保持不变，达到稳压的目的。反之，当U_i 增加时，引起U_L 增加，U_{be}下降，I_b 减小，I_e 减小，U_{ce}增加，使U_L 减小，达到稳定。

（4）其他电路

1）仪表常见测量电路

仪表测量电路最常用的是电桥电路（或称桥式电路），例如湿度变送器，电容式、电感式压力传送器，热导池式气相色谱仪等，其测量线路均采用桥式电路，电桥可以分为平衡电桥和不平衡电桥。

平衡电桥工作原理如图 4-35 所示。图中（R_t+r_1）、（R_2+r_2）、R_3、R_4 分别为电桥的桥臂，A、B、C、D 为电桥桥顶。R_P 为滑线电阻，用于调节电桥平衡。当 A 在 R_P 某一位置时，电桥达到平衡，可得：

$$(R_t + r_1) \times R_4 = (R_2 + r_2) \times R_3 \tag{4-45}$$

则可调节滑线电阻至电桥平衡得出被测电阻 R_t。

不平衡电桥的电路形式和平衡电桥相似，如图 4-36 所示，只有在初始状态，即被测电阻 R_t 为下限值时，电桥处于平衡状态 $U_{AB}=0$。当 R_t 增加 ΔR_t 时，电桥不平衡，U_{AB}有一个输出值 ΔU_{AB}，ΔR_t 和 ΔU_{AB}一一对应，测量出 ΔU_{AB}就可得到 ΔR_t。在测量过程中，电桥始终处于不平衡状态，所以称为不平衡电桥。不平衡电桥广泛应用于仪表测量线路。

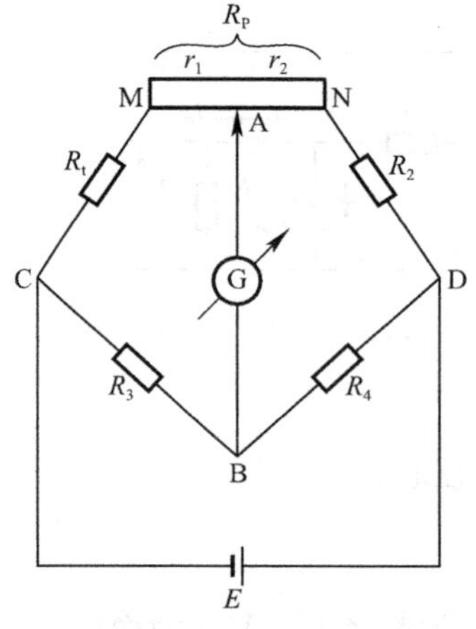

图 4-35　平衡电桥工作原理

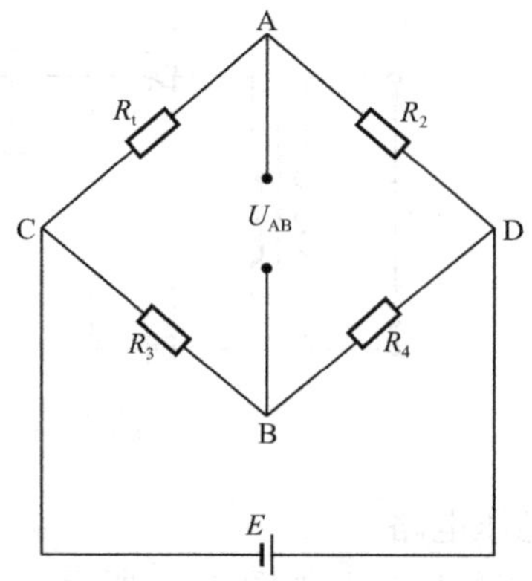

图 4-36　不平衡电桥工作原理

2）振荡电路

振荡电路与放大电路不同。放大电路是输入端加一信号，输出端有一个放大了的输出信号（电压或功率）。振荡电路是不需要外接输入信号，在输出端就可产生正弦或非正弦的输出信号。正弦波振荡器就是一个没有输入信号的带选频网络的正反馈放大器，如图 4-37 所示。当放大器输入端外接一定频率、一定幅度的正弦波信号 $\dot{x}_a$ 经过基本放大器 $\dot{A}$ 和反馈网络 $\dot{F}$ 得到反馈信号 $\dot{x}_f$，如果反馈信号 $\dot{x}_f$ 和 $\dot{x}_a$ 大小相等，相位一致，那么就可以除去外接信号 $\dot{x}_a$，将 1、2 两点直接连在一起形成闭环系统，由于 $\dot{x}_f=\dot{x}_a$，所以：

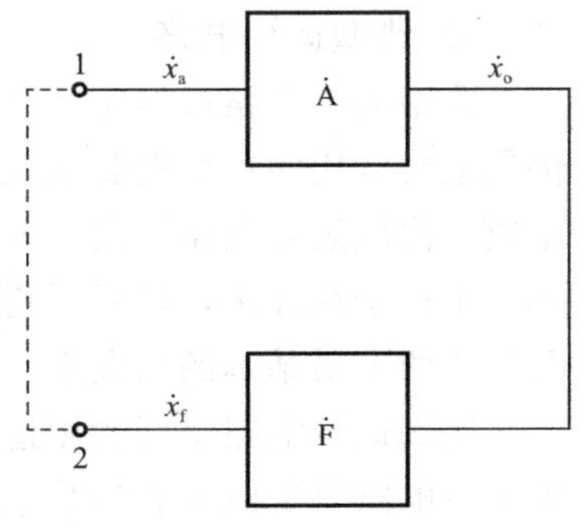

图 4-37　正弦振荡器原理

$$\frac{\dot{x}_f}{\dot{x}_a}=\frac{\dot{x}_o}{\dot{x}_a}=\frac{\dot{x}_f}{\dot{x}_o}\text{或}\dot{A}\dot{F}=1 \quad (4\text{-}46)$$

设 $\dot{A}=A\angle\phi_a$，$\dot{F}=F\angle\phi_f$（复数用幅值和向量角表示，A、F 称为幅值，ϕ_a、ϕ_f 称为向量角）

$$\dot{A}\dot{F}=AF\angle\phi_a\phi_f=1$$

$$|\dot{A}\dot{F}|=AF=1 \quad (4\text{-}47)$$

$$\phi_a+\phi_f=2n\pi \quad n=1,2,3\cdots \quad (4\text{-}48)$$

公式（4-47）称为振幅平衡条件，公式（4-48）称为相位平衡条件。一个正弦波振荡器只在一个频率下满足相位平衡条件，即振荡频率 f_0，所以一个正弦波振荡器要有一个具有选频特性的网络。选频网络可以放置在放大器 $\dot{A}$ 中，也可以设置在反馈网络 $\dot{F}$ 中；可以用 R、C 元件组成 RC 选频网络，称作 RC 振荡器，通常用来产生 1Hz 到 1MHz 范围内的低频信号；亦可以用 L、C 元件组成 LC 选频网络，称作 LC 振荡器，一般产生 1MHz 以上高频信号。

要使振荡器能自行产生振荡，必须满足 $|\dot{A}\dot{F}|>1$ 的条件。

RC 正弦波振荡器有桥式振荡器、双 T 网络式和移相式振荡器等类型，见表 4-3。

几种 RC 振荡器特性　　**表 4-3**

项目	RC 串并联网络振荡器	RC 移相振荡器	双 T 选频网络振荡器
原理电路图	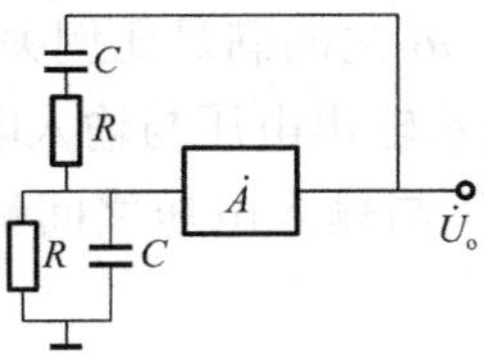	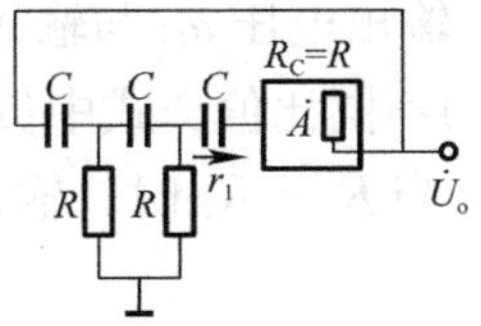	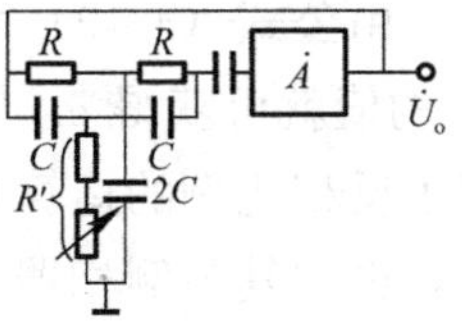
振荡频率	$f_0=\frac{1}{2\pi RC}$	$f_0\approx\frac{1}{2\pi\sqrt{6}RC}$	$f_0\approx\frac{1}{5RC}$
电路特点及应用场合	能方便地连续改变振荡频率，便于加负反馈稳幅电路，容易得到良好的振荡波形	电路简单，经济方便，适用于波形要求不高的轻便测试设备中	选频特性好，适用于产生单一频率的振荡波形

3）典型运算电路

典型运算电路最早应用于模拟信号的运算，简称为集成运放。集成运放运算电路目前仍是运放应用的一个重要领域，同时也是其他各种应用的基础。下文简单介绍由理想运放组成的比例运算电路。由于要求运放的输入输出之间满足一定的数学运算关系，因此运放必定工作于线性区，且只考虑理想运放，在运算电路中进行定量分析时，“虚短”和“虚断”是两个最基本的出发点。

比例运算电路是巧利用运放使输出电压与输入电压之间满足某种比例关系的电路。比例运算电路是集成运放运算电路中最基本的电路形式，是其他各种电路的基础。包括反相比例运算电路及同相比例运算电路两种基本形式。

a. 反相比例运算电路

反相比例运算电路如图 4-38 所示，输入电压 u_I，经过电阻 R_I 加到集成运放 A 的反相输入端，输出电压 u_O 经过电阻 R_F 接回到 A 的反相输入端，引入了深负反馈，从而保证运放工作在线性区域。

图中运放同相端与地之间接有电阻 R'、这是因为集成运放输入级是由差分放大电路构成的，它要求两边的输入回路参数对称，即从运放的反相输入端和地两点向外看的等效电阻 R_N 应等于运放同相输入端和地两点向外看的等效电阻 R_P。这样才能保证静态输入电流流过这两个等效电阻时，在运放两输入端之间不会产生附加的偏差电压。在上述电路中，R'的取值为 $R'=R_I//R_F$。

若将集成运放看做是理想器件，其输入电流为零，则 R'接入与否都不会对电路性能产生任何影响。在后续有关理想运放应用电路中，不再说明该电阻的作用，甚至不再接入该电阻。

由于该电路为理想运放在线性区域内工作，所以可以利用“虚短”及“虚断”的概念，来定量分析该电路输出与输入之间的运算关系。

由于“虚断”，即“$i_+=0$，所以 R'上没有压降，即 $u_+=0$；又由于“虚短”，$u_-=u_+=0$，反相端为零电位，如同接地一样，但实际上并不接地，所以也称其为“虚地”。“虚地”是反相比例运算电路的一个重要特点。经过运算可得：

$$u_O=-\frac{R_F}{R_I}u_I \tag{4-49}$$

由公式（4-49）可知，输出电压 u_O 与输入电压 u_I 之间满足比例关系，通过改变 R_F 与 R_I 的值就可获得 u_O 与 u_I 的不同比值。式中负号表示输出电压与输入电压的相位相反，实现了反相比例的运算功能。当 $R_F=R_I$ 时，输出电压与输入电压之间幅值相等，但相位相反，也称其为倒相器。

b. 同相比例运算电路

同相比例运算电路如图 4-39 所示，输入信号 u_I 从运放的同相端加入。为了保证理想运放工作在线性区域，将输出信号 u_O 经电阻 R_F 引回到反相输入端，与 R_I 构成了负反馈网络。

R'的作用与上述反相比例运算电路中作用相似，且 $R'=R_I//R_F$。

利用理想运放在线性工作区时“虚短”、“虚断”的特点可得出如下结论：

$$u_O=\left(1+\frac{R_F}{R_I}\right)u_I \tag{4-50}$$

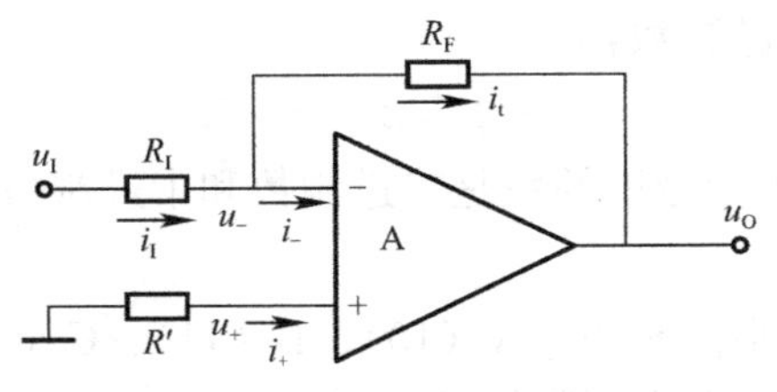

图 4-38　反相比例运算电路

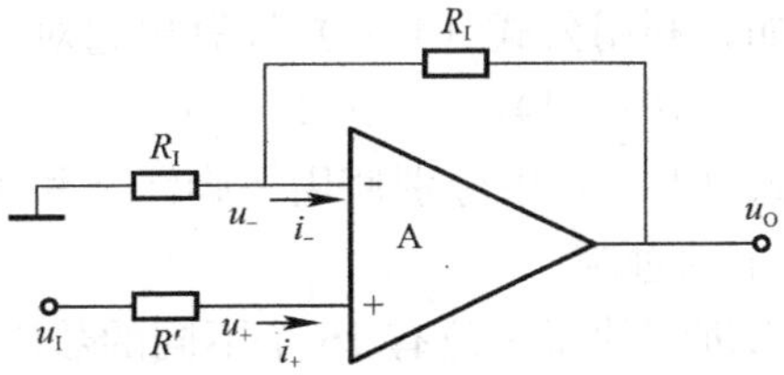

图 4-39　同相比例运算电路

由公式（4-50）可知，输出信号 u_O 与输入信号 u_I 之间满足一定的比例关系，且 $u_O \geqslant u_I$。特例：当 $R_F=0$ 或 R_I 为∞时。

输出信号 u_O 与输入信号 u_I 完全相同（幅值相同，相位相同），也称该电路为电压跟随器。同相比例运算电路不满足“虚地”条件，即运放的输入端存在较大的共模信号。在实际使用时要考虑这一因素，正确选择运放。

4.4 数字电路

（1）数制与基本逻辑关系

1）数制

数字信号通常都是用数码形式给出的。不同的数码可以用来表示数量的不同大小。用数码表示数量大小时，仅用一位数码往往不够用，因此经常需要用进位计数制的方法组成多位数码使用。我们把多位数码中每一位的构成方法以及从低到高位的进位规则称为数制。在数字电路中经常使用的计数进制除了我们最熟悉的十进制以外，更多的是使用二进制和十六进制，有时也用到八进制。几种常用的数制如下：

① 十进制

十进制是日常生活和工作中最常用的进位数制。在十进制数中，每一位有 0～9 十个数码，所以计数的基数是 10。超过 9 的数必须用多位数表示，其中低位和相邻高位之间的关系是“逢十进一”，所以称为十进制。

例如：$124.68=1\times10^2+2\times10^1+4\times10^0+6\times10^{-1}+8\times10^{-2}$

所以任意一个十进制数均可展开为：

$$D=\sum k_i\times10^i \tag{4-51}$$

式中，k_i 是第 i 位的系数，它可以是 0～9 这十个数码中的任何一个。若整数部分的位数是 n，小数部分的位数为 m，则 i 包含从 $n-1$ 到 0 的所有正整数和从 -1 到 $-m$ 的所有负整数。

② 二进制

目前在数字电路中二进制是应用比较广泛的。在二进制数中，每一位仅有 0 和 1 两个可能的数码，所以计数基数是 2。低位和相邻的高位之间的进位关系是“逢二进一”，所以称为二进制。

任何二进制数均可展开为：

$$D=\sum k_i 2^i \tag{4-52}$$

例如，利用公式（4-52）计算出它对应的十进制数：

$$(101.11)_2 = 1\times 2^2 + 0\times 2^1 + 1\times 2^0 + 1\times 2^{-1} + 1\times 2^{-2} = (5.75)_{10}$$

公式（4-52）中分别使用下脚注 2 和 10 表示括号里的数是二进制数和十进制数。

③ 十六进制

十六进制的每一位有 16 个不同的数码，分别用 0～9、A（10）、B（11）、C（12）、D（13）、E（14）、F（15）表示。因此，任意一个十六进制数均可展开为：

$$D=\sum k_i \times 16^i \tag{4-53}$$

例如，利用公式（4-53）计算出它对应的十进制数：

$$(2A.7F)_{16} = 2\times 16^1 + 10\times 16^0 + 7\times 16^{-1} + 15\times 16^{-2} = (42.4960937)_{10}$$

上式中分别使用下脚注 16 和 10 表示括号里的数是二进制数和十进制数。

④ 数制间的转换

不同的数制之间是可以相互转换的，比如十进制向二进制转换，转换的方法可以用基数除法，余数是二进制个位的数，最后一次余数是最高位。十进制数 41 转换成二进制数的过程如图 4-40 所示。

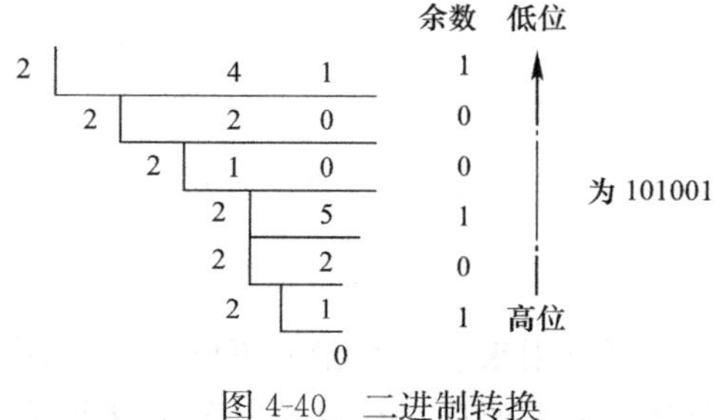

图 4-40 二进制转换

用四位二进制数表示一位十进制数称为 8421 码或 BCD 码，见表 4-4。如上例中的十进制数 41，其二进制数为 01000001。BCD 码 001110010101，十进制数位 395。

8421 码 **表 4-4**

十进制	二进制			
0	0	0	0	0
1	0	0	0	1
2	0	0	1	0
3	0	0	1	1
4	0	1	0	0
5	0	1	0	1
6	0	1	1	0
7	0	1	1	1
8	1	0	0	0
9	1	0	0	1
权	8	4	2	1

2）基本逻辑关系

在数组逻辑电路中，用 1 位二进制数码的 0 和 1 表示一个事物的两种不同逻辑状态。两种对立逻辑状态的逻辑关系称为二值逻辑。所谓逻辑，这里指事物间的因果关系。当两个二进制数码表示不同的逻辑状态时，它们之间可以按照指定的某种因果关系进行推理运算。将这种运算称为逻辑运算。

基本逻辑运算有与（AND）、或（OR）、非（NOT）三种，它们可以由相应的逻辑电路实现。

逻辑或运算如图 4-41 所示，图中电路的灯 P 由 A、B 两个开关控制，当两个开关中有一个导通时，灯亮，记为逻辑 1；开关断开，灯灭，记为逻辑 0。开关的闭合总共会出现四种情况，这种把所有可能条件组合及其对应结果一一列出来的表格，称为真值表，见表 4-5。

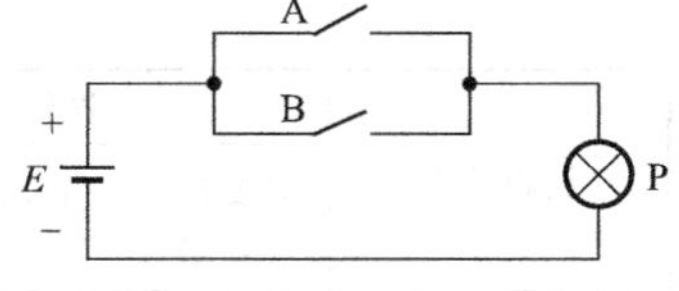

图 4-41 逻辑或运算

或逻辑真值表 **表 4-5**

A	B	L
0	0	0
0	1	1
1	0	1
1	1	1

实现逻辑或运算的电路称为或门（OR）。两输入端如图 4-42 所示的二极管或门电路。设定输入 A、B 端的高电位为+3V，低电位为 0V，二极管视为理想开关。从电路图可以得到输入电压和输出电压对照表，如图 4-43 所示。

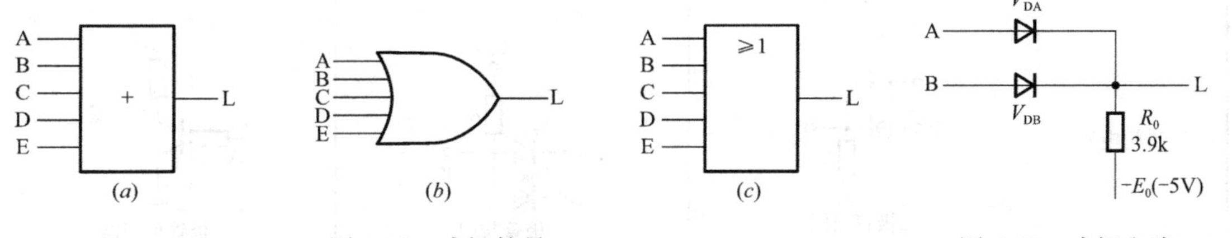

图 4-42 或门符号

（a）常用符号；（b）美、日常用符号；（c）国标符号

图 4-43 或门电路

若用逻辑 1 代替高电位+3V，用逻辑 0 代替低电位为 0V，则表 4-6 改写为表 4-7。由此可见，这是一个或门电路，实现了 L=A+B 功能。

输入、输出电压对照 **表 4-6**

输入		输出
A	B	L
0V	0V	0V
+3V	0V	−3V
0V	+3V	−3V
−3V	+3V	+3V

或门真值表 **表 4-7**

输入		输出
A	B	L
0	0	0
1	0	1
0	1	1
1	1	1

或逻辑和或门、与逻辑和与门、非逻辑和非门的逻辑关系，逻辑表达式、真值表及逻辑门电路见表 4-8。

或逻辑、与逻辑、非逻辑的关系　　表4-8

	或逻辑和或门	与逻辑和与门	非逻辑和非门
逻辑关系	只要具备一个或一个以上的条件，这件事情就会发生	各个条件完全具备时，这件事情才会发生	输出与输入的状态总是相反的，即为非逻辑关系
逻辑关系示例图	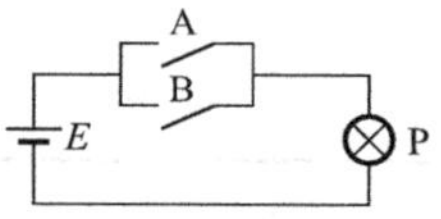 A B E P	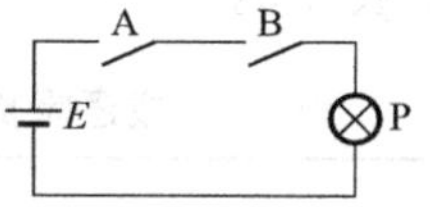 A B E P	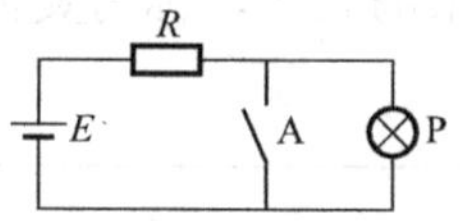 R E A P
逻辑表达式	P=A+B 逻辑或、逻辑加	P=A·B 逻辑与、逻辑乘	P=$\overline{A}$ 逻辑非、逻辑反，也有用“～”“¬”“′”表示非运算的
逻辑状态表	A B P 0 0 0 0 1 1 1 0 1 1 1 1	A B P 0 0 0 0 1 0 1 0 0 1 1 1	A P 0 1 1 0
逻辑门电路	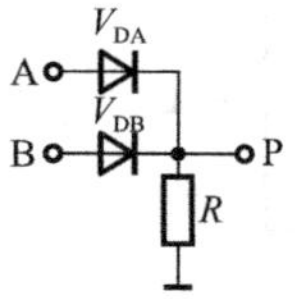 V_{DA} A V_{DB} B P R 二极管或门	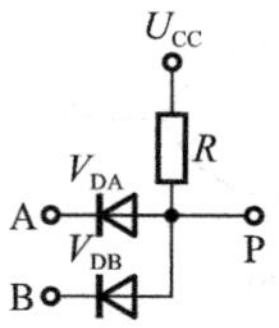 U_{CC} R V_{DA} A P V_{DB} B 二极管与门	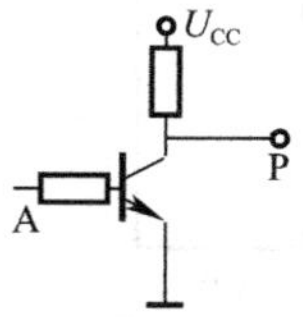 U_{CC} P A 三极管反相器

（2）组合逻辑电路

根据逻辑电路的不同特点，可以将数字电路分成两大类，一类称为组合逻辑电路，另一类称为时序逻辑电路。

在组合逻辑电路中，任意时刻的输出仅仅取决于该时刻的输入，与电路原来的状态无关。这是组合逻辑电路在逻辑功能上的共同特点。组合逻辑电路常用于编码器、译码器、半加器、全加器、数据选择器等，应用非常广泛。

从组合逻辑电路逻辑功能的特点不难想到，既然它的输出与电路的历史状况无关，那么电路中就不能包含储存单元。这是组合逻辑电路在电路结构上的共同特点。

理论上讲，逻辑图本身是逻辑功能的一种表达方式。但在很多情况下，有逻辑图所反映的逻辑功能不够直观，往往还需将其转换为逻辑函数式或逻辑真值表的形式，使得电路的逻辑功能更加直观明显。

想要分析已知给定的逻辑电路，就需要通过分析电路的逻辑功能入手。常用的分析方法是从电路的输入到输出，逐级写出其逻辑函数式，然后得出表达输入与输出关系的逻辑函数式。再用公式简化法或者卡诺图法得到函数式化简或变换，使得逻辑关系更加简单明了。为了使电路的逻辑功能更加直观，有时还可以将逻辑函数式转换为真值表的形式。

例如图4-44所示的逻辑电路。

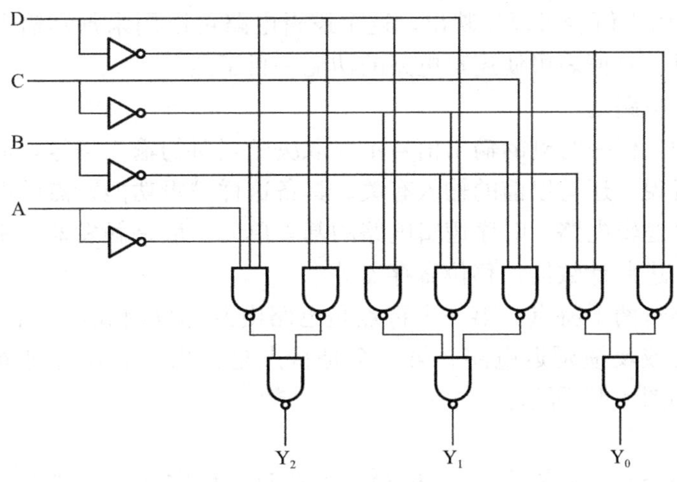

图 4-44 组合逻辑电路示例图

根据给出的组合逻辑图 4-44 可写出 Y_2、Y_1、Y_0 和 D、C、B、A 之间关系的逻辑式：

$$Y_2=((DC)'(DBA)')'=DC+DBA$$

$$Y_1=((D'CB)'(DC'B')'(DC'A')')'=D'CB+DC'B'+DC'A'$$

$$Y_0=((D'C')'(D'B')')'=D'C'+D'B' \tag{4-54}$$

从上述的逻辑函数式我们并不能立刻看出该电路的逻辑功能和用途。为此，还将公式（4-54）转换为真值表的形式，见表 4-9。

组合逻辑电路示例图真值表 **表 4-9**

输入				输出		
D	C	B	A	Y_2	Y_1	Y_0
0	0	0	0	0	0	1
0	0	0	1	0	0	1
0	0	1	0	0	0	1
0	0	1	1	0	0	1
0	1	0	0	0	0	1
0	1	0	1	0	0	1
0	1	1	0	0	1	0
0	1	1	1	0	1	0
1	0	0	0	0	1	0
1	0	0	1	0	1	0
1	0	1	0	0	1	0
1	0	1	1	1	0	0
1	1	0	0	1	0	0
1	1	0	1	1	0	0
1	1	1	0	1	0	0
1	1	1	1	1	0	0

由表 4-9 可以看出，当 D、C、B、A 表示的二进制数小于或等于 5 时，Y_0 的值为 1；当这个二进制数在 6 和 10 之间时，Y_1 的值为 1；而当这个二进制数大于或等于 11 时，Y_2

的值为 1。因此，由真值表可以反映出，这个逻辑电路可以用来判别输入的 4 为二进制数的数值范围。可见，真值表可使逻辑电路的功能一目了然。

(3) 时序逻辑电路

在逻辑电路中，任一时刻的输出信号不仅取决于当时的输入信号，而且还取决于电路原来的状态，或者说，还与以前的输入有关。具备这样逻辑功能特点的电路称为时序逻辑电路，以区别组合逻辑电路。时序逻辑电路的基本单元一般是触发器，常用的基本电路有二进制计数器、十进制计数器、移位寄存器等。

时序逻辑电路有两个特点。第一个特点是电路由两部分组成，一个是组合逻辑电路，另一个是储存单元或反馈延迟电路。第二个是特点是输出—输入之间至少有一条反馈路途。结构示意图如图 4-45 所示。

1) 触发器

触发器具有两个互非的输出端 Q 和 $\overline{Q}$，它有两个稳定状态：状态 1（Q=1，$\overline{Q}$=0）和状态 0（Q=0，$\overline{Q}$=1），总是处于相反状态。在无外界信号作用时，维持不变。当有外界输入信号作用时，能从一个稳定状态翻转到另一个稳定状态。

最简单的触发器是用两个与非门构成，如图 4-46 所示。图中，Q 是原码输出端，$\overline{Q}$ 是反码输出端，R 是置 0 输入端，S 是置 1 输入端。

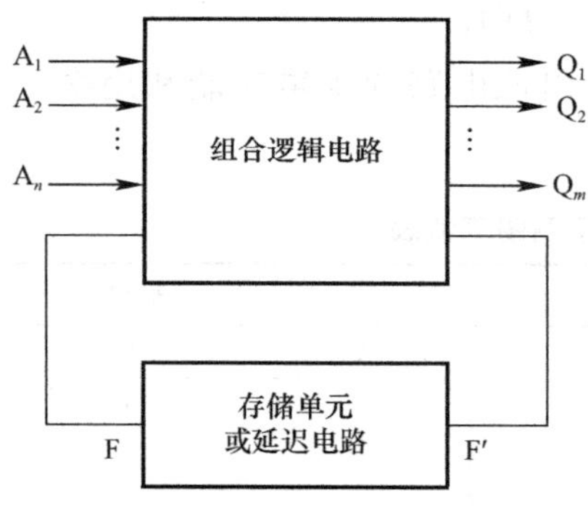

图 4-45　时序逻辑电路结构示意图

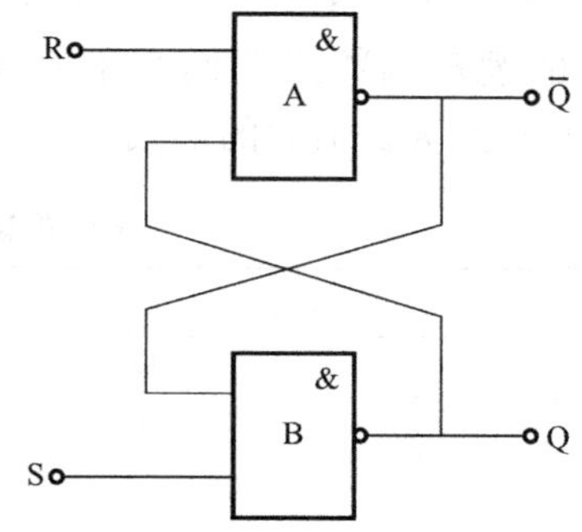

图 4-46　基本 *R-S* 触发器

初始状态，输入端 R 和 S 均处于高电位（即 1 电位），与非门 A 输出低电位（即 0 电位），与非门 B 输出为高电位（1）。当加入一个负脉冲，R 端由 1 变到 0 时，A 的输出由 0 变到 1。这时与非门 B 的输入端均为 1，B 的输出由 1 变到 0，与非门 B 的输出 0 反馈到与非门 A 的输入端，这个低电位反馈信号将取代 R 负脉冲的作用，即使 R 端此后又回到高电位 1，其输出端电位仍然保持电位 1，B 的输出仍为低电位 0。说明在 R 端输入一个负脉冲，R-S 触发器输出端 Q 翻转一个状态，即 Q 由 1 变 0，Q 由 0 变 1。

基本 R-S 触发器功能表见表 4-10。

R-S 触发器功能表　　　　**表 4-10**

R	S	Q	R	S	Q
0	1	0	1	1	不变
1	0	1	0	0	×

触发器状态以 Q 为准，当：

R=0，S=1时，触发器置0，Q=0，$\overline{Q}$=1；

R=1，S=0时，触发器置1，Q=1，$\overline{Q}$=0；

R=1，S=1时，触发器维持原状态不变；

R=0，S=0时，Q=$\overline{Q}$=1，不是触发器的正常状态。

2）二进制计数器

计数器可以按加和减的计数顺序构成加法（递增）和减法（递减）计数器，以及可逆计数器（既可进行加又可进行减）。

计数器按工作方式可以分为同步计数器和异步计数器，按计算内容分类可以分为二进制、十进制和其他任意进制（八进制、十六进制）等。

计数器对脉冲的个数进行计数，以实现数字测量、运算和控制，应用十分广泛。

异步二进制递增计数器是二进制计数器的一种。递增是指每输入一个脉冲就进行一次加1运算。输入脉冲个数与二进制数的对应关系见表4-11。由表可知，每输入一个脉冲，最低位 Q_0 的状态就改变一次，当低位的状态由1变0时，其相邻高位的状态改变一次（进位）。

二进制递增计数器状态表 **表4-11**

计数脉冲数目	二进制输出				计数脉冲数目	二进制输出			
	Q_3	Q_2	Q_1	Q_0		Q_3	Q_2	Q_1	Q_0
0	0	0	0	0	9	1	0	0	1
1	0	0	0	1	10	1	0	1	0
2	0	0	1	0	11	1	0	1	1
3	0	0	1	1	12	1	1	0	0
4	0	1	0	0	13	1	1	0	1
5	0	1	0	1	14	1	1	1	0
6	0	1	1	0	15	1	1	1	1
7	0	1	1	1	16	0	0	0	0
8	1	0	0	0	17	0	0	0	1

用4个J—K主从触发器很容易组成四位异步二进制计数器，如图4-47所示。

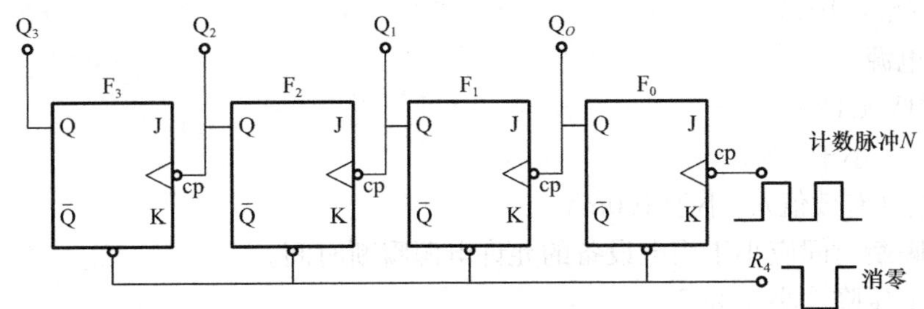

图4-47 异步二进制递增计数器

由图可知，4个触发器均处于计数工作状态。计数输入脉冲 N 从最低位触发器 F_0 的cp端输入，每输入一个脉冲，脉冲由高电位到低电位时，F_0 的状态改变一次。低位触发器的Q端与相邻高位触发器cp端相接，每当低位触发器的状态由1变0时，即向高位的

cp 端输入一个负脉冲，使高位的触发器翻转一次。

二进制递增计数器的工作波形如图 4-48 所示，它与表 4-11 所示的各触发器状态一一对应，由波形图可以看出，每经一级触发器，输出脉冲的周期就增加 1 倍，即频率降低 1 倍。因此一位二进制计数器是一个二分频器，当触发器的个数为 n 时，最后一个触发器输出的脉冲频率将降为输入脉冲频率的 $1/2^n$，它能累计的最大脉冲个数为 2^n-1。在输入计数脉冲前，向各触发器的直接置 0 端加入一负跳变脉冲，可使计数器清零。

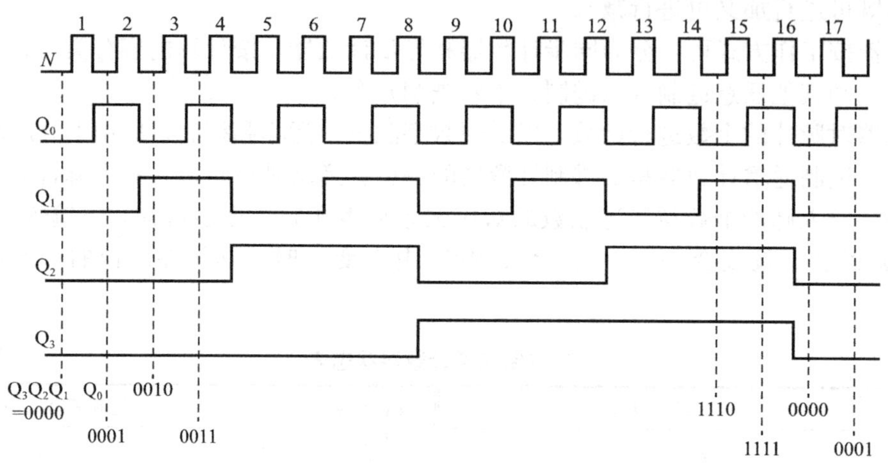

图 4-48　二进制递增计数器工作波形

4.5　仪表供配电系统及接地

（1）常用供配电系统

1）电源质量指标

① 交流电源

电压：220V±10%；

频率：50Hz±1Hz；

波形失真率：10%。

② 直流电源

电压：24V±1V；

波纹电压：小于 5%；

交流分量（有效值）：小于 100mV。

③ 电源瞬断时间应小于用电设备的允许电源瞬断时间。

④ 瞬时电压降：小于 20%。

2）UPS

UPS 工作原理，UPS 是交流不间断电源装置（Uninterrupted Power Supply System）的简称，是一种高可靠性交流电源设备。UPS 通常由两套系统构成，一套用蓄电池储能，另一套直接使用交流电网，两者互为备用，通过电子开关切换。一旦电网突然停电或供电质量不符合要求，另一套能立即投入使用，时间在几毫秒之内。

UPS有旋转型和静止型之分，旋转型采用电动发电机组，现在较普遍采用静止型UPS。静止型UPS由整流器、蓄电池组、逆变器、静态电子开关等部件组成，其工作原理如图4-49所示。来自电网的工作电源220V AC，通过整流器进行整流和滤波转变成直流电压，并和蓄电池组并联送入逆变器，通过逆变器将直流电压转变成220V AC、50Hz电压，通过电子切换开关进行监控和调整后输出，供负载使用。

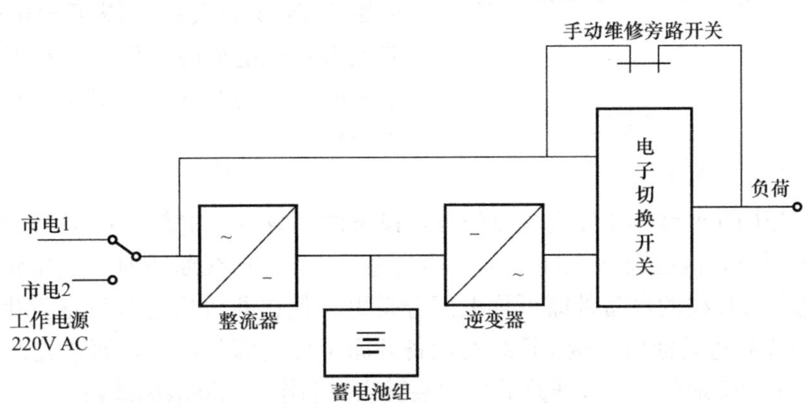

图4-49 UPS工作原理

3）常用交流电及电压等级

额定电压是电力系统及电力设备规定的正常电压，即与电力系统及电力设备某些运行特性有关的标称电压。电力系统各点的实际运行电压允许在一定程度上偏离其额定电压，在这一允许偏离范围内，各种电力设备及电力系统本身仍然能正常运行。

我国目前统一以1000V为界来划分电压的高低，低压指交流电压在1000V及以下者；高压指交流电压在1000V以上者。

此外，常细分为低压、中压、高压、超高压和特高压：1kV及以下为低压；1kV至35kV以下为中压；35kV至220kV为高压；220kV以上为超高压；800kV及以上为特高压。

（2）接地系统

自动化仪表系统的接地，根据其作用可分为：保护接地、信号接地、屏蔽接地、防雷接地、防静电接地等。

1）保护接地

我国220V/380V低压配电系统，广泛采用中性点直接接地的运行方式，而且引出有中性线（N）、保护线（PE）或保护中性线（PEN）。

低压配电系统按接地形式，分为TN系统、TT系统和IT系统。

① TN系统

TN系统的中性点直接接地，所有电气设备的外露可导电部分均接到保护线（PE线）或公共的保护中性线（PEN线）。TN系统，称作保护接零。当故障使电气设备金属外壳带电时，形成相线和地线短路，回路电阻小，电流大，能使熔丝迅速熔断或保护装置动作切断电源。

TN系统又分为TN-C系统、TN-S系统和TN-C-S系统。

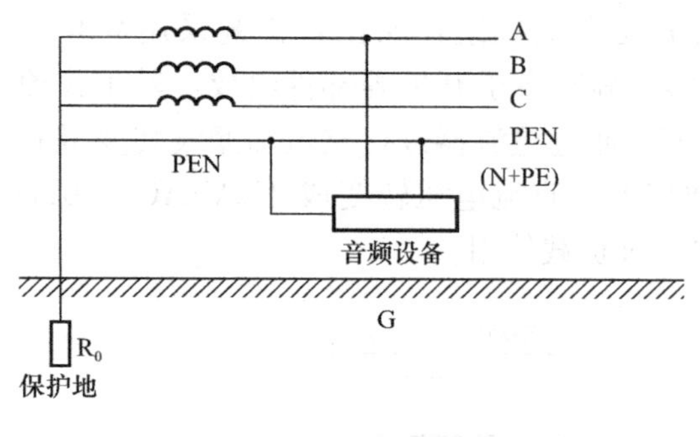

图 4-50 TN-C 系统

a. TN-C 系统（图 4-50）

TN-C 系统中 N 线与 PE 线全部合并为一根 PEN 线。PEN 线中可能有电流通过，因此对其接 PEN 线的设备间互相会产生电磁干扰。如果 PEN 线断线，还可使断线后边接 PEN 线的设备外露可导电部分带电而造成人身触电危险。该系统在发生单相接地故障时，线路的保护装置应该动作，切除故障线路。

b. TN-S 系统（图 4-51）

TN-S 系统中的 N 线与 PE 线全部分开，设备的外露可导电部分均接 PE 线。由于 PE 线中没有电流通过，因此设备之间不会产生电磁干扰。PE 线断线时，正常情况下，也不会使断线后边接 PE 线的设备外露可导电部分带电；但在断线后边有设备发生一相接壳故障时，将使断线后边其他所有接 PE 线的设备外露可导电部分带电，而造成人身触电危险。该系统在发生单相接地故障时，线路的保护装置应该动作，切除故障线路。

c. TN-C-S 系统（图 4-52）

TN-C-S 系统的前一部分全部为 TN-C 系统，而后边有一部分为 TN-C-S 系统，有一部分则为 TN-S 系统，其中设备的外露可导电部分接 PEN 线或 PE 线。该系统综合了 TN-C-S 系统和 TN-S 系统的特点，因此比较灵活。

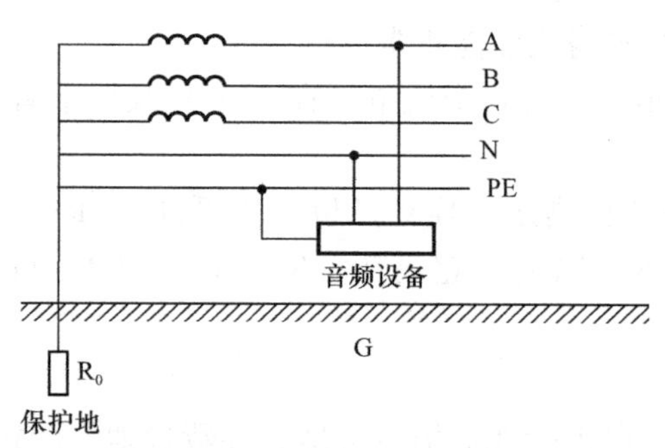

图 4-51 TN-S 系统

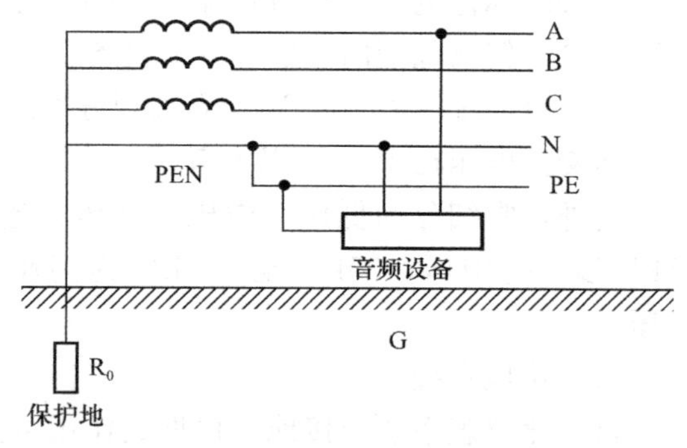

图 4-52 TN-C-S 系统

② TT 系统（图 4-53）

在电源中性点直接接地的三相四线系统中，所有设备的外露可导电部分均经各自的保护线 PE 分别直接接地，称之为 TT 供电系统。

第一个符号 T 表示电力系统中性点直接接地，第二个符号 T 表示负载设备外露不与带电体相接的金属导电部分与大地直接联接，而与系统如何接地无关。由于 TT 系统中各设备的外露可导电部分的接地 PE 线彼此是分开的，互无电气联系，因此相互之间不会发生电磁干扰问题。该系统如发生单相接地故障，则形成单相短路，线路的保护装置应动作于跳闸，切除故障线路。但是该系统如出现绝缘不良而引起漏电时，由于漏电电流较小，可能不足以使线路的过电流保护动作，必须使用灵敏度较高的漏电保护装置，以确保人身安全。

③ IT 系统（图 4-54）

IT 系统是指在电源中性点不接地，或经高阻抗（1000Ω）接地。该系统没有 N 线，因此不适应于接额定电压为系统相电压的单相设备，只能接额定电压为系统线电压的单相设备和三相设备。该系统中所有设备的外露可导电部分均经各自的 PE 线单独接地。

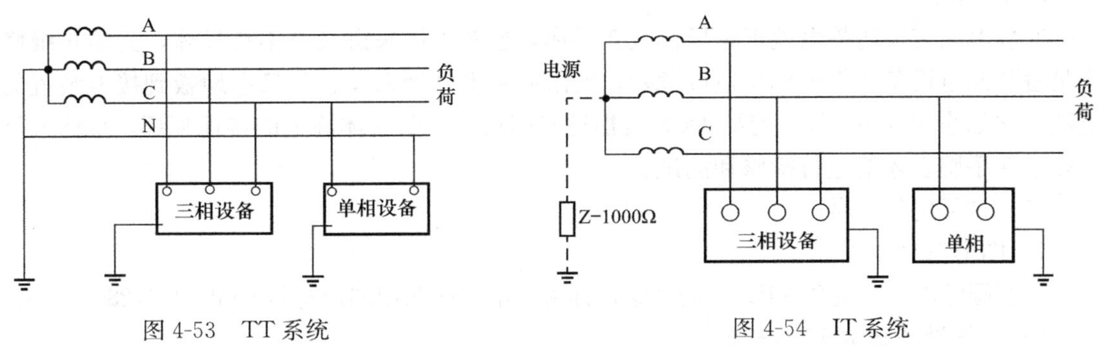

图 4-53 TT 系统　　图 4-54 IT 系统

由于 IT 系统中设备外露可导电部分的接地 PE 线也是彼此分开的，互无电气联系，因此相互之间也不会发生电磁干扰。

由于 IT 系统中性点不接地或经高阻抗接地，因此当系统发生单相接地故障时，三相设备及接线电压的单相设备仍能照常运行。但是发生单相接地故障时，应发出报警信号，以便工作人员及时处理，消除故障。

2）信号接地

为电信号正常传输与变换所设置的接地称为信号接地，也就是为信号系统及传输回路设置一个理想的公共参考点，如 DCS、PLC、FDCS、RTU、ROC 等计算机或准计算机控制系统的机笼、机框、卡板的等电位公共参考点或金属外壳，敏感元器件的金属屏蔽罩、屏蔽网等。有些仪表和控制系统，其公共参考点是悬浮的，也有一些仪表公共参考点与电源负极相连接，有时给不同仪表之间信号传输带来困难，往往需要加装信号隔离模块。对于自动化仪表系统一般称信号接地为工作接地（不要与配电系统的工作接地混淆）。各生产厂家对其系统的信号接地的接地方式和接地电阻要求也不完全统一。

3）屏蔽接地

为了防止或减少电场干扰，自动化系统的信号传输电缆一般采用屏蔽电缆或本质安全屏蔽电缆，并要求将电缆屏蔽层一端接地。接地一端应设在控制室一侧，一般不允许两端接地，防止两端电位不同，在屏蔽层上产生电流，形成新的干扰源，或产生其他危害。

4）防雷接地

为了防止雷电等大气过电压和系统过电压对自动化仪表系统，特别是信号输入、输出端器件和电源器件的损坏所设置的接地称为防雷接地。有些自动化仪表系统在出厂时已安装了此类装置，有些虽然未考虑，但环境存在过电压问题，就应采取专门防范措施，如设置防雷接地、设置避雷针、加装浪涌保护器或专用避雷器等。

5）防静电接地

静电有一定概率造成电子仪器仪表的整机故障。尽管生产厂家在不断改进产品的防静电性能，但应用现场的防静电措施还是有必要的，特别是在干燥、易产生静电的环境。

现阶段常采用防静电地板，该类地板采用特殊粉末压制而成，并附着在金属基材上。防静电地板按规则镶嵌在相互连接的金属网格支架上，金属网格支架与保护接地连接或与盘柜基础型钢连接，因为盘柜基础型钢是可靠接地的。防静电接地的接地电阻要求并不高，小于100Ω即可。

对静电而言，防静电地板是导体或亚导体，但对人体来讲又是不良导体，为防止维修人员触及漏电设备或带电部位造成危险，要限制带电体经人体、防静电地板到接地装置的电流，比如小于5 mA等。有些DCS机柜还专门设置了防人体静电的接地腕环，维修人员必须戴在手腕上才能进行检修和测试。

(3) 常见电气符号

1) 图形符号

参照国际电工委员会（IEC）的规定，详见《电气简图用图形符号》GB/T 4728—2018。

2) 电气设备基本文字符号

电气设备中常用的基本文字符号见表4-12。

电气设备常用基本文字符号　　**表4-12**

序号	基本文字符号	电气设备、装置和元器件种类	序号	基本文字符号	电气设备、装置和元器件种类
1	A	组件、部件	12	N	模拟元件
2	B	非电量到电量变换器或电量到非电量变换器	13	P	测量设备；试验设备
3	C	电容器	14	Q	电力电路开关器件
4	D	二进制元件；延迟器件；存储器件	15	R	电阻器
5	E	其他元器件	16	S	控制记忆信号；电路；开关器件；选择器
6	F	保护器件	17	T	变压器
7	G	发生器；发电机；电源	18	U	调制器；变换器
8	H	信号器件	19	V	电子管；晶体管
9	K	继电器；接触器	20	W	传输通道；波导；天线
10	L	电感器；电抗器	21	X	端子；插头；插座
11	M	电动机	22	Y	电子操作的机械器件

(4) 电气技术中辅助文字符号

电气技术中常用辅助文字符号见表4-13。

常用辅助文字符号　　**表4-13**

序号	文字符号	名称	序号	文字符号	名称
1	AC	交流	11	N	中性线
2	BK	黑	12	PE	保护接地
3	BL	蓝	13	PEN	保护接地与中性线公用
4	D	差动	14	PU	不接地保护
5	DC	直流	15	RD	红
6	E	接地	16	RES	备用
7	GN	绿	17	TE	无噪声接地
8	H	高	18	WH	白
9	L	低	19	YE	黄
10	M	中间线			

4.6 常用电气器件

(1) 接触器

接触器是用来频繁地接通和断开带有负载的主电路或大容量控制电路的电器。接触器不仅能接通和切断电路，而且还具有低电压释放保护作用，适用于频繁操作和远距离控制，是自动控制系统中的重要元件之一。

1) 文字符号：KM。

2) 图形符号如图 4-55 所示。

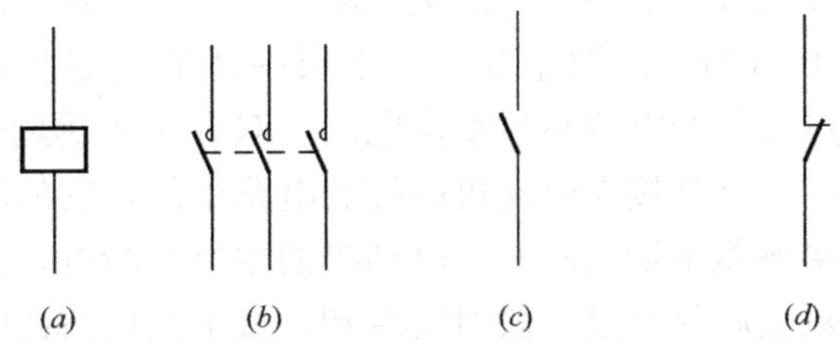

图 4-55 接触器图形符号图

(a) 线圈；(b) 主触头；(c) 辅助常开触头；(d) 辅助常闭触头

接触器由线圈、动铁心（衔铁）、静铁心、主触头和辅助触头组成。主触头用于通断主电路，辅助触头用于控制电路。

接触器原理图如图 4-56 所示。当接触器线圈通电后，线圈电流会产生磁场。产生的磁场使静铁芯产生电磁吸力吸引动铁芯，并带动接触器点动作，常闭触点断开，常开触点闭合，两者是联动的。当线圈断电时，电磁吸力消失，衔铁在释放弹簧的作用下释放，使触点复原，常开触点断开，常闭触点闭合。

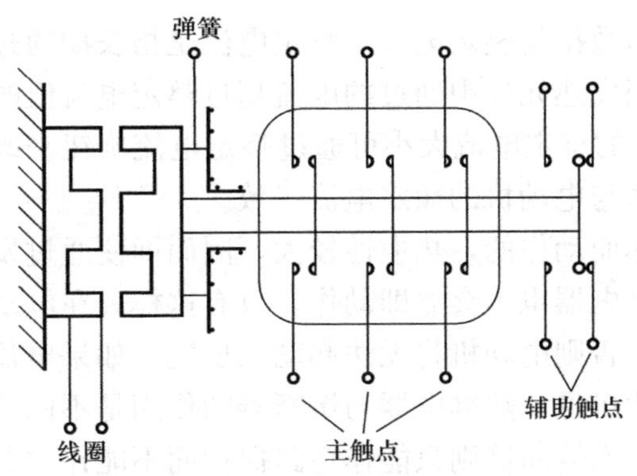

图 4-56 接触器原理图

(2) 热继电器

热继电器的工作原理是电流入热元件的电流产生热量，使有不同膨胀系数的双金属片发生形变，当形变达到一定距离时，就推动连杆动作，使控制电路断开，从而使接触器失电，主电路断开，实现电动机的过载保护。

1) 文字符号：FR。

2) 图形符号如图 4-57 所示。

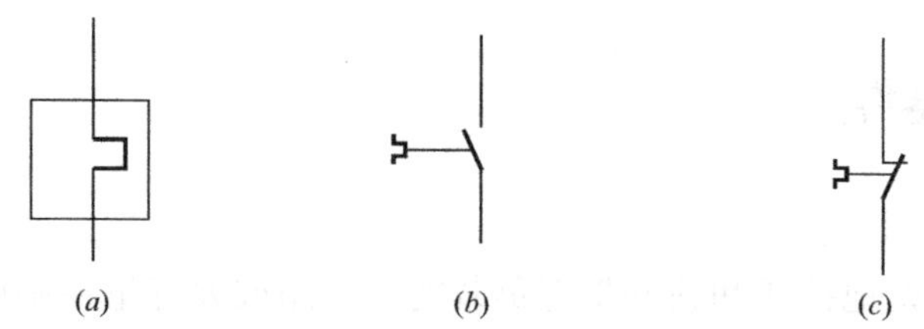

图 4-57　热继电器图形符号
(a) 热元件；(b) 常开触头；(c) 常闭触头

热继电器由发热元件、双金属片、触点及一套传动和调整机构组成。发热元件是一段阻值不大的电阻丝，串接在被保护电动机的主电路中。双金属片由两种不同热膨胀系数的金属片辗压而成。如图 4-58 所示的双金属片，下层一片的热膨胀系数大，上层的小。当电动机过载时，通过发热元件的电流超过整定电流，双金属片受热向上弯曲脱离扣板，使常闭触点断开。由于常闭触点是接在电动机的控制电路中的，它的断开会使得与其相接的接触器线圈断电，从而接触器主触点断开，电动机的主电路断电，实现了过载保护。

热继电器动作后，双金属片经过一段时间冷却，按下复位按钮即可复位。

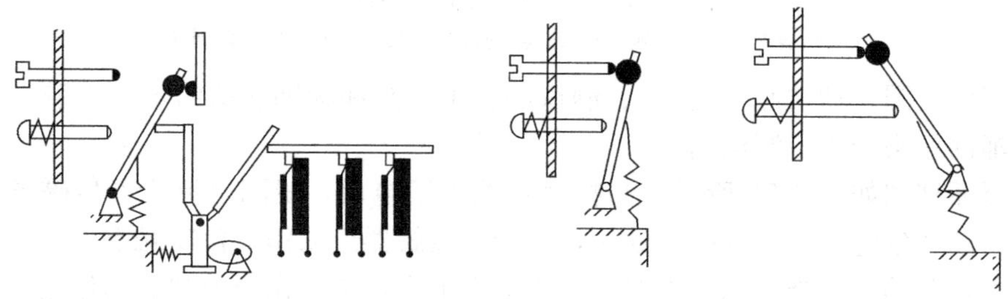

图 4-58　热继电器原理图

热继电器的主要技术数据是整定电流。整定电流是指长期通过发热元件而不致使热继电器动作的最大电流。当发热元件中通过的电流超过整定电流值的 20%时，热继电器应在 20min 内动作。热继电器的整定电流大小可通过整定电流旋钮来改变。选用和整定热继电器时一定要使整定电流值与电动机的额定电流一致。

由于热继电器是受热而动作的，热惯性较大，因而即使通过发热元件的电流短时间内超过整定电流几倍，热继电器也不会立即动作。只有这样，在电动机起动时热继电器才不会因起动电流大而动作，否则电动机将无法起动。反之，如果电流超过整定电流不多，但时间一长也会动作。由此可见，热继电器与熔断器的作用是不同的，热继电器只能作过载保护而不能作短路保护，而熔断器则只能作短路保护而不能作过载保护。在一个较完善的控制电路中，特别是容量较大的电动机中，这两种保护都应具备。

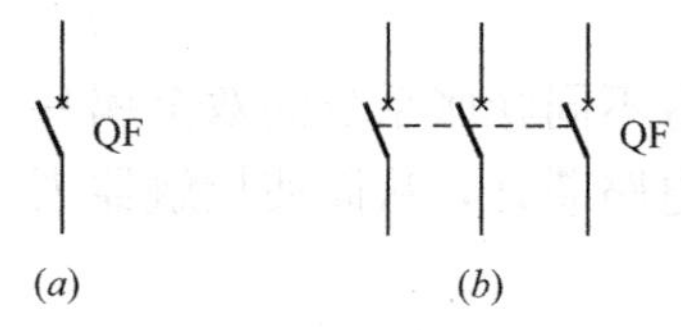

图 4-59　断路器图形符号
(a) 单极；(b) 三极

(3) 断路器

低压断路器又叫自动空气开关，是一种既有手动开关作用，又能自动进行失压、欠压过载和短路保护的电器。

1) 文字符号为：QF。

2) 图形符号如图 4-59 所示。

断路器用于线路保护，主要保护有：短路保护、过载保护等，也可在正常条件下用来非频繁地切断电路。常用的断路器一般根据额定电流大小分为：框架式断路器（一般 630A 以上）、塑壳断路器（一般 630A 以下）、微型断路器（一般 63A 以下）。低压断路器型号很多，详细参数见具体型号参考说明书。

低压断路器原理图如图 4-60 所示。正常工作时，断路器的三副主触头串联在被控制的三相电路中。按下接通按钮时，外力使锁扣克服反作用弹簧的反作用力，将固定在锁扣上的动触头与静触头闭合，并由锁扣锁住搭钩，使动静触头保持闭合，开关处于接通状态。

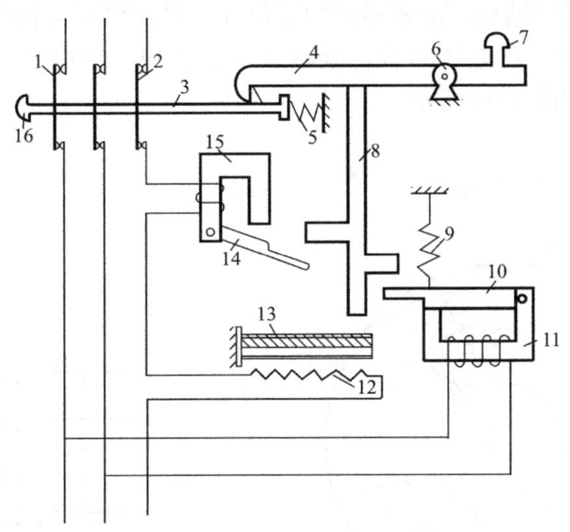

图 4-60 低压断路器原理图

1—动触头；2—静触头；3—锁扣；4—搭钩；5—反作用弹簧；6—转轴座；7—分断按钮；8—杠杆；9—拉力弹簧；10—欠压脱扣器衔铁；11—欠压脱扣器；12—热元件；13—双金属片；14—电磁脱扣器衔铁；15—电磁脱扣器；16—接通按钮

线路发生过载时，过载电流流过热元件（12）产生一定的热量，使双金属片（13）受热向上弯曲，通过杠杆（8）推动搭钩与锁扣脱开，在反作用弹簧的推动下，动静触头分开，从而切断电路，使用电设备不致因过载而烧毁。线路发生短路故障时：断路电流超过电磁脱扣器（15）的瞬时整定电流，电磁脱扣器产生足够大的吸力将衔铁吸合，通过杠杆推动搭钩与锁扣脱开，从而切断电路，实现短路保护。

电磁脱扣器的瞬时整定电流一般整定为 $10I_N$（I_N 为断路器的额定电流）。

线路失压或欠压时：欠压脱扣器（11）的动作过程与电磁脱扣器恰好相反。当线路电压正常时，欠压脱扣器的衔铁被吸合，衔铁与杠杆脱离，断路器的主触头闭合。欠压脱扣器的吸力消失或减小到不足以克服拉力弹簧的拉力时，衔铁在拉力弹簧的作用下撞击杠杆，将搭钩顶开，使触头分断。

具有欠压脱扣器的断路器在欠压脱扣器两端无电压或电压过低时，不能接通电路。

（4）熔断器

熔断器由装有熔体的熔断器、载熔体及熔断器底座组成。其中熔断体包括熔体、填料、绝缘管及导电触头。

1）文字符号：FU。

2）图形符号如图 4-61 所示。

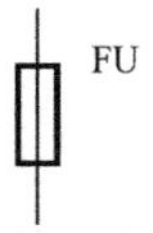

FU

图 4-61 熔断器图形符号

熔断器接于被保护的线路中，利用金属导体作为熔体串联于电路中，当过载或短路电流通过熔体时，因其自身发热而熔断，从而分断电路的一种电器。熔断器结构简单，使用方便，广泛用于电力系统、各种电工设备和家用电器中作为保护器件。

（5）转换开关

万能转换开关有操作机构、面板、手柄及数个触头座等主要部件组成。动触头是双断点对接式的触桥，在附有手柄的转轴上，随转轴旋至不同位置使电路接通或断开。定位机构采用滚轮卡转轴辐射型结构，配置不同的限位件，可获得不同档位的开关。转换开关由多层绝缘壳体组装而成，可立体布置，减小了安装面积，结构简单、紧凑，操作安全可靠。转换开关结构图如图 4-62 所示。

1）文字符号：SA。

2）图形符号如图 4-63 所示。

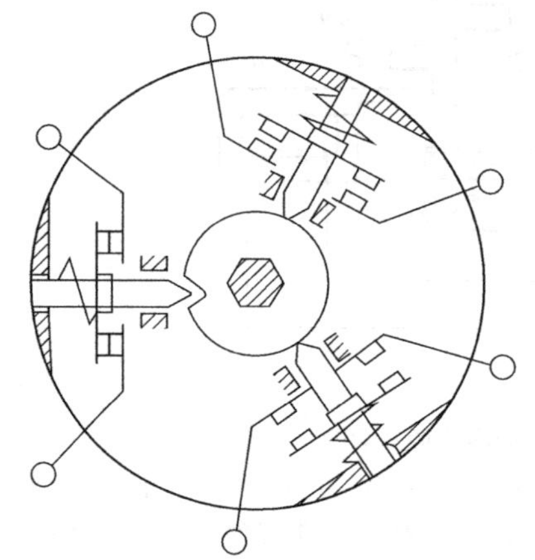

图 4-62　转换开关结构图

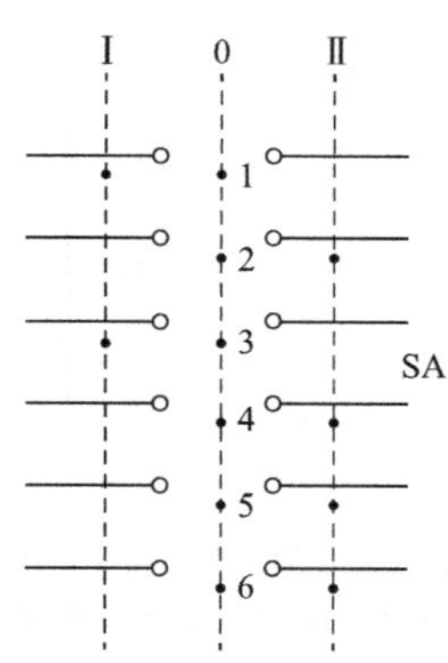

图 4-63　转换开关图形符号

转换开关可作为电路控制开关、测试设备开关、电动机控制开关和主令控制开关及电焊机用转换开关等。转换开关一般应用于交流 50Hz，电压 380V 及以下，直流电压 220V 及以下电路中转换电气控制线路和电气测量仪表。

（6）中间继电器

中间继电器用于继电器保护与自动控制系统中，以增加触点的数量和容量。它用于在控制电路中传递中间信号。中间继电器的结构和原理与交流接触器基本相同，其中主要的区别在于：接触器的主触头可以通过大电流，而中间继电器的触头只能通过小电流。所以，它只能用于控制电路中。中间继电器一般是没有主触点的，因为其过载能力较小。所以它用的全部是辅助触头，数量比较多。中间继电器图形符号，如图 4-64 所示。该类继电器一般是由直流电源供电，少数使用交流电源。

1）文字符号：KA。

2）图形符号如图 4-64 所示。

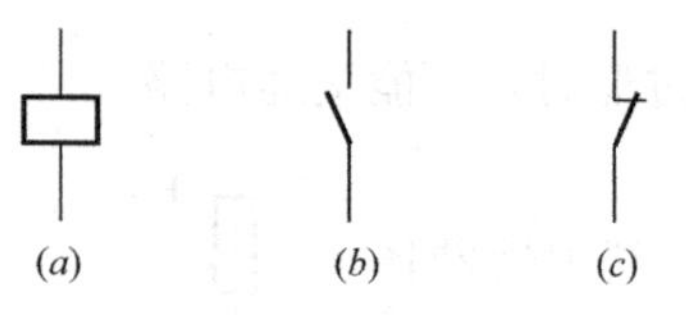

图 4-64　中间继电器图形符号
（a）吸引线圈；（b）常开触头；（c）常闭触头

中间继电器的用途广泛，可代替小型接触器；增加节点数量；增加节容量；转换节点类型；用作开关；转换电压；消除电路中的干扰。

(7) 隔离变压器

隔离变压器是指变压器一次侧与二次侧带电气隔离的变压器，隔离变压器用以避免偶然同时触及带电体，变压器的隔离是隔离原副边绕线圈各自的电流。

隔离变压器的原理和普通变压器一样，都是利用电磁感应原理隔离变压器一般指 1∶1 隔离变压器，其原理图如图 4-65 所示。由于次级不和地相连，次级任一根线与地之间没有电位差，使用安全。

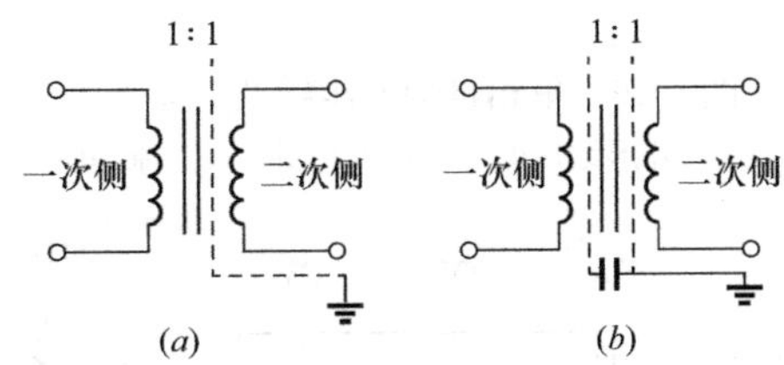

图 4-65 1∶1 隔离变压器原理图

(a) 单屏蔽层；(b) 双屏蔽层

一般变压器原、副绕组之间虽也有隔离电路的作用，但在频率较高的情况下，两绕组之间的电容仍会使两侧电路之间出现静电干扰。为避免这种干扰，隔离变压器的原、副绕组一般分置于不同的心柱上，以减小两者之间的电容；也有采用原、副绕组同心放置的，但在绕组之间加置静电屏蔽，以获得高的抗干扰性。

静电屏蔽就是在原、副绕组之间设置一片不闭合的铜片或非磁性导电纸，称为屏蔽层。铜片或非磁性导电纸用导线连接于外壳。有时为了取得更好的屏蔽效果，在整个变压器，还罩一个屏蔽外壳。对绕组的引出线端子也加屏蔽，以防止其他外来的电磁干扰。这样可使原、副绕组之间主要只剩磁的耦合，而其间的等值分布电容可小于 0.01pF，从而大大减小原、副绕组间的电容电流，有效地抑制来自电源以及其他电路的各种干扰。

隔离变压器的主要用途有：

1) 抗干扰作用：通过隔离变压器后，能够阻止一部分谐波的传输；

2) 阻抗变换作用：增加系统阻抗，使保护装置等容易配合；

3) 稳定系统电压的作用：如启动大负荷设备时，减少对系统电压的影响；

4) 防止系统接地的作用：当隔离变压器负荷侧发生单相接地时，不会造成整个系统（隔离变压器以上部分）单相接地。

隔离变压器的首要任务是将原副边绕组进行电绝缘隔离，因此对它的最基本要求是保证原副边绝缘性能。而变压并不是它的首要任务，多数的隔离变压器并不进行变压，即原副边绕组匝数相等。

(8) 自耦变压器

自耦的耦是电磁耦合的意思，自耦变压器只有一组线圈，二次侧线圈是从一次侧线圈抽头出来。自耦变压器一二次侧之间除了有电磁感应传递外，还有直接的电的传递。

自耦变压器按相数分可分为单相自耦变压器和三相自耦变压器，如图 4-66 和图 4-67 所示。

自耦变压器变比为：

$$\frac{U_1}{U_2} \approx \frac{N_1}{N_2} = K \tag{4-55}$$

式中：N_1、N_2 分别为一二次侧匝数。

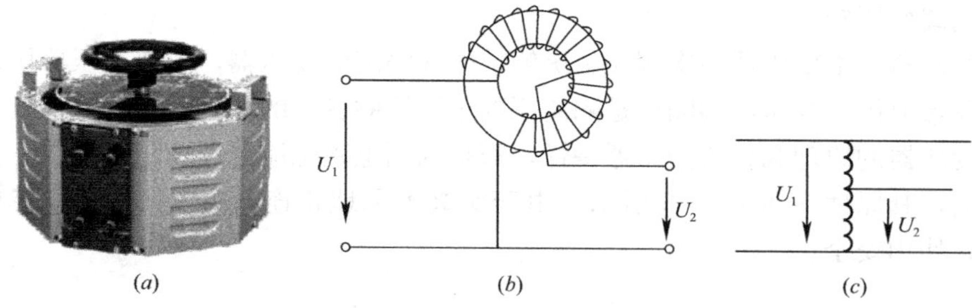

图 4-66　单相自耦变压器及其原理图

(a) 外形结构图；(b) 示意图；(c) 原理图

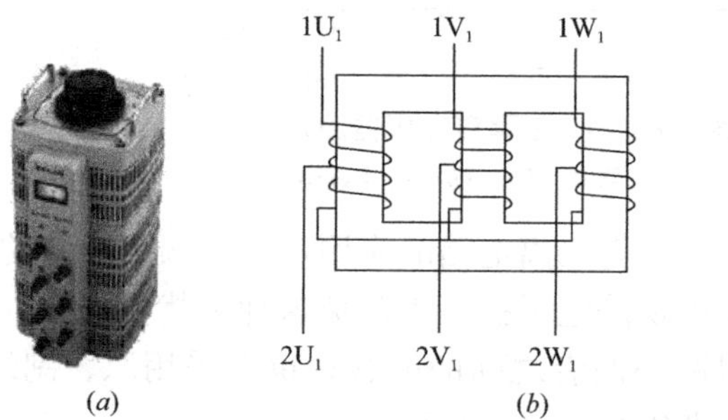

图 4-67　三相自耦变压器及其原理图

(a) 外形结构图；(b) 示意图；(c) 原理图

自耦变压器的优缺点：

1) 优点

可改变输出电压。

用料省、效率高。

2) 缺点

因它一次侧、二次侧绕组是相通的，高压侧（电源）的电气故障会波及低压侧，不安全。

如果在自耦变压器的输入端把相线和零线接反，虽然二次侧输出电压大小不变，仍可正常工作，但这时输出“零线”已经为“高电位”，非常危险。

规定：自耦变压器不准作为安全隔离变压器用，而且使用时要求自耦变压器接线正确，外壳必须接地。接自耦变压器电源前，一定要把手柄转到零位。

4.7　电工电子学常用英文缩写

电工电子学部分常用英文缩写见表 4-14。

电工电子学常用英文缩写　　　　**表 4-14**

缩写	中文
AB	地址总线
AC	累加器

续表

缩写	中文
AC	交流
ACR	自动清零寄存器
ADC	模数转换器
ADJ	调整、校准
ADLC	自动数据线路控制
ADP	适配器
AM	调幅
ASCII	美国信息交换标准代码
BPS	比特/秒
CAM	中央地址存储器
CMRR	共模抑制比
CPC	中央处理器芯片
CPU	中央处理器
CROM	可控制只读存储器
CTU	通信终端设备单元
DACLA	异步通信接口适配器
DART	数据分析记录磁带
DB	数据总线
DCGG	显示字符和图形发生器
DCLK	数据时钟
DCP	数据加密处理器
DDR	数据方向寄存器
DSP	数字信号处理器
ECC	错误校正码
ED	静电放电
FM	频率调制（调频）
FMS	调频系统
FPU	浮点处理单元
GND	接地
GPB	通用总线
Hi-Fi	高保真度
Hi-REL	高可靠性
IC	集成电路
I/O	输入/输出
IOBC	I/O 总线控制器
IOP	输入输出处理器
IR	红外线
LAN	局部网
LCD	液晶显示

续表

缩写	中文
LED	发光二极管
MCLK	主时钟
MCU	微计算机单元
PROM	可编程只读储存器
ROM	只读存储器

第 5 章　计算机与 PLC 基础知识

5.1　工业自动化系统、结构及特点

（1）系统组成

一个自动化系统无论结构多么复杂都有下面几个主要组成部分：

1）检测器：主要是获得反馈信息，计算目标值与实际值之间的差值；

2）控制器：相当于大脑在分析决策上的作用，适时地决定系统应该实施怎样的调节控制；

3）执行器：完成控制器下达的决定；

4）对象：被控制的客观实体。

（2）自动化系统结构

1）一个简单自动控制系统结构如图 5-1 所示。

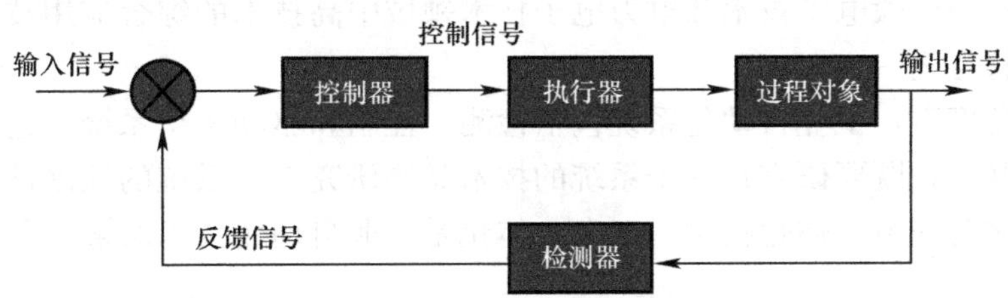

图 5-1　简单自动控制系统结构

自动控制是基于反馈的技术。反馈理论的要素包括三个部分：测量、比较和执行。测量关心的变量，与期望值相比较，用两者之间的偏差来纠正调节系统的响应。因此，自动化技术的核心思想是反馈，通过反馈建立起输入（原因）和输出（结果）之间的联系。使控制器可以根据输入与输出的实际情况来决定控制策略，以便达到预定的系统功能。

系统构成前向通道和反馈通道两个通道，前向通道是任务执行的功能主体。复杂自动化系统往往是多变量、多回路、多类型的系统。反馈逻辑结构如图 5-2 所示。

2）主要组成部分及其作用

① 控制器一系统的“大脑”：自动控制系统中控制器在整个系统中起着重要的作用，扮演着系统管理和组织核心的角色。系统性能的优劣很大程度上取决于控制器的好坏。

② 执行器一系统的“手脚”：执行器在自动控制系统中的作用就是相当于人的四肢，它接受调节器的控制信号，改变操纵变量，使生产过程按预定要求正常运行。在生产现场，执行器直接控制工艺介质，若选型或使用不当，往往会给生产过程的自动控制带来困难。因此执行器的选择、使用和安装调试是个重要的环节。

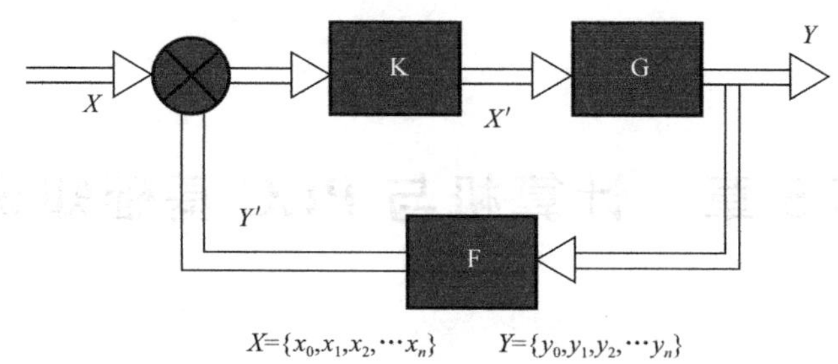

图 5-2　系统反馈逻辑结构

③ 传感器－系统的"耳目"：传感器被用来测量各种物理量，种类有温度传感器、流量传感器、压力传感器等。传感器要满足可靠性的要求，从传感器的输出信号中得到被测量的原始信息，如果传感器不稳定，那么对同样的输入信号，其输出信号就不一样，则传感器会给出错误的输出信号，也就失去了传感器应有的作用。

(3) 工业自动化技术的特点

通常把工业自动化系统分为 5 级：企业管理级、生产管理级、过程控制级、设备控制级和检测驱动级。

两级管理涉及的高技术主要是计算机技术、软件技术、网络技术和信息技术。过程控制级涉及的高技术主要是智能控制技术和工程方法。设备控制级和检测驱动级涉及的高技术主要是三电一体化技术、现场总线技术和新器件交流数字调速技术。由此不难看出，工业自动化技术是当今微电子技术和电力电子技术领域中高技术的综合应用技术。这是工业自动化技术的特点之一。

从控制的角度看，工业自动化系统包括检测、控制和驱动三个系统。这三个系统既自成体系又互相联系，既要研究每一个系统的技术又要研究三个系统的软硬件连接及最佳配合技术，这称之为三电一体化技术。三电一体化是工业自动化技术的第三个特点。

5.2　工业控制计算机特点及操作系统

计算机控制系统就是利用计算机（通常称为工业控制计算机）来实现工业过程自动控制的系统，并且是随着现代大型工业生产自动化的不断兴起而应运产生的综合控制系统，它紧密依赖于最新发展的计算机技术、网络通信技术和控制技术，在计算机参与工业系统控制的历史长河中扮演了重要的角色。

(1) 工业控制计算机的特点

与通用的计算机相比有许多不同点，其主要特点如下：

1) 可靠性高：工控机通常用于控制不间断的生产过程，在运行期间不允许停机检修，一旦发生故障将会导致质量事故，甚至生产事故。因此要求工控机具有很高的可靠性，也就是说要有许多提高安全可靠性的措施，以确保平均无故障工作时间达到几万小时，同时尽量缩短故障修复时间，以达到很高的运行效率。

2) 实时性好：工控机对生产过程进行实时控制与监测，因此要求它必须实时地响应控制对象各种参数的变化。当过程参数出现偏差或故障时，工控机能及时响应，并能实时地进行报警和处理。为此工控机需配有实时多任务操作系统。

3）环境适应性强：工业现场环境恶劣，电磁干扰严重，供电系统也常受大负荷设备起停的干扰，其接地系统复杂，共模及串模干扰大。因此要求工控机具有很强的环境适应能力，如对温度、湿度变化范围要求高；要具有防尘、防腐蚀、防振动冲击的能力；要具有较好的电磁兼容性和高抗干扰能力以及高共模抑制的能力。

4）过程输入和输出配套较好：工控机要具有丰富的多种功能的过程输入和输出配套模板，如模拟量、开关量、脉冲量、频率量等输入输出模板。具有多种类型的信号调理功能，如隔离型和非隔离型信号调理；各类热电偶，热电阻信号输入调理；电压/电流信号输入和输出信号的调理等。

5）系统扩充性好：随着工厂自动化水平的提高，控制规模也在不断扩大，因此要求工控机具有灵活的扩充性。

6）系统开放性：要求工控机具有开放性体系结构，也就是说在主机接口、网络通信、软件兼容及升级等方面遵守开放性原则，以便于系统扩充、异机种连接、软件的可移植和互换。

7）控制软件包功能强：工控软件包要具备人机交互方便、画面丰富、实时性好等性能；具有系统组态和系统生成功能；具有实时及历史的趋势记录与显示功能；具有实时报警及事故追忆等功能。此外尚需具有丰富的控制算法，除了常规 PID（比例、积分、微分）控制算法外，还应具有一些高级控制算法，如模糊控制、神经元网络、优化、自适应、自整定等算法，并具有在线自诊断功能。

8）系统通信功能强：具有串行通信、网络通信功能。由于实时性要求高，因此要求工控机通信网络速度高，并且符合国际标准通信协议，如 IEEE 802.4，IEEE 802.3 协议等；有了强有力的通信功能，工控机可构成更大的控制系统，如（DCS）分散型控制系统、（CIMS）计算机集成制造系统等。

9）后备措施齐全：包括供电后备、存储器信息保护、手动/自动操作后备、紧急事故切换装置等。

10）具有冗余性：在可靠性要求更高的场合，要求有双机工作及冗余系统，包括双控制站、双操作站、双网通信、双供电系统、双电源等，具有双机切换功能、双机监视软件等，以确保系统长期不间断地运行。

（2）工业控制机构成

1）工控机主机：包括主板、显示板、磁盘驱动器、无源多槽 ISA/PCI 底板、电源和机箱等。

2）输入接口：模板包括模拟量输入、开关量输入、频率量输入等。

3）输出接口：模板包括模拟量输出、开关量输出、脉冲量输出等。

4）通信接口：模板包括串行通信接口模板（RS-232、RS-422、RS-485 等）与网络通信模板（ARCNET 网板或 ETHERNET 网板），还需配现场总线通信板等。

5）信号调理单元：这是工控机很重要的一部分，信号调理单元对工业现场各类输入信号进行预处理，包括对输入信号的隔离、放大、多路转换、统一信号电平等处理，对输出信号进行隔离、驱动、电压转换成电流信号等。该单元由各类信号调理模块或模板构成，安装在信号调理机箱中，该机箱具有单独的供电电源。信号调理单元的输出连接到主机相应的输入模板上，主机输出接口模板的输出连接到信号调理单元输出调理模块或模板上。一般信号调理模块本身均带有与现场连接的接线端子，现场输入输出信号可直接连接到信号调理模块的端子上。

6）远程采集模块：近几年发展了各类数字式智能远程采集模块，该模块体积小、功能强，可直接安装在现场一次变送器处，将现场信号直接就地处理，然后通过现场总线（Field bus）与工控机通信连接。目前采用较好的现场总线类型有 CAN 总线、LON 总线、PROFI BUS、BIT LINK 总线以及 RS-485 串行通信总线等。

7）工控软件包：它支持数据采集、控制、监视、画面显示、趋势显示、报表、报警、通信等功能。工控机必须具有相应功能的控制软件才能工作。这些控制软件有的是以 MS—DOS 操作系统为平台，有的是以 Windows 操作系统为平台，有的是以实时多任务操作系统为平台，选用时应依据实际控制需求而定。

5.3　计算机控制系统

计算机控制的应用领域是非常广泛的，从计算机应用的角度出发，工业自动化是其重要的一个领域；而从自动化的领域来看，计算机控制系统又是其主要的实现手段。可以说，计算机控制系统与用于科学计算及数据处理的一般计算机是两类不同用途、不同结构组成的计算机系统。

计算机控制系统是融计算机技术与工业过程控制于一体的综合性技术，它是在常规仪表控制系统的基础上发展起来的。液位控制系统是一个基本的常规控制系统，结构组成如图 5-3 所示。系统中的测量变送器对被控对象进行检测，把被控量（如温度、压力、流量、液位、转速、位移等物理量）转换成电信号（电流或电压）再反馈到控制器中。控制器将此测量值与给定值进行比较，并按照一定的控制规律产生相应的控制信号驱动执行器工作，使被控量跟踪给定值，从而实现自动控制的目的，原理如图 5-4 所示。

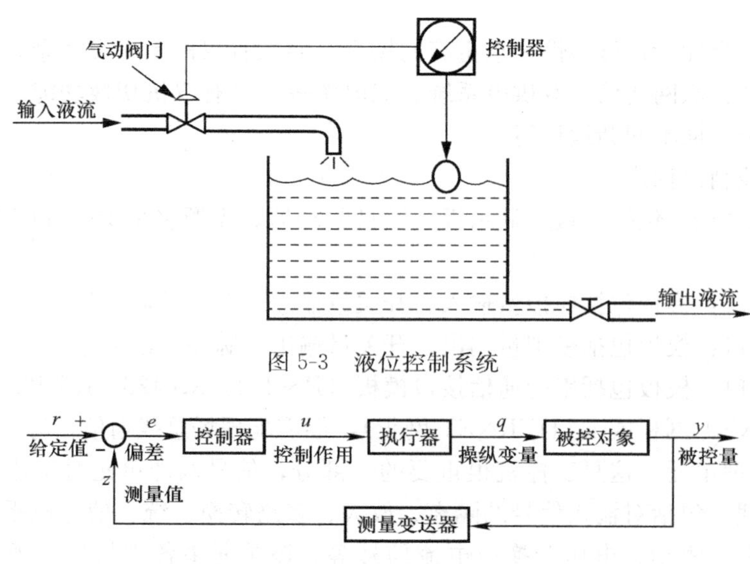

图 5-3　液位控制系统

图 5-4　传统仪表控制系统原理框图

一个典型的计算机控制系统的结构，如图 5-5 所示。把图 5-4 中的控制器用控制计算机即计算机及其输入/输出通道来代替，常把被控对象及一次仪表统称为生产过程。这里，计算机采用的是数字信号传递，而一次仪表多采用模拟信号传递。因此，系统中需要有将模拟信号转换为数字信号的模/数（A/D）转换器和将数字信号转换为模拟信号的数/模（D/A）转换器。

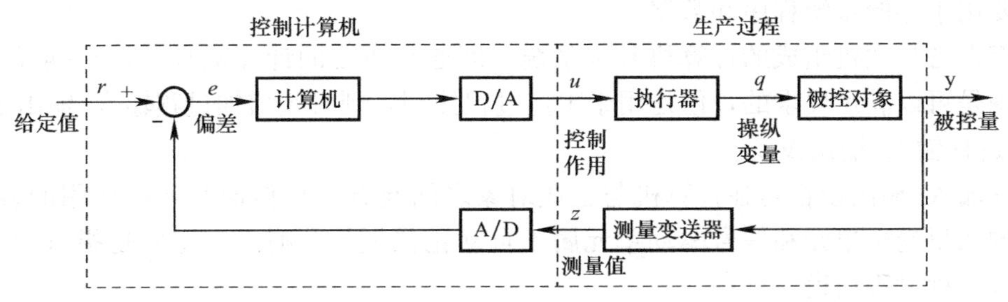

图 5-5　计算机控制系统原理框图

（1）计算机控制系统组成

一个完整的计算机控制系统是由硬件和软件两大部分组成的。

1）硬件组成

计算机控制系统的硬件一般由主机、常规外部设备、过程输入/输出设备、操作台和通信设备等组成，如图 5-6 所示。

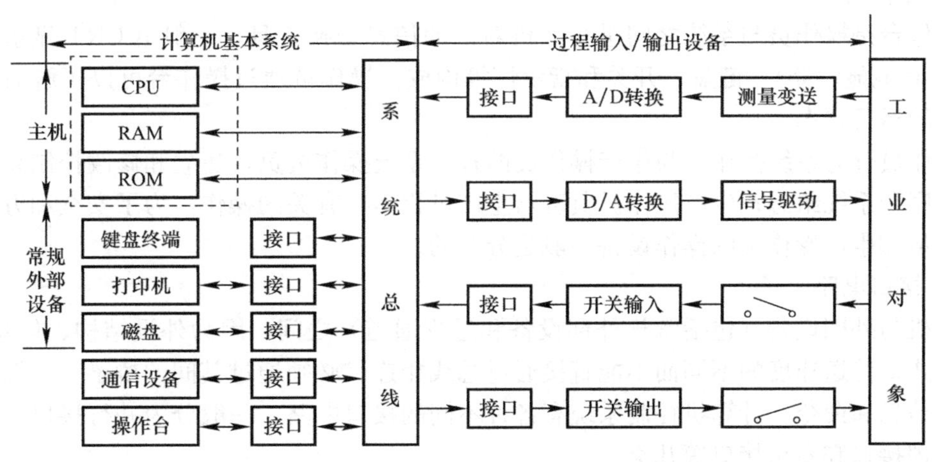

图 5-6　计算机控制系统组成

① 主机

由中央处理器（CPU）、内存储器（RAM、ROM）和系统总线构成的主机是控制系统的核心。主机根据过程输入通道发送来的实时反映生产过程工况的各种信息，以及预定的控制算法，作出相应的控制决策，并通过过程输出通道向生产过程发送控制命令。主机所产生的各种控制是按照人们事先安排好的程序进行的。这里，实现信号输入、运算控制和命令输出等功能的程序已预先存入内存，当系统启动后，CPU 就从内存中逐条取出指令并执行，以达到控制的目的。

② 常规外部设备

常规外部设备由输入设备、输出设备和外存储器等组成。

常规的输入设备有键盘、光电输入机等，主要用来输入程序、数据和操作命令。

常规的输出设备有打印机、绘图机、显示器（CRT显示器或数码显示器）等，主要用来把各种信息和数据提供给操作者。

外存储器有磁盘装置（软盘、硬盘和半导体盘）、磁带装置，兼有输入/输出两种功能，主要用于存储系统程序和数据。

外部设备与主机组成的计算机基本系统（即通常所言的计算机），用于一般的科学计算和管理是可以满足要求的，但是用于工业过程控制，则必须增加过程输入/输出设备。

③ 过程输入/输出设备

过程输入/输出设备是在计算机与工业对象之间起着信息传递和转换作用的装置，除了其中的测量变送单元和信号驱动单元属于自动化仪表的范畴外，主要是指过程输入/输出通道（简称过程通道）。

过程输入通道包括模拟量输入通道（简称A/D通道）和数字量输入通道（简称DI通道），分别用来输入模拟量信号（如温度、压力、流量、液位等）和开关量信号（继电器触点、行程开关、按钮等）或数字量信号（如转速、流量脉冲、BCD码等）。

过程输出通道包括模拟量输出通道（简称D/A通道）和数字量输出通道（简称DO通道），D/A通道把数字信号转换成模拟信号后再输出，DO通道则直接输出开关量信号或数字量信号。

④ 操作台

操作台是操作员与系统之间进行人机对话的信息交换工具，一般由CRT显示器（或LED等其他显示器）、键盘、开关和指示灯等构成。操作员通过操作台可以了解与控制整个系统的运行状态。

操作员分为系统操作员与生产操作员两种。系统操作员负责建立和修改控制系统，如编制程序和系统组态；生产操作员负责与生产过程运行有关的操作。为了安全和方便，系统操作员和生产操作员的操作设备一般是分开的。

⑤ 接口电路

主机与外围设备（包括常规外部设备和过程通道）之间，因为外设结构、信息种类、传送方式、传送速度的不同而不能直接通过总线相连，必须通过其间的桥梁——接口电路来传送信息和命令。计算机控制系统有各种不同的接口电路，一般分为并行接口、串行接口、管理接口和专用接口等几类。

⑥ 通信设备

现代化工业生产过程的规模一般比较大，其控制与管理也很复杂，往往需要几台或几十台计算机才能分级完成控制和管理任务。这样，在不同地理位置、不同功能的计算机之间就需要通过通信设备连接成网络，以进行信息交换。

2）软件组成

上述硬件只能构成计算机控制系统的躯体。要使计算机正确地运行以解决各种问题，必须为它编制各种程序。软件是各种程序的统称，是控制系统的灵魂。因此，软件的优劣直接关系到计算机的正常运行、硬件功能的充分发挥及其推广应用。软件通常分为系统软件和应用软件两大类。

系统软件是一组支持系统开发、测试、运行和维护的工具软件，核心是操作系统，还有编程语言等辅助工具。在计算机控制系统中，为了满足实时处理的要求，通常采用实时多任务操作系统。在这种操作环境下，要求将应用系统中的各种功能划成若干任务，并按其重要性赋予不同的优先级，各任务的运行进程及相互间的信息交换由实时多任务操作系统协调控制。另外系统提供的编程语言一般为面向过程或对象的专用语言或编译类语言。系统软件一般由计算机厂商以产品形式向用户提供。

应用软件是系统设计人员利用编程语言或开发工具编制的可执行程序。对于不同的控制对象，控制和管理软件的复杂程度差别很大。但在一般的计算机控制系统中，以下几类功能模块是必不可少的：过程输入模块、基本运算模块、控制算法模块、报警限幅模块、过程输出模块、数据管理模块等。

作为系统设计人员只有首先了解并会使用系统软件，才能编制出较好的应用软件。而设计开发应用软件，已成为当前计算机控制应用领域中最重要的一个方面。

(2) 计算机控制系统的分类

计算机控制系统与所控制的生产过程密切相关，根据生产过程的复杂程度和工艺要求的不同，系统设计者可采用不同的控制方案。现从控制目的、系统构成的角度介绍几种不同类型的计算机控制系统。

1) 数据采集系统（DAS）

数据采集系统（Data Acquisition System，DAS）是计算机应用于生产过程控制最早、也是最基本的一种类型，如图 5-7 所示。

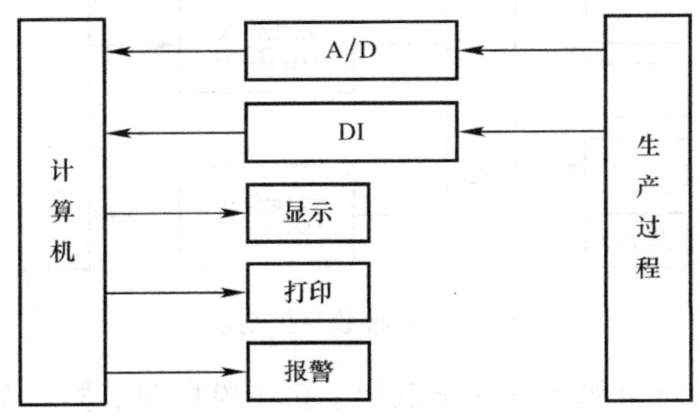

图 5-7 数字采集系统

生产过程中的大量参数经仪表发送和 A/D 通道或 DI 通道巡回采集后送入计算机，由计算机对这些数据进行分析和处理，并按操作要求进行屏幕显示、制表打印和越限报警。该系统可以代替大量的常规显示、记录和报警仪表，对整个生产过程进行集中监视。因此，该系统对于指导生产以及建立或改善生产过程的数学模型，是有重要作用的。

2) 操作指导控制系统（OGC）

操作指导控制（Operation Guide Control，OGC）系统是基于数据采集系统的一种开环系统，如图 5-8 所示。计算机根据采集到的数据以及工艺要求进行最优化计算，计算出的最优操作条件，并不直接输出控制生产过程，而是显示或打印出来，操作人员据此去改变各个控制器的给定值或操作执行器，如此达到操作指导的作用。显然，这属于计算机离线最优控制的一种形式。

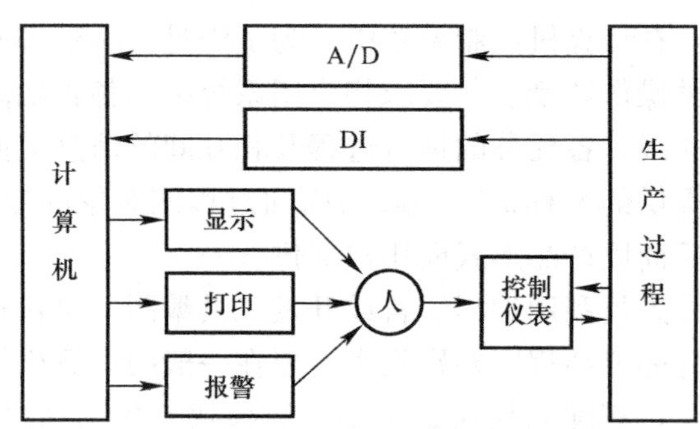

图 5-8　操作指导控制系统

操作指导控制系统的优点是结构简单，控制灵活和安全。缺点是要由人工操作，速度受到限制，不能同时控制多个回路。因此，常常用于计算机控制系统设置的初级阶段，或用于试验新的数学模型、调试新的控制程序等场合。

3）直接数字控制系统（DDC）

直接数字控制（Direct Digital Control，DDC）系统是用一台计算机不仅完成对多个被控参数的数据采集，而且能按一定的控制规律进行实时决策，并通过过程输出通道发出控制信号，实现对生产过程的闭环控制，如图 5-9 所示。为了操作方便，DDC 系统还配置一个包括给定、显示、报警等功能的操作控制台。

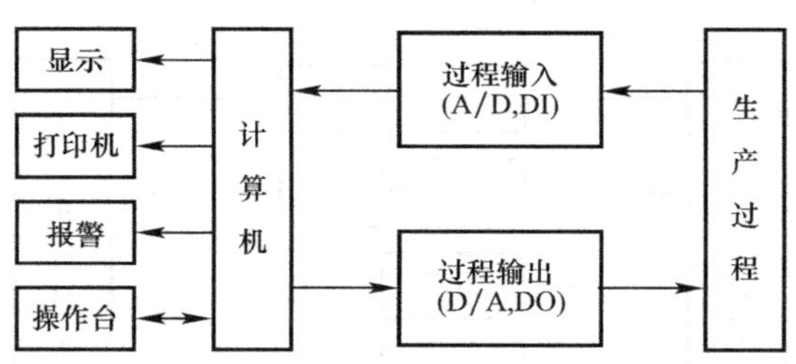

图 5-9　直接数字控制系统

DDC 系统中的一台计算机不仅完全取代了多个模拟调节器，而且在各个回路的控制方案上，不改变硬件只通过改变程序就能有效地实现各种各样的复杂控制。因此，DDC 系统是计算机在工业生产过程中最普遍的一种应用方式。

4）计算机监督控制（SCC）系统

计算机监督控制（Supervisory Computer Control，SCC）系统是 OGC 系统与常规仪表控制系统或 DDC 系统综合而成的两级系统，如图 5-10 所示。SCC 系统有两种不同的结构形式，一种是 SCC+模拟调节器系统（也可称计算机设定值控制系统即 SPC 系统），另一种是 SCC+DDC 控制系统。其中，作为上位机的 SCC 计算机按照描述生产过程的数学模型，根据原始工艺数据与实时采集的现场变量计算出最佳动态给定值，送给作为下位机的模拟调节器或 DDC 计算机，由下位机控制生产过程。这样，系统就可以根据生产工况的变化，不断地修正给定值，使生产过程始终处于最优工况。显然，这属于计算机在线最优控制的一种形式。

另外，当上位机出现故障时，可由下位机独立完成控制。下位机直接参与生产过程控制，要求其实时性好、可靠性高和抗干扰能力强；而上位机承担高级控制与管理任务，应配置数据处理能力强、存储容量大的高档计算机。

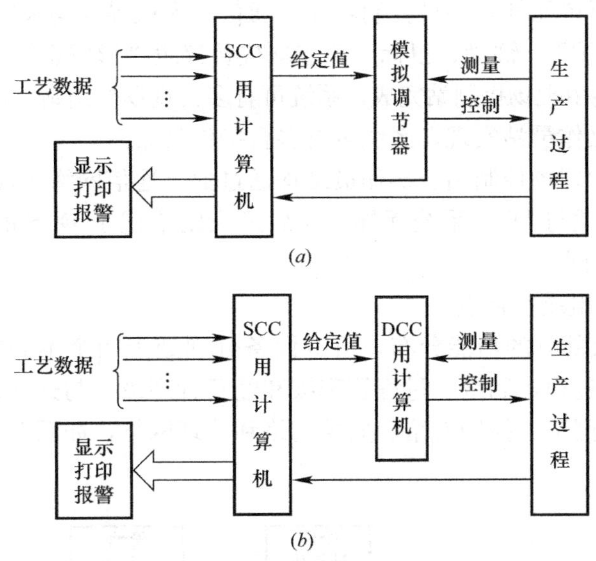

图 5-10 计算机监督控制系统
(*a*) SPC 系统；(*b*) SCC+DDC 控制系统

5）分散控制系统（DCS）

随着生产规模的扩大，信息量的增多，控制和管理的关系日趋密切。对于大型企业生产的控制和管理，不可能只用一台计算机来完成。于是，人们研制出以多台微型计算机为基础的分散控制系统（Distributed Control System，DCS）。DCS 采用分散控制、集中操作、分级管理、分而自治和综合协调的设计原则，自下而上可以分为若干级，如过程控制级、控制管理级、生产管理级和经营管理级等。DCS 又称分布式或集散式控制系统。

5.4 集散控制系统

(1）集散控制系统（DCS）概念

如上所述，从 1958 年开始就陆续出现了由计算机组成的控制系统，这些系统实现的功能不同，实现数字化的程度也不同。监视系统仅在人机界面中对现场状态的观察方式实现了数字化，SPC 系统则在对模拟仪表的设定值方面实现了数字化，而 DDC 在人机界面、控制计算等方面均实现了数字化，但还保留了现场模拟方式的变送单元和执行单元，系统与它们的连接也是通过模拟信号线来实现的。

DDC 将所有控制回路的计算都集中在主 CPU 中，这引起了可靠性问题和实时性问题，上节对此已有论述。随着系统功能要求的不断增加，性能要求的不断提高和系统规模的不断扩大，这两个问题更加突出。经过多年的探索，在 1975 年出现了 DCS，这是一种结合了仪表控制系统和 DDC 两者的优势而出现的全新控制系统，它很好地解决了 DDC 存在的两个问题。如果说，DDC 是计算机进入控制领域后出现的新型控制系统，那么 DCS 则是网络进入控制领域后出现的新型控制系统。

对 DCS 作一个比较完整的定义：

1）以回路控制为主要功能的系统。

2）除变送和执行单元外，各种控制功能及通信、人机界面均采用数字技术。

3）以计算机的CRT、键盘、鼠标，轨迹球代替仪表盘形成系统人机界面。

4）回路控制功能由现场控制站完成，系统可有多台现场控制站，每台控制一部分回路。

5）人机界面由操作员站实现，系统可有多台操作员站。

6）系统中所有的现场控制站、操作员站均通过数字通信网络实现连接。

上述定义的前三项与DDC系统无异，而后三项则描述了DCS的特点，也是DCS与DDC之间最根本的不同。

（2）DCS的基本组成及特点

按照DCS各组成部分的功能分布，所有设备分别处于四个不同的层次，自下而上分别是：现场控制级、过程控制级、过程管理级和经营管理级。与这四层结构相对应的四层局部网络分别是现场网络、控制网络、监控网络和管理网络，如图5-11所示。

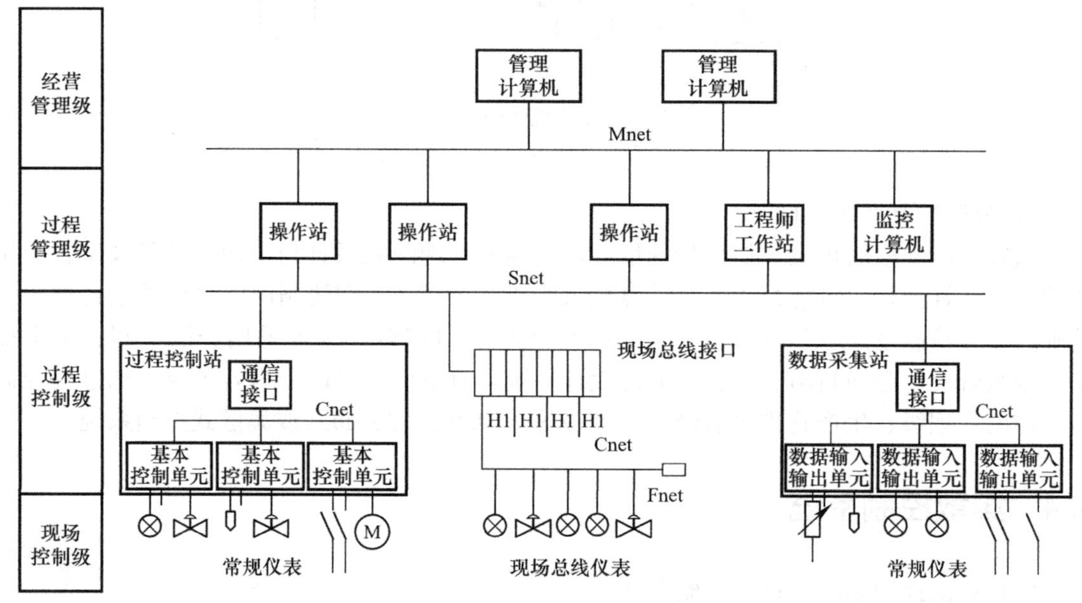

图5-11　集散控制系统的体系结构图

1）现场控制级设备的任务主要完成过程数据采集与处理；直接输出操作命令、实现分散控制；完成与上级设备的数据通信，实现网络数据库共享；完成对现场控制级智能设备的监测、诊断和组态等。

2）过程控制级的主要功能是采集过程数据，进行数据转换与处理；对生产过程进行监测和控制，输出控制信号，实现反馈控制、逻辑控制、顺序控制和批量控制功能；现场设备及I/O卡件的自诊断；与过程操作管理级进行数据通信。

3）过程管理级的主要设备有操作站、工程师站和监控计算机等。

操作站是操作人员与DCS相互交换信息的人机接口设备，是DCS的核心显示、操作和管理装置。工程师站是为了控制工程师对DCS进行配置、组态、调试、维护所设置的工作站。工程师站的另一个作用是对各种设计文件进行归类和管理，形成各种设计、组态文件，如各种图样、表格等。监控计算机的主要任务是实现对生产过程的监督控制，如机组运行优化和性能计算，先进控制策略的实现等。根据产品、原材料库存以及能源的使用情况，以优化准则来协调装置间的相互关系，以实现全企业的优化管理。

4）经营管理级是全厂自动化系统的最高一层。主要功能是监视企业各部门的运行情况，利用历史数据和实时数据预测可能发生的各种情况，从企业全局利益出发，帮助企业管理人员进行决策，帮助企业实现其计划目标。它从系统观念出发，从原料进厂到产品的销售，市场和用户分析、订货、库存到交货，生产计划等进行一系列的优化协调，从而降低成本，增加产量，保证质量，提高经济效益。

（3）集散控制系统的硬件结构

DCS有一系列特点和优点，主要表现在以下六个方面：分散性和集中性、自治性和协调性、灵活性和扩展性、先进性和继承性、可靠性和适应性、友好性和新颖性。

1）分散性和集中性

DCS分散性的含义是广义的，不单是分散控制，还有地域分散、设备分散、功能分散和危险分散的含义。分散的目的是为了使危险分散，进而提高系统的可靠性和安全性。

DCS硬件积木化和软件模块化是分散性的具体体现。因此，可以因地制宜地分散配置系统。DCS横向分子系统结构，如直接控制层中一台过程控制站（PCS）可看作一个子系统；操作监控层中的一台操作员站（OS）也可看作一个子系统。

DCS的集中性是指集中监视、集中操作和集中管理。

DCS通信网络和分布式数据库是集中性的具体体现，用通信网络把物理分散的设备构成统一的整体，用分布式数据库实现全系统的信息集成，进而达到信息共享。因此，可以同时在多台操作员站上实现集中监视、集中操作和集中管理。当然，操作员站的地理位置不必强求集中。

2）自治性和协调性

DCS的自治性是指系统中的各台计算机均可独立地工作，例如，过程控制站能自主地进行信号输入、运算、控制和输出；操作员站能自主地实现监视、操作和管理；工程师站的组态功能更为独立，既可在线组态，也可离线组态，甚至可以在与组态软件兼容的其他计算机上组态，形成组态文件后再装入DCS运行。

DCS的协调性是指系统中的各台计算机用通信网络互联在一起，相互传送信息，相互协调工作，以实现系统的总体功能。

DCS的分散和集中、自治和协调不是互相对立，而是互相补充。DCS的分散是相互协调的分散，各台分散的自主设备是在统一集中管理和协调下各自分散独立地工作，构成统一的有机整体。正因为有了这种分散和集中的设计思想，自治和协调的设计原则，才使DCS获得进一步发展，并得到广泛的应用。

3）灵活性和扩展性

DCS硬件采用积木式结构，类似儿童搭积木那样，可灵活地配置成小、中、大各类系统。另外，还可根据企业的财力或生产要求，逐步扩展系统，改变系统的配置。

DCS软件采用模块式结构，提供各类功能模块，可灵活地组态构成简单、复杂各类控制系统。另外，还可根据生产工艺和流程的改变，随时修改控制方案，在系统容量允许范围内，只需通过组态就可以构成新的控制方案，而不需要改变硬件配置。

4）先进性和继承性

DCS 综合了“4C”（计算机、控制、通信和屏幕显示）技术，随着“4C”技术的发展而发展。也就是说，DCS 硬件上采用先进的计算机、通信网络和屏幕显示；软件上采用先进的操作系统、数据库、网络管理和算法语言；算法上采用自适应、预测、推理、优化等先进控制算法，建立生产过程数学模型和专家系统。

DCS 自问世以来，更新换代比较快。当出现新型 DCS 时，老 DCS 作为新 DCS 的一个子系统继续工作，新、老 DCS 之间还可互相传递信息。这种 DCS 的继承性，给用户消除了后顾之忧，不会因为新、老 DCS 之间的不兼容，给用户带来经济上的损失。

5）可靠性和适应性

DCS 的分散性带来系统的危险分散，提高了系统的可靠性。DCS 采用了一系列冗余技术，如控制站主机、I/O 板、通信网络和电源等均可双重化，而且采用热备份工作方式，自动检查故障，一旦出现故障立即自动切换。DCS 安装了一系列故障诊断与维护软件，实时检查系统的硬件和软件故障，并采用故障屏蔽技术，使故障影响尽可能地小。

DCS 采用高性能的电子元器件、先进的生产工艺和各项抗干扰技术，可使 DCS 能够适应恶劣的工作环境。DCS 设备的安装位置可适应生产装置的地理位置，尽可能满足生产的需要。DCS 的各项功能可适应现代化大生产的控制和管理需求。

6）友好性和新颖性

DCS 为操作人员提供了友好的人机界面（MMI）。操作员站采用彩色 CRT 和交互式图形画面，常用的画面有总貌、组、点、趋势、报警、操作指导和流程图画面等。由于采用图形窗口、专用键盘、鼠标或球标器等，使得操作简便。

DCS 的新颖性主要表现在人机界面，采用动态画面、工业电视、合成语音等多媒体技术，图文并茂，形象直观，使操作人员有如身临其境之感。

5.5　可编程控制器

可编程控制器（Programmable Logic Controller）简称 PLC，是从早期的继电器逻辑控制系统发展而来，它不断吸收微计算机技术使之功能不断增强，逐渐适合复杂的控制任务。PLC 应用面很广，发展非常迅速，在工厂自动化（FA）和计算机集成制造系统（CIMS）内占重要地位。

（1）PLC 的构成和工作原理

从结构上分，PLC 分为固定式和组合（模块式）两种。固定式 PLC 包括 CPU 板、I/O 板、显示面板、内存块、电源等，这些元素组合成一个不可拆卸的整体。模块式 PLC 包括 CPU 模块、I/O 模块、内存、电源模块、底板或机架，这些模块可以按照一定规则组合配置。PLC 系统示意图如图 5-12 所示。

1）CPU 的构成

CPU 是 PLC 的核心，起神经中枢的作用，每套 PLC 至少有一个 CPU，它按 PLC 的系统程序赋予的功能接收并存贮用户程序和数据，用扫描的方式采集由现场输入装置送来的状态或数据，并存入规定的寄存器中，同时，诊断电源和 PLC 内部电路的工作状态和编程过程中的语法错误等。进入运行后，从用户程序存储器中逐条读取指令，经分析后再按指令规定的任务产生相应的控制信号，去指挥有关的控制电路。

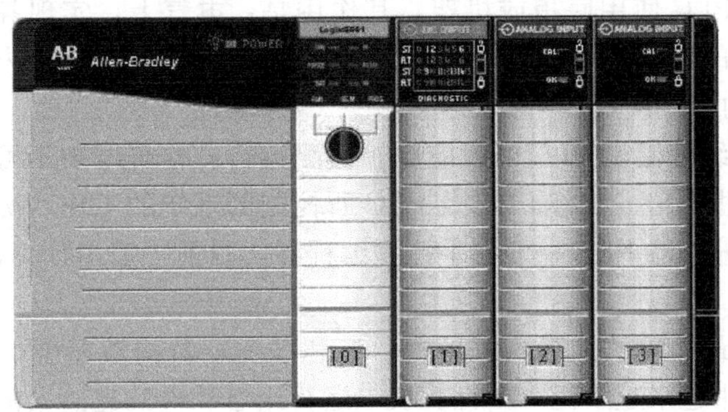

图 5-12 PLC 系统示意图

CPU 主要由运算器、控制器、寄存器及实现它们之间联系的数据、控制及状态总线构成，CPU 单元还包括外围芯片、总线接口及有关电路。内存主要用于存储程序及数据，是 PLC 不可缺少的组成单元。在使用者看来，不必要详细分析 CPU 的内部电路，但对各部分的工作机制还是应有足够的理解。CPU 的控制器控制 CPU 工作，由它读取指令、解释指令及执行指令。但工作节奏由震荡信号控制。运算器用于进行数字或逻辑运算，在控制器指挥下工作。寄存器参与运算，并存储运算的中间结果，它也是在控制器指挥下工作。

CPU 速度和内存容量是 PLC 的重要参数，它们决定着 PLC 的工作速度，I/O 数量及软件容量等，因此限制着控制规模。

2）I/O 模块

PLC 与电气回路的接口，是通过输入输出部分（I/O）完成的。I/O 模块集成了 PLC 的 I/O 电路，其输入暂存器反映输入信号状态，输出点反映输出锁存器状态。输入模块将电信号变换成数字信号进入 PLC 系统，输出模块相反。I/O 分为开关量输入（DI）、开关量输出（DO）、模拟量输入（AI）、模拟量输出（AO）等模块。

开关量是指只有开和关（或 1 和 0）两种状态的信号，模拟量是指连续变化的量。常用的 I/O 分类如下：

① 开关量：按电压水平分，有 220V AC、110V AC、24V DC，按隔离方式分，有继电器隔离和晶体管隔离。

② 模拟量：按信号类型分，有电流型（4～20mA，0～20mA）、电压型（0～10V，0～5V，－10～10V）等，按精度分，有 12bit、14bit、16bit 等。除了上述通用 I/O 外，还有特殊 I/O 模块，如热电阻、热电偶、脉冲等模块。

按 I/O 点数确定模块规格及数量，I/O 模块可多可少，但其最大数受 CPU 所能管理的基本配置的能力，即受最大的底板或机架槽数限制。

3）电源模块

PLC 电源用于为 PLC 各模块的集成电路提供工作电源。同时，有的还为输入电路提供 24V 的工作电源。电源输入类型有：交流电源（220V AC 或 110V AC），直流电源（常用的为 24V AC）。

4）底板或机架

大多数模块式PLC使用底板或机架，其作用是：电气上，实现各模块间的联系，使CPU能访问底板上的所有模块；机械上，实现各模块间的连接，使各模块构成一个整体。

5）PLC系统的其他设备

① 编程设备：编程器是PLC开发应用、监测运行、检查维护不可缺少的器件，用于编程、对系统作一些设定、监控PLC及PLC所控制的系统的工作状况，但它不直接参与现场控制运行。小编程器PLC一般有手持型编程器，目前一般由计算机（运行编程软件）充当编程器。

② 人机界面：最简单的人机界面是指示灯和按钮，目前液晶屏（或触摸屏）式的一体式操作员终端应用越来越广泛，由计算机（运行组态软件）充当人机界面非常普及。

③ 输入输出设备：用于永久性地存储用户数据，如EPROM、EEPROM写入器、条码阅读器，输入模拟量的电位器，打印机等。

PLC的工作有两个要点：入出信息变换、可靠物理实现，入出信息变换主要由运行存储于PLC内存中的程序实现。系统程序为用户程序提供编辑与运行平台，同时，还进行必要的公共处理，如自检，I/O刷新，与外设、上位计算机或其他PLC通信等处理。用户程序由用户按照控制的要求进行设计。

简单地说，PLC工作过程是：输入刷新——运行用户程序——输出刷新，循环反复地进行着。由于不停地循环反复，所以输出总是反映输入的变化，只是响应的时间上，略有滞后。但由于PLC的工作速度很快，所以，这个“略有滞后”的时间是很短，一般也就是几毫秒、几十毫秒。

通信处理是实现与计算机，或与其他PLC，或与智能操作器、传感器进行信息交换的。这也是增强PLC控制能力的需要。也就是说，实际的PLC工作过程总是：公共处理——I/O刷新——运行用户程序——公共处理，反复不停地重复着。此外，PLC上电后，也要进行系统自检及内存的初始化工作，为PLC的正常运行做好准备。用这种不断地重复运行程序以实现控制，称扫描方式工作。是PLC基本的工作方式。

（2）PLC的组态

组态为工业控制中的图形界面操作系统，一方面连接现场设备，将采集的现场数据存储，另一方面通过动画、曲线等方式将现场数据以动态体现在图形界面，操作图形界面即可控制现场设备。换句话说，组态软件可以理解为在现场设备和操作人员中间增加了一个层，使操作更方便，具有一定的自动控制功能。

组态软件本身不是监控系统，它是用来设计实施监控系统的软件，只是将监控系统中通用的内容封装起来，以各种直观的方式提供给用户使用，用户通过使用组态软件可以轻松的实现各种监控系统。从这个意义上讲，组态软件本身是一个半成品，是将最复杂的底层操作封装起来，使用户能在此基础之上，进一步组织，进而实现实际的监控系统。所谓“组态”，“组”似乎可以理解为进一步组织、设计，使用组态软件提供的底层操作，是动作；“态”似乎可以理解为组织中使用的各种功能、命令，是“组”的动作对象。只有经过“组态”后的组态软件才是可实施的监控软件。

在DCS或PLC完成订货以后，那么该控制系统的软、硬件的配置方案就确定了，然后供货商会将硬件组装在控制机柜内（控制器、I/O卡件、通信模块、电源模块等，包括柜内所有的通信、连接电缆成套附件），这时候利用DCS或PLC厂家提供的软件平台，通过控制逻辑、过程I/O数据表、工艺流程图等，对被控对象的应用软件的进行编制，在上位机的显示画面做出动态流程图，并通过对控制器的控制策略的软件编制，完成整套工艺的控制，这个过程我们把它叫做组态。

（3）PLC编程语言

PLC的用户程序是设计人员根据控制系统的工艺控制要求，通过PLC编程语言的编制设计的。根据国际电工委员会制定的工业控制编程语言标准（IEC 1131-3）。PLC的编程语言包括以下五种：梯形图语言（LD）、指令表语言（IL）、功能模块图语言（FBD）、顺序功能流程图语言（SFC）及结构化文本语言（ST）。其中梯形图语言（LD）最常用。

1）梯形图语言（LD）

梯形图语言是PLC程序设计中最常用的编程语言。它是与继电器线路类似的一种编程语言。由于电气设计人员对继电器控制较为熟悉，因此，梯形图编程语言得到了广泛的欢迎和应用。

梯形图编程语言的特点是：与电气操作原理图相对应，具有直观性和对应性；与原有继电器控制相一致，电气设计人员易于掌握。

梯形图编程语言与原有的继电器控制的不同点是，梯形图中的能流不是实际意义的电流，内部的继电器也不是实际存在的继电器，应用时，需要与原有继电器控制的概念区别对待。罗克韦尔PLC的简单电机启停控制语句如图5-13所示，逻辑较清晰，直观明了。

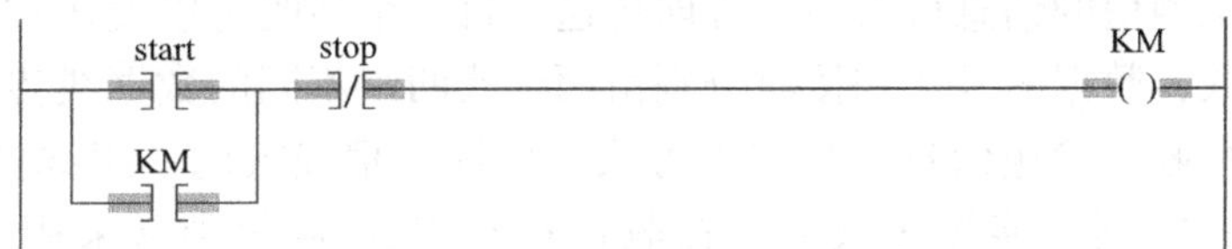

图5-13 PLC的电机启停控制

2）其他语言

① 指令表语言（IL）

指令表编程语言是与汇编语言类似的一种助记符编程语言，和汇编语言一样由操作码和操作数组成。在无计算机的情况下，适合采用PLC手持编程器对用户程序进行编制。同时，指令表编程语言与梯形图编程语言图一一对应，在PLC编程软件下可以相互转换。

② 功能模块图语言（FBD）

功能模块图语言是与数字逻辑电路类似的一种PLC编程语言。采用功能模块图的形式来表示模块所具有的功能，不同的功能模块有不同的功能。

③ 顺序功能流程图语言（SFC）

顺序功能流程图语言是为了满足顺序逻辑控制而设计的编程语言。编程时将顺序流程动作的过程分成步和转换条件，根据转移条件对控制系统的功能流程顺序进行分配，一步一步的按照顺序动作。每一步代表一个控制功能任务，用方框表示。在方框内含有用于完成相应控制功能任务的梯形图逻辑。这种编程语言使程序结构清晰，易于阅读及维护，大大减轻编程的工作量，缩短编程和调试时间。用于系统的规模较大、程序关系较复杂的场合。

④ 结构化文本语言（ST）

结构化文本语言是用结构化的描述文本来描述程序的一种编程语言。它是类似于高级语言的一种编程语言。在大中型的PLC系统中，常采用结构化文本来描述控制系统中各个变量的关系。主要用于其他编程语言较难实现的用户程序编制。

（4）数据通信

当任意两台设备之间有信息交换时，它们之间就产生了通信。PLC通信是指PLC与PLC、PLC与计算机、PLC与现场设备或远程I/O之间的信息交换。PLC通信的任务是将地理位置不同的PLC、计算机、各种现场设备等，通过通信介质连接起来，按照规定的通信协议，以某种特定的通信方式高效率地完成数据的传送、交换和处理。

PLC的通信分为并行通信与串行通信。并行通信是以字节或字为单位的数据传输方式，除了8根或16根数据线、一根公共线外，还需要数据通信联络用的控制线。并行通信的传送速度快，但是传输线的根数多，成本高，一般用于近距离的数据传送。并行通信一般用于PLC的内部，如PLC内部元件之间、PLC主机与扩展模块之间或近距离智能模块之间的数据通信。

串行通信需要的信号线少，最少的只需要两三根线，适用于距离较远的场合。串行通信多用于PLC与计算机之间、多台PLC之间的数据通信。传输速率是评价通信速度的重要指标。在串行通信中，传输速率常用比特率来表示，其单位是比特/秒（bit/s）或bps。

PLC通信按照传送方向又可分为单工通信与双工通信。单工通信只能沿单一方向发送或接收数据。双工通信的信息可沿两个方向传送，每一个站既可以发送数据，也可以接收数据。全双工方式：数据的发送和接收分别由两根或两组不同的数据线传送，通信的双方都能在同一时刻接收和发送信息。半双工方式：用同一根线或同一组线接收和发送数据，通信的双方在同一时刻只能发送数据或接收数据在PLC通信中常采用半双工和全双工通信。

按同步方式的不同，PLC的串行通信又可分为异步通信和同步通信。异步通信是通信双方需要对所采用的信息格式和数据的传输速率作相同的约定。异步通信传送附加的非有效信息较多，它的传输效率较低，一般用于低速通信，PLC一般使用异步通信。同步通信则以字节为单位。每次传送1～2个同步字符、若干个数据字节和校验字符。同步字符起联络作用，用它来通知接收方开始接收数据。在同步通信中，发送方和接收方要保持完全的同步。在近距离通信时，可以在传输线中设置一根时钟信号线。在远距离通信时，可以在数据流中提取出同步信号，使接收方得到与发送方完全相同的接收时钟信号。同步通信方式传输效率高，但是对硬件的要求较高，一般用于高速通信。

基带传输是按照数字信号原有的波形（以脉冲形式）在信道上直接传输，它要求信道具有较宽的通频带。基带传输时，通常对数字信号进行一定的编码，常用数据编码方法有非归零码NRZ、曼彻斯特编码和差动曼彻斯特编码等。频带传输是一种采用调制解调技术的传输形式。发送端采用调制手段，对数字信号进行某种变换，将代表数据的二进制“1”和“0”，变换成具有一定频带范围的模拟信号，以适应在模拟信道上传输；接收端通过解调手段进行相反变换，把模拟的调制信号复原为“1”或“0”。常用的调制方法有频率调制、振幅调制和相位调制。具有调制、解调功能的装置称为调制解调器，即Modem。PLC通信中，基带传输和频带传输两种传输形式都有采用，但多采用基带传输。

(5) 常见 PLC 模块

PLC 常见模块主要有 CPU 模块、接口模块、电源模块、输入/输出模块、功能模块等。

1) 中央处理单元 (CPU)

① 模式选择器 MRES——模块复位功能

a. STOP——停止模式：程序不执行；

b. RUN——程序执行，编程器只读操作；

c. RUN-P——程序执行，编程器读写操作。

② 状态指示器 (LED)

a. SF——组错误：CPU 内部错误或带诊断功能模块错误；

b. BATF——电池故障：电池不足或不存在；

c. DC5V——内部：5V DC 电压指示；

d. FRCE——FORCE：指示至少有一个输入或输出被强制；

e. RUN——当 CPU 启动时闪烁，在运行模式下常亮；

f. STOP——在停止模式下常亮；有存储器复位请求时慢速闪烁；正在执行存储器复位时快速闪烁；由于存储器卡插入需要存储器复位时慢速闪烁。

③ 存储器卡

为存储器卡提供一个插槽。当发生断电时利用存储器卡可以不需要电池就可以保存程序。

④ 电池盒

在前盖下有一个装锂电池的空间，当出现断电时锂电池用来保存 RAM 中的内容。

⑤ MPI 连接

用 MPI 接口连接到编程设备或其他设备。

⑥ DP 接口

分布式 I/O 直接连接到 CPU 的接口。CPU 模块技术数据。

2) 接口模块 IM

① 分布式 IO

距离长，通过 profibus DP 或 PN 通信，使用更灵活。

② IM153-1

标准型 DP 通信 ET200，可以带 8 个模块，不能用于冗余系统。

③ IM153-2

高性能型 DP 通信 ET200，可以带 12 个模块，可用于冗余系统。

④ IM153-4

标准型 PN 通信 ET200，可以带 8 个模块。

⑤ 扩展机架

距离一般不超过 10m，通过固定电缆通信。

IM360 必须插入 0 号机架的 3 号槽位，用于发送数据；IM361 则插入 1～3 号机架的 3 号槽位，用来接收来自 IM360 (0 号机架的 3 号槽位) 的数据。最多可扩展 3 个机架，每个扩展机架在 4～11 号槽位可以最多插入 8 个信号模块 (输入输出模块)。

IM365 只能扩展 1 个机架。

24V DI 模块，如图 5-14 所示。

L+
M
24V
背板总线接口
N
通道号
绿色状态灯

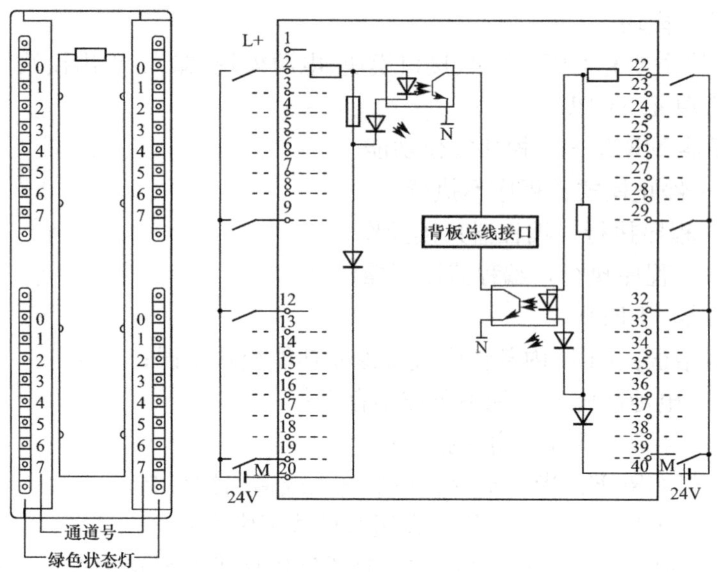

图 5-14　24V DI 模块

24V DO 模块，如图 5-15 所示。

24 V
1L+
2L+
3L+
4L+
1M
2M
3M
4M
M
① 通道号　② 状态显示-绿色　③ 背板总线接口

图 5-15　24V DO 模块

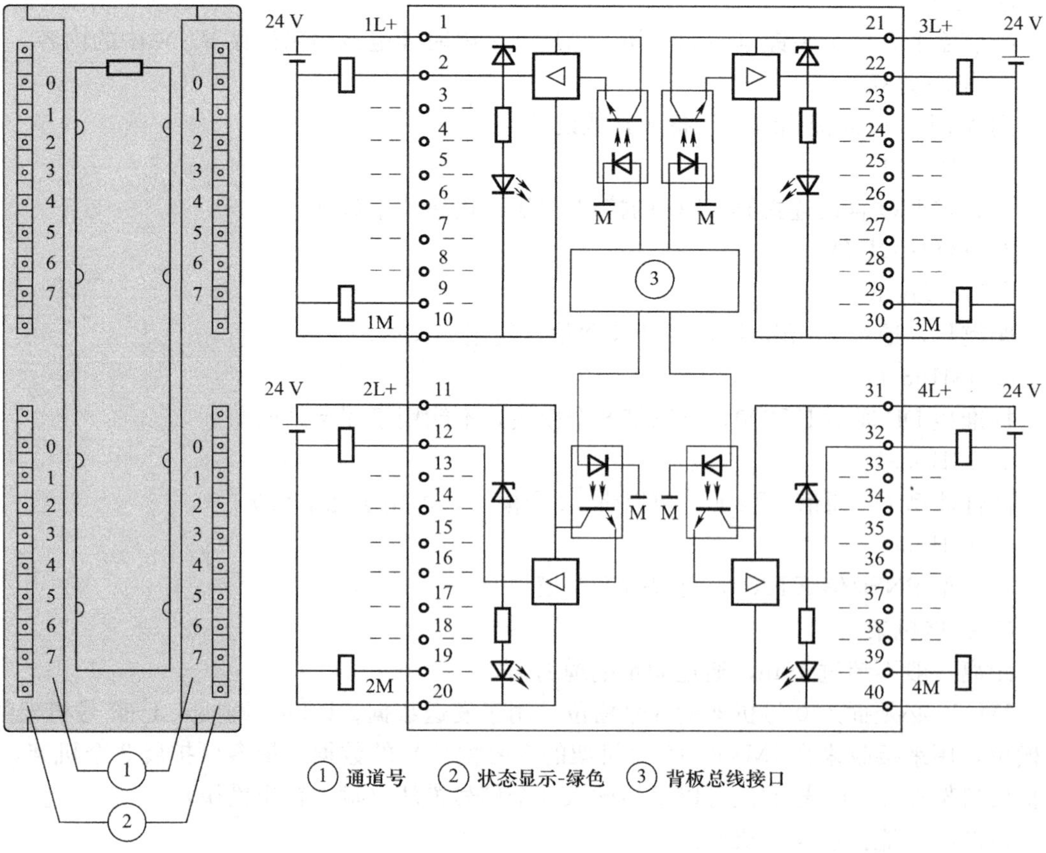

AI 模块如图 5-16 所示。

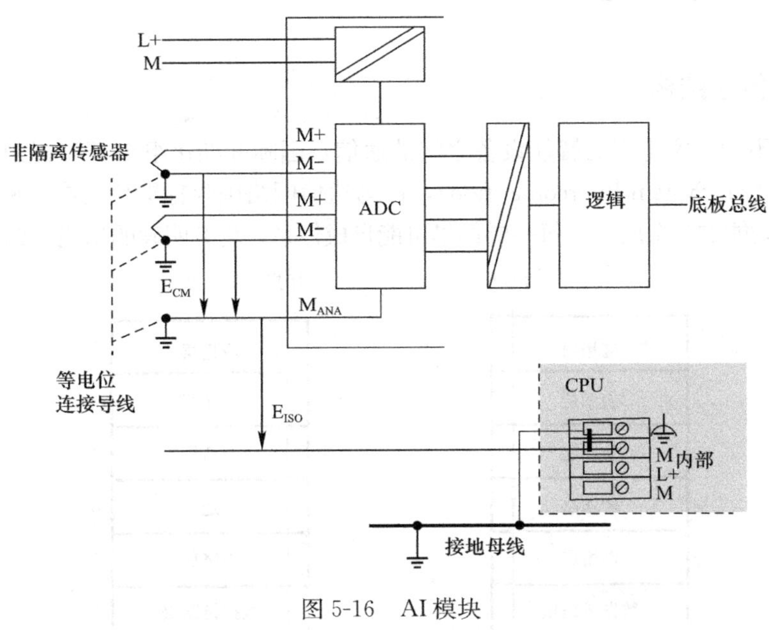

图 5-16 AI 模块

AO 模块如图 5-17 所示。

模板 特点	SM 332；AO 4×12 位 (−5HD01-)	SM 332；AO 2×12 位 (−5HB01-)	SM 332；AO 4×16 位 (−7ND00-)
输出数量	4 通道组中 4 输出	2 通道组中 2 输出	4 通道组中 4 输出
精度	12 位	12 位	16 位
输出方式	一个通道一个通道输出： • 电压 • 电流	一个通道一个通道输出： • 电压 • 电流	一个通道一个通道输出： • 电压 • 电流

图 5-17 AO 模块

3）功能模块 FM

① FM350-1

1 路高速计数模块，1 个通道用于增计数或减计数；32 位，计数频率最高达 500kHz（用于 RS422 编码器）按照需要，计数范围可为 0 到 32 位或+/−31 位，单次或周期计数，单倍、双倍或四倍估算，可连接到增量编码器。

② FM350-2

8 路高速计数模块，用于加/减计数的 8 个通道；32 位，计数/测量频率高达 10kHz（24V 增量编码器）或 20kHz（24V 方向编码器、启动设备或 NAMUR 编码器），计数范围+31 位，计数：连续/单次/周期，测量：频率、速度和周期 OLM 光纤通信模块。

5.6 数据通信及网络

5.6.1 网络体系结构

为了实现不同厂家生产的智能设备之间的通信，国际标准化组织ISO提出了开放系统互连模型OSI（Open System Interconnection），作为通信网络国际标准化的参考模型。该模型详细描述了软件功能的7个层次。每一层都尽可能自成体系，均有明确的功能。如图5-18所示。

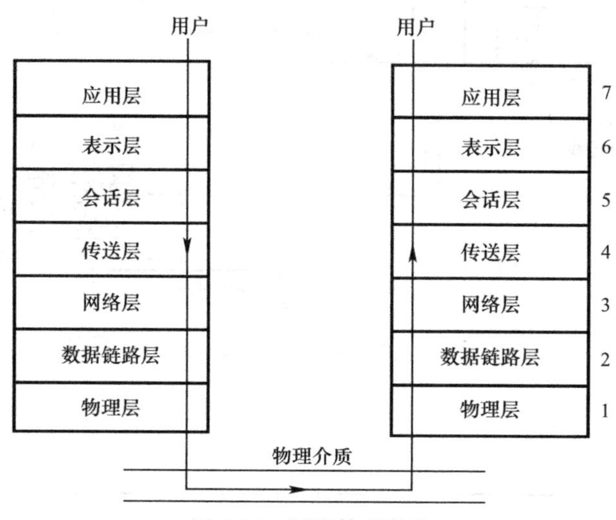

图5-18 网络体系结构

（1）物理层（Physical Layer）

物理层是为建立、保持和断开在物理实体之间的物理连接，提供机械的、电气的、功能性的和规程的特性。物理层是建立在传输介质之上，负责提供传送数据比特位“0”和“1”码的物理条件。同时，定义了传输介质与网络接口卡的连接方式以及数据发送和接收方式。接口标准RS-232C、RS-422和RS-485等就属于物理层。

（2）数据链路层（Datalink Layer）

数据链路层通过物理层提供的物理连接，实现建立、保持和断开数据链路的逻辑连接，完成数据的无差错传输。数据链路层的主要控制功能是差错控制和流量控制，以保证数据的可靠传输。在数据链路上，数据以帧格式传输，帧是包含多个数据比特位的逻辑数据单元，通常由控制信息和传输数据两部分组成。常用的数据链路层协议是面向比特的串行同步通信协议——同步数据链路控制协议/高级数据链路控制协议（SDLC/HDLC）。

（3）网络层（Network Layer）

网络层完成站点间逻辑连接的建立和维护，负责传输数据的寻址，提供网络各站点间进行数据交换的方法，完成传输数据的路由选择和信息交换的有关操作。网络层的主要功能是报文包的分段、报文包阻塞的处理和通信子网内路径的选择。常用的网络层协议有X.25分组协议和IP协议。

（4）传输层（Transport Layer）

传输层是向会话层提供一个可靠的端到端（end-to-end）的数据传送服务。传输层的信号传送单位是报文（Message），它的主要功能是流量控制、差错控制、连接支持。典型的传输层协议是因特网 TCP/IP 协议中的 TCP 协议。

（5）会话层（Session Layer）

两个表示层用户之间的连接称为会话，对应会话层的任务就是提供一种有效的方法，组织和协调两个层次之间的会话，并管理和控制它们之间的数据交换。网络下载中的断点续传就是会话层的功能。

（6）表示层（Presentation Layer）

表示层用于应用层信息内容的形式变换，如数据加密/解密、信息压缩/解压和数据兼容，把应用层提供的信息变成能够共同理解的形式。

（7）应用层（Application Layer）

应用层作为参考模型的最高层，为用户的应用服务提供信息交换，为应用接口提供操作标准。七层模型中所有其他层的目的都是为了支持应用层，它直接面向用户，为用户提供网络服务。常用的应用层服务有电子邮件（E-mail）、文件传输（FTP）和 Web 服务等。

OSI 7 层模型中，除了物理层和物理层之间可直接传送信息外，其他各层之间实现的都是间接的传送。OSI 7 层参考模型只是要求对等层遵守共同的通信协议，并没有给出协议本身。OSI 7 层协议中，高 4 层提供用户功能，低 3 层提供网络通信功能。

5.6.2 传输介质及拓扑结构

（1）传输介质

通信介质是在通信系统中位于发送端与接收端之间的物理通路。通信介质一般可分为：导向性介质、非导向性介质。导向性介质是指这种介质将引导信号的传播方向，如：双绞线、同轴电缆和光纤等；非导向性介质一般通过空气传播信号，它不为信号引导传播方向，如短波、微波和红外线通信等。

双绞线是由两根彼此绝缘的导线按照一定规则以螺旋状绞合在一起，如图 5-19 所示。这种结构能在一定程度上减弱来自外部的电磁干扰及相邻双绞线引起的串音干扰。但在传输距离、带宽和数据传输速率等方面仍有其一定的局限性。

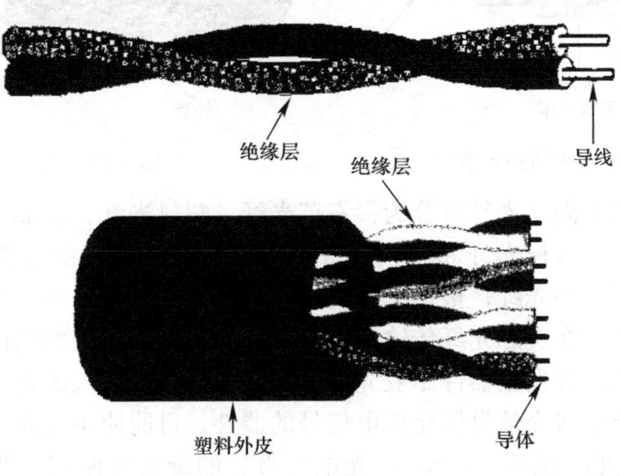

图 5-19 通信电缆示意图

非屏蔽双绞线电缆价格便宜、直径小节省空间、使用方便灵活、易于安装。美国电器工业协会（EIA）规定了六种质量级别的双绞线电缆，其中 1 类线档次最低，只适于传输语音；6 类线档次最高，传输频率可达到 250MHz，3 类线数据传输率可达 10Mbps，4 类线数据传输率可达 16Mbps，5 类线数据传输可达 100Mbps。

屏蔽双绞线电缆：抗干扰能力强，有较高的传输速率，100m 内可达到 155Mbps。但其价格相对较贵，需要配置相应的连接器，使用时不是很方便。

与双绞线相比，同轴电线抗干扰能力强，能够应用于频率更高、数据传输速率更快的情况。其结构如图 5-20 所示。对其性能造成影响的主要因素来自衰损和热噪声，采用频分复用技术时还会受到交调噪声的影响。虽然目前同轴电缆大量被光纤取代，但它仍广泛应用于有线电视和某些局域网中。

同轴电缆主要有：50Ω 电缆和 75Ω 电缆。50Ω 电缆：用于基带数字信号传输，又称基带同轴电缆。电缆中只有一个信道，数据信号采用曼彻斯特编码方式，数据传输速率可达 10Mbps，这种电缆主要用于局域网。75Ω 电缆：是 CATV 系统使用的标准，它既可用于传输宽带模拟信号，也可用于传输数字信号。对于模拟信号而言，其工作频率可达 400MHz。若在这种电缆上使用频分复用技术，则可以使其同时具有大量的信道，每个信道都能传输模拟信号。

光纤是一种传输光信号的传输媒介。处于光纤最内层的纤芯是一种横截面积很小、质地脆、易断裂的光导纤维，制造这种纤维的材料可以是玻璃也可以是塑料。纤芯的外层裹有一个包层，它由折射率比纤芯小的材料制成。由于在纤芯与包层之间存在着折射率的差异，光信号才得以通过全反射在纤芯中不断向前传播。在光纤的最外层则是起保护作用的外套。通常都是将多根光纤扎成束并裹以保护层制成多芯光缆，如图 5-21 所示。

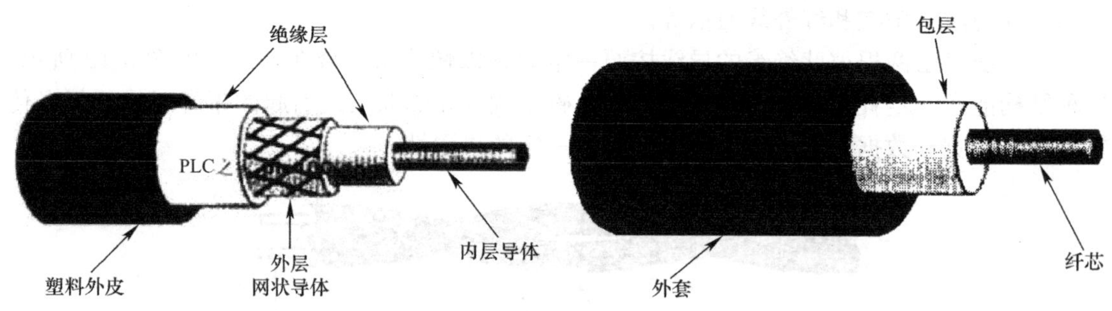

图 5-20　同轴电线结构示意图　　图 5-21　光纤结构示意图

根据制作材料的不同，光纤可分为：石英光纤、塑料光纤、玻璃光纤等；根据传输模式不同，光纤可分为：多模光纤和单模光纤；根据纤芯折射率的分布不同，光纤可以分为：突变型光纤和渐变型光纤；根据工作波长的不同，光纤可分为：短波长光纤、长波长光纤和超长波长光纤。在实际光纤传输系统中，还应配置与光纤配套的光源发生器件和光检测器件。最常见的光源发生器件是发光二极管（LED）和注入激光二极管（ILD）。光检测器件是在接收端能够将光信号转化成电信号的器件，目前使用的光检测器件有光电二极管（PIN）和雪崩光电二极管（APD），光电二极管的价格较便宜，然而雪崩光电二极管却具有较高的灵敏度。

光纤的优点：

1）光纤支持很宽的带宽（1014～1015Hz），覆盖了红外线和可见光的频谱。

2）具有很快的传输速率，当前传输速率制约因素是信号生成技术。

3）光纤抗电磁干扰能力强，且光束本身又不向外辐射，适用于长距离的信息传输及安全性要求较高的场合。

4）光纤衰减较小，中继器的间距较大。

光纤的缺点：系统成本较高、不易安装与维护、质地脆易断裂等。

网络拓扑结构是指网络中的通信线路和结点间的几何布置，用以表示网络的整体结构外貌。它反映了网络中各个模块间的结构关系，对整个网络的设计、功能、可靠性和成本都有重要的影响。

（2）常见的有3种拓扑结构形式

1）星形网络

星形拓扑是由中央结点为中心与各结点连接组成的，网络中任何两个结点要进行通信都必须经过中央结点控制。星形网络的特点是：结构简单、便于管理控制、建网容易、线路可用性强、效率高、网络延迟时间短、误码率较低，便于程序集中开发和资源共享。但系统花费大，网络共享能力差，负责通信协调工作的上位计算机负荷大，通信线路利用率不高，且系统对上位计算机的依赖性也很强，一旦上位机发生故障，整个网络通信就得停止。在小系统、通信不频繁的场合可以应用。

星形网络常用双绞线作为传送介质。上位计算机（也称主机、监控计算机、中央处理机）通过点到点的方式与各现场处理机（也称从机）进行通信，就是一种星形结构。各现场机之间不能直接通信，若要进行相互之间进行数据传送，就必须通过作为中央结点的上位计算机协调。

2）环形网络

环形网中各个结点通过环路通信接口或适配器连接在一条首尾相连的闭合环型通信线路上。环路上任何结点都可以请示发送信息，请求一旦被批准，就可以向环路发送信息。环形网中的数据主要是单向传送，也可以是双向传送。由于环线是公用的，一个结点发出的信息要穿越环中所有的环路接口，信息中目的地址与环上某结点地址相符时，数据信息被该结点的环路接口所接收，而后信息继续传向下一环路接口，一直流向发送该信息的环路接口结点为止。

环形网的特点是：结构简单，挂接或摘除结点容易，安装费用低；由于在环形网络中数据信息在网中是沿固定方向流动的，结点间仅有一个通路，大大简化了路径选择控制；某个结点发生故障时，可以自动旁路，系统可靠性高。所以工业上的信息处理和自动化系统常采用环形网络的拓扑结构。但结点过多时，会影响传送效率，网络响应时间变长。

3）总线形网络

利用总线把所有的结点连接起来，这些结点共享总线，对总线有同等的访问权。总线形网络由于采用广播方式传送数据，任何一个结点发出的信息经过通信接口（或适配器）后，沿总线向相反的两个方向传送，可以使所有节点接收到，各结点将目的地址是本站站号的信息接收下来。这样就无需进行集中控制和路径选择，其结构和通信协议都比较简单。

在总线形网络中，所有结点共享一条通信传送链路。因此，在同一时刻，网络上只允许一个结点发送信息。一旦两个或两个以上结点同时发送信息就会发生冲突。在不使用通信指挥器HTD的分散通信控制方式中，常需规定一定的防冲突通信协议。常用的有令牌总线网（Token-passing-bus）和冲突检测载波监听多路存取控制协议。

总线形网络结构简单、易于扩充、设备安装和修改费用低、可靠性高、灵活性好、可连接多种不同传送速率、不同数据类型的结点、也易获得较宽的传送频带、网络响应速度快、共享资源能力强，特别适合于工业控制应用，是工业控制局域网中常用的拓扑结构。

5.6.3　现场总线及工业以太网

（1）现场总线

1）现场总线的功能

现场总线是连接智能现场设备和自动化系统的数字式、双向传输、多分支结构的通信网络。也就是说基于现场总线的系统是以单个分散的、数字化、智能化的测量和控制设备作为网络的节点，用总线相连，实现信息的相互交换，使得不同网络、不同现场设备之间可以信息共享。现场设备的各种运行参数状态信息以及故障信息等通过总线传送到远离现场的控制中心，而控制中心又可以将各种控制、维护、组态命令又送往相关的设备，从而建立起了具有自动控制功能的网络。

现场总线的节点是现场设备或现场仪器，但不是传统的单功能的现场仪器，而是具有综合功能的智能仪表。例如，温度变送器不仅具有温度信号变换和补偿功能，而且具有PID控制和运算功能；调节阀的基本功能时信号驱动和执行，另外还有输出特性补偿、自效验和自诊断功能。现场设备具有互换性和互操作性，采用总线供电，具有本质安全性。

现场总线不仅是一种通信技术，也不仅是用数字仪表代替模拟仪表，关键是用新一代的现场总线控制系统FCS（Fieldbus Control System）代替传统的集散控制系统DCS（Distributed Control System），实现现场通信网络与控制系统的集成。

2）现场总线的主要特点

全数字化通信：采用现场总线技术后只用一条通信电缆就可以将控制器与现场设备（智能化的、具有通信口）连接起来，提高了信号传输的可靠性。

系统具有很强的开放性：这里的开放是指对相关标准的一致性和公开性，用户可按自己的需要和对象，把来自不同供应商的产品组成大小随意的系统。

具有强的互可操作性与互用性：实现互连设备间、系统间的信息传送与沟通，可实行点对点，一点对多点的数字通信，不同生产厂家的性能类似的设备可以进行互用。功能分散到现场设备中完成，仅靠现场设备即可完成自动控制的基本功能，并可随时诊断设备的运行状态。

系统结构的高度分散性：由于现场设备本身已可完成自动控制的基本功能，使得现场总线已构成一种新的全分布式控制系统的体系结构。从根本上改变了现有DCS集中于分散相结合的集散控制系统体系，简化了系统结构。

对现场环境的适应性：工作在现场设备前端，作为工厂网络底层的现场总线，是专为现场环境工作而设计的，它可支持多种转输介质，具有较强的抗干扰能力，能采用两线制实现送点与通信，并可满足本质安全防爆要求等。

(2) 工业以太网

1) 工业以太网功能

工业以太网，一般是指技术上与商用以太网兼容，但在产品设计时，在实时性、可靠性、环境的适应性等方面能满足工业现场的需要，是一种典型的工业通信网络。其源于以太网技术，20 世纪 70 年代 Xerox、Dec、Intel 等公司联合推出了以太网。80 年代中期，IEEE 在以太网的基础上，制定了 IEEE802.3 标准。工业以太网，通俗的讲就是应用于工业的以太网，是指其在技术上与商用以太网 IEEE802.3 标准兼容。工业以太网提供了针对工业控制网络的数据传输的以太网标准。与商用的以太网相比，工业以太网主要是基于工业标准，利用了交换以太网结构，针对工业生产的需求进行多方面的改进。同时工业以太网还具备了系统开放性好、更高的数据传输率、与信息网络的无缝连接和通信介质丰富等优点。这些优点奠定了工业以太网在工业应用中的地位。

工业以太网使用的电缆有屏蔽双绞线（STP）、非屏蔽双绞线（UTP）、多模或单模光缆。对工业以太网来说，10Mbps 和 100Mbps 是最常用的。在 10Mbps，全部采用双绞线的以太网网络中，与距离有关的概念有两个，即网段（Segment）和网络范围（Network-Diameter）。前者指连接两个设备（集线器、交换机或主机）的距离，后者指网络中两个最远端设备之间的距离。不管是 10Mbps 或 100Mbps 的网络，网段的最远距离不能超过 100m。考虑网络延伸，最有用的规则就是“5-4-3 规则”（仅仅针对 10Mbps 中继器）。

为满足工业现场控制系统的应用要求，必须在 Ethernet ＋TCP/IP 协议之上，建立完整的、有效的通信服务模型，制定有效的实时通信服务机制，协调好工业现场控制系统中实时和非实时信息的传输服务，各现场总线组织纷纷将以太网引入其现场总线体系中的高速部分，利用以太网和 TCP/IP 技术，以及原有的低速现场总线应用层协议，从而构成了所谓的工业以太网协议，如 HSE、PROFInet、Ethernet/IP 等。

工业以太网技术就目前而言，全面代替现场总线还存在一些问题，需要进一步深入研究基于工业以太网的全新控制系统体系结构，开发出基于工业以太网的系列产品。因此，近一段时间内，工业以太网技术的发展将与现场总线相结合，具体表现在：

① 物理介质采用标准以太网连线，如双绞线、光纤等；

② 使用标准以太网连接设备（如交换机等），在工业现场使用工业以太网交换机；

③ 采用 IEEE 802.3 物理层和数据链路层标准、TCP/IP 协议栈；

④ 应用层（甚至是用户层）采用现场总线的应用层、用户层协议；

⑤ 兼容现有成熟的传统控制系统，如 DCS、PLC 等。

2) 工业以太网的关键技术

① 实时通信技术

其中采用以太网交换技术、全双工通信、流量控制等技术，以及确定性数据通信调度控制策略、简化通信栈软件层次、现场设备层网络微网段化等针对工业过程控制的通信实时性措施，解决了以太网通信的实时性。

② 总线供电技术

采用直流电源耦合、电源冗余管理等技术，设计了能实现网络供电或总线供电的以太网集线器，解决了以太网总线的供电问题。

③ 远距离传输技术

采用网络分层、控制区域微网段化、网络超小时滞中继以及光纤等技术解决以太网的远距离传输问题。

④ 网络安全技术

采用控制区域微网段化，各控制区域通过具有网络隔离和安全过滤的现场控制器与系统主干相连，实现各控制区域与其他区域之间的逻辑上的网络隔离。

⑤ 可靠性技术

采用分散结构化设计、EMC设计、冗余、自诊断等可靠性设计技术等，提高基于以太网技术的现场设备可靠性，经实验室EMC测试，设备可靠性符合工业现场控制要求。

所以Ethernet不仅继续垄断商业计算机网络通信和工业控制系统的上层网络通信市场，也必将领导未来现场总线的发展，Ethernet＋TCP/IP将成为器件总线和现场总线的基础协议。Ethernet在工业控制领域中的应用将越来越广泛，市场占有率的增长也越来越快，已有的现场总线有它自己的市场定位，将来仍将保持这种状况，或与工业以太网相结合。现场总线不可能为工业以太网所替代，但后者发展的巨大潜力决不容忽视，其应用领域定将不断地得到扩展。

5.7　监控组态软件

(1) 监控组态软件及功能

组态软件，又称组态监控软件系统软件。它是指一些数据采集与过程控制的专用软件。它们处在自动控制系统监控层一级的软件平台和开发环境，使用灵活的组态方式，为用户提供快速构建工业自动控制系统监控功能的、通用层次的软件工具。组态软件的应用领域很广，可以应用于电力系统、给水系统、石油、化工等领域的数据采集与监视控制以及过程控制等诸多领域。

组态软件在国内是一个约定俗成的概念，并没有明确的定义，它可以理解为“组态式监控软件”。组态的含义是“配置”“设置”等意思，是指用户通过类似“搭积木”的简单方式来完成自己所需要的软件功能，而不需要编写计算机程序，也就是所谓的“组态”。它有时候也称为“二次开发”，组态软件就称为“二次开发平台”。监控即“监视和控制”，是指通过计算机信号对自动化设备或过程进行监视、控制和管理。

组态软件大都支持各种主流工控设备和标准通信协议，并且通常应提供分布式数据管理和网络功能。对应于原有的HMI（人机接口软件，Human Machine Interface）的概念，组态软件还是一个使用户能快速建立自己的HMI的软件工具或开发环境。在组态软件出现之前，工控领域的用户通过手工或委托第三方编写HMI应用，开发时间长、效率低、可靠性差；或者购买专用的工控系统，通常是封闭的系统，选择余地小，往往不能满足需求，很难与外界进行数据交互，升级和增加功能都受到严重的限制。组态软件的出现使用户可以利用组态软件的功能，构建一套最适合自己的应用系统。随着它的快速发展，实时数据库、实时控制、SCADA、通信及联网、开放数据接口、对I/O设备的广泛支持已经成为它的主要内容监控组态软件将会不断被赋予新的内容。

组态软件的基本特性和功能

① 系统功能

系统功能包括数据采集、流程显示、趋势（实时、历史）、报警、控制、安全控制、报表、分布式架构、其他功能，如SPC等。

② 整体结构相似性

整体结构相似性见图5-22。

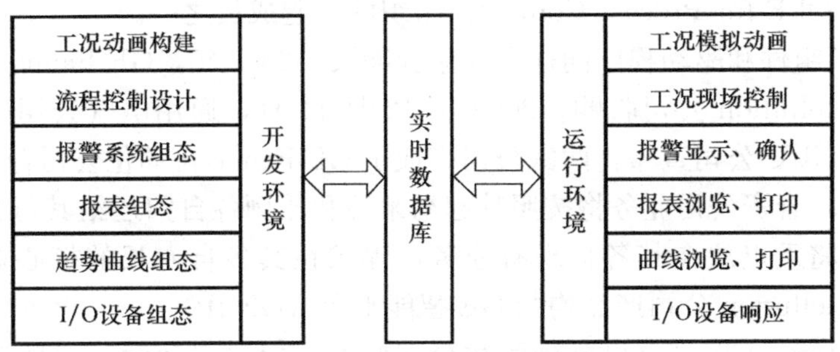

图5-22 整体结构相似性

③ 实时多任务

在实际工业控制中，同一台计算机往往需要同时进行实时数据的采集、处理、存储、检索、管理、输出，算法的调用，实现图形、图表的显示，报警输出，实时通信等多个任务。

④ 接口开放

实际应用中，用户可以很方便地用VB或VC++等编程工具自行编制或定制所需的设备构件，装入设备工具箱，不断充实设备工具箱。很多工控组态软件提供了一个高级开发向导，自动生成设备驱动程序的框架，给用户开发I/O设备驱动程序工作提供帮助。用户还可以使用自行编写动态链接库（DLL）的方法在策略编辑器中挂接自己的应用程序模块。

⑤ 安全性

工控组态软件提供了一套完善的安全机制。用户能够自由组态控制菜单、按钮和退出系统的操作权限，只允许有操作权限的操作员对某些功能进行操作，防止意外地或非法地关闭系统、进入开发系统修改多数或者对未授权数据进行更改等操作。一些工控组态软件还提供了工程密码、锁定软件狗、工程运行期限等功能，来保护使用组态软件开发所得的成果，开发者还可利用这些功能保护自己的合法权益。

（2）常见组态软件

1）InTouch：Wonderware（万维公司）是Invensys plc“生产管理部”的一个运营单位，是全球工业自动化软件的领先供应商。Wonderware的InTouch软件是最早进入我国的组态软件。目前最新的InTouch7.0版已经完全基于32位的Windows平台，并且提供了OPC支持。

2）IFix：GE Fanuc智能设备公司由美国通用电气公司（GE）和日本Fanuc公司合资组建，提供自动化硬件和软件解决方案，帮助用户降低成本，提高效率并增强其盈利能力。

Intellution公司以Fix组态软件起家，1995年被艾默生集团收购，现在是艾默生集团的全资子公司，Fix6.x软件提供工控人员熟悉的概念和操作界面，并提供完备的驱动程序

(需单独购买)。20世纪90年代末，Intellution公司重新开发内核，并将重新开发新的产品系列命名为iFix。在iFix中，Intellution提供了强大的组态功能，将Fix原有的Script语言改为VBA（Visual Basic For Application），并且在内部集成了微软的VBA开发环境。为了解决兼容问题，iFix里面提供了程序叫Fix Desktop，可以直接在Fix Desktop中运行Fix程序。Intellution的产品与Microsoft的操作系统、网络进行了紧密的集成。Intellution也是OPC（OLE for Process Control）组织的发起成员之一。

iFix的OPC组件和驱动程序同样需要单独购买。2002年，GE Fanuc公司又从爱默生集团手中，将intellution公司收购。2009年12月11日，通用电气公司（纽约证券交易所：GE）和FANUC公司宣布，两家公司完成了GE Fanuc自动化公司合资公司的解散协议。根据该协议，合资公司业务将按照其起初来源和比例各自归还给其母公司，该协议并使股东双方得以将重点放在其各自现有业务，谋求在其各自专长的核心业内的发展。目前，iFix等原intellution公司产品均归GE智能平台（GE-IP）。

3）Vijeo Citect：Citech（已被施耐德公司收购，但独立运营）原属澳大利亚的悉雅特Citect集团，是世界领先的提供工业自动化系统、设施自动化系统、实时智能信息和新一代制造执行系统（MES）的独立供应商。施耐德公司收购Citech后，将其命名为Vijeo Citect，Vijeo Citect特点如下：

① 可靠的全冗余系统架构

在工厂自动化流程和一些关键任务应用中，硬件错误不但会导致产能的损失，还会给用户带来各类潜在的危险。Vijeo Citect的冗余架构可以过滤系统中的所有错误，保障系统的功能完整性，让其持续高效运行。

② 强大的图形能力

图形能力是衡量SCADA系统的一项重要指标。借助Vijeo Citect强大的图形能力，用户可以开发出直观易辨，风格统一的工程界面。

③ 过程分析

过程分析器是直接集成在Vijeo Citect里的是一种直观的分析工具，它可提供全厂的控制历史趋势，深入分析数据并形成新的现场操作标准，使操作者能够迅速优化工艺参数，从而提高效率和生产力。

④ 面对对象的组态保证了工程的快速开发。

Vijeo Citect面向对象的组态工具可以大大提高控制系统开发的效率。页面模板、精灵和超级精灵、SpeedLink等工具将在硬件控制系统和SCADA系统间架起桥梁。另外，面向对象的组态模式还将降低系统维护量，并保证各操作者之间的紧密协作。

⑤ 工程实现简单快捷

Vijeo Citect提供灵活而有针对性的工程开发工具，使项目开发更加简便高效。无论是小到组态一个分布式水网，还是大到矿业的整体解决方案，它都能缩短控制系统的开发时间和成本，从而降低系统开发的风险。

4）WinCC：西门子自动化与驱动集团（A&D）是西门子股份公司中最大的集团之一，是西门子工业领域的重要组成部分。Siemens的WinCC也是一套完备的组态开发环境，Simens提供类C语言的脚本，包括一个调试环境。WinCC内嵌OPC支持，并可对分布式系统进行组态。但WinCC的结构较复杂，用户最好经过Siemens的培训以掌握

WinCC 的应用。

5）ASPEN-tech（艾斯苯公司）：InfoPlus.21。艾斯苯公司（Aspen Technology，Inc.）是一个为过程工业（包括化工、石化、炼油、造纸、电力、制药、半导体、日用化工、食品饮料等工业）提供企业优化软件及服务的领先供应商。

6）Movicon：是意大利自动化软件供应商 PROGEA 公司开发。该公司自 1990 年开始开发基于 Windows 平台的自动化监控软件，可在同一开发平台完成不同运行环境的需要。特色之处在于完全基于 XML，又集成了 VBA 兼容的脚本语言及类似 STEP-7 指令表的软逻辑功能。

第二篇　专业知识与操作技能

第 6 章 自来水生产工艺和相关基本知识

6.1 自来水生产基本工艺

天然水源的水质（尤其地表水源）一般都不能满足饮用水水质的要求。饮用水处理的目的就是通过必要的处理方法，使水源水达到饮用水水质标准，从而保证饮用水的卫生安全性。由于水源种类及其原水水质的不同，所用处理方法和工艺也各不相同。

地下水源水由于原水水质较好，处理方法比较简单，一般只需消毒处理即可。若原水中含铁、锰或氟超标时，还需先进行相应处理。

地表水原水的成分比较复杂。当原水水质较好时，通常只是浊度和细菌类水质参数不合格，一般采用常规（传统）处理方法即可，即澄清［混凝、沉淀（气浮）、过滤］和消毒。常规处理法仍是饮用水处理的主要方法，为多数国家所采用。

20 世纪 70 年代以来，由于环境污染使水源污染的成分更加复杂，特别是有机物污染，仅采用常规处理方法是不能使之去除的。为此，在常规处理的基础上往往还应增加预处理或深度处理方法。

（1）饮用水的常规处理

典型的常规处理工艺：饮用水的常规处理主要是采用物理化学作用，使浑水变清（主要去除对象是悬浮物和胶体杂质）并杀菌灭活，使水质达到饮用水水质标准。

水处理工艺流程是由若干处理单元设施优化组合成的水质净化流水线。水的常规处理法通常是在原水中加入适当的促凝药剂（絮凝剂、助凝剂），使杂质微粒互相凝聚而从水中分离出去，包括混凝（凝聚和絮凝）、沉淀（或气浮、澄清）、过滤、消毒等。一般地表水源饮用水的处理就是这种方法。其工艺流程如图 6-1 所示。这种制取饮用水的处理过程单元与原理等见表 6-1。

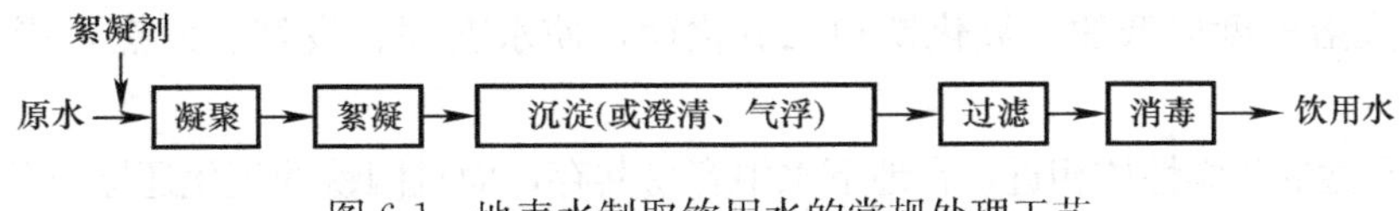

图 6-1 地表水制取饮用水的常规处理工艺

地表水制取饮用水的处理过程单元 **表 6-1**

加工步骤	加工效果	利用原理	主要设备	单元处理方法
原水输送	原水在自来水厂中流动	物理	水泵	
加絮凝剂	水中胶态颗粒脱稳	物理	加药设备	凝聚
混合搅拌		物理化学	混合装置	

续表

加工步骤	加工效果	利用原理	主要设备	单元处理方法
絮凝搅拌	脱稳的胶态颗粒和其他微粒结成絮体	物理化学	絮凝池	絮凝
沉淀	从水中去除（绝大部分）悬浮物和絮体	物理	沉淀池	沉淀
过滤	进一步去除悬浮物和絮体	物理化学、物理	滤池	过滤
加氯	杀死残留水中的病原微生物	物理	加氯机	消毒
混合接触		物理、微生物学、化学	清水池	
储存	调节水量变化			
成品水输送	成品水在管网中流动	物理	水泵	

（2）饮用水的预处理和深度处理

对微污染饮用水源水的处理方法，除了要保留或强化传统的常规处理工艺之外，还应附加生化或特种物化处理工序。一般把附加在常规净化工艺之前的处理工序叫作预处理；把附加在常规净化工艺之后的处理工序叫作深度处理。

预处理和深度处理方法的基本原理，概括起来主要是吸附、氧化、生物降解、膜滤四种作用。即或者利用吸附剂的吸附能力去除水中有机物；或者利用氧化剂及光化学氧化法的强氧化能力分解有机物；或者利用生物氧化法降解有机物；或者以膜滤法滤除大分子有机物。有时几种作用也可同时发挥。因此，可根据水源水质，将预处理、常规处理、深度处理有机结合使用，以去除水中各种污染物质，保证饮用水水质。

几种微污染水源的饮用水净化工艺流程如下：

1）原水→混凝沉淀或澄清→过滤→O_3 接触氧化→活性炭吸附→消毒。

2）O_3 预氧化→原水→混凝沉淀或澄清→过滤→消毒。

3）粉末活性炭或 $KMnO_4$→原水→混凝沉淀或澄清→过滤→消毒。

4）原水→混凝沉淀或澄清→过滤→活性炭吸附→消毒。

5）原水→混凝沉淀或澄清→过滤→O_3 接触氧化→活性炭吸附→消毒。

6）预氧化→原水→生物预处理→混凝沉淀或澄清→过滤→消毒。

7）原水→生物预处理→混凝沉淀或澄清→过滤→O_3 接触氧化→活性炭吸附→消毒。

（3）饮用水的特种水质处理

1）饮用水的除铁、除锰净水工艺

原水中的铁和锰一般指二价形态的铁和锰，它们在有氧条件下可氧化为三价的铁和四价的锰并形成溶解度极低的氢氧化铁和二氧化锰，使水变浑、发红、发黑，影响水的感官指标性状等。

由于铁和锰的化学性质相近，在地下水中容易共存，而且因铁的氧化还原电位比锰低，二价铁对于高价锰（三价、四价）便成为还原剂，故二价铁的存在大大妨碍二价锰的氧化，只有水中二价铁较少的情况下，二价锰才能被氧化。所以在地下水铁锰共存时，应先除铁后除锰。

2）饮用水的除氟工艺

氟是人体必需的微量元素，但含量过高或过低都会对人体健康造成危害。

（4）膜技术和净水厂处理工艺的类型

水质处理的单元技术，从原理上还可分为水质分离、转化和控制三类技术。分离技术系利用污染物或介质在理化性质上的差别使之从水中分离，提高水的纯度；转化技术系利用化学或生物学反应，使杂质或污染物变为无害或易于分离的物质，从而使水得到净化；控制技术则是水污染控制的分支，系将污染物与环境隔离开，以保护水源水质为目的。如前所述，水处理工艺则是由数个处理单元串接而成的一个处理流程。

城镇净水厂的常规工艺（混凝—沉淀—过滤—消毒）是已沿用100年之久的以物理、化学原理为基础的传统型“分离技术”，其主要去除对象是水中的无机性造浑物质和细菌病原微生物。到20世纪70年代中后期，随着水环境的污染，水源水质受到常规工艺所无法去除的有机物、氨氮等溶解性污染物的轻度污染，于是广大水处理工作者的创造性劳动又使净化工艺与时俱进，便产生了以常规工艺为主体的增加了预处理和深度处理的长流程工艺，其去除对象除了造浑物质和细菌外主要是有机物、氨氮以及消毒附产物。这一工艺技术，兼有分离和转化两种功能的作用。

近年来，随着膜技术在水处理领域的广泛应用，在城镇净水厂处理工艺中也开始得到较为迅猛的研发应用。例如，对微污染水源水的双膜法（UF＋RO）饮用水深度处理工艺；对低温低浊水源水的微絮凝超滤短流程工艺（省去了沉淀和砂滤）。显然，膜法水处理工艺是以物理—化学作用为特征的分离技术型处理方法。膜法水处理工艺不仅去除的污染物范围广（胶体、色度、臭味、有机物、细菌、微生物、消毒副产物及前体物），且不需投加药剂，减少消毒剂用量，处理设备小占地少布置紧凑，易实现自动控制，管理集中方便。虽然它对原水预处理要求较严格，需定期进行化学清洗，所需投资和运行费用较高，还存在膜的堵塞和污染问题。但随着膜技术的发展、清洗方式的改进、膜堵塞与膜污染的改善以及膜造价成本的降低，膜处理技术在城镇净水厂中的应用前景将是十分广阔的。

近几年来，有学者把城镇净水厂相继出现的几种具有划时代意义的处理工艺流程进行了归纳总结命名，即把前述的常规（传统）工艺称为第一代工艺、长流程工艺称为第二代工艺、绿色环保型净水工艺（超滤是其核心技术）称为第三代工艺。这是对饮用水处理工艺类型的新颖归类划分。显然，它们各自都有适合其性能特点的应用条件。应当指出，常规工艺应是基础性工艺，其他两类应看作是对常规工艺的丰富和发展。如前所述，至今常规工艺仍是世界范围内用得最多的城镇净水厂处理工艺。

6.2 水厂自动控制的主要环节

6.2.1 泵房

在泵房的分类中，按照泵机组设置的位置与地面的相对标高关系，泵房可分为地面式泵房、地下式泵房与半地下式泵房。按照操作条件及方式，泵房可分为人工手动控制、半自动化、全自动化和遥控泵房四种。半自动化泵房是指开始的指令是由人工按动电钮使电路闭合或切断。

（1）取水泵房（一级泵房）

取水泵房在水厂中也称一级泵房。在地面水水源中，取水泵房一般由吸水井、泵房及闸阀井（又称闸阀切换井）三部分组成。取水泵房由于具有靠江临水的特点，所以河道的水文、水运、地质以及航道的变化等都会直接影响到取水泵房本身的埋深、结构形式以及工程造价等。

（2）送水泵房（二级泵房）

送水泵房在水厂中称为二级泵房。通常是建在水厂内，它抽送的是清水，所以又称为清水泵房。由净化构筑物处理后的出厂水，由清水池流入吸水井，送水泵房中的泵从吸水井中吸水，通过输水干管将水输往管网。送水泵房的供水情况直接受用户用水情况的影响，其厂流量与水压在一天内各个时段中是不断变化的。送水泵房吸水水位变化范围小，通常不超过3～4m，因此泵房埋深较浅。一般可建成地面式或半地下式。送水泵房为了适应管网中用户水量和水压的变化，必须设置各种不同型号和台数的泵机组，从而导致泵房建筑面积增大，运行管理复杂。

（3）加压泵房

在城市给水管网面积较大，输配水管线很长，或给水对象所在地的地势很高，城市内地形起伏较大的情况下，通过技术经济比较，可以在城市管网中增设加压泵房。在近代大中型城市给水系统中实行分区分压供水方式时，设置加压泵房十分普遍。

（4）循环泵房

在某些工业企业中，生产用水可以循环使用或经过简单处理后回用时采用循环泵房。在循环系统泵房中，一般设置输送冷、热水的两组泵，热水泵将生产车间排出的废热水，压送到冷却构筑物进行降温，冷却后的水再由冷水泵抽送到生产车间使用。

6.2.1.1　泵的选择及泵机组的布置与基础

（1）泵的选择

选泵的主要依据是所需流量扬程以及其变化规律。选泵就是要确定泵的型号和台数。一般可归纳为：

1）大小兼顾，调配灵活；

2）型号整齐，互为备用；

3）合理地利用尽各泵的高效段；

4）近远期相结合的观点在选泵过程应给予相当的重视；

5）大中型泵房需作选泵方案比较。

（2）泵机组的布置

泵机组的排列是泵房内布置的重要内容，它决定泵房建筑面积的大小。机组间距以不妨碍操作和维修的需要为原则。机组布置应保证运行安全，装卸、维修和管理方便，管道总长度最短、接头配件最小、水头损失最小并应考虑泵房有扩建的余地。机组排列形式有以下几种：

1）纵向排列

纵向排列（即各机组轴线平行单排并列）适用于如IS型单级单吸悬臂式离心泵。因为悬臂式泵系顶端进水，采用纵向排列能使吸水管保持顺直状态。

2）横向排列

侧向进、出水的泵，如单级双吸卧式离心泵SH型、SA型采用横向排列方式较好。横向排列虽然稍增长泵房的长度，但跨度可减小。进出水管顺直，水力条件好，节省电耗，故被广泛采用。

3）横向双行排列

这种排列更为紧凑，节省建筑面积。泵房跨度大，起重设备需考虑采用桥式行车。在泵房中机组较多的圆形取水泵房，采用这种布置可节省较多的基建造价。应该指出，这种布置形式两行泵的转向从电机方向看去是彼此相反的，因此，在订货时应向水泵厂特别说明，以便水泵厂配置不同转向的轴套止锁装置。

（3）泵机组的基础

机组（泵和电动机）安装在共同的基础上。基础的作用是支承并固定机组，使它运行平稳，不致发生剧烈振动，更不允许产生基础沉陷。因此，对基础的要求是：

1）坚实牢固，除能承受机组的静荷载外，还能承受机械振动荷载；

2）要浇制在较坚实的地基上，不宜浇制在松软地基或新填土上，以免发生基础下沉或不均匀沉陷。

6.2.1.2　吸水管路与压水管路

吸水管路和压水管路是泵房的重要组成部分，正确设计、合理布置与安装吸、压水管路，对于保证泵房的安全运行、节省投资、减少电耗有很大的关系。

（1）对吸水管路的要求

1）不漏气。吸水管路是不允许漏气的，否则会使泵的工作发生严重故障。实践证明，当进入空气时，泵的出水量将减少，甚至吸不上水。因此，吸水管路一般采用钢管，因钢管强度高，接口可焊接，密封性优于铸铁管。

2）不积气。泵吸水管内真空值达到一定值时，水中溶解气体就会因管路内压力减小而不断逸出，如果吸水管路的设计考虑欠妥时，就会在吸水管道的某段（或某处）上出现积气，形成气囊，影响过水能力，严重时会破坏真空吸水。

3）不吸气。吸水管进口淹没深度不够时，由于进口处水流产生漩涡、吸水时带进大量空气，严重时也将破坏泵正常吸水。

（2）对压水管路的要求

泵房内的压水管路经常承受高压（尤其是发生水锤时），所以要求坚固而不漏水，通常采用钢管，并尽量采用焊接接口，但为便于拆装与检修，在适当地点可设法兰接口。

为了安装上方便和避免管路上的应力（如由于自重、受温度变化或水锤作用所产生的应力）传至，一般应在吸水管路和压水管路上需设置伸缩节或可曲挠的橡胶接头。为了承受管路中内压力所造成的推力，在一定的部位上（各弯头处）应设置专门的支墩或拉杆。在不允许水倒流的给水系统中，应在泵压水管上设置止回阀。

6.2.1.3　泵房水锤及其防护

（1）水锤的发生及其防止

水锤的发生原因——管路中液体流动速度的骤然减小和增加都会引起管道内压力升高而发生水锤。通常在运行中发生水锤有以下几种原因：

1）启泵、停泵或运行中改变水泵转速，尤其是在迅速操作阀门使水流速度发生急剧变化的情况下。

2）事故停泵，即运行中的水泵突然中断运行。较多见的是配电系统故障、误操作、雷击等情况下的突然停泵。

3）出水阀、止回阀阀板突然脱落使流道堵塞。

（2）水锤破坏的主要表现形式

1）水锤压力过高引起水泵、阀门、止回阀和管道破坏，或水锤压力过低（管道内局部出现负压）管道因失稳而破坏。

2）水泵反转速过高（超过额定转速 1.2 倍以上）与水泵机组的临界转速相重合，以及突然停止反转过程（电机再启动）引起电动机转子的永久变形、水泵机组的激烈振动和联轴结的断裂。

3）水泵倒流量过大，引起管网压力下降，使供水量减小从而影响正常供水。

（3）水锤的分类与判别

1）按产生水锤的原因可分为：关（开）阀水锤、启泵水锤和停泵水锤。在正常开（关）阀时由于时间较长，一般不会对阀门和管道造成破坏，此种水锤称之为间接水锤。在发生阀门或止回阀突然关闭时，可使阀门或管道破裂，此种水锤称之为直接水锤。

2）按产生水锤时的管道水流状态可分为：不出现水柱中断与出现水柱中断两类。前者水锤压力上升值h通常不大于水泵额定扬程或水泵工作水头，称之为正常水锤。后者因水柱中断所产生的水锤压力上升值要大得多，是引起事故的主要原因，此种水锤称之为非常水锤。

所谓水柱中断就是管道内局部水流发生突然中断（拉断），如阀门的突然关闭。凸形地势未装有补气装置，均会使局部管内有空穴产生，使管内局部压力下降甚至形成负压（真空），瞬时可使水流的方向改变，管道中的水流以高速向空穴处衡击使管道内压力骤增，从而使管道造成破裂。

（4）水锤的防止

1）在机泵出水管道上装缓闭阀如液控蝶阀、双速闸阀、微阻缓闭止回阀，水锤消除器等可起到缓冲水锤或消除水锤之目的，但应注意快关与缓闭的时间要调整好，达到既能消除水锤又不使机泵倒转。

2）在管路凸起处设置排气补气阀以消除管道中空穴（负压）状态，可减小水锤压力，避免管道损坏。

3）避免快开、快关阀门。

4）对空管供水时，要控制出水量，可先打开阀门开度的15%～30%，事前应做好排气门的检查工作，注意不要使机泵超负荷运行，直到管内压力允许时才能全部开启水泵出水阀门。

5）加强对电气装置、阀门和止回阀维修保养，以减少突然断电和阀板脱落的机会，不发生直接水锤和非常水锤。

泵房系统一般包含取水输水管道、机泵、阀门、电气及自动控制系统等组成。某净水厂一级泵房结构图如图6-2所示。泵房中在水处理工艺中，一般会用到以下仪表：泵前液

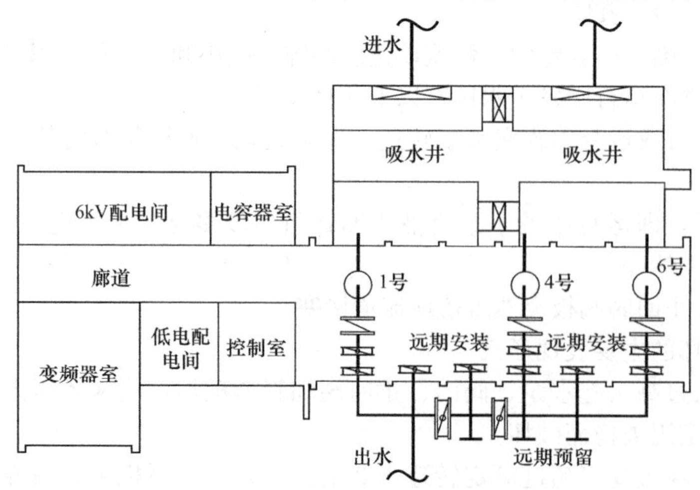

图6-2　一级泵房结构示意图

位仪、泵后压力表、出水流量仪及各类电气计量仪表等。PLC 自控系统的使用配合仪表检测，使得泵房可远程进行操作及监控。

一级泵房通常均匀供水，水厂内的净化构筑物通常也是按照最高日平均时流量设计，而二级泵房一般为分级供水，所以一、二级泵房的每小时供水量并不相等。为了调节一级泵房供水量（也就是水厂净水构筑物的处理水量）和二级泵房送水量之间的差值，同时还储存水厂的生产用水（如滤池反冲洗用水等），并且备用一部分城市的消防水量，须在一、二级泵房之间建造清水池。

取用地表水源时，一级泵房的设计流量按最高日平均时供水量确定，并计入输水管（渠）的漏损水量和净水厂自用水量，即：

$$Q_1=\frac{(1+\beta+\alpha)Q_d}{T} \tag{6-1}$$

式中 Q_1——取水构筑物、一级泵房、原水输水管道设计流量（m^3/h）；

T——取水构筑物、一级泵房在一天内的实际运行时间（h）；

β——输水管（渠）漏损水量占设计规模的比例；[和输水管（渠）单位管道长度的供水量、供水压力、管（渠）材质有关]；

α——水厂自用水量系数；

Q_d——给水系统的最高日供水量，即设计规模（m^3/d）。

二级泵房及二级泵房到管网输水管的计算流量与管网中是否设置水塔或高位水池有关，根据管网内有无水塔（或高位水池）及设置的位置，用户用水量变化曲线及二级泵房工作曲线确定。

城市配水管网的计算流量按照最高日最高时供水流量确定。由于在确定水厂规模时已经考虑了管网漏损水量，所以二级泵房和从二级泵房向管网输水的管道的计算流量中不再另外计算管道漏损水量。

以某水厂取水泵房内水泵运行与 PLC 自动控制结合为例，简要说明水泵运行控制流程。

泵房站点为主站配置，PLC 采用的是罗克韦尔公司 1756 ControlLogix 系列，所采用的以太网通信模块 1756-EN2TR 配置有两组 RJ45 口，冗余 CPU 站、I/O 站与柜内光纤交换机构成环型拓扑结构，大大增加站点 PLC 的可靠性，CPU 站冗余模块 1756-RM2 使用专用线缆连接。

PLC 设置在取水泵房控制室内，对泵房内包括水泵、阀门等设备进行监控、对液位、泵后压力、总管压力、水泵温度、振动信号等数据检测。所有数据通过光纤环网送至水厂的监控中心，接受其远程监控。

取水泵站机组根据命令通过程序实现机组开停的一步化操作；水泵根据全厂生产的需要可自动调节水泵开停数量或运行转速；水泵机组根据运行时间自动切换；泵机故障监测和保护；水泵泵后电动阀故障监测和保护；通过通信模块接收低配柜检测单元采集的信号，包括断路器工况、电流、电压等；水泵根据吸水井液位及取水口液位进行低液位保护；接收水泵温度的实时温度、振动信号，设置相应的报警及动作限值以及振动信号软件分析，进行水泵、电机及泵轴保护。

以 6 号水泵启动为例，简介 PLC 控制流程。流程图如图 6-3 所示。程序规划如图 6-4 所示。

水泵启动子程序见图 6-5。

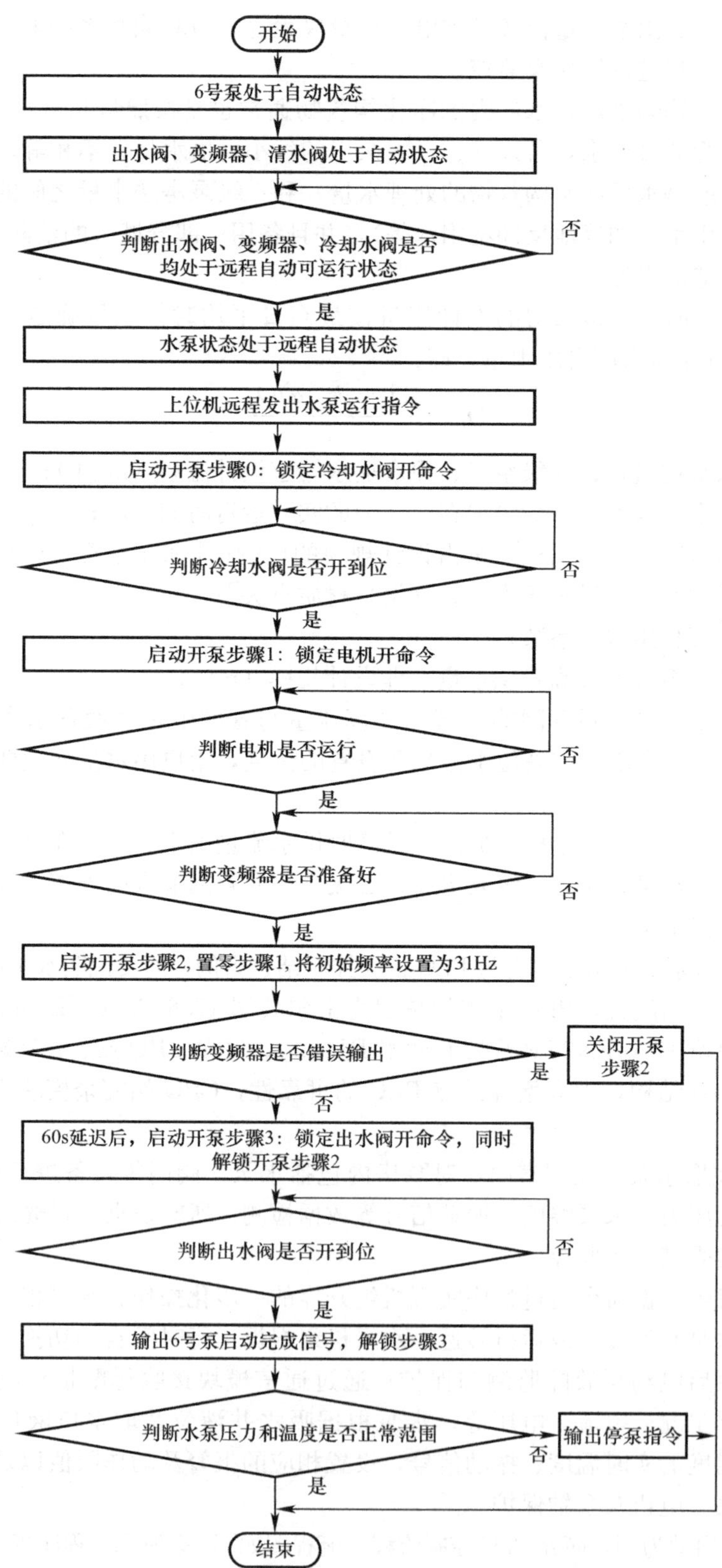

图 6-3　启动 PLC 控制水泵流程

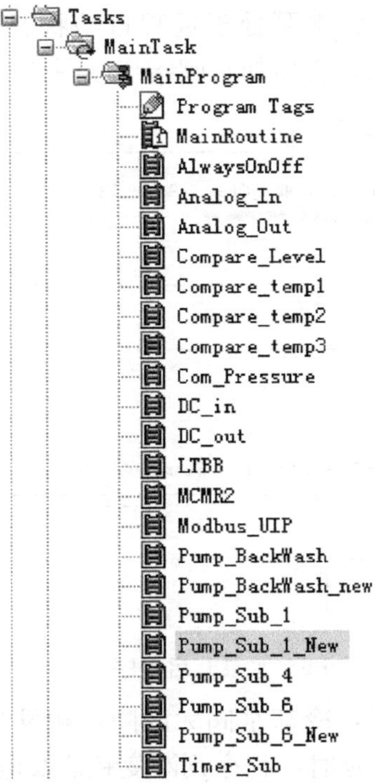

图 6-4　程序规划图

MainProgram—主要程序；ProgramTags—程序标签；MainRoutine—主程序；Analog _ IN—模拟量输入；Analog _ Out—模拟量输出；Compare _ level—液位比较子程序；Compare _ temp1—1 号泵温度比较子程序；Compare _ temp2—2 号泵温度比较子程序；Compare _ temp3—3 号泵温度比较子程序；Com _ Pressure—各泵压力比较子程序；DC _ in—数字量输入；DC _ out—数字量输出

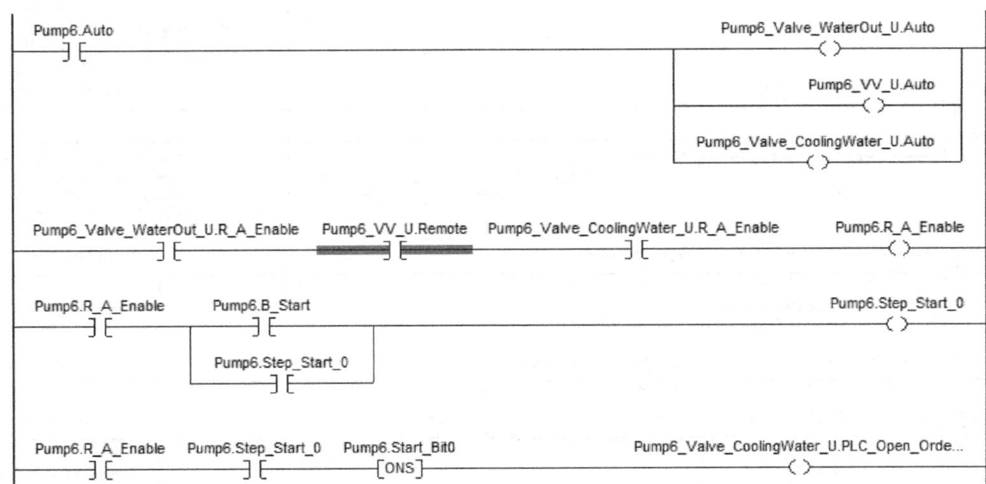

图 6-5　水泵开启程序一

Pump6. B _ Start—上位机发出水泵运行指令；

Pump6 _ Valve _ WaterOut _ U. R _ A _ Enable—出水阀处于远程自动状态；

Pump6 _ VV _ U. Remote—变频器处于远程状态；

Pump6 _ Valve _ CoolingWater _ U. R _ A _ Enable—冷却水阀处于远程自动状态；

Pump6. R _ A _ Enable—水泵处于远程自动状态

当出水阀、冷却水阀、变频器、水泵处于远程自动状态，由上位机发出水泵运行指令，触发步骤 0 并自锁，PLC 发出开启冷却水阀指令（图 6-6）。

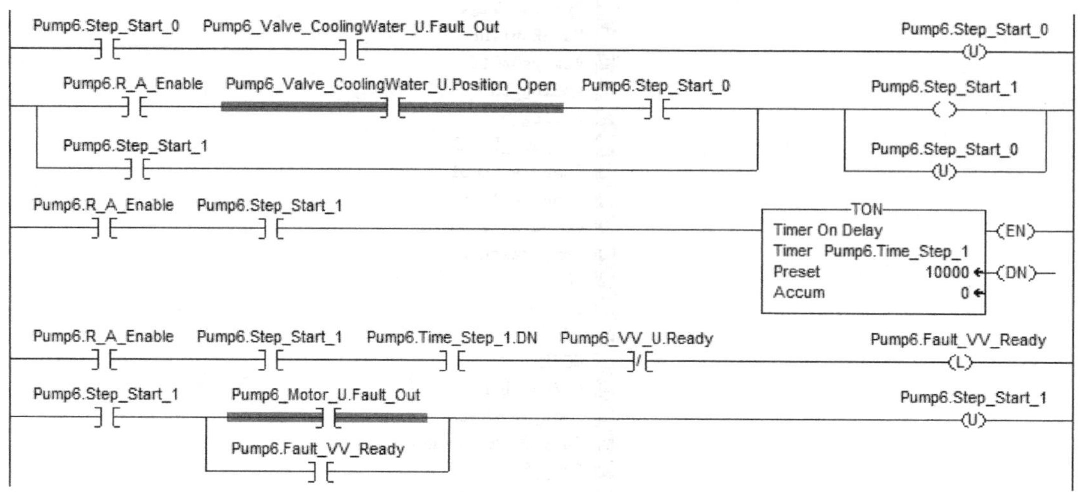

图 6-6　水泵开启程序二

当冷却水阀阀门达到全开位置，冷却水阀无故障，触发步骤 1 且自锁，解锁步骤 0，PLC 发出开起电机指令。经过 10s 延时，程序判断变频器及电机是否存在故障，如有故障解锁步骤 1。见图 6-7。

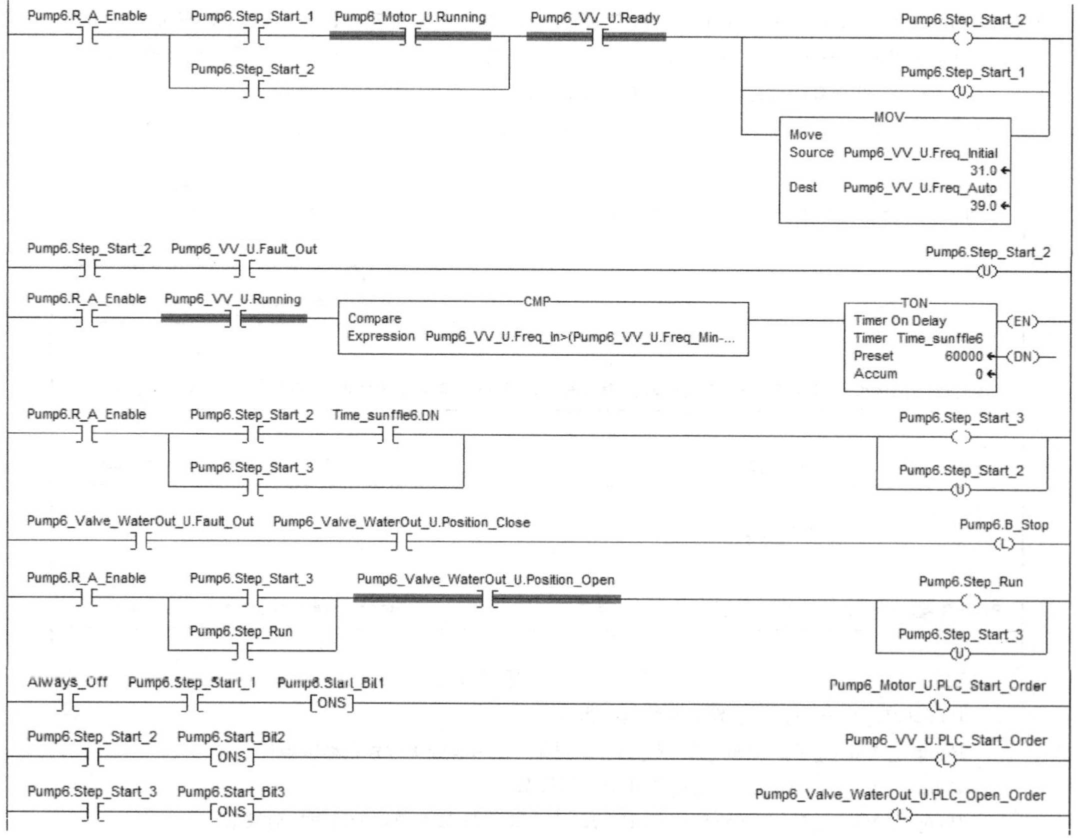

图 6-7　水泵开启程序三

当电机正常运行，变频器处于准备状态，触发步骤 2 并自锁，同时解锁步骤 1，PLC 发出开启变频器指令，并将初始频率设定为 31Hz。

运行 60s 无故障触发步骤 3 并自锁，同时解锁步骤 2，PLC 发出开启出水阀指令。当出水阀处于全开位置，水泵进入运行状态，解锁步骤 3。

6.2.2 加药

(1) 混凝剂的配制和投加

1) 混凝剂的溶解稀释和溶液配制

在我国，混凝剂投加通常是将固体溶解后配成一定浓度的溶液投入水中。

溶解设备的选择取决于水厂规模和混凝剂品种。大、中型水厂通常建造溶解池并配以搅拌装置。搅拌装置有机械搅拌、压缩空气搅拌及水力搅拌等。其中机械搅拌使用得较多，它是以电动机驱动浆板或涡轮搅动溶液；压缩空气搅拌常用于大型水厂，通过穿孔布气管向溶解池内通入压缩空气进行搅拌，其优点是没有与溶液直接接触的机械设备，使用维修方便，但与机械搅拌相比，动力消耗大，溶解速度稍慢，并需专设一套压缩空气系统；用水泵自溶解池抽水再送回溶解池，是一种水力搅拌，水力搅拌也可用水厂二级泵房高压水冲动药剂。当直接使用液态混凝剂时，不必设置溶解池。

溶液池是配制一定浓度溶液的构筑物，用耐腐蚀泵或射流泵将溶解池内的浓液送入溶液池，同时用自来水稀释到所需浓度以备投加。

混凝剂的配置过程可以由自动控制来完成，自控系统结合液位仪进行一定浓度混凝剂的配置，使得配置安全快捷。

2) 混凝剂投加

混凝剂投加设备包括计量和投加两部分。根据不同投加方式或投加量控制系统，所用设备有所不同。

① 计量设备

混凝药液投入原水中必须有计量或定量设备，并能随时调节。计量设备多种多样，应根据具体情况选用。常用的计量设备有：苗嘴（仅适用于人工控制）、转子流量计、电磁流量计、计量泵（可人工控制，也可自动控制）等。

② 混凝剂投加

由混凝剂溶解池、储液池到溶液池或从低位溶液池到重力投加的高位溶液池均需设置药液提升设备（如耐腐蚀泵和水射器），之后进行投加。

混凝剂配制和投加的自动控制指从药液配制、中间提升到计量投加整个过程均实现自动操作，投加系统除了混凝剂的搬运外，其余操作都可以自动完成。

自动控制投加时，要确定混凝剂最佳投加量，即达到既定水质目标的最小混凝剂投量。目前我国大多数水厂根据实验室混凝搅拌试验确定最佳投加量，在生产上参考使用。

混凝剂投加量自动控制目前有数学模型法、现场模拟试验法、特性参数法。其中，流动电流检测器（SCD）法和透光率脉动法属于特性参数法。

3) 示例

以某水厂加药间加药工艺与 PLC 自动控制结合为例，简要说明加药化工泵控制流程及 PID 应用。

加药间站点为主站配置，PLC 采用的是罗克韦尔公司 1756 ControlLogix 系列，所采用的以太网通信模块 1756-EN2TR 配置有两组 RJ45 口，冗余 CPU 站、I/O 站与柜内光纤交换机构成环型拓扑结构，大大增加站点 PLC 的可靠性，CPU 站冗余模块 1756-RM2 使用专用线缆连接。

自控 PLC 程序组态按模块化规划，过程控制以子例程实现，主要分为数据信号输入输出隔离；比较器，用于查表；设备过程控制程序，如化工泵、调流阀等；溶液池控制主程序；用于选择启动机泵程序；溶液池、原液池选择程序；Modbus 协议转换程序等。程序规划如图 6-8 所示。

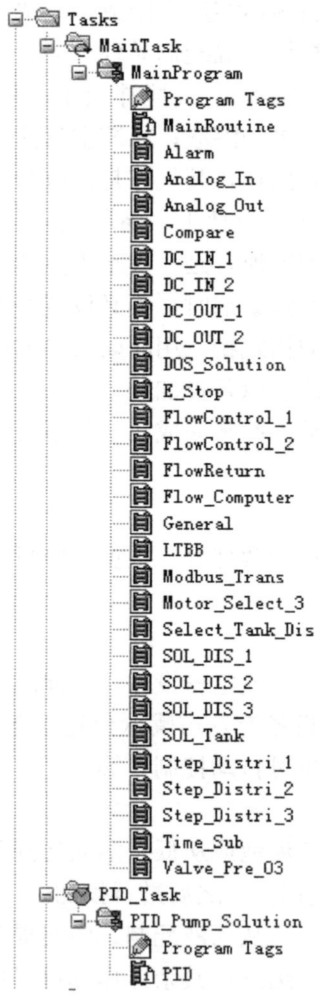

图 6-8　加药程序规划图

MainRoutine—主程序；Alarm—各参数报警值设定；Analog _ In—模拟量输入；Analog _ Out—模拟量输出；Compare—比较器查表程序；DC _ IN _ *—数字量输入；DOS _ Solution　化工泵控制主程序；FlowControl _ *—调流阀；FlowReturn—回流阀；Flow _ Computer—加矾流量计算；General—常量和定时器；Modbus _ Trans—Modbus 协议转换；Motor _ Select _ 3—选泵子程序；Select _ Tank _ Dis—溶液池选缸；SOL _ DIS _ *—溶液池的基本操作；SOL _ Tank—原液池选缸；Step _ Distri _ 1—1 号溶液池状态切换及配液；Step _ Distri _ 2—2 号溶液池状态切换及配液；Step _ Distri _ 3—3 号溶液池状态切换及配液；Time _ Sub—计时程序；Valve _ Pre _ O3—预臭氧进水电动阀开关

化工泵频率调节最初设想是使用 PID 调节，设计子程序，使用 PLC 组态软件自带 PID 模块调整比例、积分、微分参数，阀门操作子程序如图 6-9、图 6-10 所示。

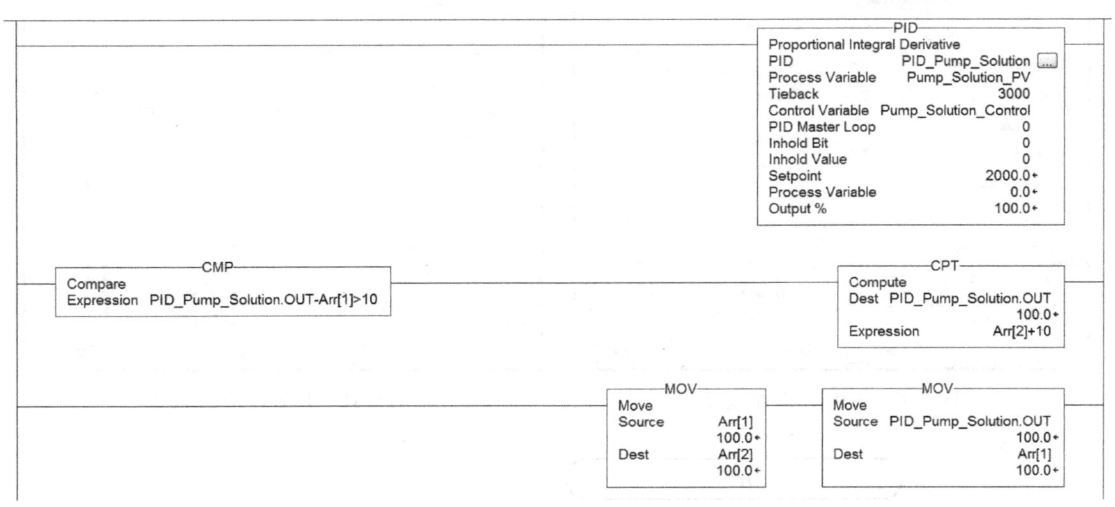

图 6-9 PID 程序模块

根据 PID 公式调节经验参数：比例增益、积分时间常数、微分时间常数；SP-Set Point 即设定值，为工艺要求的参数，我们期望让 PV 稳定在 SP 附近，设定如图 6-11、图 6-12 所示。

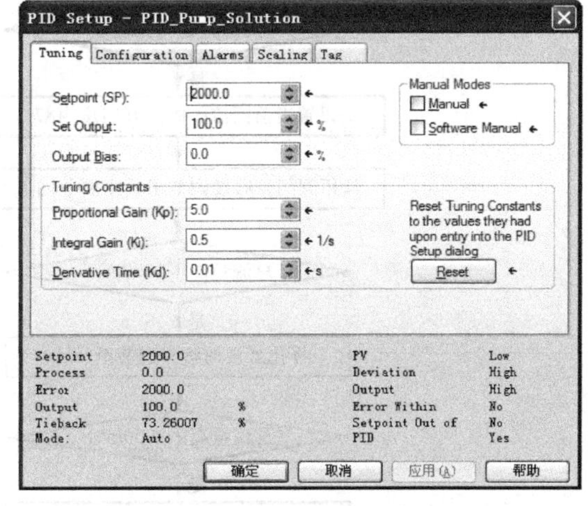

图 6-10 PID 模块组态 1

PV-Process Value 即过程值，也就是过程仪表的实际测量值，供 PLC 与 SP 对比，进行处理，然后发出指令。

Output Value 即输出值，即 PLC 把 PV 与 SP 进行对比后输出的指令，即 SP-PV 控制模式。

实际应用中发现，当化工泵频率使用 PID 调节时，调流阀阀位调节同时动作，实际投加量波动较大，无法稳定，两个动态调节量无法协同调节，必须固定一个调节量来控制。通过反复实验，最终决定使用查表法控制化工泵频率，当沉淀池进水流量变化较大时，根据流量所在范围区间调节化工泵频率：

当沉淀池进水流量在 2000m^3/h 以下时，变频器频率设为 36Hz；

当沉淀池进水流量在 2000～3000m^3/h 时，变频器频率设为 38Hz；

当沉淀池进水流量在 3000～4000m^3/h 时，变频器频率设为 40Hz；

当沉淀池进水流量在 4000～5000m^3/h 时，变频器频率设为 43Hz；

当沉淀池进水流量在 5000m^3/h 以上时，变频器频率设为 47Hz。

PLC 通过 Modbus 协议取得流量仪流量数据，从而实现化工泵的频率调节。流程图如图 6-13 所示。子程序见图 6-14～图 6-17。

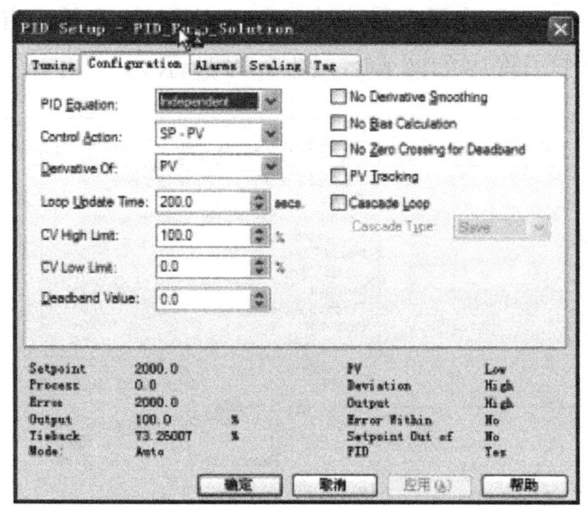

图 6-11　PID 模块组态 2

图 6-12　PID 模块组态 3

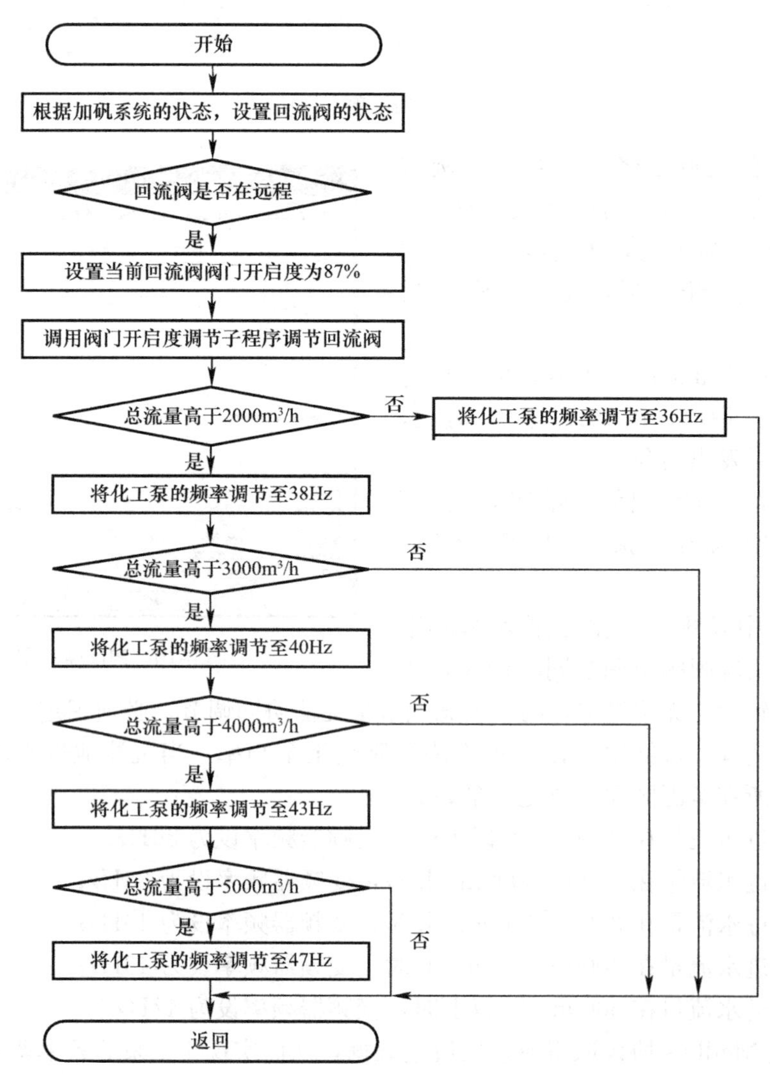

图 6-13　回流阀、化工泵调节流程图

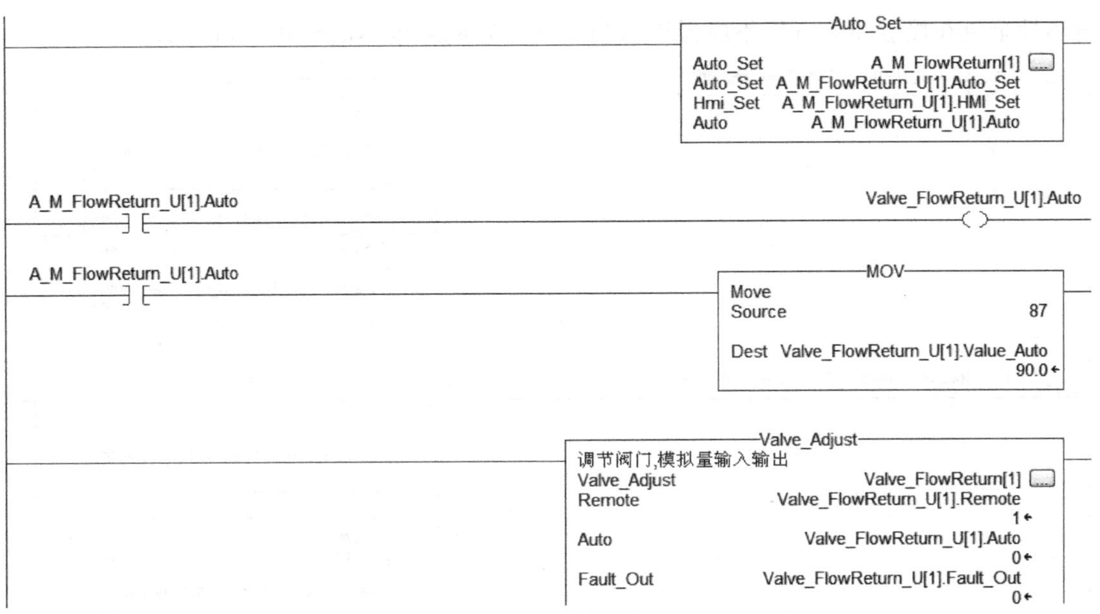

图 6-14 回流阀初始化，开启度固定为 87%

Valve _ FlowReturn _ U [1]. Value _ Auto—回流阀的开启度；

Valve _ FlowReturn _ U [1]. Remote—回流阀远程模式

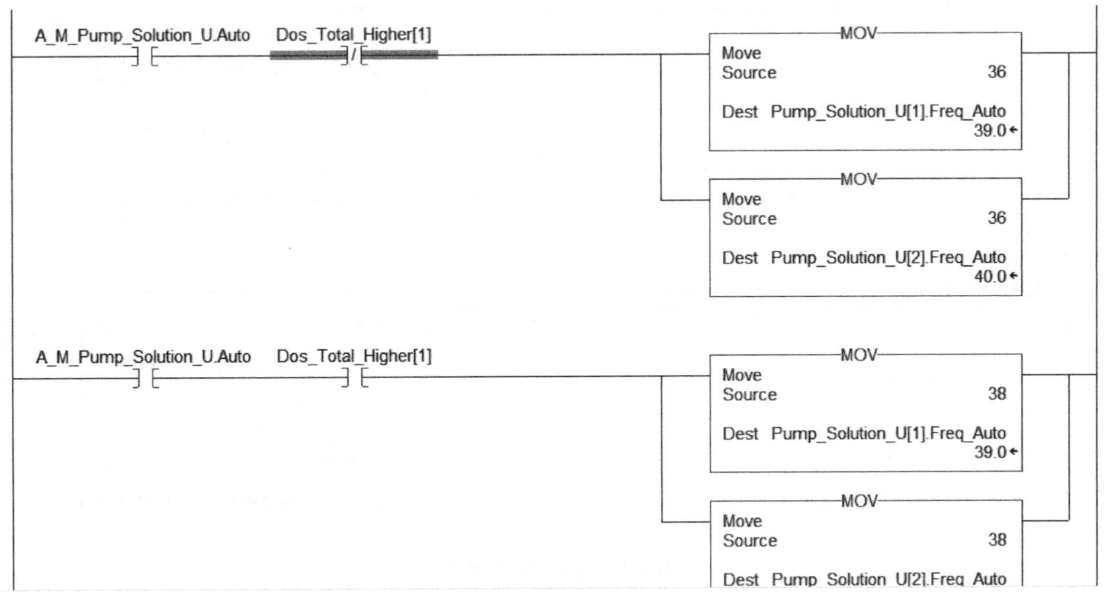

图 6-15 查表输出频率 1

实际使用时根据经验将回流阀开启度固定在 87%。

(2) 加氯

1) 加氯量

水中的加氯量可以分为两部分，即需氯量与余氯。需氯量指用于灭活水中微生物、氧化有机物和还原性物质等所消耗的部分。为了抑制水中残余病原微生物的再度繁殖，管网中需要保留少量的剩余氯。我国《生活饮用水卫生标准》GB 5749—2006 中规定：出厂水游离性余氯在接触 30min 后不应低于 0.3mg/L，管网末梢不低于 0.05mg/L。

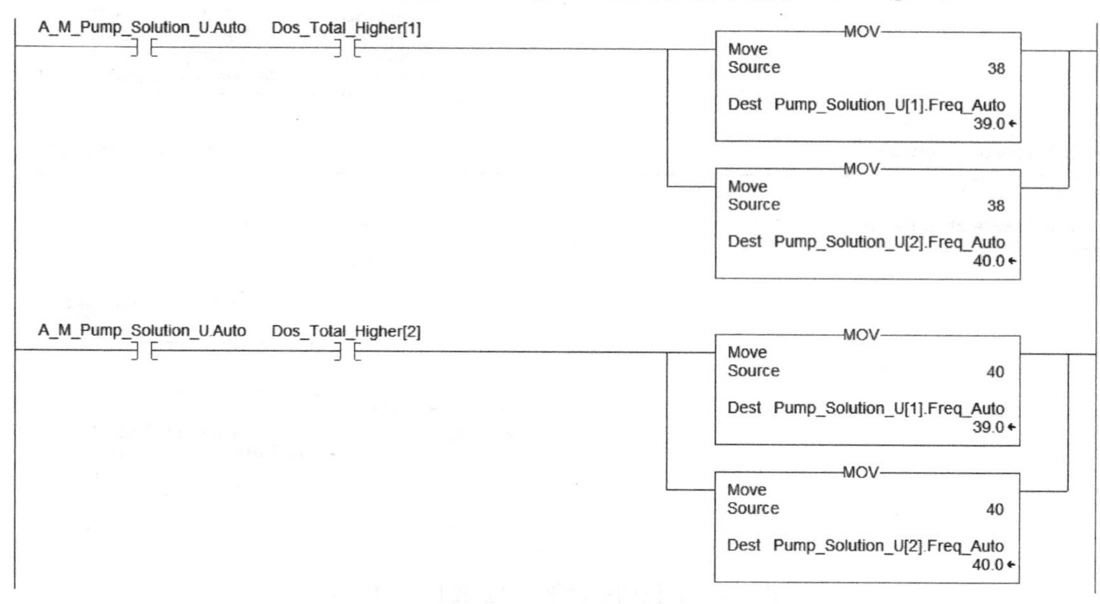

图 6-16　查表输出频率 2

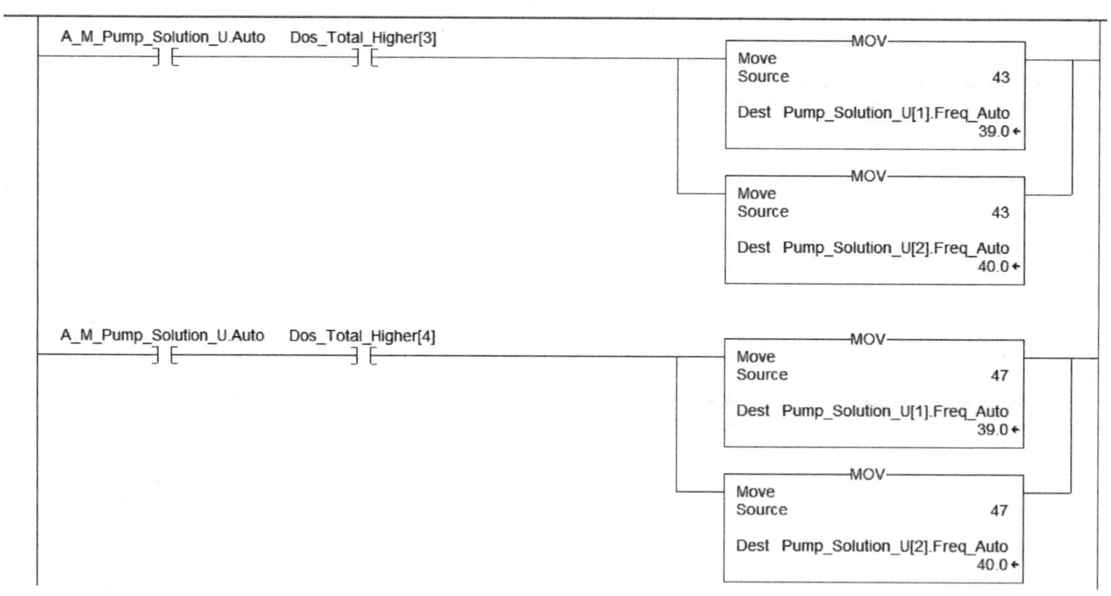

图 6-17　查表输出频率 3

A_M_Pump_Solution_U.Auto—置位表示化工泵在自动状态下；

Dos_Total_Higher [1]—进水总流量高于 2000m^3/h 时置位；

Dos_Total_Higher [2]—进水总流量高于 3000m^3/h 时置位；

Dos_Total_Higher [3]—进水总流量高于 4000m^3/h 时置位；

Dos_Total_Higher [4]—进水总流量高于 5000m^3/h 时置位；

Pump_Solution_U [2]—2 号变频器运行频率

以下分析不同情况下加氯量与剩余氯量之间的关系：

① 如水中无微生物、有机物和还原性物质等，则需氯量为 0，加氯量等于剩余氯量。

② 事实上天然水特别是地表水源多少已受到有机物和细菌等污染，加氯量必须超过需氯量，才能保证一定的剩余氯。

③ 当水中的有机物主要是氨和氮化合物时，情况比较复杂。其实际需氯量满足后，加氯量增加，余氯量增加，但是后者增长缓慢，一段时间后，加氯量增加，余氯量反而下降，此后加氯量增加，余氯量又上升，此折点后自由性余氯出现，继续加氯消毒效果最好，即折点加氯。

我国《生活饮用水卫生标准》GB 5749—2006 规定出厂水中游离性余氯在接触 30min 后不应低于 0.3mg/L，管网末梢不应低于 0.05mg/L，管网末梢的余氯量虽仍具有消毒能力，但对再次污染的消毒显然不够，而可作为预示再次受到污染的信号，此点对于管网较长而有死水端和设备陈旧的情况，尤为重要。如遇突发事件，如在抗击非典期间适当调高加氯量的控制，以保障人民的身体健康及供出自来水的安全可靠性。

2）加氯点的选择

加氯点的选择主要从加氯效果、卫生要求及设备维护几个方面来考虑，大致情况如下：

① 过滤之后加氯。此时加氯点一般设置在滤池到清水池的管道上，或清水池的进口处，因为大部分消耗的物质已经被去除，所以加氯量比较小。滤后的消毒是饮用水处理的最后一步。

② 预氯化（也称为前氯化）：加混凝剂的同时加氯。预氯化可以氧化水中的有机物，提高混凝效果。用硫酸亚铁作为混凝剂时，预氯化可以将亚铁氧化为三价铁离子；预氯化也可以改善水处理构筑物的工作条件，防止沉淀池底泥的腐败及水厂内各类构筑物中滋生青苔；对于受污染水源，为避免氯消毒的副产物产生，滤前加氯或预氯化应尽量取消。

③ 中途补氯。在城市管网延伸很长，管网末梢的余氯量难以保证时，需要在管网中途补充加氯。中途的加氯点一般设在加压泵或者水库泵房内。

6.2.3 混凝沉淀及排泥

（1）混凝

简而言之，“混凝”就是水中胶体颗粒以及微小悬浮物的聚集过程。混凝阶段处理的对象，主要是水中的悬浮物和胶体杂质。它是自来水生产工艺中十分重要的环节。实践证明，混凝过程的完善程度对后续处理如沉淀、过滤影响很大，要充分予以重视。混凝中在水处理工艺中，一般会用到液位仪、流量仪等。

1）混凝机理及分类

在整个混凝过程中，一般把混凝剂水解后和胶体颗粒碰撞、改变胶体颗粒的性质，使其脱稳，称为“凝聚”。在外界水力扰动条件下，脱稳后颗粒相互聚结，称为“絮凝”。“混凝”是凝聚和絮凝的总称。

水处理中的混凝过程比较复杂，不同种类的混凝剂在不同的水质条件下，其作用机理都有所不同。当前，看法比较一致的是，混凝剂对水中胶体颗粒的混凝作用有 3 种：电性中和、吸附架桥和卷扫作用。这 3 种作用机理究竟以何种为主，取决于混凝剂种类和投加量、水中胶体颗粒性质、含量以及水的 pH 值等。

① 电性中和

根据 DLVO 理论，要使胶粒通过布朗运动碰撞聚集，必须降低或消除排斥能峰。向水中投加混凝剂可以降低或者消除 ζ 电位，即降低排斥能峰，减小扩散层厚度，使两胶粒相互靠近，更好发挥吸引势能作用。

对于水中负电荷胶体颗粒而言，投加高价电解质（如三价铝或铁盐）时，正离子浓度和强度增加，可使胶粒周围更小范围内的反离子电荷总数和 ζ 电位值相等，压缩扩散层厚度。同时，当投加的电解质离子吸附在胶粒表面时，ζ 电位会降低，甚至于出现 $\zeta=0$ 的等电状态，此时排斥势能消失。实际上，只要 ζ 电位降至临界电位，Emax$=0$，胶体颗粒便开始产生聚结，这种脱稳方式被称为压缩双电层作用。

在混凝过程中，有时投加高化合价电解质，会出现胶粒表面所带电荷符号反逆重新稳定（再稳）现象。试验证明，当水中铝盐投量过多时，水中原来带负电荷的胶体可变成带正电荷的胶体。根据近代理论，这是由于带负电荷胶核直接吸附了过多的正电荷聚合离子的结果。这种现象仅从双电层作用机理静电学概念是解释不通的，同时，某些电中性及负电性的高分子物质也能起到混凝作用，于是便有了吸附架桥的混凝机理。

② 吸附架桥

吸附架桥机理是基于高分子物质的吸附架桥作用：当高分子链的一端吸附了某一胶粒后，另一端又吸附了另一胶粒，形成“胶粒—高分子—胶粒”的絮凝体。高分子物质性质不同，吸附力的性质和大小不同。当高分子物质投量过多时，全部胶粒的吸附面均被高分子覆盖，两胶粒接近时，就会受到高分子的阻碍而不能聚集，产生“胶体保护”现象。这种阻碍来源于高分子之间的相互排斥。排斥力可能来源于“胶粒—胶粒”之间高分子受到压缩变形（像弹簧被压缩一样）而具有排斥势能，也可能由于高分子之间的电性斥力（对带电高分子而言）或水化膜。因此，高分子物质投量过少不足以将胶粒架桥连接起来，投量过多又会产生胶体保护作用。最佳投量应是既能把胶粒架桥连接起来，又可使絮凝起来的最大胶粒不易脱落。在自来水生产中，高分子混凝剂投加量通常由试验决定。

2）混凝剂和助凝剂

① 混凝剂

为了促使水中胶体颗粒脱稳以及悬浮颗粒相互聚结投加的化学药剂统称为混凝剂。应用于自来水处理的混凝剂应符合以下基本要求：混凝效果良好；对人体健康无害；使用方便；货源充足，价格低廉。

混凝剂种类很多，按化学成分可分为无机和有机两大类，按分子量大小又分为低分子无机盐混凝剂和高分子混凝剂。无机混凝剂品种很少，目前用得最多的主要是铁盐和铝盐及其聚合物。有机混凝剂品种很多，主要是高分子物质，但在水处理中的应用比无机的少。

② 助凝剂

当单独使用混凝剂不能取得较好的混凝效果时，常常需要投加一些辅助药剂以提高混凝效果，这种药剂称为助凝剂。

常用的助凝剂多是高分子物质，其作用往往是为了改善絮凝体结构，促使细小而松散的颗粒聚结成粗大密实的絮凝体。其作用机理是高分子物质的吸附架桥作用。一般自来水厂使用的有：骨胶、聚丙烯酰胺及其水解聚合物、活化硅酸、海藻酸钠等。

还有一类助凝剂，其作用机理有别于高分子助凝剂，是能提高混凝效果或改善混凝剂作用的化学药剂。例如，当原水碱度不足、铝盐混凝剂水解困难时，可投加碱性物质（通常用石灰或氢氧化钠）以促进混凝剂水解反应；当原水受有机物污染时，可用氧化剂（通常用氯气）破坏有机物干扰；当采用硫酸亚铁时，可用氯气将亚铁离子氧化成三价铁离子等。

3）影响混凝效果的主要因素

影响混凝效果的因素比较复杂，其中包括水温、pH值、碱度、水中杂质性质和浓度以及水力条件等。

① 水温影响

水温对混凝效果有明显的影响。在我国寒冷地区，冬季取用地表水做原水，水温有时低至0～2℃。受低温影响，通常絮凝体形成缓慢，絮凝颗粒细小、松散，其原因主要有以下几点：

a. 无机盐混凝剂水解是吸热反应，低温条件下水解困难，特别是硫酸铝，当水温在5℃左右时，水解速度极其缓慢；

b. 低温水的黏度大，水中杂质颗粒布朗运动强度减弱，碰撞概率减少，不利于胶粒脱稳凝聚。同时，水的黏度大时，水流剪力增大，不利于絮凝体的成长；

c. 水温低时，胶粒水化作用增强，妨碍胶体凝聚；

d. 水温影响水的pH值，水温低时，水的pH值提高，相应的混凝最佳pH值也将提高。

一般情况下，为提高低温水的混凝效果，应采用增加混凝剂投加量或投加高分子助凝剂等方法。

② pH值和碱度影响

a. pH值

各种混凝剂都有一个合适的pH适用范围，所以水的pH值对混凝效果的影响程度视混凝剂品种而异。以硫酸铝为例，过程中pH值可直接影响Al^{3+}的水解反应。用以去除浊度时，最佳pH值在6.5～7.5之间，絮凝作用主要是氢氧化铝聚合物的吸附架桥和羟基配合物的电性中和作用；用以去除色度时，pH值宜在4.5～5.5之间。

采用三价铁盐混凝剂时，由于Fe^{3+}水解产物溶解度比Fe^{2+}水解产物溶解度小，且氢氧化铁不是典型的两性化合物，故适用的pH值范围较宽。

高分子混凝剂的混凝效果受水的pH值影响较小。例如聚合氯化铝在投入水中前聚合物形态基本确定，故对水的pH值变化适应性较强。

b. 碱度

为使混凝剂产生良好的混凝作用，水中必须有一定的碱度。混凝剂在水解过程中不断产生H^+，从而导致水的pH值不断下降，阻碍了水解反应的进行，因此，应有足够的碱性物质与H^+中和，才能有利于混凝。

天然水体中能够中和H^+的碱性物质称为水的碱度。其中包括氢氧化物碱度（OH^-）、碳酸盐碱度（CO_3^{2-}）和重碳酸盐碱度（HCO_3^-）。一般水源水pH在6～9，水的碱度主要是HCO_3^-构成的重碳酸盐碱度，对于混凝剂水解产生的H^+有一定中和作用：

$$HCO_3^- + H^+ \rightleftharpoons CO_2 + H_2O \tag{6-2}$$

当原水碱度不足或混凝剂投量较高时，水的pH值将大幅度下降以至影响混凝剂继续水解。此时，应投加碱性物质如石灰等以提高碱度。

③ 水中杂质性质和浓度

天然水的浊度主要是因为黏土杂质引起的，黏土颗粒大小、带电性能都会影响混凝效果。一般来说，粒径细小而均一，其混凝效果较差，水中颗粒浓度低，颗粒碰撞几率小，对混凝不利。为提高低浊度原水的混凝效果，通常采用以下措施：

a. 加助凝剂，如活化硅酸或聚丙烯酰胺等。

b. 投加矿物颗粒（如黏土等）以增加混凝剂水解产物的凝结中心，提高颗粒碰撞速率并增加絮凝体密度。如果矿物颗粒能吸附水中有机物，效果更好，能同时收到去除部分有机物的效果。

c. 采用直接过滤法。即原水投加混凝剂后经过混合直接进入滤池过滤。

当水中存在大量有机物时，能被黏土颗粒吸附，从而改变了原有胶粒的表面特性，使胶粒更加稳定，将严重影响混凝剂的混凝效果，此时必须向水中投加大量氧化剂如氯、臭氧等，破坏有机物的作用，提高混凝效果。

水中溶解性盐类也能影响混凝效果，如天然水中存在大量钙、镁离子时，有利于混凝，而大量的 Cl^-，则影响混凝效果。

4）混合和絮凝设备

① 混合设备

混凝剂投加到水中后，水解速度很快。迅速分散混凝剂，使其在水中的浓度保持均匀一致，有利于混凝剂水解时生成较为均匀的聚合物，更好发挥絮凝作用。所以，混合是提高混凝效果的重要因素。

混合设备的基本要求是，药剂与水快速均匀的混合。混合设备种类较多，应用于水厂混合的大致分为水泵混合、管式混合、机械混合和水力混合池混合四种。

a. 水泵混合

水泵抽水时，水泵叶轮高速旋转，投加的混凝剂随水流在叶轮中产生涡流，很容易达到均匀分散的目的。它是一种较好的混合方式，适合于大、中、小型水厂。水泵混合无需另建混合设施或构筑物，设备最为简单，所需能量由水泵提供，不必另外增加能源。经混合后的水流不宜长距离输送，以免形成的絮凝体在管道中破碎或沉淀。一般适用于取水泵房靠近水厂絮凝构筑物的场合。

b. 管式混合

利用水厂絮凝池进水管中水流速度变化，或通过管道中阻流部件产生局部阻力，扰动水体发生湍流的混合称为管式混合。目前广泛使用的是管式静态混合器混合。管式静态混合器如图6-18所示，内部安装若干固定扰流叶片，交叉组成。投加混凝剂的水流通过叶片时，被依次分割，改变水流方向，并形成涡旋，达到迅速混合目的。

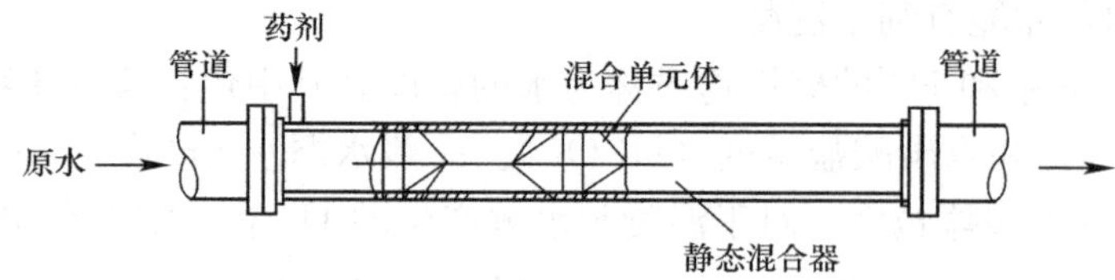

图6-18　管式静态混合器

c. 机械搅拌混合

机械搅拌混合是在混合池内安装搅拌设备，以电动机驱动搅拌器完成的混合。水池多为方形，用一格或两格串联。混合搅拌器有多种形式，如桨板式、螺旋桨式、涡流式，以立式桨板式搅拌器使用最多。

② 絮凝设备

和混合一样，絮凝是通过水力搅拌或机械搅拌扰动水体，产生速度梯度或涡旋，促使颗粒相互碰撞聚结。

絮凝设备的基本要求是，原水与药剂经混合后，通过絮凝设备形成肉眼可见的大的密实絮凝体。絮凝池形式较多，概括起来分为水力搅拌式和机械搅拌式，常见的有折板絮凝池、机械搅拌絮凝池等。

a. 折板絮凝池

折板絮凝池是水流多次转弯曲折流动进行絮凝的构筑物。折板絮凝池通常采用竖流式，相当于竖流平板隔板改成具有一定角度的折板。折板转弯次数增多后，转弯角度减少。这样，既增加折板间水流紊动性，又使絮凝过程中的 G 值由大到小缓慢变化，适应了絮凝过程中絮凝体由小到大的变化规律，从而提高了絮凝效果。

折板分为平板折板和波纹折板两类。目前，平板折板多用钢筋混凝土板、钢丝网水泥板、不锈钢板拼装而成。大、中型规模水厂的折板絮凝池每档流速流经多格，被称为多通道折板絮凝池。

折板絮凝池的优点是：水流在同波折板之间曲折流动或在异波折板之间缩、放流动且连续不断，以至形成众多的小涡旋，提高了颗粒碰撞絮凝效果。在折板的每一个转角处，两折板之间的空间可以视为 CSTR 型单元反应器。众多的 CSTR 型单元反应器串联起来，就接近推流型（PF 型）反应器。因此，从总体上看，折板絮凝池接近于推流型。与隔板絮凝池相比，水流条件大大改善，亦即在总的水流能量消耗中，有效能量消耗比例提高，故所需絮凝时间可以缩短，池子体积减小。从实际生产经验得知，絮凝时间在 10～15min 为宜。

折板絮凝池因板距小，安装维修较困难，折板费用较高。

b. 机械搅拌絮凝池

机械搅拌絮凝池是通过电动机变速驱动搅拌器搅动水体，因桨板前后压力差促使水流运动产生漩涡，导致水中颗粒相互碰撞聚结的絮凝池。该絮凝池可根据水量、水质和水温变化调整搅拌速度，故适用于不同规模的水厂。根据搅拌轴安装位置，又分为水平轴和垂直轴两种形式，如图 6-19 所示。其中，水平轴搅拌絮凝池适用于大、中型水厂。垂直搅

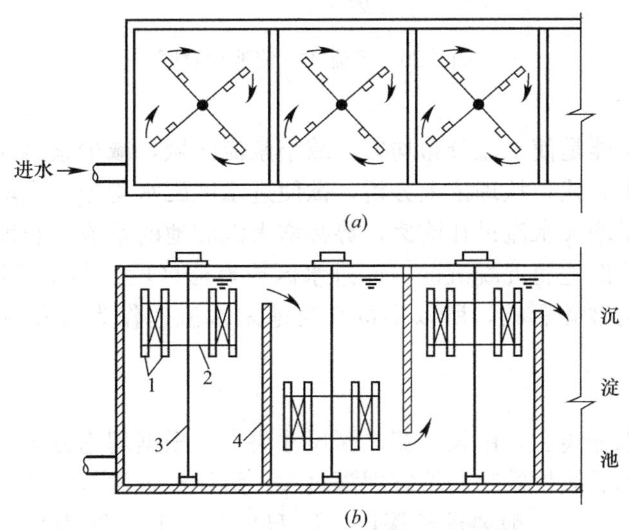

图 6-19 机械搅拌絮凝池

(a) 水平轴搅拌絮凝池；(b) 垂直轴搅拌絮凝池

拌装置安装简便，可用于中、小型水厂。

（2）沉淀及排泥

水处理过程中，沉淀是原水或经过加药、混合、反应的水，在沉淀设备中依靠颗粒的重力作用进行泥水分离的过程，作为净水工艺中非常重要的环节，应予以充分重视。沉淀中在水处理工艺中，一般会用到池面液位仪、流量仪、浊度仪等。

最常见的两种沉淀池形式：平流式沉淀池和斜板（斜管）沉淀池，以及其构造、工作原理等内容。

1）平流式沉淀池

平流式沉淀池为矩形水池，上部是沉淀区，或称泥水分离区，底部为存泥区。经混凝后的原水进入沉淀池，沿进水区整个断面均匀分布，经沉淀区后，水中颗粒沉于池底，清水由出水口流出，存泥区的污泥通过吸泥机或排泥管排出池外。

平流式沉淀池去除水中悬浮颗粒的效果，常受到池体构造及外界条件影响，即实际沉淀池中水中颗粒运动规律和沉淀理论有一定差别。

① 平流式沉淀池的构造

平流式沉淀池分为进水区、沉淀区、出水区和存泥区四部分，如图 6-20 所示。

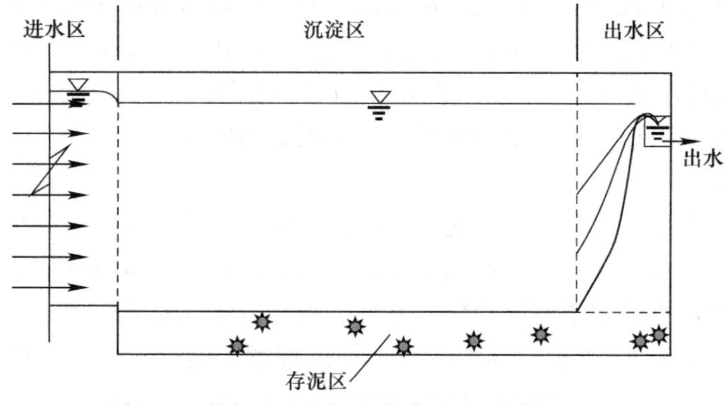

图 6-20　平流式沉淀池示意图

a. 进水区

进水区的主要功能是使水流分布均匀，减小紊流区域，减少絮凝体破碎。通常采用穿孔花墙、栅板等布水方式。从理论上分析，欲使进水区配水均匀，应增大进水流速来增大过孔水头损失。如果增大水流过孔流速，势必增大沉淀池的紊流段长度，造成絮凝颗粒破碎。目前，大多数沉淀池属混凝沉淀，而进水区或紊流区段占整个沉淀池长度比例很小，故首先考虑絮凝体的破碎影响，所以多按絮凝池末端流速作为过孔流速设计穿孔墙过水面积。

b. 沉淀区

沉淀区即为泥水分离区，由长、宽、深尺寸决定。根据理论分析，沉淀池深度与沉淀效果无关。但考虑到后续构筑物，不宜埋深过大。沉淀池长度 L 与水量无关，而与水平流速 ν 和停留时间 T 有关。一般要求长深比（L/H）大于 10，即为水平流速是截留速度的 10 倍以上。沉淀池宽度 B 和处理水量有关。宽度 B 越小，池壁的边界条件影响就越大，水流稳定性越好。设计要求长宽比（L/B）大于 4。

c. 出水区

沉淀后的清水在池宽方向能否均匀流出，对沉淀效果有较大影响。多数沉淀池出水采用集水管、集水渠集水，出水集水管、渠多采用溢流堰出流、锯齿堰出流、淹没孔口出流等形式，如图 6-21 所示。

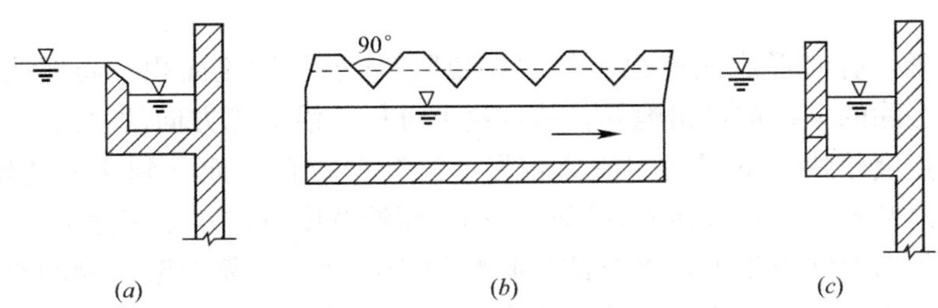

图 6-21 集水管、渠出流形公式

(a) 溢流堰；(b) 锯齿堰；(c) 淹没孔口

目前，新建沉淀池大多采用增加集水堰长或指形出水槽集水，效果良好。加长堰长或指形槽集水，相当于增加沉淀池的中途集水作用，既降低了堰口负荷，又因集水槽起端集水后，减少后段沉淀池中水平流速，有助于提高沉淀去除率或提高沉淀池处理水量。

d. 存泥区和排泥方法

平流式沉淀池下部设有存泥区，排泥方式不同，存泥区高度不同。小型沉淀池设置的斗式、穿孔管排泥方式，需根据设计的排泥斗间距或排泥管间距设定存泥区高度。多年来，平流式沉淀池普遍使用了机械排泥装置，池底为平底，一般不再设置排泥斗、泥槽和排泥管。

平流沉淀池使用排泥阀时可用 PLC 实现自动控制，按照设定好的时间周期定时排泥。尤其在冬季时，可设定定时开关来实现防冻，例如每半小时开阀 10s。

桁架式机械排泥装置分为泵吸式和虹吸式两种。其中虹吸式排泥是利用沉淀池内水位和池外排水渠水位差排泥，节约泥浆泵和动力。当沉淀池内水位和池外排水渠水位差较小，虹吸排泥管不能保证排泥均匀时可采用泵吸式排泥。

上述两种排泥装置安装在桁架上，利用电机、传动机构驱动滚轮，沿沉淀池长度方向运动。为排出进水端较多积泥，有时设置排泥机在前 1/3 长度处返还一次。机械排泥较彻底，但排出积泥浓度较低。为此，有的沉淀池把排泥设备设计成只刮不排装置，即采用牵引小车或伸缩杆推动刮泥板把沉泥刮到底部泥槽中，由泥位计控制排泥管排出。

② 影响沉淀效果主要因素

水处理过程中，沉淀池因受外界风力、温度、池体构造等影响，会偏离理想沉淀条件，主要在以下几个方面影响了沉淀效果：

a. 短流影响

在理想沉淀池中，垂直于水流方向的过水断面上各点流速相同，在沉淀池的停留时间 t_0 相同。而在实际沉淀池中，有一部分水流通过沉淀区的时间小于 t_0，而另一部分则大于 t_0，该现象称为短流。引起沉淀池短流的主要原因有：

- 进水惯性作用，使一部分水流流速变快；
- 出水堰口负荷较大，堰口上产生水流抽吸，近出水区处出现快速水流；

• 风吹沉淀池表层水体，使水平流速加快或减慢；

• 温差或过水断面上悬浮颗粒密度差、浓度差，产生异重流，使部分水流水平流速减慢，另一部分水流流速加快或在池底绕道前进；

• 沉淀池池壁、池底、导流墙摩擦，刮（吸）泥设备的扰动使一部分水流水平流速减小。

短流的出现，有时形成流速很慢的“死角”、减小了过流面积、局部地方流速更快，本来可以沉淀去除的颗粒被带出池外。从理论上分析，沿池深方向的水流速度分布不均匀时，表层水流速度较快，下层水流流速较慢。沉淀颗粒自上而下到达流速较慢的水流层后，容易沉到终端池底，对沉淀效果影响较小。而沿宽度方向水平流速分布不均匀时，沉淀池中间水流停留时间小于 t_0，将有部分颗粒被带出池外。靠池壁两侧的水流流速较慢，有利于颗粒沉淀去除，一般不能抵消较快流速带出沉淀颗粒的影响。

b. 水流状态影响

在平流式沉淀池中，雷诺数和弗劳德数是反映水流状态的重要指标。水流属于层流或是紊流用雷诺数 Re 判别。

对于平流式沉淀池这样的明渠流，当 $Re<500$，水流处于层流状态；$Re>2000$，水流处于紊流状态。大多数平流式沉淀池的 $Re=4000\sim20000$，显然处于紊流状态。在水平流速方向以外产生脉动分速，并伴有小的涡流体，对颗粒沉淀产生不利影响。

水流稳定性以弗劳德数 Fr 判别，当惯性力的作用加强或重力作用减弱时，Fr 值增大，抵抗外界干扰能力增强，水流趋于稳定。

在实际沉淀池中存在许多干扰水流稳定的因素，提高沉淀池的水平流速和 Fr 值，异重流等影响将会减弱。

根据雷诺数和弗劳德数的表达式可知，减小雷诺数、增大弗劳德数的有效措施是减小水力半径 R 值。沉淀池纵向分格，可减小水力半径。因减小水力半径有限，还不能达到层流状态。提高沉淀池水平流速 v，有助于增大弗劳德数，减小短流影响，但会增大雷诺数。由于平流式沉淀池内水流处于紊流状态，再适当增大雷诺数不至于有太大影响，故希望适当增大水平流速，不过分强调雷诺数的控制。

c. 絮凝作用影响

平流式沉淀池水平流速存在速度梯度以及脉动分速，伴有小的涡流体。同时，沉淀颗粒间存在沉速差别，因而导致颗粒间相互碰撞聚结，进一步发生絮凝作用。水流在沉淀池中停留时间越长，则絮凝作用越加明显。这一作用有利于沉淀效率的提高，但同理想沉淀池相比，也视为偏离基本假定条件的因素之一。

2）斜板与斜管沉淀池

① 浅池沉淀原理

从平流式沉淀池内颗粒沉降过程分析和理想沉淀原理可知，悬浮颗粒的沉淀去除率仅与沉淀池沉淀面积 A 有关，而与池深无关。在沉淀池容积一定的条件下，池深越浅，沉淀面积越大，悬浮颗粒去除率越高，此即“浅池沉淀原理”。

② 斜板与斜管沉淀池分类及构造

在斜板沉淀池中，按水流与沉泥相对运动方向可分为上向流、同向流和侧向流三种形式。而斜管沉淀池只有上向流、同向流两种形式。水流自下而上流出，沉泥沿斜管、斜板壁面自动滑下，称为上向流沉淀池。水流水平流动，沉泥沿斜板壁面滑下，称为侧向流斜板沉淀池。

如图 6-22 所示为斜管沉淀池的一种布置实例示意图。斜管区由六角形截面的蜂窝状斜管组件组成。斜管与水平面成 60°角，放置于沉淀池中。原水经过絮凝区进入斜管沉淀池下部。水流自下向上流动，清水在池顶用穿孔集水管收集；污泥则在池底用穿孔排污管收集，排入下水道。

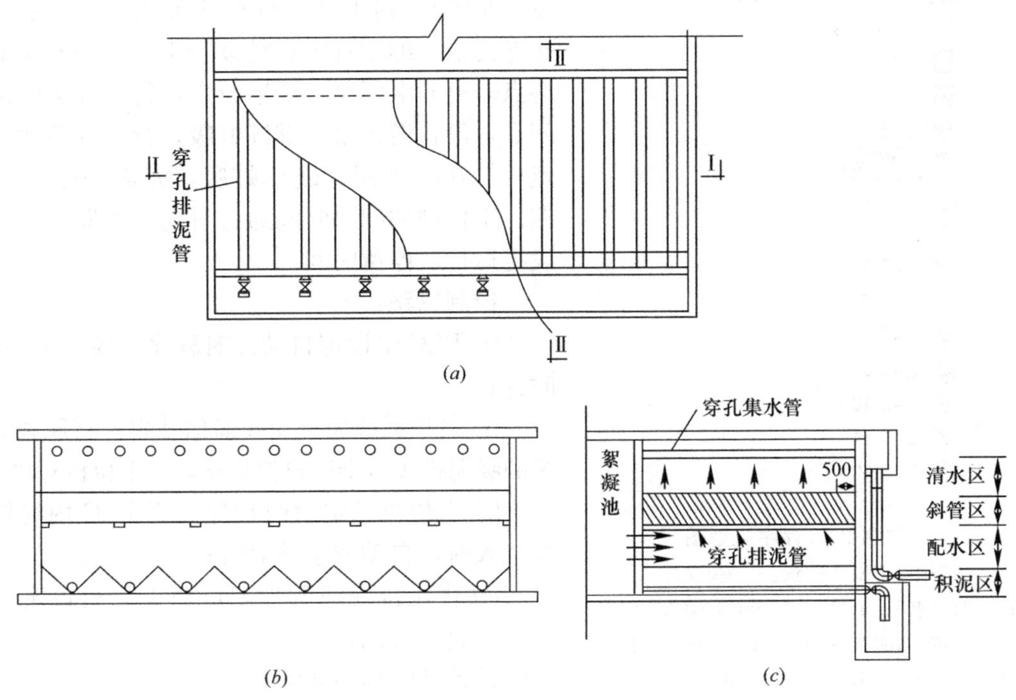

图 6-22 斜管沉淀池示意图

(a) 平面图；(b) Ⅰ—Ⅰ剖面；(c) Ⅱ—Ⅱ剖面

斜管沉淀池的表面负荷是一个重要的技术参数，是对整个沉淀池的液面而言，又称为液面负荷。用公式（6-3）表示：

$$q = Q/A \tag{6-3}$$

式中 q——斜管沉淀池液面负荷，$m^3/(m^2 \cdot h)$；

Q——斜管沉淀池处理水量，m^3/h；

A——斜管沉淀池清水区面积，m^2。

上向流斜管沉淀池液面负荷一般取 5.0～9.0$m^3/(m^2 \cdot h)$（相当于 1.4～2.5mm/s），不计斜管沉淀池材料所占面积及斜管倾斜后的无效面积，则斜管沉淀池液面负荷 q 等于斜管出口处水流上升流速。

3）下面以水厂平流沉淀池排泥为例，简要说明 PLC 排泥控制流程。

桁架式吸泥机安装于平流池上，将沉降池底的污泥刮到吸泥机口，用泵将池底泥吸出，边行走边吸泥，然后将污泥排出池外。程序规划图如图 6-23 所示。

桁架式吸泥机由四点支撑行走大梁横跨在平流沉淀池上，双边驱动，池两边均铺设钢

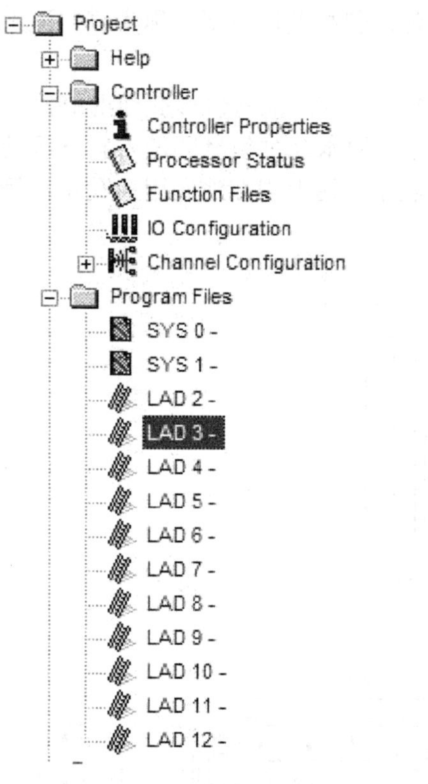

图 6-23　程序规划图

LAD2—主程序；LAD3—远程手动模式；LAD4—时间求和；LAD5—限定时间输入范围；LAD6—设定 6 组排泥时间；LAD7—排泥流程；LAD8—内置时钟；LAD10—数字量输入；LAD11—数字量输出

轨，刮吸泥机驱动方式为两边分别驱动同时进行，同时有行程开关来控制运行的距离，刮吸泥机上的电力控制系统包括馈线、控制箱、行程控制开关等。池底的污泥随着桁车的运动将污泥通过菱形刮板汇集到吸泥口由吸泥泵排出池外。桁车从池的一端运行到池子的另一端，边行走边吸泥（泵吸），到中间，行程开关触碰中间点，停止潜污泵，继续虹吸；继续行走，行程开关触碰终点，打开潜污泵，折返行走，行程开关触碰中间点，停止潜污泵，继续虹吸，行程开关触碰起点，打开电磁阀，破坏虹吸，完成一个工作周期。工作周期间隔时间通过时间继电器可以任意设定运行、停留时间。

控制思路：

① PLC 中设定自动计时程序，模拟 24 小时时钟；

② 自控系统加装无线通信装置，将原独立系统的吸泥机接入全厂自控系统，与上位机对接；

③ 上位机设定对时程序，当 PLC 内时钟误差较大时，自动或手动对时；

④ 优化排泥机程序，可由上位机设定排泥机每天启动时刻；

设计计时程序如下：

① 设定 60 秒计时器；

② 每 60s，计数器加 1，为总分钟数；

③ 总分钟数整除 60，得当前小时时刻；

④ 当前时刻小时数乘以 60，得当前时刻分钟数；

⑤ 总分钟数减去当前时刻分钟数，得当前分钟数；

⑥ 当前时刻小时数，当前分钟数拼接为当前时刻；

⑦ 当总分钟数为 1440 时，一天结束，时间复位。

计时程序如图 6-24 所示。

当前时刻等于设定时刻时，排泥机启动。

对时程序：

① 上位机读取系统时间，存入 Tag；

② Tag 与 PLC 程序中对时变量连接；

③ 需对时时，上位机下达对时指令；

④ PLC 内部计算，对时小时数；乘以 60 加上对时分钟数存入总分钟数；

⑤ PLC 以计时程序计算出当前时刻。

对时程序如图 6-25 所示。

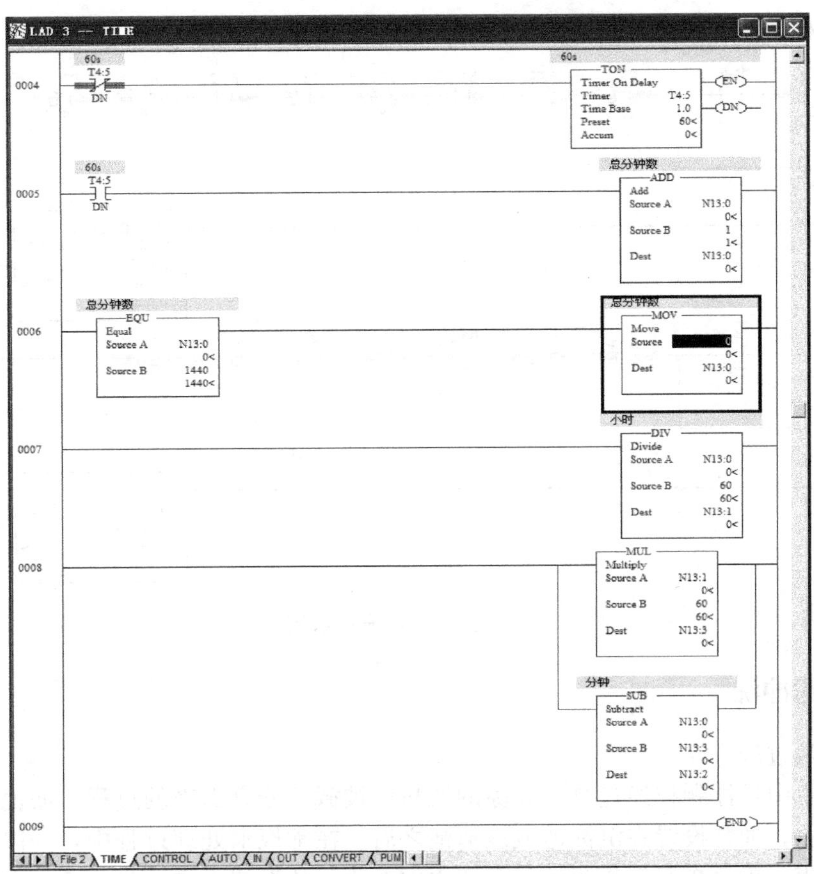

图 6-24 计时程序

T4：5—60s 计时器；N13：0—总分钟数；N13：1—当前时刻小时数；
N13：2—当前分钟数；N13：3—当前时刻分钟数

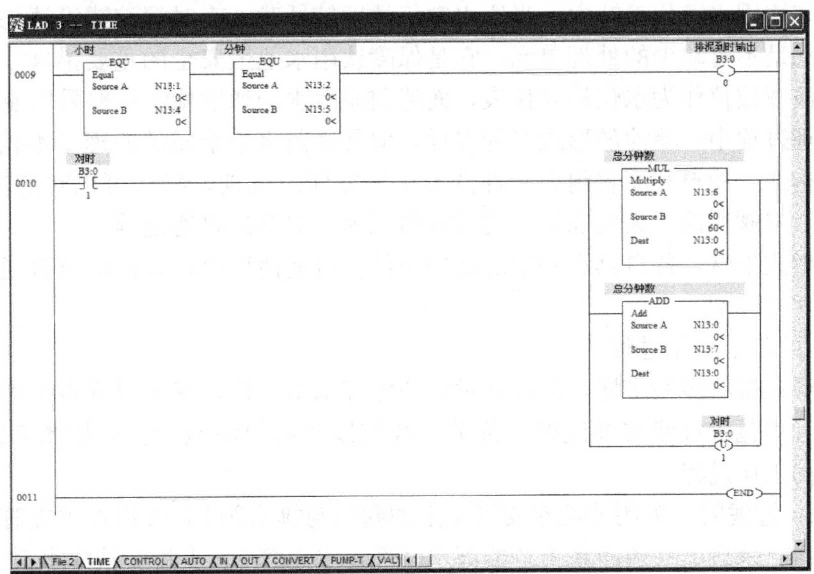

图 6-25 对时程序

N13：4—排泥设定时刻小时数；N13：5—排泥设定时刻分钟数；N13：6—对时小时数；N13：7—对时分钟数

排泥流程示例如图 6-26 所示。

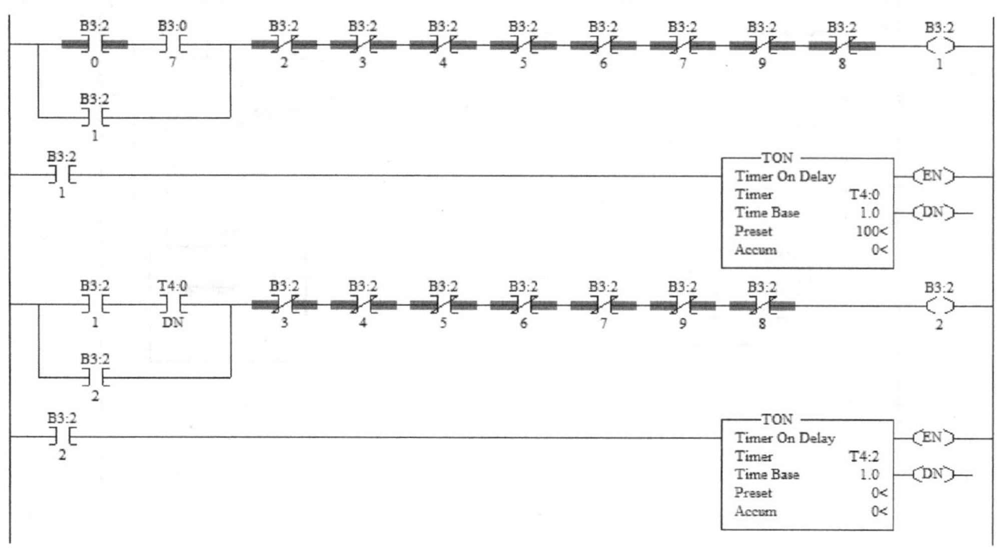

图 6-26　排泥流程示例

6.2.4　过滤冲洗

（1）滤池过滤

过滤是水中悬浮颗粒经过具有孔隙的滤料层被截留分离出来的过程。滤池是实现过滤功能的构筑物，通常设置在沉淀池或澄清池之后。在常规水处理过程中，一般采用颗粒石英砂、无烟煤、重质矿石等作为滤料截留水中杂质，从而使水进一步变清。过滤不仅可以进一步降低水的浊度，而且水中部分有机物、细菌、病毒等也会附着在悬浮颗粒上一并去除。至于残留在水中的细菌、病毒等失去悬浮颗粒的保护后，在后续的消毒工艺中将更容易被杀灭。在饮用水净化工艺中，当原水常年浊度较低时，有时沉淀或澄清构筑物可以省略，但是过滤是不可缺少的处理单元，它是保障饮用水卫生安全的重要措施。过滤过程一般用到超声波液位仪作为水位检测仪表，而滤前滤后水的浊度检测一般采用浊度仪。

在水处理过程中，滤池的形式多种多样，但其截留水中杂质的原理基本相同，依据滤池在滤速、构造、滤料和滤料组合、冲洗方法等方面的区别，我们可以对滤池进行分类。有：快滤池、双阀滤池、无阀滤池、均质滤料滤池、双层滤料滤池等。

滤池的形式丰富，各自具有一定的适用条件。目前使用比较普遍的有普通快滤池及从外国引进的 V 型滤池。

1）滤池的基本工作过程

滤池的形式虽然多种多样，但是其过滤的原理基本一样，基本过程也基本一致。滤池的基本工作过程包含过滤与冲洗两个部分。我们以普通快滤池为例，如图 6-27 所示，介绍下快滤池的工作过程。

① 过滤：过滤时，关闭冲洗水支管 4 上的阀门与排水阀 5，开启进水支管 2 与清水支管 3 上的阀门。来自上一道净水工艺的浑水就经进水总管 1、支管 2 从浑水渠 6 进入滤池。经过滤料层 7、承托层 8 后，由配水系统的配水支管 9 汇集起来再经过配水系统干管 10、清水支管 3、清水总管 12 进入下一道净水工艺相应的构筑物。浑水中的杂质将在滤料层被

截留。随着滤料层截留的杂质逐渐增加，滤料层中的水头损失增加。当滤池水头损失增加导致滤池发生产水量过小或水质不达标的情况，滤池便停止过滤，进行冲洗以使滤料层恢复截污能力。

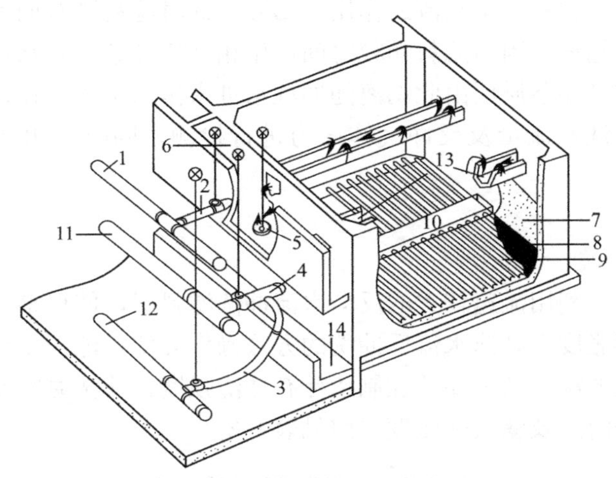

图 6-27 普通快滤池结构简图

1—进水总管；2—进水支管；3—清水支管；4—冲洗水支管；5—排水阀；6—浑水渠；7—滤料层；8—承托层；9—配水支管；10—配水干管；11—冲洗水总管；12—清水总管；13—冲洗排水槽；14—废水渠

② 冲洗：冲洗时，关闭进水支管 2 与清水支管 3 上的阀门，开启冲洗水支管 4 上的阀门与排水阀 5。冲洗水经冲洗水总管 11、支管 4，再经配水干管 10、配水系统支管 9 后从配水支管上孔眼流出，由下至上依次穿过承托层与滤料层。滤料层在均匀分布的冲洗水的作用下，达到流化态状态，滤料由于受到水流剪切力及滤料颗粒碰撞摩擦的双重作用，截留在滤料中的杂质得以与滤料分离。冲洗废水流入冲洗排水槽 13，再经浑水渠 6 和废水渠 14 进入下水道。

2）滤池的水力控制系统

滤池的水力控制系统是指过滤过程中对滤池水位、滤速的设计控制方式，主要分为：恒压过滤、恒速过滤、变速过滤。

恒压过滤：过滤周期内水压保持不变。过滤初期，滤层透水性最高，从而滤速最快。随着滤层被杂质堵塞，滤池透水性下降，滤水量也逐渐减小。

恒速过滤：利用清水管路上阀门或者流量调节器使得过滤周期内阻力恒定不变，滤速也就保持恒定。在允许滤池水位自由变化的情况，在滤池的进水端设置自由跌落堰室，以保持进水流量恒定的方法也可以获得恒速过滤。

变速过滤：滤池进水口设置在最低工作水位以下，并由公共进水管（渠）连通所有滤池，在每只滤池进水管上设置大口径浑水进水阀，这种布置方式使得滤池进水部分水头损失很小，因而所有运转滤池的工作水位在任何时候都基本相同。其特点在于出水水质稳定、进水水头损失小，但其需要较大的进水阀门。

目前，不少研究者认为当平均滤速相近时，变速过滤在工作周期与滤后水质上都好于等速过滤。因为过滤初期，滤层清洁、截污能力强，适当提高滤速是允许的；过滤后期，滤层截污能力下降，为保证滤后水质，降速是必要的。因此，目前快滤池采用变速过滤的较多。

(2) 滤池冲洗

滤池冲洗的目的是使滤料层中截留的悬浮杂质得到清洗，使得滤池恢复过滤能力。在一定冲洗强度下，滤料颗粒由于水流的作用会膨胀，这时滤料既有向上悬浮的趋势，又由于自身重力有下沉的趋势，因而滤料颗粒之间产生相互碰撞摩擦，水流的剪力也会对滤料形成冲刷，滤料上的悬浮杂质便由此剥离随冲洗水进入排水系统。在冲洗过程中将会用到流量仪和压力表对冲洗水流量及反冲气体压力进行检测，同时使用液位仪配合进行水位控制。

1) 冲洗方法

① 高速水流反冲洗

高速水流反冲洗是利用流速较大的反向水流冲洗滤料层，使得整个滤层达到流态化状态，且具有一定的膨胀度。高速水流反冲洗的方法操作方便，池子结构设备简单，是我国应用较广的一种冲洗方法。其主要的控制指标有冲洗强度、冲洗时间及滤层膨胀度。生产中，冲洗强度、冲洗时间及滤层膨胀度参照见表 6-2。

冲洗强度、膨胀度和冲洗时间　　**表 6-2**

序号	滤层	冲洗强度（$L/(s \cdot m^2)$）	膨胀度（%）	冲洗时间（min）
1	石英砂滤料	12～15	45	7～5
2	双层滤料	13～16	50	8～6
3	三层滤料	16～17	55	7～5

注：1. 设计水温按 20℃计，水温每增减 1℃，冲洗强度相应增减 1%；
2. 由于全年水温、水质有变化，应考虑有适当调整冲洗强度的可能；
3. 选择冲洗强度应考虑所选混凝剂品种的因素；
4. 无阀滤池冲洗时间可采用低限；
5. 膨胀度数值仅作设计计算用。

单纯的用反冲洗水对剥离滤料表面所沉积的悬浮杂质的能力是有限的，有时单纯用反冲洗的效果并不理想。为改进冲洗效果，反冲洗常常辅以表面冲洗与气洗。

② 表面助冲加高速水流反冲洗

表面冲洗指从滤池上部，用喷射水流向下对滤料进行清洗的操作。表面冲洗设备有固定式和旋转式两种，这两种表面冲洗装置都是利用喷嘴所提供的射流冲刷作用。固定式表面冲洗设备由布置在砂面上 5cm 处带有防砂孔口装置的水平管道系统组成，孔眼与水平方向呈 30°向下；旋转式表面冲洗设备是借助位于中心两侧的、方向相反的两组射流所形成的力偶推动旋转。因旋转式射流的紊动作用容易把滤料冲入反冲洗水流中，因此必须注意使射流的位置处于膨胀后滤料层的内部。为了防止双层滤料的煤层和砂层界面处累积悬浮杂质颗粒和泥球，双层滤料的表面辅助冲洗还有另外两种形式：一种是把表面冲洗装置设在砂面上 15cm 处，称为床内表面冲洗；另一种是在煤层和砂层表面的上面 5cm 处各装旋转表面冲洗设备一套，称为双表面扫洗。该类床内设备的喷嘴必须装有防止滤料进入冲洗管内的阀门。

与单水反冲洗相比，加表面辅助冲洗的方法对滤料表面沉积的悬浮杂质颗粒所产生的剥离作用大得多。装有表面冲洗设备的滤池，反冲洗和表面冲洗间的适当配合是取得良好冲洗效果的关键。

③ 气、水反冲洗

高速水流反冲洗虽然操作方便、池子和设备比较简单，但冲洗耗水量较大，冲洗结束后，滤料上细下粗的现象比较明显。采用气、水反冲洗方法既可以提高冲洗效果，又节省了冲洗水量。同时，由于加入了气洗，冲洗时滤料的膨胀度要求降低，较小的膨胀度减缓了滤层产生上细下粗分层现象，即保持了原来的滤层结构，从而提高了滤层的含污能力。但气洗需要增设气冲设备（鼓风机或空压机和储气罐），池子的结构与冲洗的操作部分也比较复杂。气、水反冲洗的效果在于：利用上升的气泡的振动可以有效的将附着于滤料表面的杂质剥离。由于气泡可以有效的使滤料表面的污物脱离，故水冲洗强度可以降低，即可以采用较低的反冲洗强度。气、水反冲洗操作方式有：先气冲，然后水冲；先气、水同时反冲，然后再水冲；先气冲，然后气、水同时反冲洗，最后水冲。

对于双层或多层滤料来说，采用气—水反冲洗在冲洗效果、减少冲洗时间、降低冲洗耗水量及避免混层等方面比单水反冲洗有优势。气—水反冲洗后出水浊度的下降速度比单水反冲洗下降快，主要是因为滤料层的膨胀率随反冲洗气强度的增大变化较小，而反冲洗水强度的增加使滤料层的膨胀度增长幅度大，减少了颗粒之间的碰撞作用，浊质颗粒不易与滤料分离。混层现象明显，再加上水力分级作用，这将大大影响双层滤料的过滤性能。在耗水量方面，单水反冲洗的耗水量远大于气—水反冲洗。单水反冲洗时，虽然水流强度大，悬浮物所受剪切力增大，但是滤料层膨胀度的增加使滤料颗粒之间的碰撞、摩擦减少，综合效果较差。

根据滤料快滤池的经验表明，单水反冲洗时冲洗强度为 12～14L/(m^2・s)。冲洗历 5～6min 较为合适・滤层的膨胀率为 45%～55%。当采用气—水反冲洗时，冲洗强度一般为空气 10～20L/(m^2・s)、水 4～8L/(m^2・s)，冲洗时间 6～10min，滤层膨胀率减少到 25%左右。气—水反冲洗时水流强度较小，无烟煤滤料层膨胀度也较小，空气又占据了一部分滤料孔隙，因而此时孔隙中水流速度远远大于表观反冲洗流速，对滤料颗粒产生了较大的剪力，由于颗粒密集，碰撞摩擦的概率增大，所以充分发挥碰撞作用。目前，基于较好的冲洗效果，气—水反冲洗的应用正越来越普遍。

(3) 排水系统

滤池冲洗废水由冲洗排水槽和废水渠排出。在过滤时，他们往往也是分布待滤水的设备。

1) 系统结构

冲洗时，废水由冲洗排水槽两侧溢入槽内，各槽内的废水汇集到废水渠，再由废水渠末端排水竖管排入下水道，如图 6-28 与图 6-29 所示。

2) 设计要求

为达到及时均匀地排出废水，冲洗排水槽设计必须符合以下要求：

① 冲洗废水应自由跌落入冲洗排水槽。槽内水面以上一般要有 7cm 左右的保护高度以免槽内水面和滤池水面连成一片，使冲洗均匀性受到影响。

② 冲洗排水槽内的废水，应自由跌落进入废水渠，以免废水渠干扰冲洗排水槽出流，引起壅水现象。

③ 每单位长的溢入流量应相等。

④ 冲洗排水槽在水平面上的总面积一般不大于滤池面积的 25%，以免冲洗时，槽与槽之间水流上升速度会过分增大，以致上升水流均匀性受到影响。

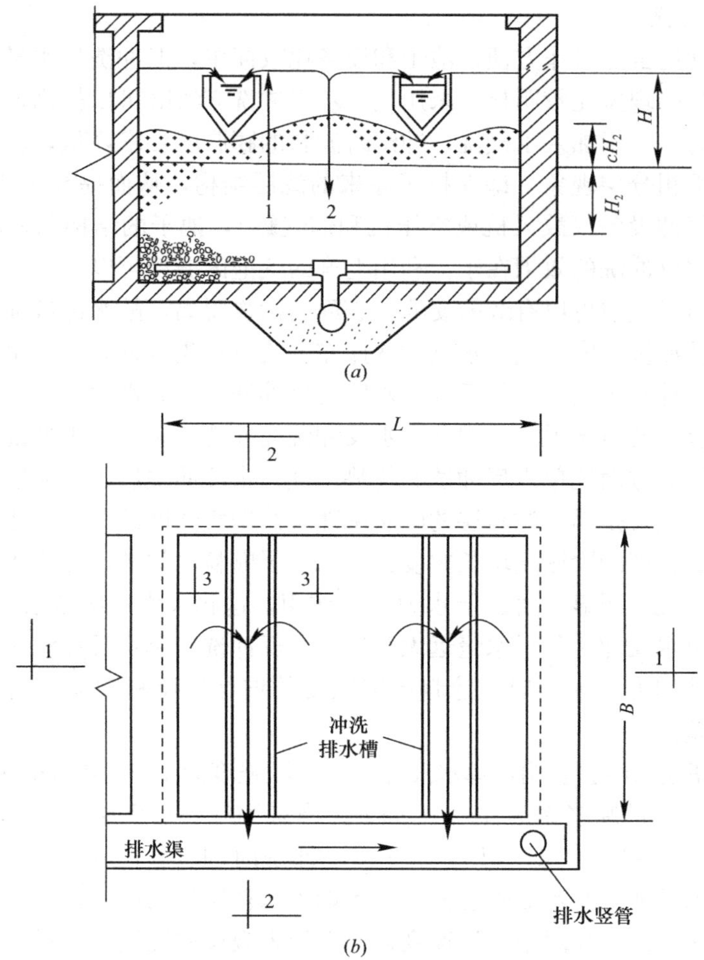

图 6-28　排水系统结构图
(a) 1—1 剖面图；(b) 平面图

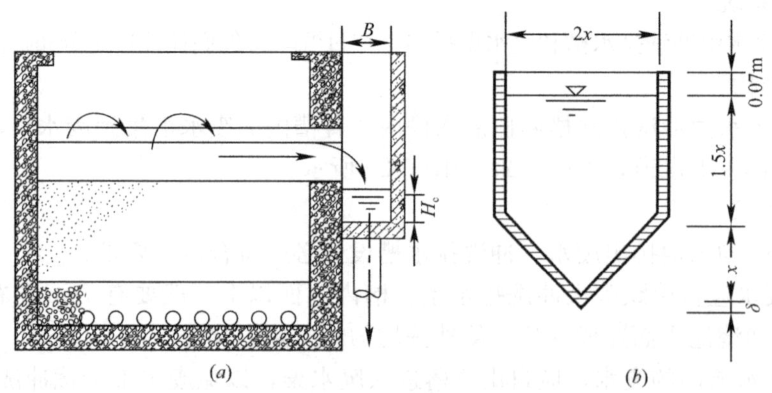

图 6-29　排水槽剖面图
(a) 2—2 剖面图；(b) 3—3 剖面图

⑤ 槽与槽中心间距一般为 1.5～2.0m。间距过大，从离开槽口最远一点和最近一点流入排水槽的流线相差过远，也会影响排水均匀性。

⑥ 冲洗排水槽高度要适当。槽口太高，废水排除不净；槽口太低，会使滤料流失。

3）冲洗水的供给

冲洗水的供给方式一共有两种：一是利用高位水箱，二是利用冲洗水泵。滤池反冲洗所需流量由冲洗强度与滤池面积决定，反冲洗所需的总水量则由冲洗时间乘以冲洗流量得出。冲洗水量和水头要求尽量保持稳定，以保证滤层在稳定的膨胀率条件下冲洗干净，不至于滤料冲走。

采用水箱供给滤池冲洗水时，布置如图 6-30 所示。冲洗水箱储存的水量至少应为滤池冲洗水量的 1.5 倍。冲洗水箱水深一般不超过 3m，以免造成冲洗过程中流量和水头变化过大。每次冲洗完毕后，一般采用功率较小的专用水泵从清水池向水箱充水。由于高位水箱容量较大，所以其基础造价较高。

采用水泵冲洗滤池时，布置如图 6-31 所示。和水箱设备供给冲洗水相比，水泵冲洗建造费用低且可以连续冲洗好几个滤池，在冲洗过程中冲洗强度的变化也比较小。但是冲洗水泵在短时间内要消耗大量的功率，易造成电网负荷极不均匀。

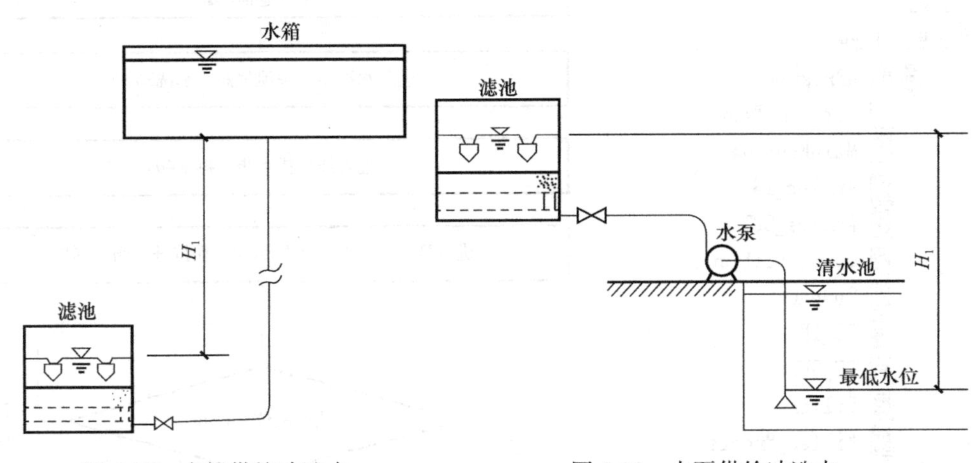

图 6-30 水箱供给冲洗水　　图 6-31 水泵供给冲洗水

（4）滤池冲洗流程

以某水厂砂滤池净水工艺与 PLC 自动控制结合为例，简要说明滤池冲洗流程。

1）砂滤池 PLC 控制站主要实现的功能

根据滤格水位，通过 PID 调节程序调节清水阀开启度，保证滤格恒水位过滤。

根据过滤时间、滤池水头损失及出水浊度设定值确定是否进行反冲洗，并向冲洗泵房的 PLC 主站发出反冲洗请求。

在冲洗过程中，根据冲洗泵房的 PLC 主站的调度命令，完成滤格内相关阀门的配合。

冲洗结束后，根据冲洗泵房的 PLC3 主站的调度命令，以及时间周期实现滤格初滤水排放。

滤池程序规划图及反冲洗流程图如图 6-32 和 6-33 所示。

2）程序结构

- MainProgram——（主要程序）；
- Program Tags——程序标签；
- MainRoutine——主程序；

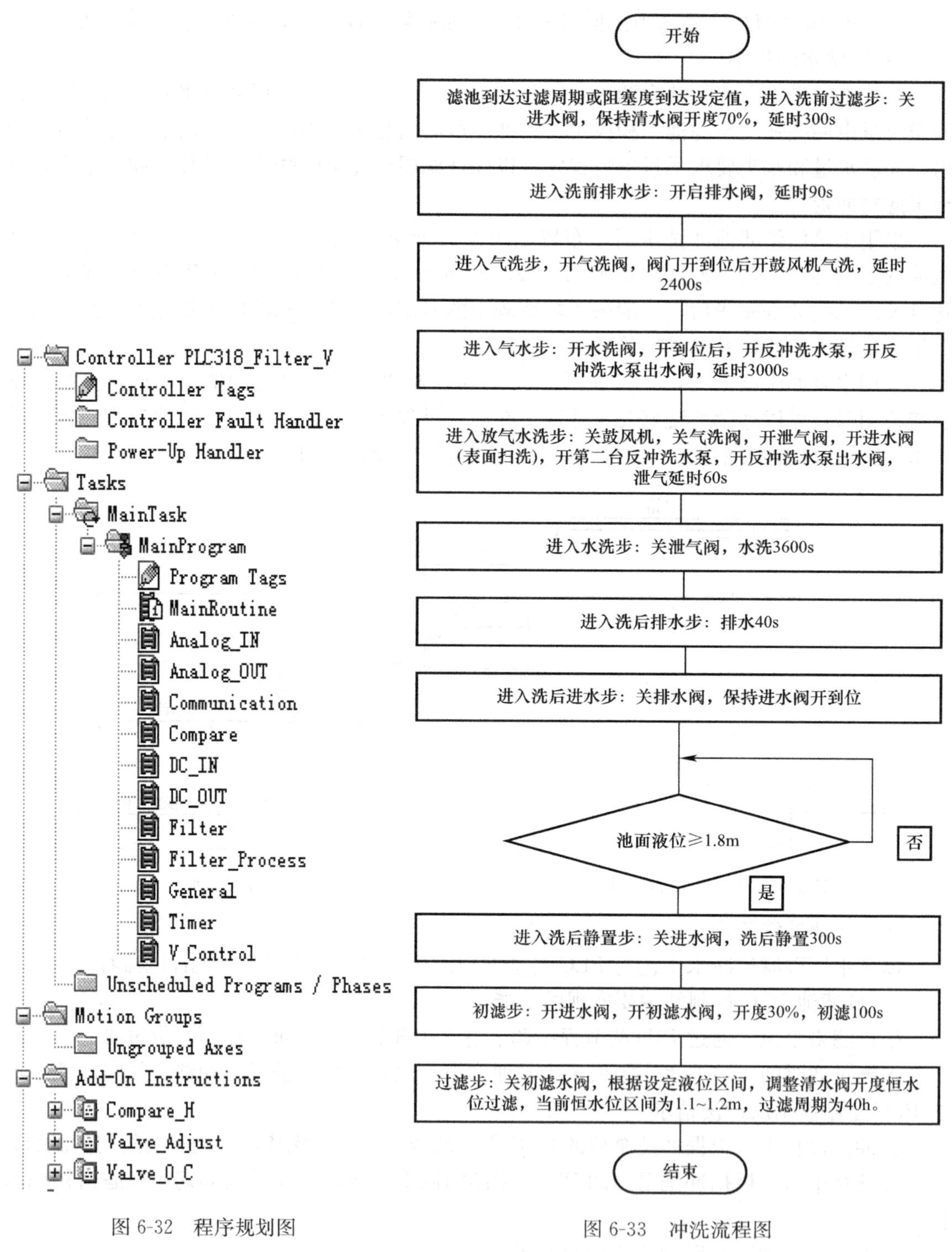

图 6-32　程序规划图　　　　图 6-33　冲洗流程图

- Analog_IN——模拟量输入；
- Analog_OUT——模拟量输出；
- Communication——和反冲洗泵房的通信；
- Compare——“比较”子程序；

- DC _ IN——数字量输入；
- DC _ OUT——数字量输出；
- Filter——滤格程序（状态）；
- Filter _ Process——滤格动作过程程序；
- General——常开常关信号；
- Timer——计时器程序；
- V _ Control——阀门控制程序；
- Add-On Instructions——外部程序；
- Compare _ H——“比较”程序；
- Valve _ Adjust——调节阀门程序；
- Valve _ O _ C——开关阀门程序。

3）FIlter

V 型滤池每个滤格都拥有进水阀、清水阀、气洗阀、水洗阀、初滤水阀、排水阀和泄气阀 7 个阀门，通过调整各个阀门的阀位以及与反冲洗泵房的通讯来实现对滤格的控制。从操作模式上，可分为三种模式：远程自动模式，远程半自动模式和手动模式。

远程自动模式下，滤格的过滤、反冲洗完全依据程序设定运行，每个过程都严格遵循设定时间、周期或其他条件，当达到设定的运行周期，滤格自动进行反冲洗。

远程半自动模式下，滤格过滤过程、反冲洗同自动模式一样，依据程序设定自动进行，但是当滤池运行到达设定周期或阻塞度达到设定值时，滤格不会由过滤状态切换至反冲洗状态。需人为切换状态。

远程手动模式下，滤格的运行完全脱离程序设定。只是能手动操作单个阀门的开、关、停。适用于单个阀门调试以及故障排除，极少使用。

从运行状态上，可分为三种状态：过滤状态、反冲洗状态和停池状态。

在过滤状态下，进水阀门全开，通过调整出水阀的开启度，保持液位恒定，实现恒液位过滤。

反冲洗状态下，从工艺上按照先后顺序，分为以下几个阶段：排水、气洗、气—水反冲洗、水洗、静置、初滤。

停池状态下，所有阀门均处于关阀状态。

值班人员在客户端上设定整个滤格的操作模式：远程手动和远程自动（半自动和自动）。当滤格处于远程自动状态下时，所有阀门均处于在自动模式下。当所有阀门的转换开关均处于远程状态下时，系统自动判断该滤格处于远程状态下。

经过工艺实验与经验总结，确定每个阶段的最佳运行时间，设定相应的计时器来控制各阀门的开启与关闭。

4）Filter _ Process

滤格处于不同状态时，滤格的各个阀门以及内部控制变量也随之改变。滤格处于非服务状态下时，锁定停池信号，其余状态解锁。当处于远程手动、冲洗过程中发生故障时模式下或者非远程时，锁定本地信号，解锁其他信号。当滤格处于远程半自动模式下，锁定远程半自动信号，同时，置位并锁定过滤阶段信号。子程序见图 6-34～图 6-37。

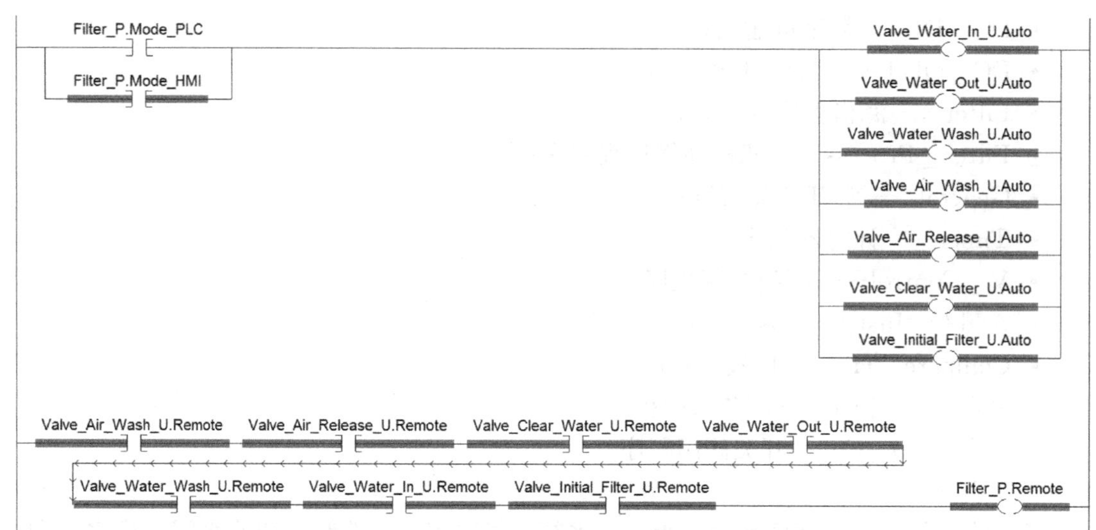

图 6-34　远程手、自动状态以及滤格整体状态的判断

Filter _ P. Mode _ PLC—滤格处于远程自动模式下（PLC 控制反冲洗）；

Filter _ P. Mode _ HMI—滤格处于远程半自动模式下（手动控制反冲洗）；

Valve _ Air _ Wash _ U. Remote—气洗阀门远程信号；

Valve _ Air _ Release _ U. Remote—泄气阀门远程信号；

Valve _ Clear _ Water _ U. Remote—清水阀门远程信号；

Valve _ Water _ Out _ U. Remote—排水阀门远程信号；

Valve _ Water _ Wash _ U. Remote—水洗阀门远程信号；

Valve _ Water _ In _ U. Remote—进水阀门远程信号；

Valve _ Initial _ Filter _ U. Remote—初滤水阀门远程信号

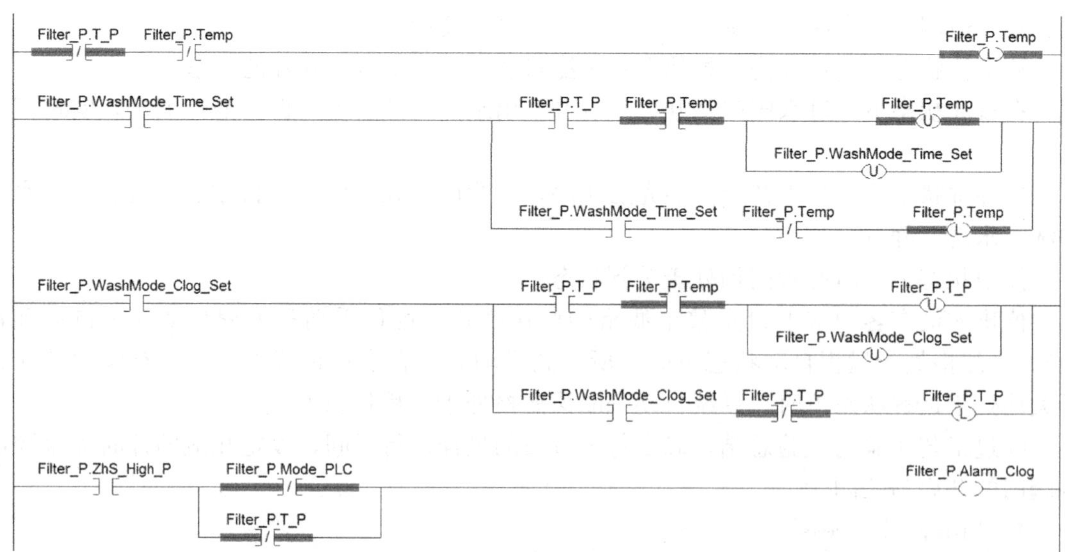

图 6-35　自动模式下反冲洗依据

自动模式下，滤池是否进行反冲洗有两个判断依据：是否到达运行周期、阻塞度是否到达设定值，只要有一个达到设定值，该滤格便进行反冲洗。默认情况下使用时间作为判断依据。在非阻塞度模式下或者非自动模式下，当阻塞度高于设定值时，产生高阻塞度报警信号。自动、半自动模式下，达到反冲洗条件后，首先进入洗前过滤阶段。

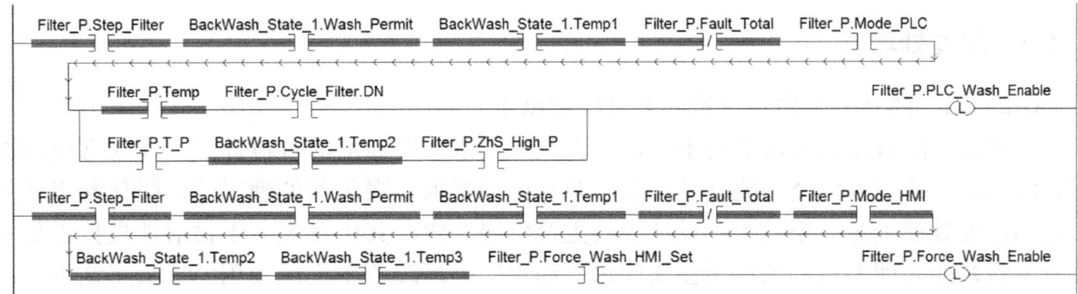

图 6-36 自动、半自动反冲洗信号的产生

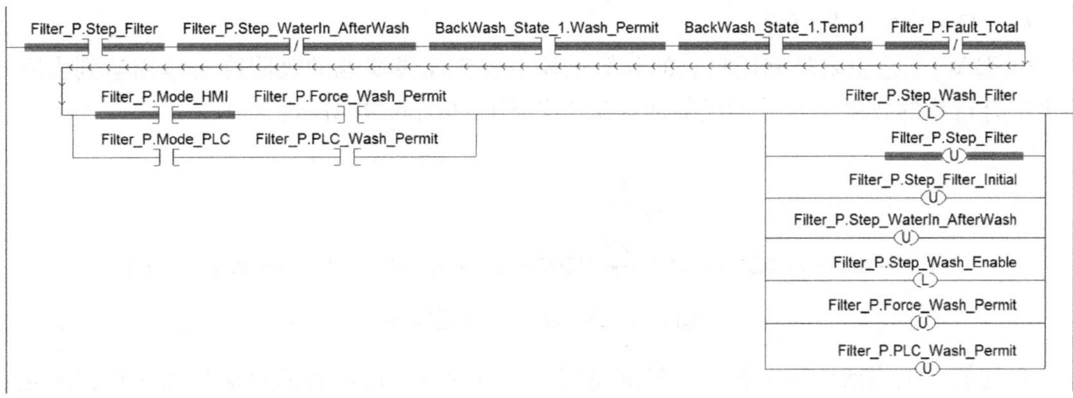

图 6-37 自动、半自动模式下达到反冲洗条件时滤池状态的改变

Filter _ P. T _ P—反冲洗使用阻塞度模式；

Filter _ P. Temp—反冲洗使用时间模式；

Filter _ P. WashMode _ Time _ Set—设定反冲洗采用时间模式；

Filter _ P. WashMode _ Clog _ Set—设定反冲洗采用阻塞度模式；

Filter _ P. Alarm _ Clog—高阻塞度报警信号；

Filter _ P. Step _ Filter—过滤阶段；

BackWash _ State _ 1. Wash _ Permit—反冲洗泵房允许反冲洗信号；

BackWash _ State _ 1. Temp1—反冲洗泵房中间信号 1；

BackWash _ State _ 1. Temp2—反冲洗泵房中间信号 2；

BackWash _ State _ 1. Temp3—反冲洗泵房中间信号 3；

Filter _ P. Model _ PLC—自动模式；

Filter _ P. Cycle _ Filter. DN—过滤周期计时器计时完成信号；

Filter _ P. PLC _ Wash _ Enable—滤格自动反冲洗允许；

Filter _ P. Force _ Wash _ HMI _ Set—强制反冲洗命令；

Filter _ P. Force _ Wash _ Enable—强制反冲洗允许；

Filter _ P. Fault _ Total—滤格总故障；

Filter _ P. Step _ Wash _ Filter—洗前过滤阶段；

Filter _ P. Step _ Filter—过滤阶段；

Filter _ P. Step _ Filter _ Initial—初滤阶段；

Filter _ P. Step _ WaterIn _ AfterWash—洗后进水阶段；

Filter _ P. Step _ Wash _ Enable—允许反冲洗信号；

Filter _ P. Force _ Wash _ Enable—强制反冲洗允许信号；

Filter _ P. PLC _ Wash _ Enable—自动反冲洗允许信号。

6.2.5　深度处理

6.2.5.1　臭氧—生物活性炭工艺（O_3-BAC）

近年来，随着水源水污染的不断加剧以及饮用水水质标准的日益提高，以往常用的混凝、沉淀、过滤技术已经不能满足现状水源水处理要求，强化预处理工艺、强化常规处理工艺和深度处理工艺是今后给水设计中的主要发展方向。其中臭氧—生物活性炭技术是一种非常有效的处理手段，已逐渐在新建水厂和水厂提标改造中广泛应用。臭氧工艺中，一般会用到压力检测仪表对液氧罐进行压力检测；使用气体检测仪对氧气含量和臭氧含量进行检测。活性炭滤池工艺采用的仪表过滤反冲类似。

（1）O_3-BAC工艺原理

O_3-BAC工艺主要是利用臭氧的预氧化和生物活性炭滤池的吸附降解作用达到去除水源水中有机物的效果。常见的臭氧活性炭工艺流程如图6-38所示。

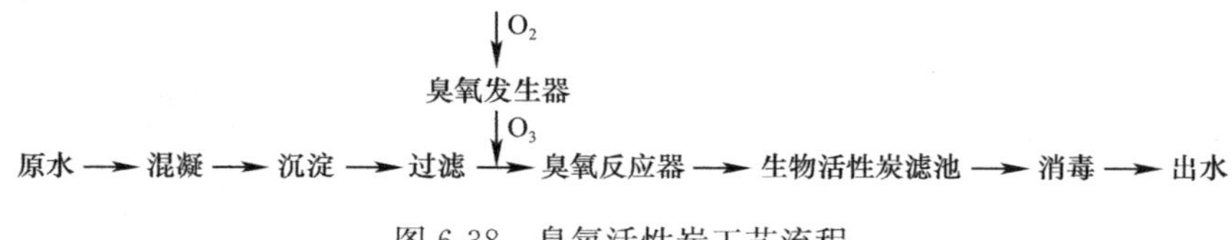

图6-38　臭氧活性炭工艺流程

在臭氧—生物活性炭工艺中，投加臭氧主要有两种作用：首先臭氧作为一种强氧化剂将溶解和胶状大分子有机物转化成为较易生物降解的有机物，这些小分子有机物可以作为生物活性炭滤池中炭床上微生物生长繁殖的养料；另一方面臭氧在微生物活性炭滤池中会被还原成氧气，提高了滤池中的溶解氧浓度，为生物膜的良好运行提供了有利的外部环境。

活性炭孔隙多，比表面积大，能够迅速吸附水中的溶解性有机物，同时也能富集水中的微生物，而被吸附的溶解性有机物也为维持炭床中微生物的生命活动提供营养源。只要供氧充分，炭床中大量生长繁殖的好氧菌生物降解所吸附的低分子有机物，这样，就在活性炭表面生长出了生物膜，形成BAC，该生物膜具有氧化降解和生物吸附的双重作用。活性炭对水中有机物的吸附和微生物的氧化分解是相继发生的，微生物的氧化分解作用，使活性炭的吸附能力得到恢复，而活性炭的吸附作用又使微生物获得丰富的养料和氧气，两者相互促进，形成相对平衡状态，得到稳定的处理效果，从而大大地延长了活性炭的再生周期。活性炭附着的硝化菌还可以转化水中的氨氮化合物，降低水中的NH_3-N浓度，生物活性炭通过有效去除水中有机物和臭味，从而提高饮用水化学、微生物学安全性。

实践证明，采用BAC具有如下优点：

1）增加水中溶解性有机物的去除效率，提高出水水质；

2）延长了活性炭的再生周期，减少了运行费用；

3）水中氨氮和亚硝酸氮可被生物氧化为硝酸盐，从而减少了后氯化的投氯量，降低了三卤甲烷的生成量；

4）有效去除水中可生化有机物（BDOC）和无机物（NH_3-N、NO_2-N、Fe、Mn等），提高了出厂水的生物稳定性。生物活性炭的前提条件是应避免预氯化处理，否则影响微生物在活性炭上的生长。

(2) O_3 处理

1) 氧气气源

目前水厂运行中臭氧主要是依靠臭氧发生器利用氧气来制备，常见的氧气气源主要有：压缩空气气源（CDA）、购买液氧气源（LOX）、现场制氧（PSA或VPSA）气源。

压缩空气气源（CDA）通过鼓风机、净气装置、冷凝装置等，将处理后的空气送入臭氧发生器，通过高压放电获得臭氧。采用空气作为气源，其最大优点是空气易获得，但其缺点也很明显，主要表现在发生器的臭氧浓度（质量比）较低，一般仅为3%；效率也较低，相应能耗和电耗较高。

购买液氧为气源（LOX）所获得的臭氧浓度较高，一般为10%甚至更高。当由液态氧蒸发供氧时，纯度高达99%以上，通常需要补充少量氮气（约3%）；亦可采用经处理过的空气补充。从运行角度讲，购买液氧方式的优点非常明显，因为相关设备都是租用的，设备维护和维修均由厂家直接负责，提高了设备的安全性与可靠性。

现场制氧（PSA或VPSA）有两种运行方式：一是租用设备，由出租方运行；二是购买设备，水厂自行运行；比较常用的是租用制氧设备。购买或租用一套制氧设备安装在现场，即时制取纯氧供给臭氧发生器，这样也能获得高浓度的臭氧。如图6-39所示。

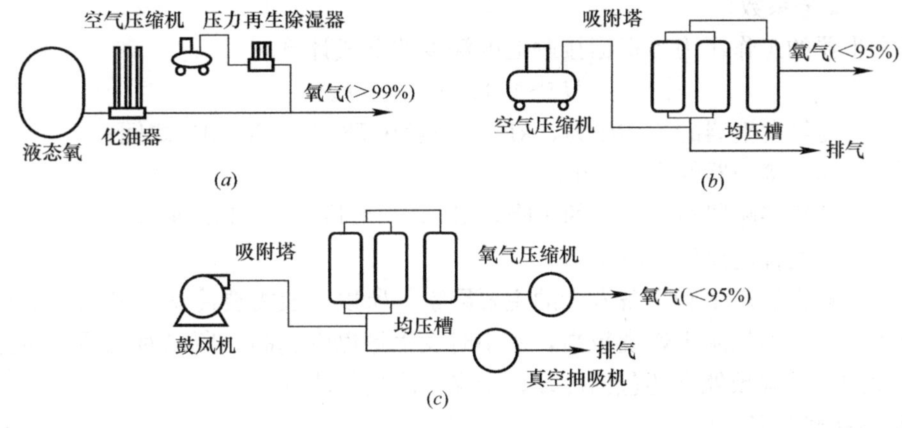

图6-39 氧气气源制备流程

(a) 以液态氧为气源；(b) 以PSA氧气（<100m³/h）为气源；
(c) 以VPSA氧气（>100m³/h）为气源

对比三种不同的制备方式，空气制臭氧方式运行费用低廉，获得的臭氧浓度较低（一般为3%），适合于小型水厂；购买液氧制臭氧，初期投资较省，获得的臭氧浓度较高，但运行费用高；采用现场制氧获得臭氧无初期投资，而运行成本的高低由制氧规模决定。

2) 臭氧发生器

臭氧发生的方法按原理可分为无声放电法、放射法、紫外线法、等离子射流法和电解法等，目前在我国的净水工艺中采用的更多的是无声放电法。无声放电法有在气相中放电和液相中放电两种，前者是目前最常用的方法。

它由高压极、接地极和介电体组成。介电体与接地极间的间隙一般为（1～3mm），即臭氧发生区。当在两极加入高电压后使得通过两电极间隙的含氧气体发生无声放电，形成氧离子，并且随着电流密度的增大，氧离子浓度也急剧增加，这些氧离子不仅同氧分子反

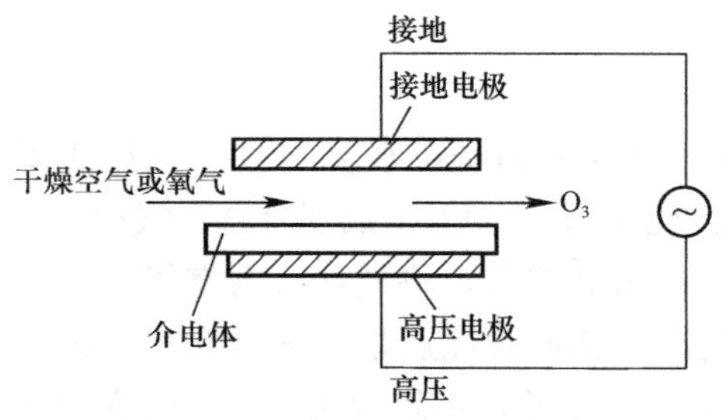

图 6-40　无声放电法制备臭氧原理

应，而且相互之间也反应生成臭氧。由于在臭氧生成过程中，伴有弥散蓝紫色辉光的电晕现象，故又得名电晕放电法，其原理图如图 6-40 所示。

臭氧是氧分子通过高压放电区时，被高电位电场电离而变成氧原子，一个原子与一个氧分子再结合，形成 O_3（臭氧）。臭氧发生器的臭氧产量与质量分数，随着供气压力的增高而降低，其最佳工作压力一般为 0.12～0.13MPa。臭氧质量分数低，臭氧发生器的能耗也低，但臭氧发生所消耗的氧气量则增加；臭氧质量分数高，臭氧发生器的能耗也高，但臭氧发生所消耗的氧气量则减少。因此设计选用臭氧质量分数时，应根据当地的电价和氧气价格，进行经济平衡比较后才能确定。

臭氧需要量 Q_{O_3}（m^3/h）按公式（6-4）计算：

$$Q_{O_3} = 1.06QC \tag{6-4}$$

式中　Q——处理水量，m^3/h；

C——臭氧投加量，mg/L；

1.06——安全系数。

臭氧发生器的工作压力可根据接触池的深度按下式计算：

$$H > 9.8h_1 + h_2 + h_3 \tag{6-5}$$

式中　H——臭氧发生器的工作压力，kPa；一般在 58.8～88.2kPa 之间；

h_1——臭氧接触器的水深，m；

h_2——臭氧接触器布气元件的压降，kPa，一般取 9.8～14.7kPa

h_3——输气管道损失，kPa。

温升是影响臭氧产生和设备寿命的主要因素，所以一般需要冷却。臭氧产量与气源干燥度是成正比的，即气源干燥度越高，每小时发生量也就越高，所以对气源的净化干燥处理是不可少的。气源预处理还包括冷却、干燥、净化等步骤。

3）臭氧接触设备

臭氧的应用都是通过臭氧与被反应介质充分混合反应来实施的，目前大型水厂采用较多的是臭氧接触池来达到臭氧充分接触反应。臭氧接触池一般由两到三段接触室串联而成，由竖向隔板分开；每段接触室由布气区和后续反应区组成，并由竖向导流隔板分开。池底部设置多孔扩散布气器，将臭氧化空气分散为细气泡，曝气盘的布置应能保证布气量变化过程中的布气均匀，其中第一段布气区的布气量宜占总布气量的 50%左右。

总接触时间宜控制在 6～15min，其中第一段接触室的接触时间宜为 2min。接触池的水深宜采用 5.5～6m，布气区的深度与长度之比应大于 4。压力式接触氧化池如图 6-41 所示，当中间几池顶部积有气体时，其中仍有一定比例的臭氧，用布气器引入进口，重新进入接触池

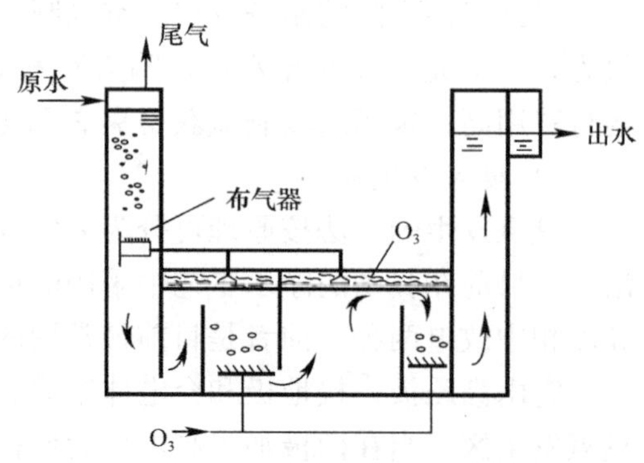

图 6-41　压力式臭氧接触池示意图

溶解，因而臭氧利用率较高，由于 N_2 不溶于水，经由进口排出。

（3）生物活性炭（BAC）滤池

1）生物活性炭滤池工艺结构

BAC 滤池是在活性炭滤池基础上改进的，结构可以是压力式固定床，管式混合器也可以是接触氧化池（视规模而定），有的需要反冲系统。BAC 运行周期很长，一般活性炭损耗只需补充活性炭。挂膜运行方法同普通生物滤池，如图 6-42 所示。

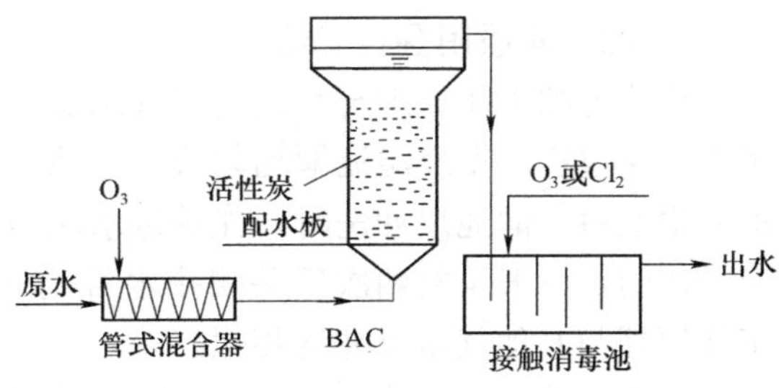

图 6-42　BAC 工艺结构示意

2）生物活性炭滤池工艺参数见表 6-3。

生物活性炭滤池工艺参数　　**表 6-3**

参数	参考值
活性炭粒径（d_1）	0.9～1.2mm
运行周期	3～4 年
空床停留时间（t）	20～30min
床高（h）	2～4m
体积负荷（N_v）	0.25～0.75kgBOD/(m^3·d)
水力负荷（q）	8～10m^3/(m^2·d)
冲洗周期	3～6d
冲洗强度	11～13L/(m^2·s)
承托层粒径（d_2）	2～16mm
承托层厚度	≥250mm

3）生物活性炭 V 型滤池

生物活性炭 V 型滤池与普通 V 型砂滤池构造相似，只是将砂滤层换成了活性炭层，但活性炭层较砂层厚，且采用较高目数的颗粒活性炭，以此增加运行周期。由于反冲洗时吸附层不膨胀，故整个吸附层在深度方向的粒径分布基本均匀，不会发生水力分级现象，使吸附层含污能力提高。生物活性炭 V 型滤池为了避免悬浮物和微生物产生的黏液堵塞活性炭层，必须重视反冲洗，如图 6-43 所示。

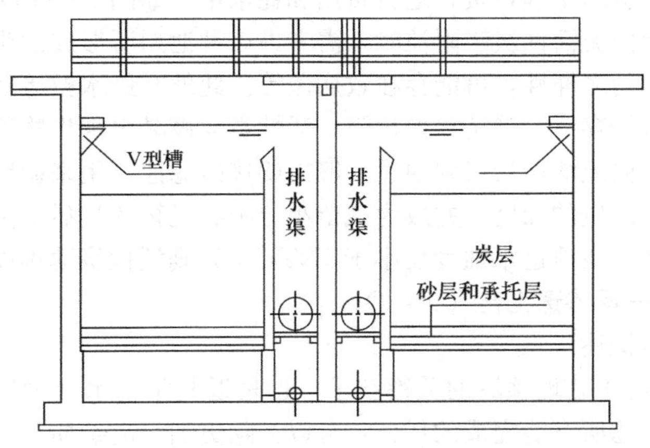

图 6-43　生物活性炭 V 型滤池剖面示意图

4）活性炭吸附翻板滤池

该滤池的工作原理与其他类型气水反冲滤池相似：原水（一般指上一级净水构筑物的出水）通过进水渠经溢流堰均匀流入滤池，水以重力渗透穿过滤料层，并以恒水头过滤后汇入集水室。滤池反冲洗时，先关进水阀门，然后按气冲、气水冲、水冲三个阶段开关相应的阀门，一般重复两次后关闭排水舌阀（板），开进水阀门，恢复到正常过滤工况。其工作原理与其他气水反冲洗相似。

翻板滤池经不断改进完善，在反冲洗系统、排水系统与滤料选择方面都有了新的技术性突破，从而使该种滤池具有出水水质好、反冲洗效果好而耗水量少、运行周期长、运行费用低以及施工简单、工期短等优点，如图6-44所示。

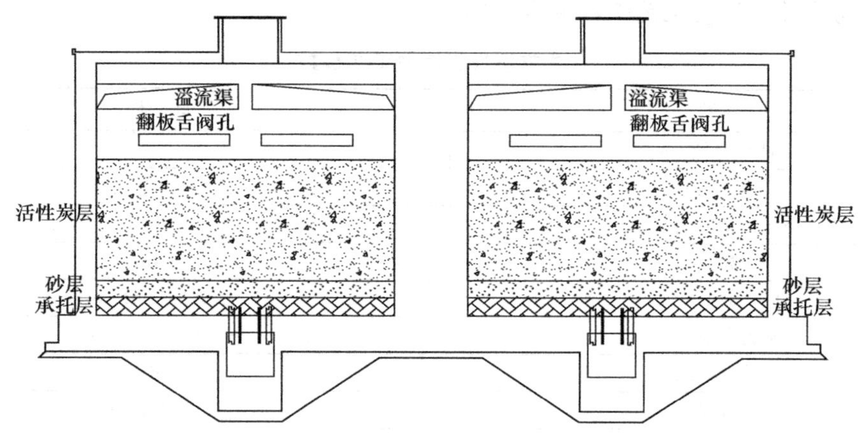

图6-44 活性炭吸附翻板滤池剖面示意图

5）上向流活性炭吸附池

活性炭滤池采用上向流方式，使之成为膨胀床，加大了炭层厚度，增加了吸附量。膨胀床使炭粒略悬浮于上升水流中，使得炭粒水流表面更新更快，炭粒对水中污染物的处理能力更强，能充分发挥吸附效率，减少消毒副产物的生成。活性炭滤池采用上向流方式，使臭氧化水质滤池表面路径变长，臭氧与活性炭或水中物质继续反应，将余臭氧消耗至最小，有效控制余臭氧逸出。上向流活性炭吸附池水头损失较小，其冲洗可仅采用气冲方式，减少冲洗过程，节约工程投资、运行费用和耗水量，如图6-45所示。

此外，在选择上向流活性炭吸附池时，需考虑该种池型所形成的生物膜上活性生物量较多，呈现出微生物的多样性，可能存在致病菌等。此外，剑水蚤等活动能力强，常规水处理后还能有少数水蚤存活，其抗氯性很强，活性炭池极易出现生物泄漏，增加了出水微生物的风险。因此上向流活性炭吸附池后一般需要接砂滤池，用来截留活性炭池剥落的生物膜、臭氧氧化可能产生的浊度，并成为截留小分子有机物的最后屏障；同时还需要控制沉淀池浊度，一般活性炭池进水浊度要小于1NTU，否则活性炭池难以发挥作用。

6.2.5.2 超滤—反渗透工艺（UF-RO）

（1）膜处理技术概述

膜技术是21世纪水处理领域的关键技术，也是近些年来水处理领域的研究热点。膜分离可以完成其他过滤所不能完成的任务，可以去除更细小的杂质，可去除溶解态的有机物和无机物，甚至是盐。膜分离是指在某种外加推动力的作用下，利用膜的透过能力，达到分离水中离子或分子以及某些微粒的目的。利用压力差的膜法有微滤、超滤、纳滤和反渗透。

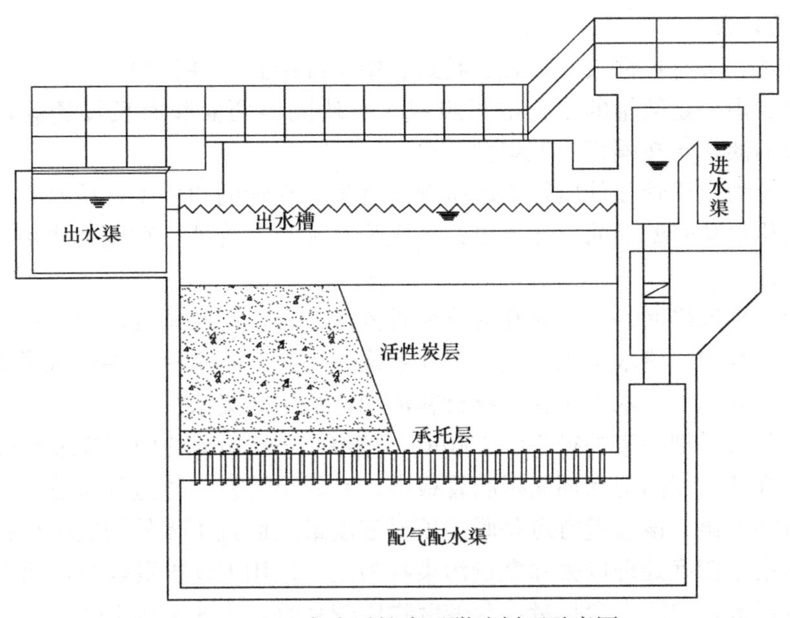

图 6-45 上向流活性炭吸附池剖面示意图

(2) 超滤 (UF)

由于超滤膜具有精密的微细孔，超滤虽无去除无机盐和溶解性有机物等小分子的性能，但对于截留水中的细菌、病毒、胶体、大分子等微粒相当有效，而且操作压力低，设备简单。

其净化机理是：在外力的作用下，被分离的溶液以一定的流速沿着超滤膜表面流动，溶液中的溶剂和低分子量物质、无机离子，从高压侧透过超滤膜进入低压侧，并作为滤液而排出；而溶液中高分子物质、胶体微粒及微生物等被超滤膜截留，溶液被浓缩并以浓缩液形式排出。

影响超滤操作的主要因素有：①料液流速；②操作压力；③温度；④运行周期；⑤进料浓度。

超滤膜在饮用水处理中，是用于对水中浊度、微生物等颗粒的去除，以获得优质饮用水。低截留分子量（500～800）的超滤膜可去除色度 95%，THMFP—80%，对水的含盐量和硬度（＜10%）只有轻微的变化。这对于高色度的饮用水处理是有效的。

(3) 反渗透 (RO)

1) 渗透现象及反渗透的机理

只能让水分子通过，而不允许溶质通过的半透膜将纯水与咸水分开，则水分子将从纯水一侧通过半透膜向咸水一侧透过，结果使咸水一侧的液面上升，直至到达一高度，此即为渗透过程。渗透现象是一种自发的过程，但要有半透膜才能表现出来。

当咸水一侧施加的压力大于该溶液的渗透压，可迫使渗透方向相反，实现反渗透。此时，在高于渗透压的压力作用下水分子从咸水一侧透过半透膜向纯水一侧移动。

反渗透膜的透过机理目前尚未见有一致公认的解释，其中以选择性吸附—毛细管流机理常被引用。该理论认为膜表面由于亲水性的原因，能选择性地吸附水分子而排斥盐离子，因而在固液界面上形成两个水分子（1nm）的纯水层，在施加压力的作用下，纯水层中的离子不断通过毛细管通过反渗透膜。

2）反渗透装置

目前反渗透装置有板框式、管式、卷式、中空纤维式4种类型。

板框式装置由一定数量的多孔隔板组成，每块隔板两面装有反渗透膜，在压力作用下，透过隔板的淡化水在隔板内汇集并引出。

管式装置分为内压管和外压管，内压管是将膜装在管的内壁上，咸水在管内流动，在压力作用下淡化水从管壁上的小孔流出；外压管是咸水在管外，在压力作用下淡化水进入管内，并流出。

卷式装置把导流格网、膜、多孔支撑材料依次叠合，用胶粘剂沿三边把两层膜粘结密封，另一边开放与中间淡水集水管连接，在卷绕在一起。咸水沿一端流入导流隔网，从另一端流出，透过膜的淡化水沿多孔支撑材料流动，从中间集水管流出。

中空纤维装置是把一束外径50～100μm、壁厚12～25μm的中空纤维弯成U形，装于耐压管内，纤维开口端固定在环氧树脂管板中，并露出管板。透过纤维管壁的淡化水沿空心通道从开口端引出。该装置特点是膜的填封密度最大而且不需外加支撑材料。

一般微污染水深度处理以去除微量污染物为主，采用RO投资较高，而O_3-BAC+UF通常却能满足要求，如原水含盐量或含碱度物质较高时，方才采用RO。

第 7 章　仪表安装知识与技能

7.1　仪表安装技术要求

自动化仪表要完成其检测或调节任务，其各个部件必须组成一个回路或一个系统。仪表安装就是把各个独立的部件即仪表、管线、电缆、附属设备等按设计要求组成回路或系统完成检测或调节任务。

（1）仪表安装程序

仪表安装程序可分为三个阶段，即准备阶段—施工阶段—验收交工阶段。

1）准备阶段

施工准备是安装的一个重要阶段，它的工作充分与否，直接影响施工的进展，乃至仪表安装的完成。

施工准备包括资料准备、物资准备、表格准备和工机具及标准仪器的准备。

施工方案和施工步骤要一步一步具体地写出来。施工人员拿到方案后，能按照方案自行工作，解决技术问题，并能保证质量。若施工人员拿到施工方案，不能自行施工，那么这个方案是失效的。没有安全技术措施的方案是不完善的施工方案，安全第一应贯彻始终。

2）施工阶段

仪表工程的施工周期很长。在土建施工期间就要主动配合，要明确预埋件、预留孔的位置、数量、标高、坐标、大小尺寸等。在设备安装、管道安装时，要随时关心工艺安装的进度，主要是确定仪表一次点的位置。

仪表施工的高潮一般是在工艺管道施工量完成 70%时，这时装置已初具规模，几乎全部工种都在现场，会出现深度的交叉作业。这时的施工要考虑以下几点：

① 仪表控制室仪表盘的安装与现场一次点的安装。仪表控制室的安装工作有仪表盘基础槽钢的制作、安装和仪表盘、操作台的安装，核对土建预留孔和预埋件的数量和位置，考虑各种管路、槽板进出仪表控制室的位置和方式。

② 工艺管道、工艺设备上取源部件的配合安装及复核非标设备制作时仪表一次点的位置、数量、方位、标高，以及开孔大小能否符合安装需要。

③ 对出库仪表进行一次校验。这项工作进行时间较为灵活，可以早到施工准备期，也可以达到系统调校前。在现场要考虑仪表各种管路的标高，以及固定它的支架形式和支架制作安装，保温箱保护箱底座制作，接线盒、箱的定位。

④ 仪表电缆敷设和保护箱、保温箱、接线箱的安装，仪表槽板、桥架安装，保护管、导压管、气源管的安装，控制室仪表安装和配线、校线。

⑤ 仪表管路吹扫和试压。现场仪表安装完毕，现场仪表管路施工完毕，配合工艺管

道进行吹扫、试压。此前节流装置不能安装孔板，调节阀在吹扫时必须拆下，用相同长度的短节代替，用临时法兰连接。

⑥ 检查。安装基本结束，与建设单位和设计单位一起进行装置的检查，检查是否完成设计及变更的全部内容。

3）验收交工阶段

工艺设备安装就位，工艺管道试压、吹扫完毕，工程即进入调试阶段。调试由单体调试、联动调试组成。

单体调试阶段主要工作是应用一些检测仪表，并且大都是就地指示仪表，如泵出口压力指示，轴承温度指示等。大型设备调试时，仪表配合复杂些，除就地指示仪表外，信号、报警、联锁系统也要投入，通过就地仪表盘或智能仪表、可编程序逻辑控制器进行控制。重要的压缩机还要投入防喘振，轴振动、轴位移控制。

联动调试是在单体调试成功的基础上进行的。整个装置的动设备、静设备、管道都连接起来。这个阶段，原则上所有自控系统都要投入运行。就地指示仪表全部投入，控制室仪表也大部分投入。自控系统先手动，系统平稳时，进入自动。

（2）仪表安装技术要求

仪表安装应按照设计提供的施工图、设计变更、仪表安装使用说明书的规定进行。当设计无特殊规定时，要符合《自动化仪表工程施工及质量验收规范》GB 50093—2013 的规定。仪表和安装材料的型号、规格和材质要符合设计规定。修改设计必须要有设计部门签发的设计变更。

仪表安装中导压管的焊接，应与同介质的工艺管道同等要求，应符合国家标准《现场设备、工业管道焊接工程施工规范》GB 50236—2011 中的有关规定。

仪表安装中供气系统的吹扫，供液系统的清洗，管子的切割方法，采用螺纹法兰连接的高压管的螺纹和密封面的加工，以及管子的连接等，应符合国家标准《工业金属管道工程施工规范》GB 50235—2010 的规定。

待安装的仪表设备，要按其要求的保管条件分类妥善保管。仪表工程用的主要安装材料，尤其是特殊材料，应按其材质、型号、规格分类保管。管件与加工件应同样对待。

仪表安装总的要求是首先要强调合理，然后是美观，切忌气源带水、横不平、竖不直，要整洁、干净、利索。

（3）常用仪表施工机具

① 台式钻床（13mm）

台式钻床简称台钻，是一种体积小巧，操作简便，通常安装在专用工作台上使用的小型孔加工机床。台式钻床钻孔直径一般在 13mm 以下，一般不超过 25mm。其主轴变速一般通过改变三角带在塔型带轮上的位置来实现，主轴进给靠手动操作。

台式钻床主要作中小型零件钻孔、扩孔、绞孔、攻螺纹、刮平面等技工车间和机床修配车间使用，与国内外同类型机床比较，具有马力小、刚度高、精度高，刚性好，操作方便，易于维护的特点。把精密弹性夹头的振动精度调节到 0.01mm 以下，就可以对玻璃等材料 1mm 以下的精密钻孔加工。台式钻床如图 7-1 所示。

② 手电钻（6.5mm）

手电钻是一种携带方便的小型钻孔用工具，以交流电源或直流电池为动力，由小电动机、控制开关、钻夹头和钻头几部分组成。手电钻是电动工具行业销量最大的产品，广泛用于建筑、装修、泛家具等行业，用于在物件上开孔或洞穿物体。手电钻如图 7-2 所示。

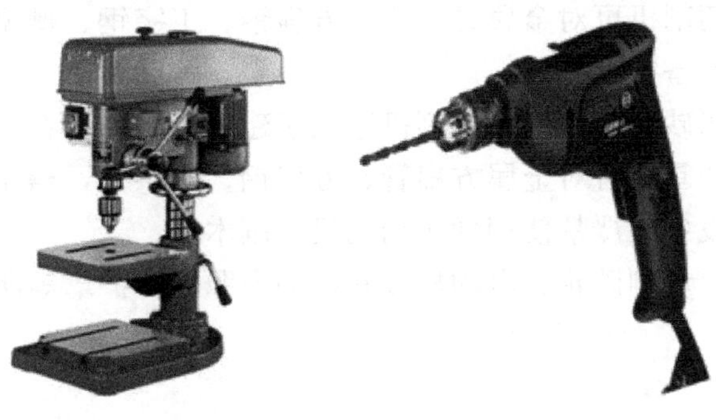

图 7-1　台式钻床　　图 7-2　手电钻

③ 电动套丝机（19.05～12.7mm）

电动套丝机是设有正反转装置，用于加工管子外螺纹的电动工具。又名：电动切管套丝机：绞丝机：管螺纹套丝机。

套丝机工作时，先把要加工螺纹的管子放进管子卡盘，撞击卡紧，按下启动开关，管子就随卡盘转动起来，调节好板牙头上的板牙开口大小，设定好丝口长短，然后顺时针扳动进刀手轮，使板牙头上的板牙刀以恒力贴紧转动的管子的端部，板牙刀就自动切削套丝，同时冷却系统自动为板牙刀喷油冷却，等丝口加工到预先设定的长度时，板牙刀就会自动张开，丝口加工结束。关闭电源，撞开卡盘，取出管子。

套丝机还具有管子切断功能：把管子放入卡盘，撞击卡紧，启动开关，放下进刀装置上的割刀架，扳动进刀手轮，使割刀架上的刀片移动至想要割断的长度点，渐渐旋转割刀上的手柄，使刀片挤压转动的管子，管子转动 4、5 圈后被刀片挤压切断。电动套丝机如图 7-3 所示。

④ 手动切割机

手动瓷砖切割机不用电、无粉尘、无噪声、低损耗。切割原理与金刚石玻璃刀划玻璃相似。可直线与弧线切割各类瓷砖：有釉或无釉内外墙砖、地砖、立体砖、陶瓷板、玻化瓷制砖以及平板玻璃等。传统切割工具主要是电动切割机、手持式金刚石刀等。手动瓷砖切割机是一种绿色环保工具，与传统切割机相比，切割直线时，无论切割效果、切割效率、切割成本等方面都有非常大的优势。手动切割机如图 7-4 所示。

图 7-3　电动套丝机

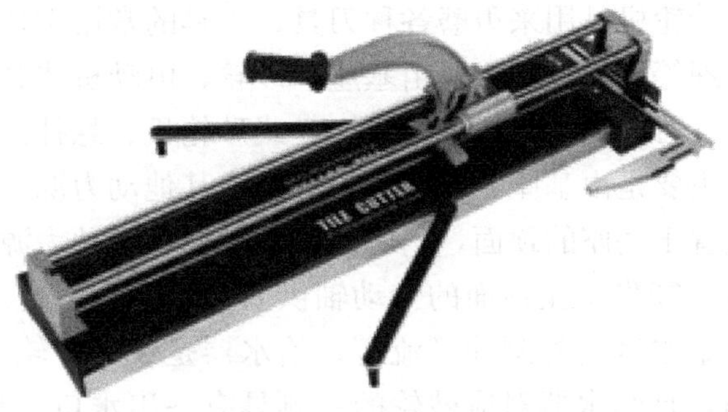

图 7-4　手动切割机

⑤ 砂轮切割机

砂轮切割机，又叫砂轮锯，砂轮切割机适用于建筑、五金、石油化工、机械冶金及水电安装等部门。砂轮切割机可对金属方扁管、方扁钢、工字钢、槽型钢、碳元钢、圆管等材料进行切割的常用设备。

砂轮切割机，又叫砂轮锯，砂轮切割机适用于建筑、五金、石油化工、机械冶金及水电安装等部门。砂轮切割机可对金属方扁管、方扁钢、工字钢，槽型钢，碳元钢、元管等材料进行切割的常用设备。严禁使用砂轮切割机切割木材。

其主要是由基座、切割砂轮、电动机或其他动力源、防护罩等所组成。砂轮切割机示意图如图 7-5 所示。

⑥ 角向磨光机

角向磨光机又称研磨机或角磨机，是用于切削和打磨的一种手提式电动磨具。主要用于切割、研磨及刷磨金属与石材等。角磨机常见型号按照所使用的附件规格划分为 100mm（4 英寸）、125mm（5 英寸）、150mm（6 英寸）、180mm（7 英寸）及 230mm（9 英寸），欧美多使用的小规格角磨机为 115mm。

电动角磨机就是利用高速旋转的薄片砂轮以及橡胶砂轮、钢丝轮等对金属构件进行磨削、切削、除锈、磨光加工。角磨机适合用来切割、研磨及刷磨金属与石材，作业时不可使用水。切割石材时必须使用引导板。针对配备电子控制装置的机型，如果在此类机器上安装合适的附件，也可以进行研磨及抛光作业。角向磨光机如图 7-6 所示。

图 7-5 砂轮切割机　　　　图 7-6 角向磨光机

⑦ 砂轮机

砂轮机是用来刃磨各种刀具、工具的常用设备，也用作普通小零件进行磨削、去毛刺及清理等工作。其主要由基座、砂轮、电动机或其他动力源、托架、防护罩和给水器等所组成。可分为手持式砂轮机、立式砂轮机、悬挂式砂轮机、台式砂轮机等。

主要是由基座、砂轮、电动机或其他动力源、托架、防护罩和给水器等所组成。砂轮是设置于基座的顶面，基座内部具有供容置动力源的空间。动力源传动一减速器，减速器具有一穿出基座顶面的传动轴供固接砂轮，基座对应砂轮的底部位置具有一凹陷的集水区，集水区向外延伸一流道，给水器是设于砂轮一侧上方，给水器内具有一盛装水液的空间，且给水器对应砂轮的一侧具有一出水口。具有整体传动机构十分精简完善，使研磨的过程更加方便顺畅及提高整体砂轮机的研磨效能的功效。砂轮机如图 7-7 所示。

⑧ 电锤

电锤是附有气动锤击机构的一种带安全离合器的电动式旋转锤钻。电锤在电钻的基础上，增加了一个由电动机带动有曲轴连杆的活塞。利用活塞运动的原理，压缩气体冲击钻头，产生了沿着电钻杆的方向的快速往复运行（频繁冲击）。

所以它可以在脆性大的水泥、混凝土及石材等硬性材料上开 6～100mm 的孔。电锤在上述材料上开孔效率较高，但它不能在金属上开孔。高档电锤可以利用转换开关，使电锤的钻头处于不同的工作状态，即只转动不冲击，只冲击不转动，既冲击又转动。电锤如图 7-8 所示。

图 7-7 砂轮机

图 7-8 电锤

⑨ 冲击电钻

冲击钻依靠旋转和冲击来工作，利用内轴上的齿轮相互跳动来实现冲击效果。其单一的冲击力是非常轻微的，但每分钟 4 万多次的冲击频率可产生连续的力。冲击钻工作时钻头夹头处有调节旋钮，可调普通手电钻和冲击钻两种方式。冲击钻可用于天然的石头或混凝土，但不适合钻钢筋混凝土。

冲击钻与电锤区别在于：电锤依靠旋转和捶打来工作。单个捶打力非常高，并具有每分钟 1000～3000 的捶打频率，可产生显著的力。冲击钻功率没有电锤大，但便于携带，可在狭小空间进行操作，但冲击力远不如电锤。冲击电钻如图 7-9 所示。

⑩ 液压弯管机

液压弯管机一种新型的具有弯管功能及起顶功能的弯管工具。具有结构合理、使用安全、操作方便、价格合理、装卸快速、便于携带、一机多用等众多优点，主要用于工管道安装和维修。液压弯管机如图 7-10 所示。

图 7-9 冲击电钻

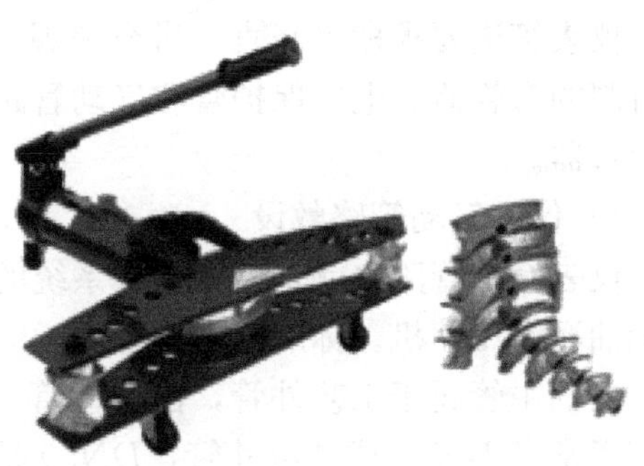
图 7-10 液压弯管机

（4）常用校验标准类仪表（参见本书第八、九章）

① 压力校验器

② 兆欧表

③ 活塞式压力计

④ 0.4级标准压力表

⑤ 台式压力表

⑥ 数字压力表

⑦ 数字万用表

⑧ 数字电压表（0～20mA DC）

⑨ 多功能信号发生器

⑩ 交直流稳压电源

⑪ 温度仪表校验仪（包括水浴、油浴）

⑫ 接地电阻测定仪

7.2　仪表管道及电缆敷设

（1）管道敷设

仪表管道有四种，即气动管路、测量管路、电气保护管和伴热管，其加起来的长度总数并不会比同一装置的工艺管道少多少，因此，管道的工作量很大。

气动管路又叫信号管路。介质是仪表用的压缩空气，常温。主管压力为0.5～0.7MPa。压缩空气通过过滤器减压阀到每一个仪表上，气源压力为0.14MPa。气动仪表的标准信号是0.02～0.1MPa。主管是无缝钢管，支管是镀锌水煤气管。气动管路到每一个仪表上去的是的铜管或被覆铜管，也可以是管缆和尼龙管。

测量管路又称脉冲管路，在仪表四种管路中是唯一与工艺管道直接相接的管道。介质完全同工艺管道，这种管道的安装要求完全同工艺管道，因此，对它的要求高于其他三种管道，需要经过耐压试验。

电气保护管是仪表电缆补偿导线的保护管。通常使用专用电气管或镀锌水煤气管。其作用是使电缆免受机械损伤和排除外界电、磁场的干扰。它用螺纹连接，不需试压。

伴热管又称伴管，介质是低压蒸汽。它给仪表、仪表管道和仪表保温箱伴热。管材是无缝钢管（20号）或铜管，要经过试压。

仪表管道要求横平竖直，讲究美观。测量管路多用$\phi 14\times 2$或$\phi 18\times 3$无缝钢管，有专门自制的弯管器。电气保护管和气动管路多用1/2″～2″的各种弯管器，也有电动的和液动的弯管器。

1）仪表气动管路敷设

仪表气动管路也就是仪表供气系统的管路。气源来自专用的仪表空气压缩机，通常采用无油润滑压缩机。标准压力为0.5～0.7MPa，正常仪表供气压力不低于0.5MPa。

它的主管属于工艺外管，由工艺管道专业施工，从储气罐一直到每个工号的管廊上。主管通常是*DN*50或2英寸管，*DN*50是无缝钢管，2英寸管是镀锌水煤气管。

支管是2英寸以下的镀锌水煤气管。气动仪表集中的地方用的管径大些。通常1/2英寸管能供 4～6 台气动仪表或调节阀的用气。超过 6 台，就要用 3/4 英寸管。

支管与主管的连接采用螺纹连接。支管之间的连接不管是否变径，都采用螺纹连接。仪表空气要求较高。镀锌管一般不采用焊接连接。若用焊接，镀层就要损坏，氧化物会成层脱落。外表面可以用防腐的办法予以弥补，而内表面剥落的汽化铁粉末极可能堵住气动仪表的恒节流孔，使仪表产生故障。虽然管道安装完要经过吹扫，能把氧化层吹扫掉，但破坏了的内表面，在 0.5MPa 的压缩空气冲击下，还会不断氧化，产生氧化铁粉末。

气动管路是仪表的供气管路。对气源的质量要求高于其他压缩空气。通常由无油润滑压缩机供给，压缩机出口压力为 0.7MPa，通过干燥器干燥，经过储气罐沉淀才能进入供气网络，因此，配制完的供气管路在正式供气前，必须再次清洗。

2）仪表测量管路敷设

仪表测量管路又称脉冲管路、导压管。它是仪表管路中唯一与工艺设备、工艺管道直接连接的管道。管内介质完全与同它相连接的工艺管道和工艺设备中的介质相同。由于介质复杂，仪表测量管路及其管件、阀门、垫片、法兰不像其他仪表管路那样单一，一般工艺采用什么特殊的材质，它也要采用这种材质。它分为无腐蚀性介质、一般腐蚀性介质和强腐蚀性介质几种。从管材的等级上分，可分为低压管道、中压管道和高压管道。

仪表测量管路的起点是自控仪表的一次点或一次仪表，如流量检测系统的起点是孔板引出管的一次阀后。测量管路的终点通常是现场仪表，如流量检测系统中差压变送器或双波缝管差压计便是它的终点。从起点到终点的途径很多，如中间可能有工艺设备、工艺管道，土建的墙、柱、楼板，还可能有电气的桥架、配管，仪表的配管、调节阀，仪表的槽板等等，还要考虑导压管本身的保温和周围工艺管道的保温。因此导压管的标高与走向都是非常灵活的，导压管配得好与坏，主要在于仪表工的经验。

导压管敷设前要大致了解工艺设备和工艺管道的安装情况。已经确定的导压管标高和走向，如确信没有工艺设备和工艺管道的阻碍，便可付诸实践。否则，配好了管，也挡不住工艺变更对仪表安装的影响。因此，仪表工必须要有较快了解施工区域内其他专业施工情况的能力，注意左右、上下、前后的多种情况，特别要留意是否有障碍物和是否会出现障碍物。导压管敷设首先要确定标高和走向。

① 导压管敷设要求

导压管敷设的要求为距离短、横平竖直。

导压管的敷设，在满足测量要求的前提下，要按最短的路径敷设，并且尽量少弯直角弯，以减少管路阻力。

导压管的要求是横平竖直，讲究美观，不能交叉。

测量管路沿水平敷设时，应根据不同测量介质和条件，有一定坡度。其坡度为 1∶10～1∶100。其倾斜方向应保证能排除气体或排放冷凝液。

导压管一般不直埋地下，应架空敷设。在穿墙或过楼板处，应有保护管保护。当导压管与高温工艺设备或工艺管道连接时，要有补偿热膨胀的措施。

导压管在敷设前，管内应清洗干净。需要脱脂的管道，要按《自动化仪表工程施工及质量验收规范》GB 50093—2013 规定，脱脂合格后，才能敷设。

导压管在敷设前，要平直管道，否则达不到横平竖直的要求。

安装结束的导压管，应同工艺管道一起试压，试压的等级要求，完全与工艺管道相同。没有与工艺管道一起试压的导压管，要单独试压。试压的压力要求为操作压力的1.5倍。压力可由根部阀加入，必须一个回路一个回路地试。没有试压或试压不合格的导压管，不能投入使用。

试压合格的导压管要与工艺管道一起吹扫，吹扫合格方可投入使用。

导压管焊接和无损探伤的要求也完全同工艺管道。

焊接必须要取得相应焊接项目的合格焊工施焊，严禁无证施焊或项目不符的焊工施焊。

② 管道的弯制

导压管在一般情况下都是$\phi14\times2$的无缝钢管。不同介质其材质不同，但管径大多数都采用$\phi14$。

弯管器是自制的，具体制作图如图7-11所示。材料为20号钢、钢板、圆钢均可以，装配图如图7-12所示。

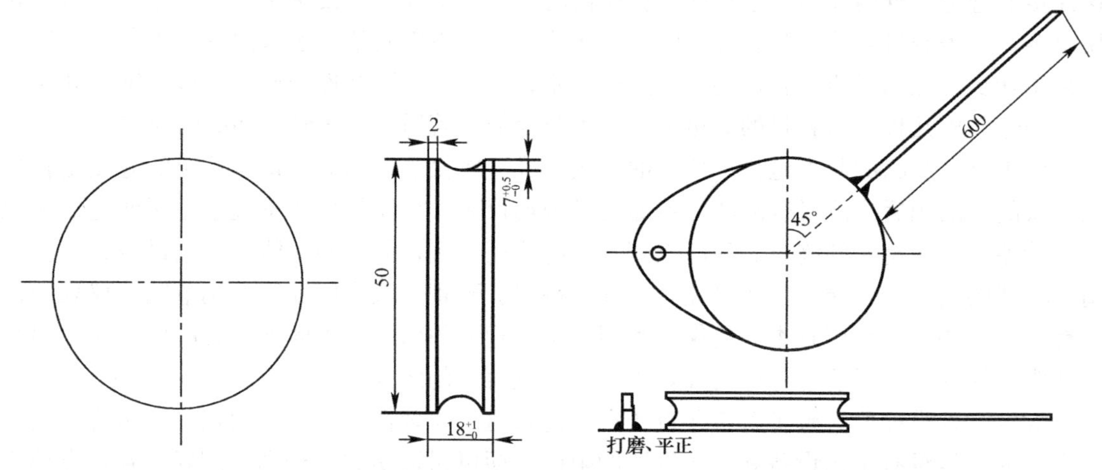

图7-11 $\phi14$弯管器制作图　　图7-12 弯管器装配图

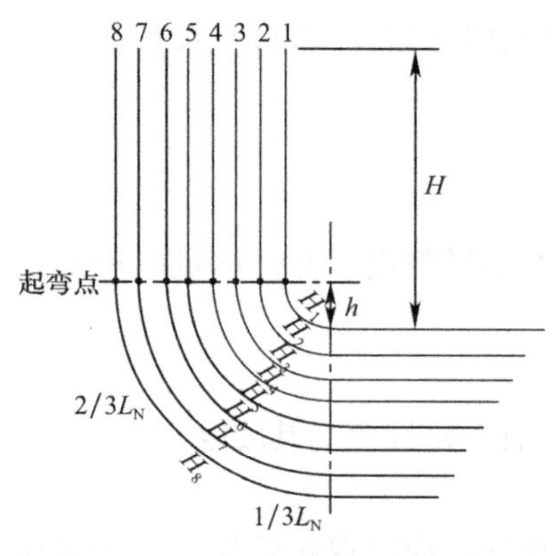

图7-13 导压管套弯示意图

导压管常要煨成套弯的形式。几根、十几根甚至几十根导压管在一起敷设。直线段间距定下后，其套弯的间距也定下来了。再计算其弯曲的圆弧长度。按照需要，决定起弯处H_N，然后按$2/3L_N$在前，$1/3L_N$在后的经验，即可以摵成漂亮的套弯，如图7-13所示。

上述弯管的经验公式仅适合90°弯及90°套弯，不适合其他角度。

导压管的摵弯角度绝大多数是90°弯，另有部分称压脖弯，如图7-14所示形状。

压脖弯主要保证上下平行，间距为h。为减少阻力，两平行管间的外错角通常选择135°。这种弯管要保证两个管头均合适较为困难，通常是保证一头及两管距离h，另一头待弯后，把长的锯掉，短的接上，弯管就不很严格了。

需要注意的是，弯曲时，要保证弯曲半径不能小于导压管直径的3倍。也就是说，对$\phi14\times2$无缝钢管来说，最小弯曲半径约为45mm左右。

图 7-14 导压管压脖弯

管子弯制后，不能有裂纹和凹陷，也不能留下弯管器用力过猛留下的凹坑。

③ 需要特别注意的问题

需要特别注意的问题是材质不能误用。

由于导压管介质很复杂，有耐碱、耐酸及普通不耐酸、碱的，耐腐蚀还有强、弱之分。压力、温度等级也涉及管材与加工件材质的不同。要引起特别注意的是，管子及加工件外形十分相似，特别是加工件，如取压短节、连接螺纹、阀门、法兰、三通，弯头等管件，要确保使用场合准确无误。对于特殊材质，需要有专门保管，专门领用记录、使用记录，以备查询。

对于特殊材料的焊接，母材不能错，加工件不能错，焊材也不能错。除法兰外，一般氩弧焊都可焊接，焊丝要保证使用正确。法兰焊接，除氩弧焊打底外，还要电焊盖面，焊条不能用错。

3）电气保护管敷设

电气保护管有三种。一种是专用的电气保护管，是一种薄壁镀锌有缝钢管；一种是普通镀锌水煤气管，又称作镀锌焊接钢管；另一种是硬质聚乙烯塑料管。这三种管都可作为仪表电缆与补偿导线的保护管。

由于电气保护管壁太薄，不易弯制，使用不方便，现场使用逐渐减少。硬质塑料管虽能很好保护电缆及补偿导线，但不能抗电场和磁场的干扰，使用范围受到限制。现场使用最多也最普遍的是镀锌水煤气管。

电缆是自控系统的神经，特别是电动单元仪表和集散系统，每个仪表信号通过电缆到中控室的仪表盘，从调节器到现场的调节阀也是用电缆来连接的，因此，用来保护电缆的电气保护管使用量很大。

与导压管不同的是：它没有流动介质，只有固定的电缆与补偿导线，不受介质压力、温度及有无腐蚀性的影响，它只要求能很好地保护电缆，具备较好的电气连续性。

4）仪表伴热管的安装

① 伴热管的特点

仪表伴热管简称伴管。它的特点如下：

a. 功能单一，就是伴热；

b. 材质单一，一经选定，整个系统只有一种材质，即普通碳钢或紫铜；

c. 介质单一，无一例外，全为低压蒸汽，一般压力为 0.2MPa；

d. 管径单一，一经选定，整个系统只有一种规格，即 $\phi14\times2$ 或 $\phi18\times2$ 或 $\phi10\times1$ 或 $\phi8\times1$ 的无缝钢管或铜管；

e. 安装要求不高，除保温箱内的伴管裸露，需要弯制整齐、美观，其余部分都被保温物质覆盖住。

所以说，它是仪表安装四种管道中最简单的一种管线。

② 伴热管安装中注意事项

a. 伴管介质

分清伴管是直接伴热还是间接伴热。伴管的目的是保证管道内凝固点较高的介质始终处于流动状态。基于这种原因，对沸点较低的介质，只要保证它不凝固，正常流动就可，不必使介质汽化。介质汽化的结果，对流量测量、压力测量会带来不可忽视的误差。这类介质属于间接伴热，又称轻伴热。但对凝固点较低的介质，如伴热温度不够，要影响介质的流动性。这样的介质必须采取直接伴热，也称重伴热。

重伴热是使伴管紧贴着伴热的导压管，保温也要仔细检查。轻伴热是使伴管与被伴导压管有一间隔，大约10mm左右。具体要视管内介质的物理性质和低压蒸汽的压力而定。直接伴热与间接伴热的区分很重要，它直接影响系统的正常检测和控制。而这个问题往往被施工者所忽视。

b. 确定低压蒸汽引入的位置

在自控图上，伴管低压蒸汽的引入往往是“就近引入”。但有时，在附近没有低压蒸汽。解决这类问题的最好办法是在伴管较集中的地方安装一个低压蒸汽分配器，引入一个低压蒸汽。然后，再从分配器接出去。这要比单从低压蒸汽总管引入到伴管方便。

c. 冷凝水要集中排放

这个问题往往被设计者所忽视。“就地排放”是最轻松的说法。就地排放的结果是开始时到处是蒸汽（疏水器有可能损坏），然后是水，最后是冰，在框架平台上积起来的冷凝水都变成冰，会给操作工的工作带来很大困难。集中排放，分片排入地沟或地漏，会使装置整齐得多，也使操作工方便得多。

d. 敷设完伴管要试压

伴管要试压，试压要求与蒸汽管道试压要求相同。强度试验压力为工作压力的1.5倍。

伴管试压只作强度试验，不必作严密性和气密性试验。

强度试验时要连阀门和疏水器一起试。如果连上保温箱，保温箱内的伴管（弯管）也要一起试。这段管若有泄漏，要影响保温箱内仪表的正常运行，应特别注意。试压时，要拆下仪表，免受损害。伴管的支架可随所伴的导压管。

e. 伴管敷设时对阀门与仪表的处理

伴热管不能中间脱节，否则脱节的这一段容易凝固。容易脱节的地方是仪表阀门、孔板的根部阀。对于阀门来说，不管是直接伴热还是间接伴热，都可以紧靠着，不至于使阀内液体汽化。不靠紧，要影响保温。对仪表的伴热管，只考虑介质接触部分。如变送器，考虑到进入变送器的导压管，压力变送器为一条，流量、液面用的差压变送器为两条。特殊情况可考虑正、负压室的伴热。对压力表，指示式液面计（如玻璃板液面计）只要伴热管配到仪表接头为止就可。

f. 伴热管的保温

伴管的保温是一道重要的工序。仪表管路本身很细（$\phi14\times2$），若采用玻璃棉，会使小管变成大管。保温不好，会使本来很整齐美观的导压管成为臃肿的棉团。因此要选择好保温材料，仔细地保温。

仪表保温常用材料为石棉绳和玻璃纤维布。用石棉绳把伴管和被伴管缠起来，然后用玻璃纤维布仔细地包起来，用细钢丝扎捆。最后按设计要求，刷上调和漆即可。

保温箱的保温材料一般为泡沫塑料板，这种多孔的塑料板隔热效果很好。

（2）电缆敷设

1）仪表电缆敷设的要求

① 根据先远后近，先集中后分散的原则，沿电缆敷设线路，测量出每根电缆实际需要的长度，核对尺寸是否与设计相符。根据测量结果与电缆到货情况编制好电缆敷设表，其内容要包括编号、型号规格、起点、终点、参考长度、参考电缆盘号，并核对到货电缆是否足够长，不允许使电缆出现中间接头。

② 对电缆进行检查，型号规格、电缆芯数要符合设计要求，外观完好无破损，并进行绝缘电阻（芯线与芯线，芯线与地或屏蔽层）和导通检查，绝缘电阻不小于5MΩ为合格。一般控制电缆用500V直流兆欧表测绝缘电阻，补偿导线用100V兆欧表测量；导通检查用万用表电阻挡或校线设备。按盘号作好电缆型号、长度及绝缘记录。

③ 电缆在汇线槽内要排列整齐，在垂直汇线槽内要用扎带绑在支架上固定；在拐弯、两端等部位要有适当富余。

④ 电缆弯曲半径要求：铠装电缆不小于外径的10倍，非铠装电缆不小于其外径的6倍。

⑤ 不要将电缆敷设在高温、易燃可燃介质的工艺设备、管道上方和具有腐蚀性介质、油脂类介质设备、管道下方。

⑥ 在电缆引入仪表盘、箱或机柜等设备前要加以固定。

⑦ 根据管线平面敷设图，确定每根电缆（线）的终点、起点及走向。以尽量避免电缆交叉，便于敷设施工为准则，全盘规划，统筹安排，拟订出所放电缆的前后顺序，按照已编制的施工电缆表进行依次敷设。根据工作量的大小，计划需用人员。

⑧ 根据电缆敷设表选择好所敷设的电缆型号和规格，选择好电缆盘，做好标记，并做好记录。开始敷设，敷设时注意防止电缆与电缆及与其他硬锐物体间的摩擦。

2）仪表电缆布线接线

① 接线

a. 仪表盘、接线箱内布线要整齐美观，导线要用绝缘扎带扎牢，并要留有余量，本安回路导线应独自成束，若不能满足时，要用绝缘纸与其他隔开；明敷设时要根据接线图应独自成束，合理分层，防止交叉，在小汇线槽内布线要从顶部开始，将上面的线布在里面；线头从槽孔中引出，弯成相同的弧形，对号接在端子牌上。备用芯线要统一处理，统一排列。

b. 无小汇线槽的表盘、表箱及接线盒的布线，一般采用成束配线法。成束配线是将相同走向的导线用尼龙线或塑料绑带捆扎在一起，断面呈现圆形，捆扎方法如图7-15所示，扎线间距30～60mm，分支要从线束背后引出，线束外层导线要平直美观。每根引出线都弯成相同的弧形，对号接在端子上，备用线芯用螺丝柄卷成螺旋形圆圈置于隐蔽处，捆扎成束的导线要固定在盘后。并在主电缆上挂标记牌。

c. 电缆的屏蔽层一般在控制室一端作屏蔽接地，在现场端不得接地；设计要求在现场接地的仪表电缆，室内侧屏蔽应单独作密封处理。同一线路的屏蔽层要有可靠的电气连续性；屏蔽接地可与工作接地共用接地干线与接地极。

d. 导线剥绝缘皮时，金属线芯漏出部分长短要适宜，多股芯线接线时应用端子压接，单股芯线可将芯线顺时针弯成接线环连接，每一个端子多连接两根芯线；接线前要套好线号标志，标志应清晰，标号统一、排列整齐。接线时螺丝必须拧紧，不得松动。

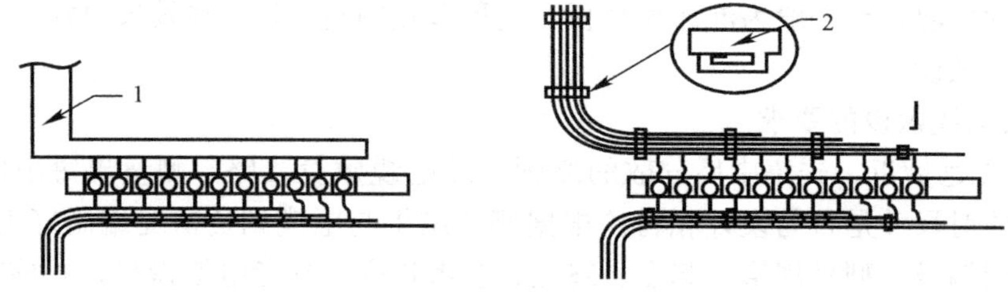

图7-15　成束配线法

1—圆线把；2—固定卡具

② 接线箱布线

a. 布线要求整体排列整齐、美观、余量适度。

b. 芯线应以线束形式绑扎整齐，线束应分层合理，即按照芯线走向较远的端子所接芯线放在线束里侧，近的端子所接芯线放在线束外侧，这样能避免芯线的交叉，为以后维护时查找芯线提供方便。

c. 备用电缆或多芯电缆中的备用芯线留在线束里侧作为线束骨架，其长度必须保证比可能达到的远位置长100mm左右，且必须标注备用电缆号或备用芯线号（指多芯电缆）。

d. 芯线的标号应按照设计要求进行，标记应清晰、规范。并根据到货的电缆芯线颜色确定正负极所接芯线的颜色，以形成统一的色标规定。

e. 电缆屏蔽应与电缆芯线一起处理，并与芯线和金属接线盒壁等绝缘。

③ 端子排接线

a. 接线前应检查线标标注是否正确，标注方向是否一致。

b. 单股芯线不用压接端子，但必须采用相应方法固定芯线标号，并压接牢固，多股绞合的芯线必须压接线端子。

c. 压接线端子和接线时应注意避免出现虚压和虚接现象。

d. 一般接回路正极的压线端子用红色的，接负极的用黑色的，并根据到货的电缆芯线颜色确定正负极所接芯线的颜色，以形成统一的色标规定。

e. 同一电缆的屏蔽层应具有可靠的电气连续性，一般在主控室一侧单端接地，设计有特殊要求除外。当同一接线盒内存在不同电压等级或不同种类的信号线路时，其电缆芯线应分开绑扎，以免互相产生干扰。当现场仪表设备尚未具备接线条件，而室内接线已完成时，可将端子排一侧接线暂不作正式连接，仅压接好端子，等待现场仪表设备接线完成后再进行终连接。

f. 仪表接线完成后应整体美观。

④ 仪表接线

a. 现场条件暂不具备接线条件的电缆，在端头应做好密封防水、防潮和防损坏处理。

b. 仪表电气进线口应保持密封，其导线的终端处理要求与电缆接线盒同。

c. 电缆接线前应制做终端电缆头，电缆终端头的制作应一次完成，以免受潮。剥电缆时，不得伤及芯线绝缘层。剥线长度应按照接线柱位置留有100mm的余量。

d. 当电缆芯数超过两根时应有线标，标号可以标注功能或自然序号，但应与接线盒或室内端子排（直达电缆）保持一致。

e. 接线时单股芯线不用压接端子，多股绞合的芯线必须压接线端子，压接时应牢靠，注意避免出现虚压和虚接现象。

f. 电缆屏蔽到达仪表设备时一般悬空处理，但特殊仪表例外。当仪表出线盒在功能上仅为一中间接线盒时，应按照接线盒的要求把屏蔽续接起来。

g. 接线完成后，应对导线进行电气连续性试验，并同时检验接线、极性、电缆标号和导线标识的正确性。

h. 用防爆密封接头防爆的仪表经回路检查无误后及时做好防爆密封。

3）电缆桥架敷设

所谓仪表电缆桥架，就是由托盘或梯架的直线段、弯通、组件、托臂、吊架等构成具有密接支撑电缆的刚性结构系统的总称，是应用在水平布线和垂直布线系统的安装通道。仪表电缆桥架是使电线、电缆、光缆铺设达到标准化、系列化、通用化的电缆铺设装置。

① 仪表电缆桥架的分类

仪表电缆桥架是在石油化工工程行业应用最广泛的低压配电设备，并且品种全、应用广、强度大、结构轻、造价低、施工简单、配线灵活、安装标准、外形美观的特点，给技术改进、电缆扩充、维护检修带来方便。

目前在我国生产的仪表电缆桥架上要有以下几种：根据制造桥架的材料不同，桥架一般分为钢制电缆桥架、阻燃玻璃钢电缆桥架、抗腐蚀铝合金电缆桥架、防火电缆桥架。这四大类：根据桥架的结构形式不同，桥架一般分为槽式电缆桥架、托盘式电缆桥架、梯级式电缆桥架、组合式电缆桥架四大类，这些也是目前在国内应用比较多的桥架，多为封闭型桥架。

a. 钢制槽式电缆桥架

钢制槽式电缆桥架又称电缆槽板，是一种全封闭型电缆桥架。它最适用于敷设计算机电缆、通讯电缆、仪表电缆、热电偶电缆及其他高灵敏系统的控制电缆等。它对控制电缆的屏蔽干扰和重腐蚀环境中电缆的防护有较好的效果，是自动化仪表电缆敷设普遍采用的桥架，如图 7-16 所示。

槽板的通用配件包括调宽片、调高片、连接片、调角片、隔板、护罩等。它是电缆挢架安装中的变宽、变高、连接、水平和垂直走向中的小角度转向及动力电缆和控制电缆的分隔等必要的附件。其表面处理分为静电喷塑、镀锌、喷漆三种。在重腐蚀环境还可特殊处理。

b. 钢制梯级式电缆桥架

XQJ-T 型梯级式电缆桥架具有重量轻，成本低，造型别致，安装方便，散热、透气性好等优点，适用于直径大的电缆敷设，特别适合高、低压动力电缆的敷设。其表面处理分为静电喷塑、镀锌和喷漆三种，在重腐蚀环境中还可特殊处理。仪表很少采用这种电缆桥架，一般说来是电气专业的专用桥架，如图 7-17 所示。

c. 钢制托盘式电缆桥架

托盘式桥架因为重量轻，载荷大，造型美观，结构简单，安装方便，是广泛应用的一种电缆桥架。它既适用于动力电缆，也适用于控制电缆的敷设。自控专业也常选用它。其表面处理分为镀锌和喷漆两种，在重腐蚀环境中可进行特殊防腐处理，如图 7-18 所示。

d. 钢制组合式电缆桥架

钢制组合式电缆桥架是一种最新型的桥架，适用于各项工程的各种情况下的各种电缆的敷设。它具有结构简单、配合灵活、安装方便、型式新颖等优点。组合式电缆桥架只要采用宽100mm、150mm、200mm的三种基型，就可组装成所需尺寸的电缆桥架，不需要弯通、三通等配件就可在现场任意转向、变宽、分支、引上、引下，在任意部位不需要打孔、焊接就可以用管引出。它既可方便工程设计，又方便生产运输，更方便安装施工，是目前电缆桥架中最理想的产品，它的表面处理为镀锌、静电喷塑。在强腐蚀环境可做特殊的防腐处理，如图7-19所示。

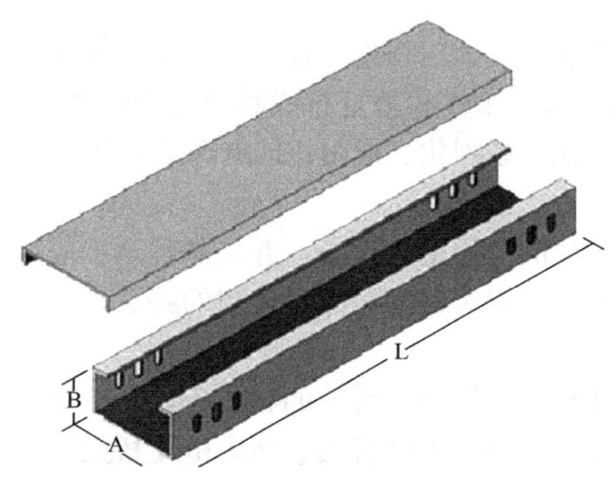

图7-16　钢制槽式电缆桥架

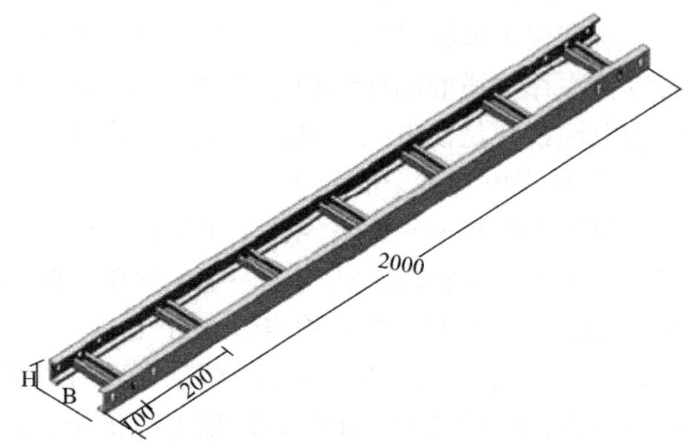

图7-17　钢制梯级式电缆桥架

图7-18　钢制托盘式电缆桥架

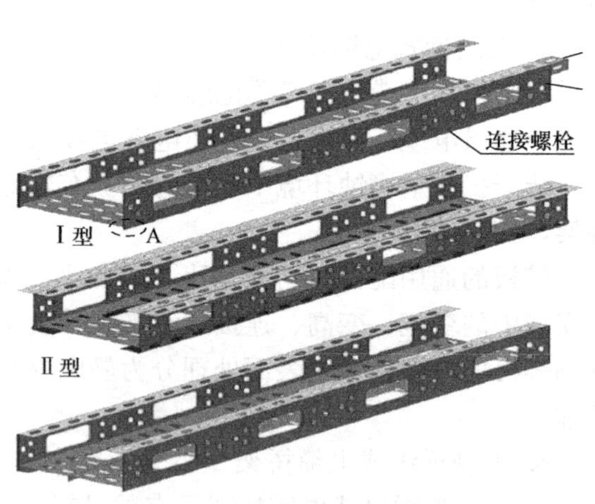

图7-19　钢制组合式电缆桥架

② 电缆桥架用支架的制作、安装

a. 支架制作

- 制作支架时，应将材料矫正、平直，采用机械切割方法，切口表面应平整，不应有卷边和毛刺。
- 制作好的支架应牢固、平直、尺寸准确，并按设计文件要求及时除锈、涂防锈漆。

b. 支架安装

- 支架安装在允许焊接的金属结构上和有预埋件的水泥框架上，应采用双面焊接固定。
- 支架应固定牢固、横平竖直、整齐美观，在同一直线段上的支架间距应均匀。

• 支架不应安装在高温或低温管道上。支架安装在有坡度的电缆沟内或建筑结构上时，其安装坡度应与电缆沟或建筑结构的坡度相同。支架安装在有弧度的设备或结构上时，其安装弧度应与设备或结构的弧度相同。

③ 电缆桥架的制作、安装

a. 电缆桥架的制作

• 电缆桥架及其配件应选用制造厂的标准产品，其结构形式、规格、材质、涂漆等均应符合设计文件规定，并应有质量证明文件。

• 宜采用切割机、锯弓等对成品直通电缆槽进行加工，不能使用电焊或气焊切割。

• 电缆槽切割后应满足施工要求，如切割后发现有裂痕或变形，应放弃使用。

• 切割后的电缆槽均需打磨，使边缘光滑无毛刺、无裂缝。

• 电缆槽弯曲半径不应小于在该电缆槽中敷设的电缆最小弯曲半径，变径应平整、准确、无毛刺。

• 现场制作的配件宜采用螺栓连接或铆钉连接。特殊情况可用焊接，焊接时应采用断续焊，并应有防变形措施，接缝应相互错开，焊完后配件应平整牢固，焊缝应打磨光滑。加工成形后的配件应及时除锈涂刷底漆和面漆。

• 电缆槽底部应有漏水孔，漏水孔宜按之字形错开排列，孔径为 $\phi5$～$\phi8$。如需现场开孔时，应从里向外进行施工，并应作防腐处理。

b. 电缆桥架的安装

• 电缆桥架及其构件安装前应进行外观检查。其内、外应平整，内部应光洁、无毛刺，镀层（漆层）应完好无损，尺寸应准确，配件应齐全。

• 电缆桥架安装在工艺管架上时，宜在管道的侧面或上方。对于高温管道，不应平行安装在其上方。

• 电缆桥架宜采用半圆头防锈螺栓连接，螺母应在电缆桥架的外侧，固定应牢固。

• 电缆桥架不宜采用焊接连接，若采用焊接连接时，应焊接牢固，且不应有明显的焊接变形。焊接后，打掉药皮，清除飞溅。焊缝与母材应圆滑过渡，并补涂防锈漆和面漆。

• 电缆桥架安装直线长度超过 50m 时，应采用安装膨胀节，或根据安装时不同的环境温度，在槽板接口处预留适当间隙的热膨胀补偿措施。同时采用在支架上焊接滑动导向板的固定方式。

• 电缆桥架的上部与建筑物和构筑物之间应留有便于操作的空间。桥架与桥架之间、桥架盖板之间、盖板与盖板之间的连接处应对合严密。

• 电缆桥架的开孔应采用机械加工方法，保护管引出口的位置应在电缆桥架高度的 2/3 左右。当电缆直接从开孔处引出时，应采取适当措施保护电缆。仪表桥架的端口宜封闭。

• 电缆桥架垂直段大于 2m 时，应在垂直段上、下端桥架内增设固定电缆用的支架。当垂直段大于 4m 时，还应在其中部增设支架。

• 电缆桥架由室外进入建筑物内时，桥架向外的坡度不得小于 1∶10。

• 电缆桥架要可靠接地，长距离的电缆桥架每隔 20～30m 用接地线与钢结构做跨接接地一次。

• 对安装在钢制支吊架上或用钢制附件固定的铝桥架当钢制件表面为热浸锌时可与铝桥架直接接触，当其表面为喷涂粉末涂层或涂漆时则应在与铝桥架接触面之间用聚氯乙烯或氯丁橡胶衬垫隔离。

• 电缆桥架与动力电缆桥架的安装间距，应符合设计文件规定。

• 当电缆槽或电缆沟通过不同等级的爆炸危险区域的分隔间隔时，在分隔间壁必须做充填密封。

4）电缆保护管敷设

保护管是用来保护电缆、电线和补偿导线的。用作保护管的管材，有镀锌水煤气管、电气管和硬聚氯乙烯管。电气管管壁薄，内径小，基本不用；硬聚氯乙烯管只在强腐蚀性场所使用；通常采用镀锌钢管。

电气保护管与仪表连接处采用金属软管，又称蛇皮管，是用条形镀锌铁皮卷制成螺旋形而成。为了更好地在腐蚀性介质（空气）中使用，现在都在蛇皮管外面包上一层耐腐蚀塑料，金属软管因此易名为金属挠性管，一般长度有700mm和1000mm两种规格。

保护管的选用要从材质和管径两个方面考虑。材质取决于环境条件，即周围介质特性，一般腐蚀性可选择金属保护管，强酸性环境只能用硬聚氯乙烯管。而管径则由所保护的电缆、电线的芯和外径来决定。

第 8 章　常用测量仪器仪表的使用

8.1　常用电工仪表分类

电工仪表分类：按结构和用途不同，主要分为指示仪表、比较仪表、数字仪表和智能仪表四大类。

（1）指示仪表（直读式仪表）

能将被测量转换为仪表可动部分的机械偏转角，并通过指示器直接指示出被测量的大小，故又称为直读式仪表。

1）按工作原理分类：主要有磁电式、电磁式、电动式、感应式等，其表示方式如下：

① 磁电式—C、整流式—L、热偶式—E、电磁式—T、

② 电动式、铁磁电动式—D、感应式—G、静电式—Q。

2）按电工指示仪表的测量对象分：可以分为电流表（安培表，毫安表、微安表）、电压表（伏特表，毫伏表、微伏表以及千伏表）、功率表（瓦特表）、电度表、欧姆表、相位表等。

3）按电工仪表工作电流的性质分：可以分为直流仪表、交流仪表和交直流两用仪表。

4）按使用方式分：可以分为安装式与便携式仪表。

5）按仪表的准确度分有 0.1、0.2、0.5、1.0、1.5、2.5、5.0 共七个等级。

6）按仪表使用条件分为 A、B、C 三组。

（2）比较仪表

在测量过程中，通过被测量与同类标准量进行比较，然后根据比较结果才能确定被测量的大小。

比较仪表分类：直流比较仪表和交流比较仪表。直流电桥和电位差计属于直流比较仪表，交流电桥属于交流比较仪表。

典型仪表：比较式直流电桥。

（3）数字仪表

数字仪表的特点：采用数字测量技术，并以数码的形式直接显示出被测量的大小。

数字仪表的分类：常用的有数字式电压表、数字式万用表、数字式频率表等。

典型仪表：数字式电压表。

（4）智能仪表

智能仪表的特点：利用微处理器的控制和计算功能，这种仪器可实现程控、记忆、自动校正、自诊断故障、数据处理和分析运算等功能。

智能仪表的分类：智能仪表一般分为两大类，一类是带微处理器的智能仪器；另一类是自动测试系统。

典型仪表：数字式存储示波器。

8.2 万用表

万用表是一种多功能、多量程的测量仪表，一般万用表可测量直流电流、直流电压、交流电压、电阻和音频电平等，有的还可以测交流电流、电容量、电感量及半导体的一些参数（如 β）。

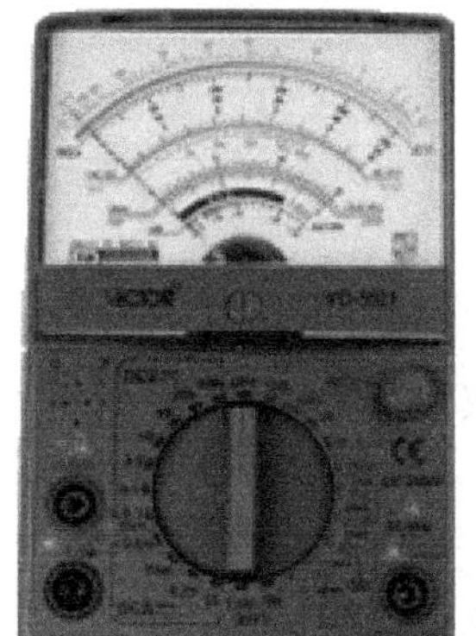

图 8-1　万用表示例图

（1）指针式万用表

指针式万用表由表头、测量电路及转换开关等三个主要部分组成，如图 8-1 所示。

1）表头

万用表是一只高灵敏度的磁电式直流电流表，其主要性能指标基本上取决于表头的性能。表头的灵敏度是指表头指针满刻度偏转时流过表头的直流电流值，这个值越小，表头的灵敏度愈高。测电压时的内阻越大，其性能就越好。

万用表的表头是灵敏电流计，表头上的表盘印有多种符号、刻度线和数值。符号 A-V-Ω 表示这只电表是可以测量电流、电压和电阻的多用表。表盘上印有多条刻度线，其中右端标有“Ω”的是电阻刻度线，其右端为零，左端为∞，刻度值分布是不均匀的。符号“—”或“DC”表示直流，“～”或“AC”表示交流。刻度线下的几行数字是与选择开关的不同档位相对应的刻度值。

2）测量线路

测量线路是万用表实现多种电量测量，多种量程变换的电路。实际上，它是由多量程直流电流表、多量程直流电压表、多量程交流电压表、多量程欧姆表等几种线路组合而成。它能将各种不同的被测量（如电流、电压、电阻等）、不同的量程，经过一系列的处理（如整流、分流、分压等）统一变成一定量限的微小直流电流送入表头进行测量。

3）转换开关

其作用是用来选择各种不同的测量线路，以满足不同种类和不同量程的测量要求。它有许多固定触点和活动触点组成，用来闭合或断开测量回路。

4）表笔和表笔插孔

表笔分为红、黑两只。使用时应将红色表笔和黑色表笔插入相应的插孔。

（2）万用表的使用

1）熟悉表盘上各符号的意义及各个旋钮和选择开关的主要作用。

2）进行机械调零。

3）根据被测量的种类及大小，选择转换开关的挡位及量程，找出对应的刻度线。

4）选择表笔插孔的位置。

5）测量电压：

测电压时要选择好量程，如果用小量程去测量大电压，则会有烧表的危险；如果用大量程去测量小电压，那么指针偏转太小，无法读数。量程的选择应尽量使指针偏转到满刻度的 2/3 左右。如果事先不清楚被测电压的大小时，应先选择最高量程挡，然后逐渐减小到合适的量程。

交流电压的测量：将万用表的一个转换开关置于交、直流电压挡，并选择合适量程，万用表两表笔和被测电路或负载并联即可。

直流电压的测量：将万用表的一个转换开关置于交、直流电压挡，选择合适量程，且“+”表笔（红表笔）接到高电位处，“—”表笔（黑表笔）接到低电位处，即让电流从“+”表笔流入，从“—”表笔流出。若表笔接反，表头指针会反方向偏转，容易撞弯指针。

6）测量电流：

测量直流电流时，将万用表的一个转换开关置于直流电流挡，同时选择合适量程。电流的量程选择和读数方法与电压一样。测量时必须先断开电路，然后按照电流从“+”到“—”的方向，将万用表串联到被测电路中，即电流从红表笔流入，从黑表笔流出。如果误将万用表与负载并联，则因表头的内阻很小，会造成短路烧毁仪表。

测量电流注意事项：

① 要有人监护，作用为：一是使测量人与带电体保持规定的安全距离，二是监护测量人正确使用仪表和正确测量。

② 测量时，不要用手触摸表笔的金属部分，以保证安全和测量的准确性。

③ 测量高压或大电流时，不能在测量时旋动转换开关，避免转换开关的触头产生电弧而损坏开关。

④ 要注意被测量的极性，避免指针反打而损坏仪表。测直流时，红表笔接正极，黑表笔接负极。

⑤ 当不知道电压和电流多大时，应先将量限挡置于最高档，然后再向低量限档转换，防止打弯指针。

7）测量电阻：

用万用表测量电阻时，应按下列方法：

① 选择合适的倍率档。万用表欧姆档的刻度线是不均匀的，所以倍率档的选择应使指针停留在刻度线较稀的部分为宜，且指针越接近刻度尺的中间，读数越准确。一般情况下，应使指针指在刻度尺的 1/3～2/3。

② 欧姆调零。测量电阻之前，应将 2 个表笔短接，同时调节“调零旋钮”，使指针刚好指在欧姆刻度线右边的零位。如果指针不能调到零位，说明电池电压不足或仪表内部有问题。并且每换一次倍率档，都要再次进行欧姆调零，以保证测量准确。

③ 读数：表头的读数乘以倍率，就是所测电阻的电阻值。欧姆档用“Ω”表示，分为 $R\times1$、$R\times10$、$R\times100$ 和 $R\times1\text{k}$ 四档。有些万用表还有 $R\times10\text{k}$ 档。

使用万用表欧姆档测电阻，除前面讲的使用前应做到的要求外，还应遵循以下步骤：

④ 首先做外观检查，然后检查表内电池电压是否足够。

⑤ 机械调零，转动机械调零旋钮，使指针对准刻度盘的 0 位线。

⑥ 检查表笔位置是否正确。

⑦ 用两表笔分别接触被测电阻两引脚进行测量。正确读出指针所指电阻的数值，再乘以倍率（$R\times100$ 档应乘 100，$R\times1\text{k}$ 档应乘 1000）。

⑧ 为使测量较为准确，测量时应使指针指在刻度线中心位置附近。若指针偏角较小，应换用 $R\times1\text{k}$ 档，若指针偏角较大，应换用 $R\times10$ 档或 $R\times1$ 档。每次换档后，应再次调整欧姆档零位调整旋钮，然后再测量。

⑨ 测量结束后，应拔出表笔，将选择开关置于"OFF"档或交流电压最大档位。收好万用表。

测量电阻时应注意：

⑩ 不允许带电测量，被测电阻应从电路中拆下后再测量。因为测量电阻的欧姆档是由电池供电，带电测量相当于外加一个电压，不但会使测量结果不准确，而且有可能会烧坏表头。不允许用电阻档直接测量微安表表头和检流计等的内阻。否则表内1.5V电池发出的电流会烧坏表头。

⑪ 两只表笔不要长时间碰在一起，防止造成仪表损坏。

⑫ 两只手不能同时接触两根表笔的金属杆、或被测电阻两根引脚，最好用右手同时持两根表笔，否则会将身体的电阻并接在被测电阻上，引起测量误差。

⑬ 测量完毕，将转换开关转至"OFF"档或交流电压最高档。长时间不使用欧姆档，应将表中电池取出，防止电池漏液腐造成损坏。

8）万用表使用注意事项

① 万用表使用应做到：

a. 万用表水平放置。

b. 应检查表针是否停在表盘左端的零位。如有偏离，可用小螺丝刀轻轻转动表头上的机械零位调整旋钮，使表针指零。

c. 将表笔按上面要求插入表笔插孔。

d. 将选择开关旋到相应的项目和量程上。

e. 在测电流、电压时，不能带电换量程。

f. 选择量程时，要先选大量程，后选小量程。

g. 测电阻时，不能带电测量。因为测量电阻时，万用表由内部电池供电，如果带电测量则相当于接入一个额外的电源，可能损坏表头。

② 万用表使用后，应做到：

a. 拔出表笔。

b. 将选择开关旋至"OFF"档，若无此档，应旋至交流电压最大量程档。

c. 若长期不用，应将表内电池取出，以防电池电解液渗漏而腐蚀内部电路。

（3）数字式万用表

近年来，数字万用表在我国获得迅速普及与广泛使用，已成为现代电子测量与维修工作的必备仪表，并正在逐步取代传统的模拟式（指针式）万用表。其主要特点是准确度高、分辨率强、测试功能完善、测量速度快、显示直观、过滤能力强。

数字万用表采用先进的数显技术，显示清晰直观、准确。它既能保证读数的客观性，又符合人们的读数习惯，能够缩短读数或记录时间。这些优点是传统的模拟式（即指针式）万用表所不具备的。数字式万用表测量方法和指针式类似，但简单很多，数字式万用表示例图如图8-2所示，接线端如图8-3所示。以FLUKE17B+为例介绍数字式万用表测电压、电流、电阻。

1）数字式万用表的应用

① 用于交流电和直流电电流测量（最高可测量10A）和频率测量的输入端子。

② 用于交流电和直流电的微安以及毫安测量（最高可测量400mA）和频率测量的输

入端子。

图 8-2 数字式万用表示例

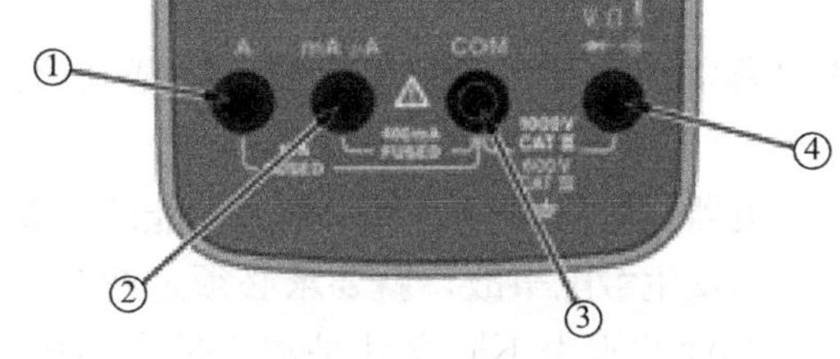

图 8-3 数字式万用表接线端

③ 适用于所有测量的公共（返回）接线端。

④ 用于电压、电阻、通断性、二极管、电容、频率、占空比、温度的输入端子。

2）测量交、直流电压

① 将旋转开关转至 Ṽ、V̄或m̃V 选择交流电或直流电。

② 按□可以在 mVAC 和 mVDC 电压测量之间进行切换。

③ 将红色测试导线连接至 VΩ 端子，黑色测试导线连接至 COM 端子。

④ 用探头接触电路上的正确测试点以测量其电压，如图 8-4（a）所示。

⑤ 读取显示屏上测出的电压。

具体连接方式如图 8-4 所示。

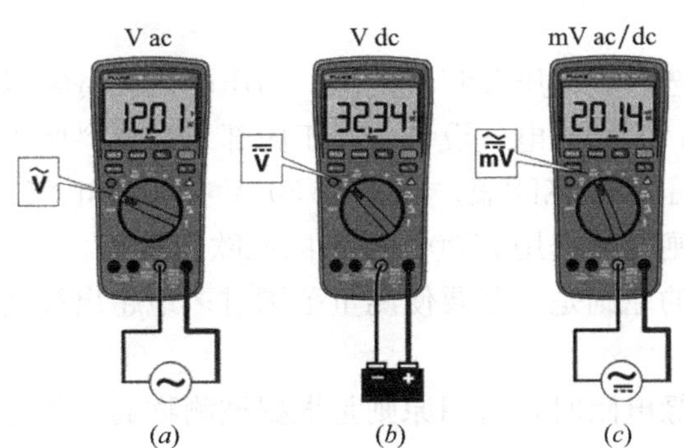

图 8-4 测量交流和直流电压示意图

(a) 交流电压测量（V）；(b) 交流电压测量（V）；(c) 交直流小电压测量（mV）

其他测量方法参考说明书。

3）数字式万用表使用注意事项

① 为防止仪表受损，测量时，请先连接零线或地线，再连接火线；断开时，先切断火线，再断开零线和地线。

② 为了防止可能发生的电击、火灾或人身伤害，测量电阻、连通性、电容或结式二极管之前先断开电源并为所有高压电容器放电。

③ 为安全起见，打开电池盖之前，首先断开所有探头、测试线和附件。

④ 请勿超出产品、探针或附件中额定值最低的单个元件的测量类别（CAT）额定值。

⑤ 如果长时间不使用产品或将其存放在高于50℃的环境中，请取出电池。否则电池漏液可能损坏产品。

8.3　兆欧表

兆欧表又称摇表，是一种测量绝缘电阻或高电阻的仪表。在仪表安装、检修中得到广泛的应用。

在仪表、电器供电线路中，说明绝缘性能的重要标志是绝缘电阻的大小，为确保电气设备正常运行和不发生触电事故，就要求必须定期对电气设备及配电线路做绝缘性能的检查。

兆欧表与其他欧姆表不同之处是本身带有高压电源，它能测出在高压条件下工作的绝缘电阻值。兆欧表的高压电源，是由手摇发电机产生的，故又叫摇表。手摇发电机所产生的高压，有500V、1000V、5000V等几种。

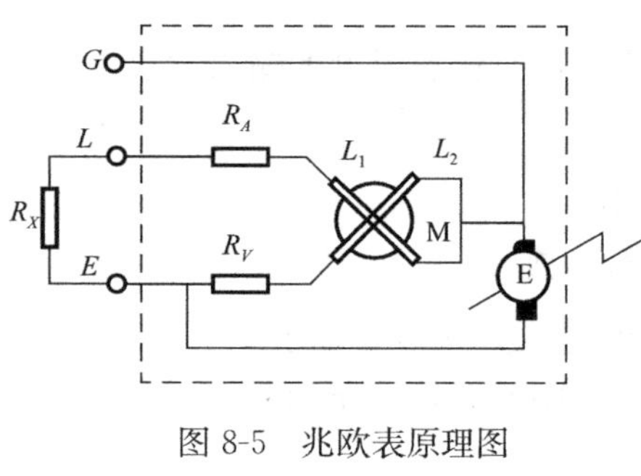

图8-5　兆欧表原理图

（1）手摇式兆欧表

1）摇表结构及原理

手摇式兆欧表由两个主要部分组成：一个是测量机构，由磁电系比率表和测量电路组成；另一个是手摇发电机。其工作原理图如图8-5所示。

图中E是手摇发电机，M是比率型式指示仪表，L_1、L_2是仪表中互相交叉的两组线圈，R_A、R_V是串接于两组线圈上的电阻，G、L、E为测量端子，R_X为被测电阻。

2）摇表的选用

选用兆欧表主要是选择其电压及测量范围，高压电气设备绝缘电阻要求大，需使用电压高的兆欧表进行测试；而低压电气设备，由于内部绝缘材料所承受的电压不高，为保证设备安全，则应选用电压低的兆欧表。通常是500V以下的电气设备，选用500～1000V的摇表；瓷瓶、母线及闸刀等选用2500V以上的兆欧表。

选用摇表测量范围的原则是，不要使测量范围过多地超出被测绝缘电阻的数值，以免产生较大的读数误差。

在测电气设备的绝缘电阻时，选用原则是根据被测物的工作电压而定，一般规定48V以下电气设备和线路，选用250V摇表；48V～500V选用500V摇表，500V以上的，选用1000V或2500V摇表。而仪表工作电压不高，因此选用250V或500V摇表。

3）兆欧表的使用方法及注意事项

① 首先检查兆欧表是否正常工作，将摇表水平位置放置，先将“L”和“E”短路，轻轻摇兆欧表的手柄，此时表针应指到零位。注意在摇动手柄时不得让“L”和“E”短接时间过长，不得用力过猛，以免损坏表头。然后将“L”与“E”接线柱开路，摇动手柄至额定转速，即达到每分钟120转，这时表针应指到∞位置。

② 检查被测电气设备和电路，是否已全部切断电源。严禁设备和电路带电时用兆欧表去测量。

③ 测量前应对设备和线路先行放电，以免电容放电危及人身安全和损坏摇表，这样还可以减小测量误差，注意将被测试点擦拭干净。

④ 摇表必须水平放置于平稳牢固的地方，以免在摇动时因抖动和倾斜产生测量误差。

⑤ 接线要正确，兆欧表有三个接线柱，“E”（接地）、“L”（线）和“G”（保护环或叫屏蔽端子）。保护环的作用是消除表壳表面“L”与“E”接线柱间的漏电和被测绝缘物表面漏电的影响。在测电气设备对地绝缘电阻时，“L”用单根导线接设备的待测部位，“E”接设备外壳；如测电气设备内两绕组之间的绝缘电阻时，将“L”和“E”分别接两绕组的接线端，引线不能混在起，以免产生测量误差。当测量电缆的绝缘时，为消除因表面漏电产生的误差，“L”接线芯，“E”接外壳，“G”接线芯与外壳之间的绝缘层。如图 8-6 所示。

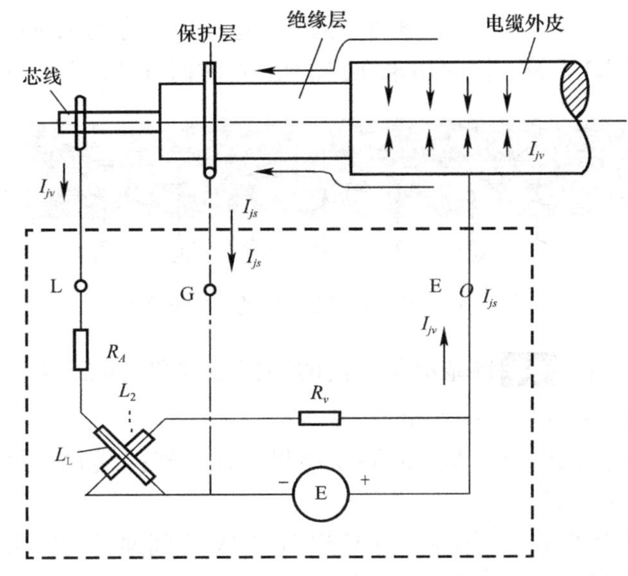

图 8-6 测量电缆绝缘电阻的接线

⑥ 摇动手柄的转速要均匀，一般规定 120r/min，允许有±20%的变化，通常要摇动 1min 后，待指针稳定下来再读数。如被测电路中有电容时，先持续摇动一段时间，让兆欧表对电容充电，指针稳定后再读数，测完后先拆去接线，再停止摇动，若测量中发现指针指零，应立即停止摇动手柄。

⑦ 测量完毕，应对设备充分放电，否则容易引起触电事故。

⑧ 禁止在雷电时或附近有高压导体的设备上测量绝缘电阻。只有在设备不带电又不可能受其他电源感应而带电的情况下才可测量。

⑨ 摇表在未停止转动前，切勿用手指触及设备的测量部分或兆欧表接线柱。拆线时也不可直接去触及引线裸露部分，以防触电。

⑩ 兆欧表应定期检查校验。校验方法是直接测量有确定值的标准电阻检查它测量误差是否在允许范围以内。

(2) 数字式兆欧表

1) 使用

数字式兆欧表也逐渐被广泛应用。其输出功率大，短路电流值高，输出电压等级多。

图 8-7　数字兆欧表示例图

内置电池作为电源，经 DC/DC 变换产生的直流高压由“E”极出，经被测试品到达“L”极，从而产生一个从“E”到“L”极的电流，经过运算直接将被测的绝缘电阻值由 LCD 屏显示出来。以 FLUKE 1550C 为例介绍数字式兆欧表使用方法，示例图如图 8-7 所示。

使用按键来控制兆欧表，查看测试结果并滚动显示所选测试结果。如图 8-8 所示。

① 打开和关闭兆欧表。

② 按 FUNCTION 转到功能菜单。再次按下退出功能菜单。若要在功能菜单之间滚动，请使用箭头按键。

③ 滚动浏览测试电压、保存的测试结果和计时器持续时间，并更改测试标签 ID 字符。同时用来在提示是/否时回答“是”。

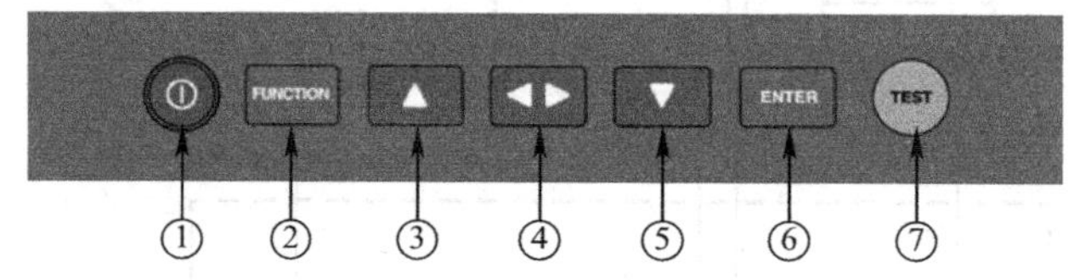

图 8-8　数字式兆欧表按键（见下文）

④ 设置存储位置后，◀▶将显示所存储的测试参数和测试结果。这些存储项包括电压、电容、极化指数、介质吸收率和电流。

⑤ 用于滚动浏览测试电压、保存的测试结果、计时器持续时间及存储位置。同时用来在提示是/否时回答“否”。

⑥ 用于在测试电压模式下开始从 250V 到 10000V 之间递增设置测试电压。

⑦ 开始和停止测试。按住 1 秒开始测试。再次按下停止测试。具体测试方法参考相应型号兆欧表说明书。

⑧ 保存结果。在绝缘测试完成后，兆欧表将显示 STORE RESULT（保存结果）提示，以便保存测量结果供日后使用。兆欧表包含的内存足够用来保存 99 个绝缘测试结果供日后使用。按▲保存测量结果。兆欧表将指派并显示一个连续标签编号（00 到 99）来标识这些测量结果。若按▼，结果将不会保存。

2）注意事项

① 为保证安全，在用兆欧表测试电路前，请先从被测电路断开所有电源并且将所有电容放电。

② 在开始测试之前，请先确保安装接线正确且没有任何人员受伤的危险。

③ 首先，将测试导线连接至兆欧表输入，然后连接至被测电路。

④ 测试前后，确认兆欧表未指示存在危险电压。如果兆欧表持续蜂鸣并且显示屏上显示危险电压指示，请断开被测电路的电源及测试导线。

⑤ 测试完毕后，在端子的测试电压归零之前，请勿断开测试导线。

⑥ 为防止触电，请将手指握在探针护指装置的后面。

8.4　电桥

直流电桥是用来测量电阻的仪器，在电阻的测量中，通常把电阻分为小电阻（1Ω以下），中电阻（1Ω～0.1MΩ）和大电阻（0.1MΩ以上）三类，数值不同的电阻，其选用的测量仪器也不同。

直流电桥分单臂电桥和双臂电桥两种，下面分别介绍电桥原理和使用方法。

（1）直流单臂电桥

1）工作原理

直流单臂电桥又称惠斯通电桥，其工作原理如图8-9所示。

图中R_x、R_2、R_3、R_4分别为电桥的桥臂，其中R_2、R_3为“倍率臂”，R_4为“比较臂”，a、b、c、d为电桥桥顶。当检流计P的电流为0时，电桥达到平衡，可得：

$$R_x \times R_3 = R_2 \times R_4 \tag{8-1}$$

即：

$$R_x = \frac{R_2 \times R_4}{R_3} \tag{8-2}$$

由公式（8-2）可知，当电桥平衡时，两对臂的乘积互等。根据这一关系，当三个桥臂的阻值已知时，便可得出另一个桥臂（即测量臂）R_x的电阻。

图8-10为某一型号直流单臂电桥面板示意图。

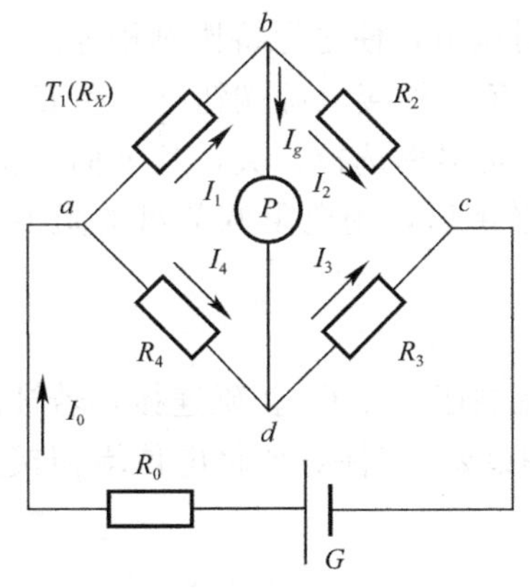

图8-9　惠斯通电桥原理

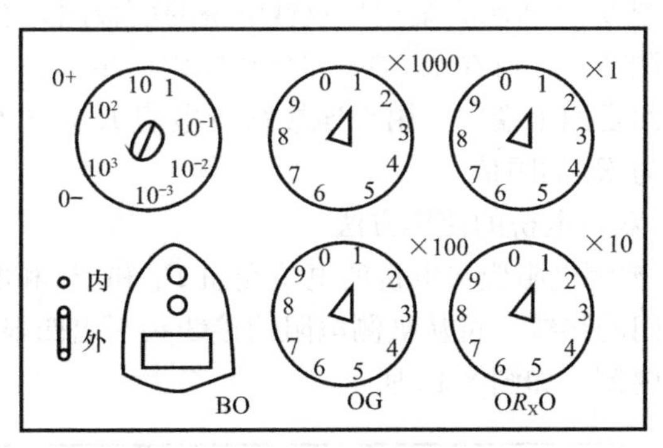

图8-10　直流单臂电桥面板示意图

2）使用步骤

① 打开检流计锁扣，调节机械调零旋钮，使指针位于零。

② 接上被测电阻R_x，估计被测电阻的大约数值，选好“倍率臂”，使比较臂的四个电阻都用上。

③ 按下电源按钮“B”，并锁好，调节“比较臂”，使阻值大约等于R_x，试按检流计工作按钮“G”，观察指针指示，如指针向正向偏转，应增大“比较臂”电阻，如指针向反向偏转，则减小“比较臂”电阻，直至检流计指针指零。这时比较臂上各档的电阻代数和再乘以“倍率”即为数值。在调节过程中，不要把检流计按钮按死，待调到电桥接近平衡时，才可按死检流计按钮进行细调，否则指针因猛烈撞击而损坏。

④ 若外接电源，其电压应按规定选择，过高会损坏桥臂电阻，太低则会降低灵敏度，若使用外接检流计，应将内附的检流计用短路片短接，将外接检流计接至“外接”端钮上。

⑤ 测量结束后，应松脱按钮，并锁好检流计指针锁扣，盖好仪器盖子。

（2）直流双臂电桥

1）工作原理

在测量小电阻 R_x 时，由于接触电阻和引线电阻的影响会给测量带来很大误差，所以单臂电桥不易测量小电阻。双臂电桥就是为了解决这一矛盾而出现的。

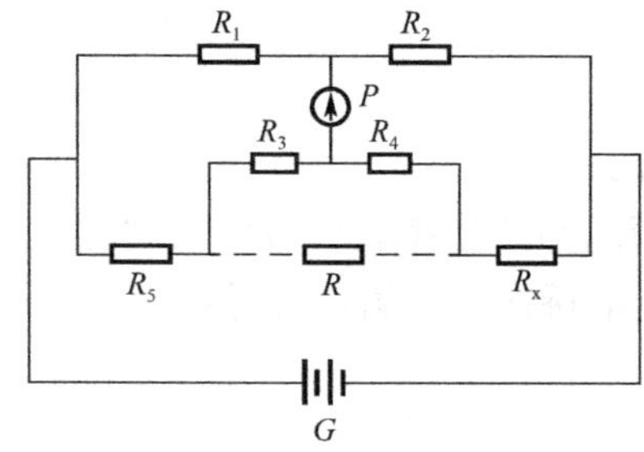

图 8-11　直流双臂电桥原理图

直流双臂电桥又称凯尔文电桥。其工作原理如图 8-11 所示。

R_1、R_2、R_3、R_4 为桥臂电阻，R_5 为标准电阻，R_x 为被测电阻。测量时用一根粗导线 R 把 R_5 和 R_x 连接起来，与电源成一闭合回路，这时被测电阻 R_x 和标准 R_5 之间的接线电阻以及接触电阻都包含在含有 R 的支路里了，从而实现了将接线电阻和接触电阻引入电源电路或者大电阻的桥臂中。当电桥平衡时，无论 R 的大小如何，只要能保证 $R_3/R_1=R_4/R_2$，则被测电阻：

$$R_x=\frac{R_2}{R_1}\cdot R_5 \tag{8-3}$$

这样就消除了接线电阻和接触电阻对测量结果的影响。为了能做到这一点，在制造时 R_1、R_2、R_3、R_4 都采用了两个机械联动转换开关同时调节，使之保持比例相等。

如图 8-12 所示为某型号双臂电桥的面板图，右上角是外接电源端钮 $E_{外}$ 和 $E_{内}$，下面是已知调节盘，可在 0.5Ω～11Ω 范围内调平衡，左上是倍率选择开关，其下面是检流计。面板左面是四个端钮，用来连接被测电阻 R_x，电桥平衡后，用电阻调节盘的阻值乘以倍率，即为 R_x 的阻值。

2）双臂电桥的使用方法

① 被测电阻应与电桥的电位端钮 P_1 和 P_2 和电流端钮 C_1、C_2 正确连接，若被测电阻没有专门的接线，可从被测电阻两接线头引出四根连接线，但注意要将电位端钮接至电流端钮的内侧，如图 8-13 所示。

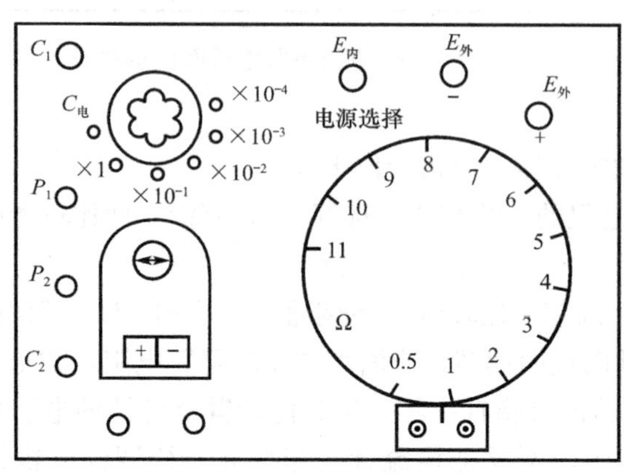

图 8-12　双臂直流电桥面板图

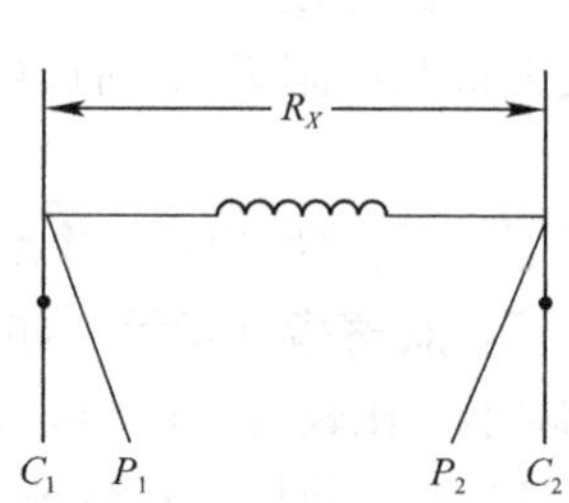

图 8-13　双臂电桥接线图

② 连接导线应尽量短而粗，接线头要除尽漆和锈并接紧，尽量减少接触电阻。

③ 直流双臂电桥工作电流很大，测量时操作要快，以避免电池的无谓消耗。

8.5　直流电位差计及其他

（1）直流电位差计

直流电位差计是电磁学测量中利用补偿原理来直接精密测量电动势或电位差的一种精密仪器。其突出优点是在测量电学量时，它不从被测量电路中吸取任何能量，也不影响被测电路的状态和参数，所以在计量工作和高精度测量中被广泛利用。测量的直流电压的误差可小于±0.005%。它用途很广泛，可以用来精确测量电动势、电压，与标准电阻配合还可以精确测量电流、电阻和功率等，还可以用来校准精密电表和直流电桥等直读式仪表，有些电器仪表厂则用它来确定产品的准确度和定标，它不仅被用于直流电路，也用于交流电路。因此在工业测量自动控制系统的电路中得到普遍的应用。

1）直流电位差计工作原理

① 补偿原理：在直流电路中，电源电动势在数值上等于电源开路时两电极的端电压。因此，在测量时要求没有电流通过电源，测得电源的端电压，即为电源的电动势。但是，如果直接用伏特表去测量电源的端电压，由于伏特表通过电流反应电压总要有电流通过，而电源具有内阻，因而不能得到准确的电动势数值，所测得的电位差值总是小于电位差真值。为了准确的测量电位差，必须使分流到测量支路上的电流等于零，直流电位差计就是由此而设计的。

补偿原理就是利用一个电动势去抵消另一个电动势，其原理如图 8-14 所示。两个电源 E 和 E_x 正极对正极，其中 E 为可调标准电源电动势，E_x 为未知电源电动势，中间串联一个检流计 G 接成闭合回路。如果要测电源 E_x 的电动势，可通过调节电源 E，使检流计读数为零，电路中没有电流，此时表明 $E_x=E$，E_x 两端的电位差和 E 两端的电位差相互补偿，这时电路处于补偿状态。若已知补偿状态下 E 的大小，就可确定 E_x，这种利用补偿原理测电位差的方法称为补偿法，该电路称为补偿电路。

② 电位差计原理：根据补偿法测量电位差的实验装置称为电位差计。如图 8-15 所示为电位差计定标原理图，其中 ABCD 为辅助工作回路，由电源 E、限流电阻 R、长粗细均匀电阻丝 AB 串联成一闭合回路；MN 为补偿电路，由待测电源 En 和检流计 G 组成。电阻箱 R 用来调节回路工作电流 I 的大小，通过调节 I 可以调整每单位长度电阻丝上电位差 V_0 的大小。M、N 为电阻丝 AB 上的两个活动触点，可以在电阻丝上移动，以便从 AB 上取适当的电位差来与测量支路上的电位差补偿。当回路接通时，根据欧姆定律可知，电阻

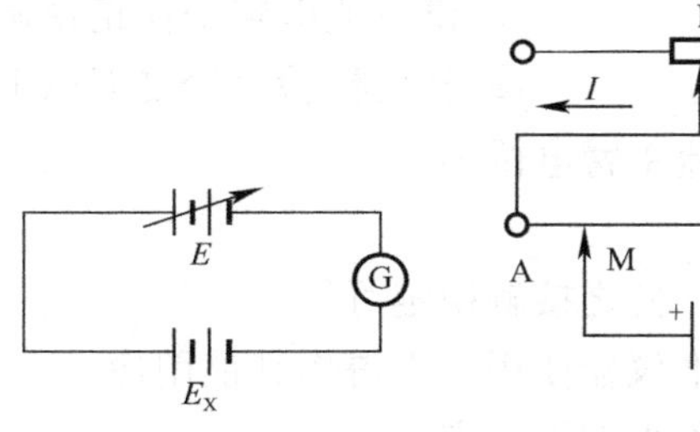

图 8-14　补偿电路　　　图 8-15　电位差计原理图

丝 AB 上任意两点间的电压与两点间的距离成正比。因此，可以改变 MN 的间距，使检流计 G 读数为 0，此时 MN 两点间的电压就等于待测电动势 E_x。

2）直流电位差计的优缺点

① 直流电位差计测量的准确度主要取决于下列因素：

a. 电阻丝每段长度的准确性和粗细的均匀性；

b. 标准电源的准确度；

c. 检流计的灵敏度；

d. 工作电流的稳定性。

3）用电位差计测量电位差具有下述优缺点：

① 准确度高，仅依赖于标准电阻、检流计、标准电源，如果电阻丝 R_{AB}很均匀准确，标准电源的电动势准确稳定，检流计很灵敏，那可作为标准仪器来校验电表。

② 测量范围宽广，灵敏度高，可测量小电压或电压的微小变化。

③ 内阻高，不影响待测电路。它避免了伏特计测量电位差时总要从被测电路上分流的缺点。由于采用电位补偿原理，测量时不影响待测电路的原来状态。用伏特表测量电压时总要从被测电路上分出一部分电流，从而改变了待测电路的原来状态，伏特表内阻越低，这种影响就越大。而用电位差计测量时，补偿回路中电流为零（当然不是绝对的，检流计灵敏度越高，越接近于零），对待测电路的影响可以忽略不计。

④ 电位差计在测量过程中，其工作条件易发生变化（如辅助回路电源 E 不稳定、可变电阻 R 变化等），所以测量时为保证工作电流标准化，每次测量都必须经过定标和测量两个基本步骤，且每次达到补偿都要进行细致的调节，所以操作烦琐、费时。

（2）直流电阻箱

1）直流电阻箱

直流电阻箱是电阻可变的电阻量具，可作为配热电阻式的动圈仪表和自动平衡电桥的标准信号，是测量仪表维修中常用的标准仪器。其电阻值可在已知范围内按一定的阶梯而改变。开关式直流电阻箱的电阻元件均接于各个触点之间，而且固定于各旋转接触，电刷则在触点上移动。在此种电阻箱里被利用的电阻是介于起始触点和在使用时电刷所触及的触点之间的电阻。图 8-16 为某型号直流电阻箱示意图。

图 8-16 直流电阻箱示意图

2）用途

① 供直流电路中作精密调节电阻之用。

② 整机校验万分之五以下的电阻箱。

③ 采用精密电阻箱校验携带式直流单臂电桥等。

3）使用中应注意事项

① 使用前应先旋转一下各组旋钮，使之接触稳定可靠。

② 电阻箱属于标准仪器，只作标准仪器使用，不得作其他用途。

③ 在使用中，各档最大允许电流不得超过规定值。

④ 测量用小于 9.9Ω 或小于 0.9Ω 的电阻时，应接在专门接线端钮上，以减小引线及

接触电阻的影响。

⑤ 用于高频时，应将接地端钮接地，以消除人体和寄生耦合带来的干扰。

⑥ 接线注意事项：电阻箱的两个接线端钮，各有两个螺母，下螺母作电位接线端钮，上螺母作电流接线端钮，作标准仪器校验电子自动平衡电桥时，应用下螺母接线。

⑦ 使用完毕必须擦干净，存放在符合要求的地方。

⑧ 电阻箱应定期检定，以保证其准确度。

(3) 标准电池

标准电池是作为电动势的标准量具，它是电压单位的基准。常用的是镉汞标准电池。其电解液是硫酸镉溶液，浓度达饱和者称为饱和式标准电池，未达饱和者称为不饱和式标准电池。饱和标准电池在20℃时电势约为1.0185～1.0187V，内阻约为700Ω；而不饱和标准电池的电势约为1.0188～1.0193V，内阻约为500Ω。图8-17为某型号标准电池示意图。

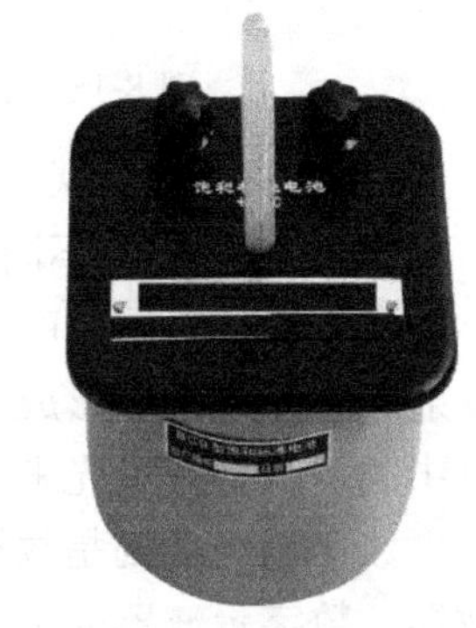

图8-17 标准电池示意图

1) 标准电池等级

标准电池的等级一般由国家计量部门制定的国家计量检定系统表和有关的国家标准所规定。中华人民共和国规定，作为计量标准用的标准电池，按其在计量检定系统表中的位置分为计量基准、计量标准和工作计量器具三档。按计量检定系统表的规定，较低档标准电池的量值由较高档传递。直流电动势基准是最高档的标准电池，保存在国家计量技术机构，用于复现和保存法定电压单位。为了使用方便，标准电池的稳定度也常用级别来表示。例如0.01级标准电池，表示其年变化在规定的参考条件下小于0.01%。中国的标准电池从0.0002～0.02级，共分为7个级别。

2) 注意事项

标准电池是精密的仪器，在使用与维护时应注意下述事项：

① 使用和存放场所的温度应合适且波动要小，防止阳光照射及其他光源、热源、冷源的直接作用。

② 防止摇晃振动，更不得倒置。经运输后必须静置数小时后方可使用，轻拿轻放。

③ 标准电池不能过载，流过它的电流不允许大于1μA（对于Ⅲ级标准电池不允许大于10μA）。如果电流过大，将损坏标准电池，因此严禁用万用表等低内阻仪器测试标准电池的电压、电阻等。同时，也要注意不能用两手同时接触标准电池的输出端钮，以防短路。

④ 标准电池的极性不能接地，每次使用时间应越短越好。

⑤ 标准电池要定期送检，出厂的检定证书及历年的检定数据要妥善保存。

(4) 示波器

示波器是一种用途十分广泛的电子测量仪器。它能把肉眼看不见的电信号变换成看得见的图像，便于人们研究各种电现象的变化过程。示波器利用狭窄的、由高速电子组成的电子束，打在涂有荧光物质的屏面上，就可产生细小的光点（这是传统的模拟示波器的工作原理）。在被测信号的作用下，电子束就好像一支笔的笔尖，可以在屏面上描绘出被测信号的瞬时值的变化曲线。利用示波器能观察各种不同信号幅度随时间变化的波形曲线，还可以用它测试各种不同的电量，如电压、电流、频率、相位差、调幅度等等。示波器的基本结构图如图 8-18 所示，示波管如图 8-19 所示。

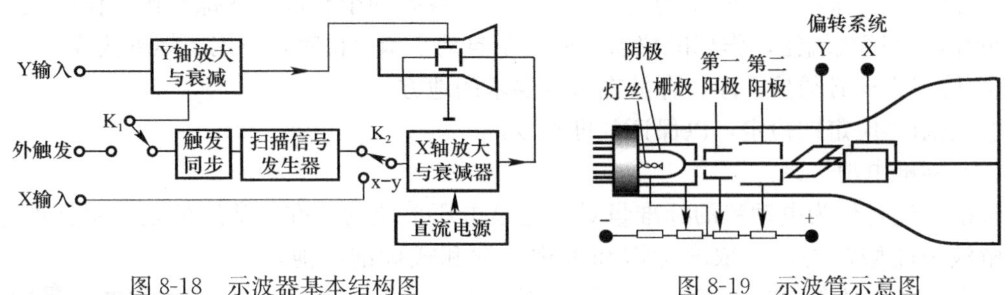

图 8-18　示波器基本结构图　　图 8-19　示波管示意图

1）示波器的分类

① 按照信号的不同分类

模拟示波器采用的是模拟电路（示波管，其基础是电子枪）电子枪向屏幕发射电子，发射的电子经聚焦形成电子束，并打到屏幕上。屏幕的内表面涂有荧光物质，这样电子束打中的点就会发出光来。

数字示波器则是数据采集、A/D 转换、软件编程等一系列的技术制造出来的高性能示波器。数字示波器的工作方式是通过模拟转换器（ADC）把被测电压转换为数字信息。数字示波器捕获的是波形的一系列样值，并对样值进行存储，存储限度是判断累计的样值是否能描绘出波形为止，随后，数字示波器重构波形。数字示波器可以分为数字存储示波器（DSO），数字荧光示波器（DPO）和采样示波器。

② 按照结构和性能不同分类

a. 普通示波器。电路结构简单，频带较窄，扫描线性差，仅用于观察波形。

b. 多用示波器。频带较宽，扫描线性好，能对直流、低频、高频、超高频信号和脉冲信号进行定量测试。借助幅度校准器和时间校准器，测量的准确度可达±5%。

c. 多线示波器。采用多束示波管，能在荧光屏上同时显示两个以上同频信号的波形，没有时差，时序关系准确。

d. 多踪示波器。具有电子开关和门控电路的结构，可在单束示波管的荧光屏上同时显示两个以上同频信号的波形。但存在时差，时序关系不准确。

e. 取样示波器。采用取样技术将高频信号转换成模拟低频信号进行显示，有效频带可达 GHz 级。

f. 记忆示波器。采用存储示波管或数字存储技术，将单次电信号瞬变过程、非周期现象和超低频信号长时间保留在示波管的荧光屏上或存储在电路中，以供重复测试。

g. 数字示波器。内部带有微处理器，外部装有数字显示器，有的产品在示波管荧光屏上既可显示波形，又可显示字符。被测信号经模—数变换器（A/D 变换器）送入数据存储器，通过键盘操作，可对捕获的波形参数的数据，进行加、减、乘、除、求平均值、求平方根值、求均方根值等的运算，并显示出答案数字。

某型示波器的面板图如图 8-20 所示。

2）注意事项

仪器操作人员的安全和仪器安全，仪器在安全范围内正常工作，保证测量波形准确、数据可靠，应注意：

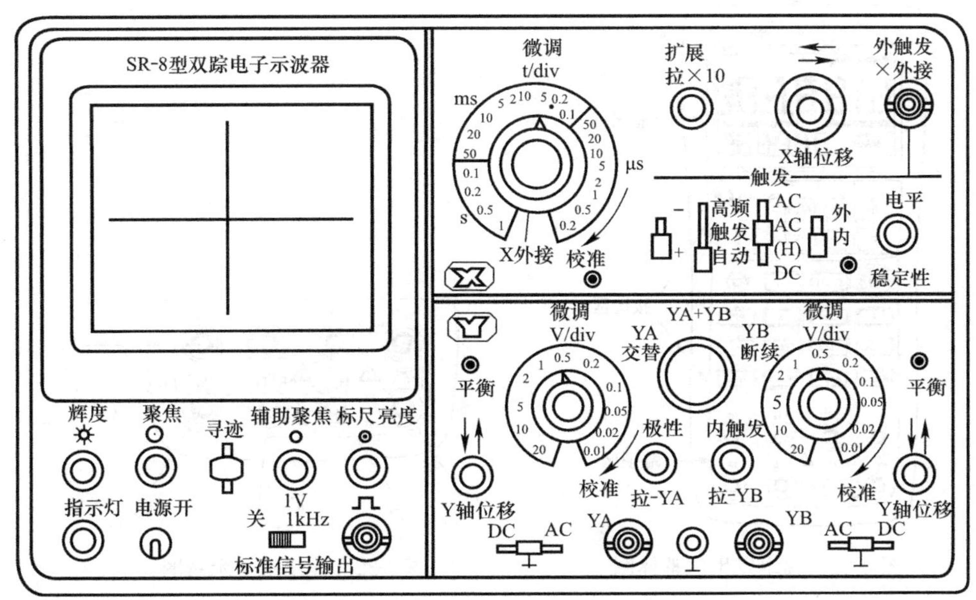

图 8-20　SR-8 型双踪示波器的面板图

① 通用示波器通过调节亮度和聚焦旋钮使光点直径最小以使波形清晰，减小测试误差；不要使光点停留在一点不动，否则电子束轰击一点在荧光屏上形成暗斑，损坏荧光屏。

② 测量系统如示波器、信号源；打印机、计算机等设备。被测电子设备如仪器、电子部件、电路板、被测设备供电电源等设备接地线必须与公共地（大地）相连。

③ 示波器一般要避免频繁开机、关机。

（5）频率发生器

频率发生器是一种能提供各种频率、波形和输出电平电信号的设备。在测量各种电信系统或电信设备的振幅特性、频率特性、传输特性、其他电参数，以及测量元器件的特性与参数时，用作测试的信号源或激励源。

频率发生器又称信号发生器，在生产实践和科技领域中有着广泛的应用。各种波形曲线均可以用三角函数方程式来表示。能够产生多种波形，如三角波、锯齿波、矩形波（含方波）、正弦波的电路被称为函数信号发生器。

下面以 VICTOR11＋便携式频率发生器为例，介绍模拟 4～20mA 变送器输出直流电流使用方法。

1）发生器介绍

频率发生器整体图如图 8-21 所示。输出端子示意图如图 8-22 所示。

输出端子含义见表 8-1。

2）输出直流电流使用步骤

① 如图 8-23 所示连接设备。

② 使用（mA）键选择直流 0～22mA 电流输出功能，显示屏主显区显示所选功能量程默认的输出值和单位符号。

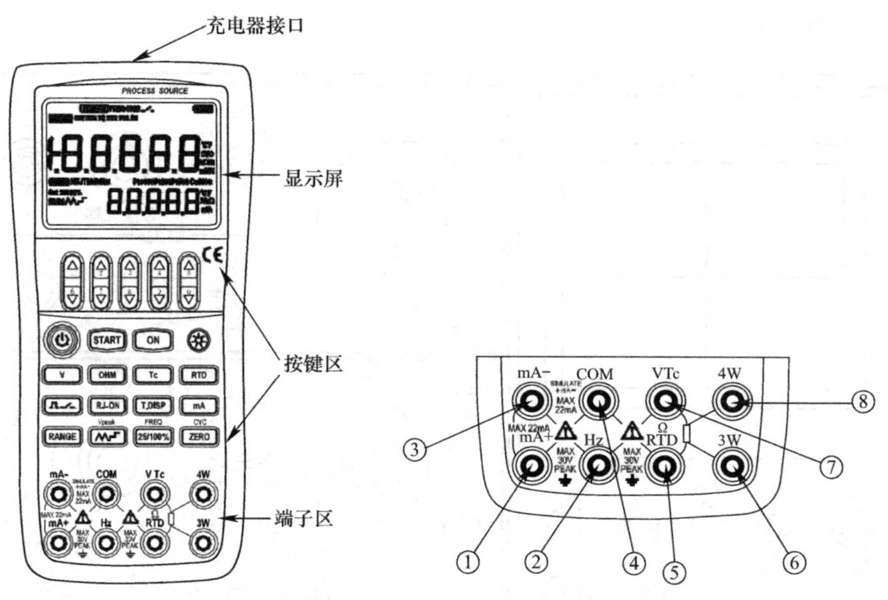

图 8-21　频率发生器整体图　　　　图 8-22　输出端子示意图

输出端子　　　　**表 8-1**

端子	功能说明
1	输出信号：（+）DCmA
2	输出信号：FREQ　PULSE　SEITCH
3	输出信号：（－）DCmA 输出信号：（+）Simulate mA
4	输出的公共（－）返回端子
5	输出信号：（－）OHM　RTD
6	输出信号：3W 端
7	输出信号：（+）OHM　RTD　DCV　Tc
8	输出信号：4W 端

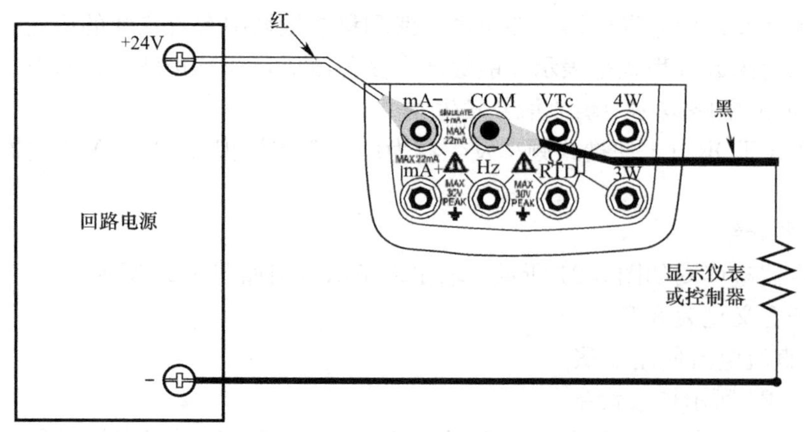

图 8-23　模拟 4～20mA 输出连接方法

③ 使用输出设定键（▲）/（▼）按位对输出值进行设置。

④ 按（on）键，显示屏符号从“OFF”变为“ON”，信号发生器从输出端子之间输出当前设定的电流信号。

⑤ 要停止输出，再次按下（on）键，“OFF”符号显示在显示屏上，同时端子之间无输出信号。

3）注意事项

① 在移动信号发生器之前，关掉被测仪表的电源，再关掉信号发生器的电源。如果使用的是 AC 充电器，从电源插座上断开电源线。最后，从信号发生器上拔掉所有的测试线。

② 勿让任何带电物体靠近信号发生器，以防损坏信号发生器的内部电路。

③ 不要对信号发生器的外壳和操作面板使用任何挥发性化学用品。

④ 如果使用 AC 充电器且不长时间使用仪表时，要从电源插座上拔掉电源线。

⑤ 当仪表所在周围环境的湿度低于 30%时，为了防止产生静电，使用防静电垫或采取其他的有效措施。

⑥ 如果长时间内不使用信号发生器，需取出电池。防止电池漏液损坏仪表。

⑦ 除使用模拟 4～20mA 输出外，不要对输出端子施加任何的电压，否则，内部电路会被损坏。

第 9 章　常用在线监测仪表的使用、安装与维护

9.1　流量检测与仪表

工业生产过程中流量是一个重要参数。流量指的是单位时间内流经某一截面的流体数量。流量可用体积流量和质量流量来表示，其单位分别用 m^3/h、L/h 等。

流量计是指测量流体流量的仪表，它能指示和记录某瞬时流体的流量值；计量表是指测量流体总量的仪表，它能累计某段时间间隔内流体的总量，即各瞬时流量的累加和，如水表、煤气表等。工业上常用的流量仪表可分为两大类。

速度式流量计：以测量流体在管道中的流速作为测量依据来计算流量的仪表。如差压式流量计、变面积流量计、电磁流量计、漩涡流量计、冲量式流量计、激光流量计、堰式流量计和叶轮水表等。

容积式流量计：它以单位时间内所排出的液体固定容积的数目作为测量依据。如椭圆齿轮流量计、腰轮流量计、刮板式流量计和活塞式流量计等。

（1）差压式流量计

1）测量原理

在管道中流动的流体具有动能和位能，在一定条件下这两种能量可以相互转换，但参加转换的能量总和是不变的。利用这个原理，应用节流元件实现流量的测量。

根据能量守恒定律及流体连续性原理，节流装置的流量公式可以写成：

$$Q_v = \alpha\varepsilon A_d\sqrt{2\frac{\Delta P}{\rho}} \tag{9-1}$$

式中　α——流量系数是受许多因素影响的综合性系数；

ε——流体膨胀系数；

A_d——节流装置开孔面积；

ΔP——节流装置前后的压力差；

ρ——被测流体的密度。

由公式（9-1）可知，差压 ΔP 与流量 Q 有固定的对应关系，及流量 Q 与差压 ΔP 的平方根成正比，所以用差压及测出 ΔP 就可以得到流量 Q 的大小。

2）差压计的安装

① 引压管及差压变送器的安装。

a. 引压管的安装。流体经过节流装置后将被测介质的流量信号变换成差压信号，差压信号是通过两根引压管传递到差压变送器，从而显示流量的大小。引压管能否准确如实的传递差压信号，主要来自引压管的精确设计和正确安装。引压管尽量最短距离敷设，总长不应超 50m，引压管线的拐弯处应是均匀的圆角。引压管的安装应保持垂直或与水平面之

间成一定的倾斜度，便于排除引压管中积存的气体、水分、液体、或固体微粒而影响差压信号的精确传递。此外，还应加装排污阀门，便于进行定期排除。引压管应远离热源，并有防冻保温措施，便于差压信号的畅通准确的传递。引压管密封性要好，全部引压管均无泄漏现象。

b. 差压变送器的安装。主要应便于维修，选择周围环境条件（温度、湿度、腐蚀性、震动等）较好的地点安装差压变送器。对于尘土较大、腐蚀性较强的恶劣环境均应有防护箱加以防护。安装差压变送器的支架、引压管的连接均应按差压变送器说明书规定、安装规程要求进行安装。

② 不同介质对差压式流量计的安装要求

a. 测量液体流置。首先要防止液体中有气体进入并积存在导压管内，其次还应防止液体中有沉淀物析出。为达到上述两点要求，差压变送器安装在节流装置的下方。但在某些地方达不到这点，或环境条件不具备，需将差压变送器安装在节流装置上方，则从节流装置开始引出的导压管先向下弯，而后再向上，形成 U 形液封，在导压管的最高点安装集气器。

b. 测量气体流量。在安装时要防止液体污物或灰尘等进入导压管内，故差压变送器需安装在定流装置上方。如果条件不具备，只能安装在下方，则需在引压管的最低处装置排污装置，以便于产出凝液或尘土。此外，当气体中含污物和灰尘时，应定期吹扫，以保持管路的洁净。

c. 测量水蒸气流量。要点是在两根引压管上安装冷凝器，并保持两根引压管内的冷凝液柱高度相等，使引压管内充满冷凝液，防止高温蒸汽与差压变送器直接接触。对于水蒸气的测量，在排污时会将导压管内的冷凝液放掉，故应等一段时间，待引压管内充满冷凝液后，在将仪表投入运行。由于引压管充满冷凝液的时间较长，势必会影响仪表的使用，所以检查蒸汽的差压变送器一般不轻易排污。

（2）转子流量计

转子流量计是工业上最常用的一种流量计，又被称为面积式流量计，它是以流体流动时的节流原理为基础的流量测量仪表。

转子流量计的特点：可测多种介质的流量，特别适用于测量中小管径雷诺数较低的中小流量；压力损失小且稳定；反应灵敏、量程较宽、示值清晰、近似线性刻度；结构简单、价格便宜、使用维护方便；还可测有腐蚀性的介质流量。但转子流量计的精度受测量介质的温度、密度和黏度的影响，而且仪表必须垂直安装等，如图 9-1 所示。

1）转子流量计的工作原理

转子流量计本体可以用两端法兰、螺纹或软管与测量管道连接，垂直安装在测量管道上。当流体自下而上流入锥管时，被转子截流，这样在转子上、下游之间产生压力差，转子在压力差的作用下上升，这时作用在转子上的力有三个：流体对转子的动压力、转子在流体中的浮力和转子自身的重力。

流量计垂直安装时，转子重心与锥管管轴会相重合，作用在转子上的三个力都平行于管轴。当这三个力达到平衡时，转子就平稳地浮在锥管内某一位置上。此时，重力＝动压力＋浮力。对于给定的转子流量计，转子大小和形状已经确定，因此它在流体中的浮力和自身重力都是已知的常量，唯有流体对浮子的动压力是随来流流速的大小而变化的。因此当来流流速变大或变小时，转子将作向上或向下的移动，相应位置的流动截面积也发生变化，直到流速变成平衡时对应的速度，转子就在新的位置上稳定。对于一台给定的转子流量计，转子在锥管中的位置与流体流经锥管的流量的大小成一一对应关系，如图 9-2 所示。

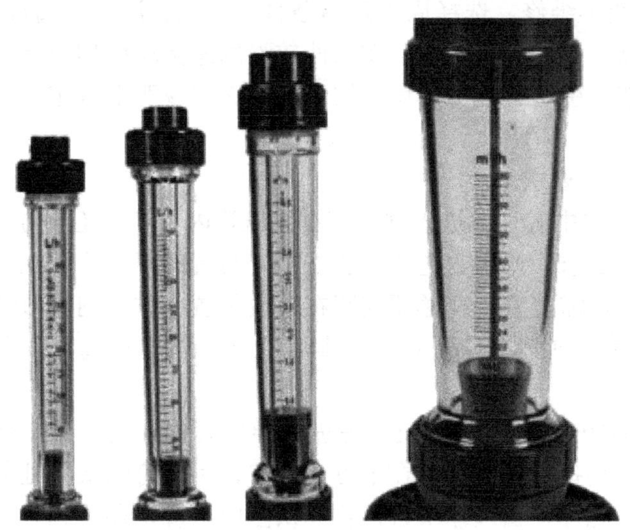

图 9-1　转子流量计

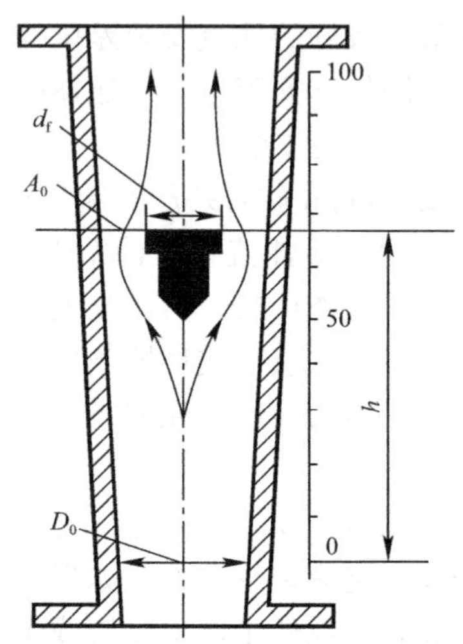

图 9-2　转子流量计原理示意图

2）转子流量计的安装

转子流量计是由一个上大下小的锥管和置于锥管中可以上下移动的转子组成。从结构特点上看，它要求安装在垂直管道上，垂直度要求较严，否则势必影响测量精度。第二个要求是流体必须从下向上流动。若流体从上向下流动，转子流量计便会失去功能。

转子流量计分为直标式、气传动与电传动三种形式。对于流量计本身，只要掌握上述两个要点，就会较准确地测定流量。

还须注意的是转子流量计是一种非标准流量计。因为其流量的大小与转子的几何形状、转子的大小、重量、材质、锥管的锥度，以及被测流体的雷诺数等有关，因此虽然在锥管上有刻度，但还附有修正曲线。每一台转子流量计有其固有的特性，不能互换，特别是气、电远传转子流量计。若转子流量计损坏，但其传动部分完好时，不能拿来就用，还须经过标定。

① 安装注意事项

a. 应保证测量部分的材料、内部材料和浮子材质与测量介质相容；

b. 环境温度和过程温度不得超过流量计规定的最大使用温度；

c. 转子流量计必须垂直地安装在管道上，并且介质流向必须由下向上；

d. 为避免管道引起的变形，配合的法兰必须在自由状态对中，以消除应力；

e. 为避免管道振动和最大限度减小流量计的轴向负载，管道应有牢固的支架支撑；

f. 截流阀和控制流置都必须在流量计的下游；

g. 用于测量气体流量的流量计，应在规定的压力下校准。如果气体在流量计的下游释放到大气中，转子的气体压力就会下降，引起测量误差。当工作压力与流量计规定的校准压力不一致时，可在流量计的下游安装一个阀门来调节所需的工作压力。

② 对危险地点的安装还应注意

a. 电源必须取自有可靠保证的安全电路的供电单元，或电源隔离变换器；

b. 电源安装在危险场合外或安装在一个适合的防爆罩子内；

c. 要检查转子流量计是否有防爆等级证明，不符合条件的流量计不能在危险场合安装。

（3）超声波流量计

利用超声波测量流体的流速、流量的技术，不仅仅用于工业计量，而且也广泛地应用在医疗、海洋观测、河流等各种计量测试中。

超声波流量计的主要特点是：流体中不插入任何元件，对流束无影响，也没有压力损失；能用于任何液体，特别是具有高黏度、强腐蚀，非导电性等性能的液体的流量测量，也能测量气体流量；对于大口径管道的流量测量，不会因管径大而增加投资；量程比较宽，可达5：1；输出与流量之间呈线性等优点。超声波流量计的缺点：当被测液体中含有气泡或有杂音时，将会影响声的传播，降低测量精度；超声波流量计实际测定的流体流速，当流速分布不同时，将会影响测量精度，故要求变送器前后分别应有 $10D$ 和 $5D$ 的直管段；此外，它的结构较复杂，成本较高。

1）测量原理

① 时差法

设静止流体中的声速为 c，流体流动的速度为 u，传播距离为 L，如图 9-3 所示。当声波与流体流动方向一致时（即顺流方向），其传播速度为 $c+u$；而声波传播方向与流体流动方向相反（即逆流方向）时，其传播速度为 $c-u$。在相距为 L 的两处分别放置两组超声波发生器与接收器（T_1、R_1）和（T_2、R_2），当 T_1 顺方向，T_2 逆方向发射超声波时，超声波分别到达接收器 R_1 和 R_2 所需要的时间分别为 t_1 和 t_2：

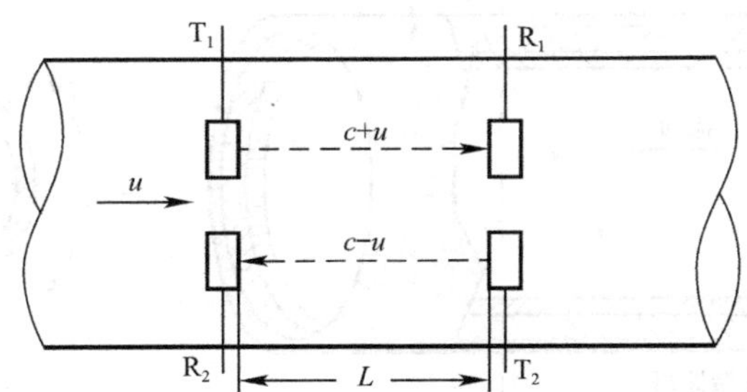

图 9-3 超声波测速原理

$$t_1 = \frac{L}{c+u} \tag{9-2}$$

$$t_2 = \frac{L}{c-u} \tag{9-3}$$

由于在工业管道中，流体的流速比声速小得多，即 $c \gg u$，因此两者的时差为：

$$\Delta t = t_2 - t_1 = \frac{2Lu}{c^2} \tag{9-4}$$

由公式（9-4）可知，当声波在流体中的传播速 c 已知时，只要测出时差 Δt 便可求出流速 u，进而就能求出流量。利用这个原理进行流量测量的方法称为时差法。

② 相差法

相差法的测量原理：如果超声波发生器发射连续超声脉冲或周期较长的脉冲列，则在顺流和逆流发射时所接收到的信号之间便要产生相位差，即：

$$\Delta\varphi=\omega\Delta t=\frac{2\omega Lu}{c^2} \tag{9-5}$$

式中 ω——超声波的角频率。

由公式（9-5）可知，当测得后，即可求出 u，进而求得流量 Q。此法用测量相位差代替了测量微小时差，有利于提高测量精度。但存在着声速 c 对测量结果的影响。

③ 频差法

频差法的测量原理：为了消除声速 c 的影响，常采用频差法。由前可知，上、下游接收器接收到的超声波的频率之差可用公式（9-6）表示：

$$\Delta f=\frac{c+u}{L}-\frac{c-u}{L}=\frac{2u}{L} \tag{9-6}$$

由公式（9-6）可知，只要测得就可求得流量 Q，并且此法与声速无关。

2）超声波流量计的安装

① 安装点的选择

选择安装点是能否正确测量的关键，选择安装点必须考虑下列因素的影响：满管、稳流、结垢、温度、压力、干扰。

a. 满管

为保证测量精度和稳定性，测量点的流体必须充满管段。所以应满足下列条件：两个传感器应该安装在管道轴面的水平方向上，在如图 9-4 所示范围内安装，以防止上部有不满管、气泡或下部有沉淀等现象影响传感器正常测量。

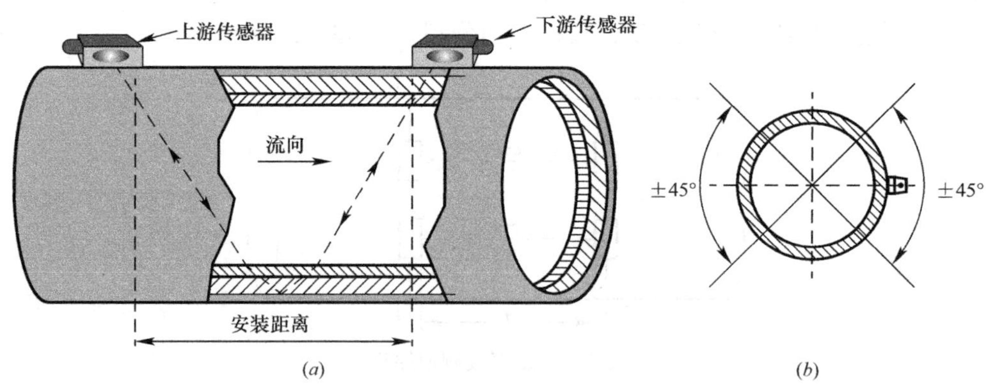

图 9-4 安装满管示意图

（a）顶视图；（b）截面图

b. 稳流

稳定流动的流体有助于保证测量精度，而流动状态混乱的流体会使测量精度难以得到保证。

满足稳流条件的标准要求：

- 管道远离泵出口、半开阀门，上游 10D，下游 5D（D 为外管径）；
- 距离泵出口、半开阀门 30D。

达不到稳流条件的标准要求，下列情况也可以尝试测量：

- 泵出口、半开阀门和安装点之间有弯头或者缓冲装置；

- 泵的入口、阀门的上游；
- 流体的流速为中、低流速。

下列情况很难保证稳流，安装时需慎重。

- 距离泵出口、半开阀门直管段不能保证 10D，且没有弯头等缓冲装置；
- 距离泵出口、半开阀门直管段不能保证 10D，流速较高；
- 垂直向下流动，斜向下流动；
- 下游距离管道敞开出口处小于 10D。

传感器安装点示例，如图 9-5 所示：

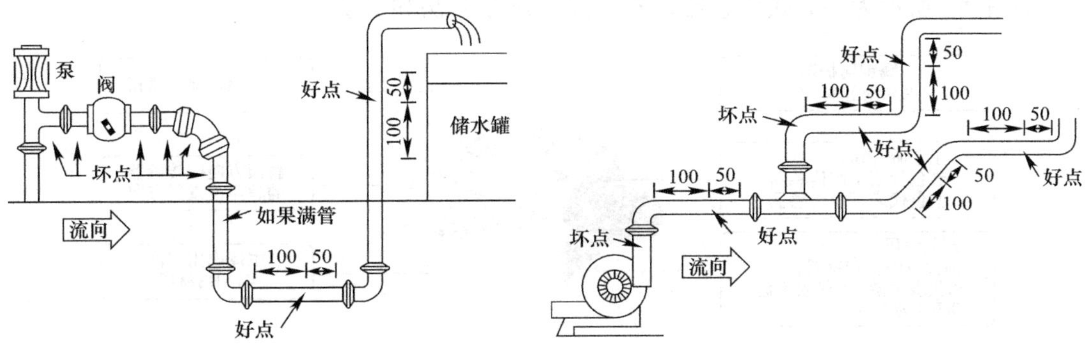

图 9-5 传感器安装点示意图

c. 结垢

管内壁结垢会衰减超声波信号的传输，并且会使管道内径变小。所以管内壁结垢的管道会使流量计不能正常测量或影响测量精度。因此，要尽量避免选择管道内壁结垢的地方作为安装点。如果无法避开结垢的安装点，可采取下列措施消除或减小管道内壁结垢的测量的影响，如图 9-6 所示。

- 更换一段测量点的管道。
- 用锤子用力敲击测量点的管道直到测量点的信号明显增大。
- 选用 Z 法测量，并把结垢设置为衬里以取得更好的测量精度。

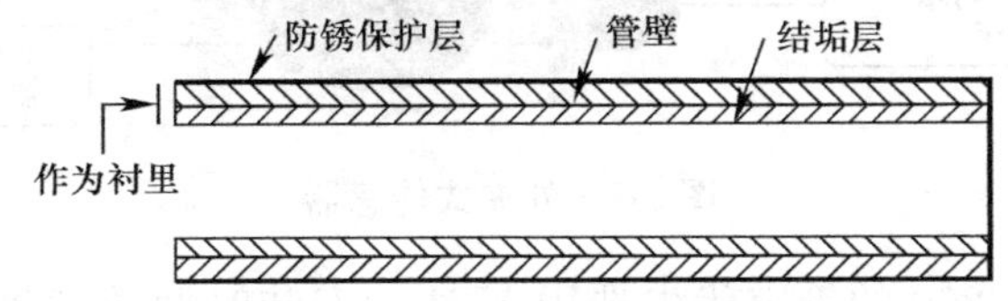

图 9-6 管内壁结垢示意图

d. 温度

超出传感器的使用温度范围很容易造成传感器的损坏或者大幅缩短传感器的寿命。因此，安装点的流体温度必须在传感器的安装使用范围内。且尽量选择温度更低的安装点。所以，同一管线尽量避免锅炉水出口、换热器出口的地方，尽可能安在回水管道上。

e. 压力

插入式和管段式传感器可承受的最大压力理论值为 1.6MPa。安装时应了解或观察安装点的压力，超过此压力进行安装，会给安装人员造成危险。即使安装成功，长期使用传感器漏水的可能性也会增大。

f. 干扰

超声波流量计的主机、传感器以及电缆很容易受到变频器、电台、电视台、微波通讯站、手机基站、高压线等干扰源的干扰。所以选择传感器和主机安装点时，尽量远离这些干扰源；主机机壳、传感器、超声波电缆的屏蔽层都要接地；不要和变频器采用同一路电源，应采用隔离的电源，给主机供电。

② 传感器的安装与调试

a. 外夹式传感器的安装

如图 9-7 所示为外夹式传感器，安装方式分为 V 法和 Z 法。

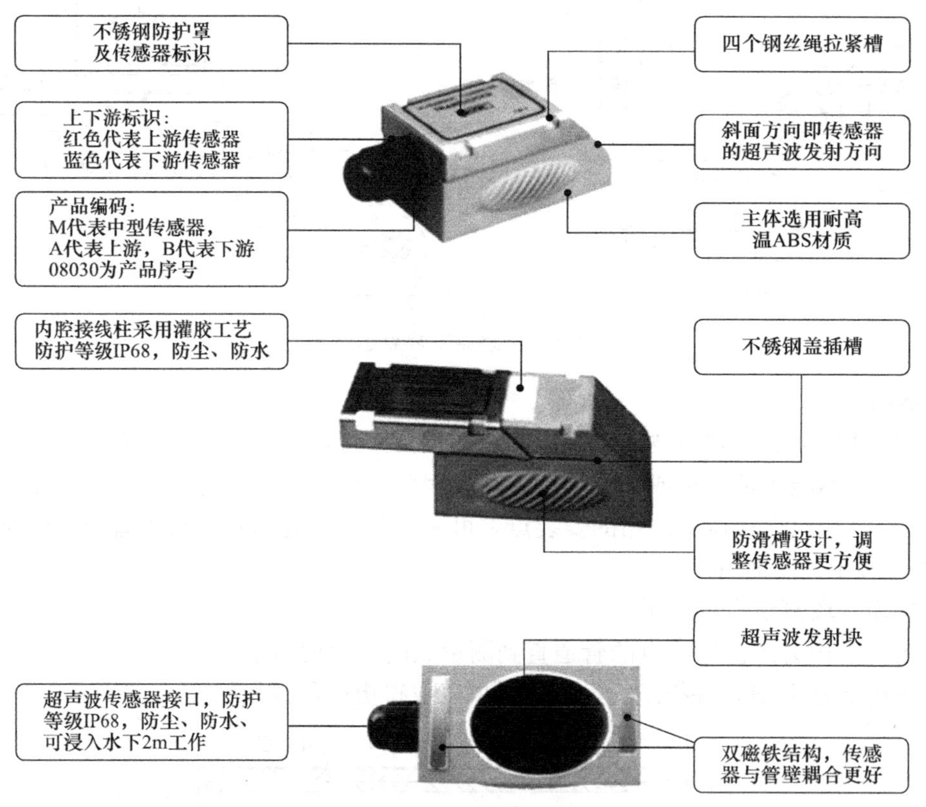

图 9-7　外夹式传感器

V 法：$DN15 \sim DN200$ 的管道优先选用 V 法，安装时两传感器水平对齐，其中心线与管道轴线平行即可，并注意发射方向一定相对（两个传感器方向朝里）。V 法具有使用方便，测量准确的特点。对于口径小于 $DN50$ 的管道安装精度较高，请注意信号强度、信号质量、传输时间比这几个参数，如图 9-8 所示。

Z 法：$DN200 \sim DN6000$ 的管道优先选用 Z 法，在 V 法测不到信号或信号质量差时也可选用 Z 法。安装时让两个传感器之间沿管轴方向的垂直距离等于安装距离，并且保证两个传感器在同一轴面上即可，并注意发射方向一定相对。由于 Z 法是超声波在介质传播中直接收发，信号没有反射，因而信号强度衰减最小。所以，Z 法具有信号强度高，运行可靠的特点，如图 9-9 所示。

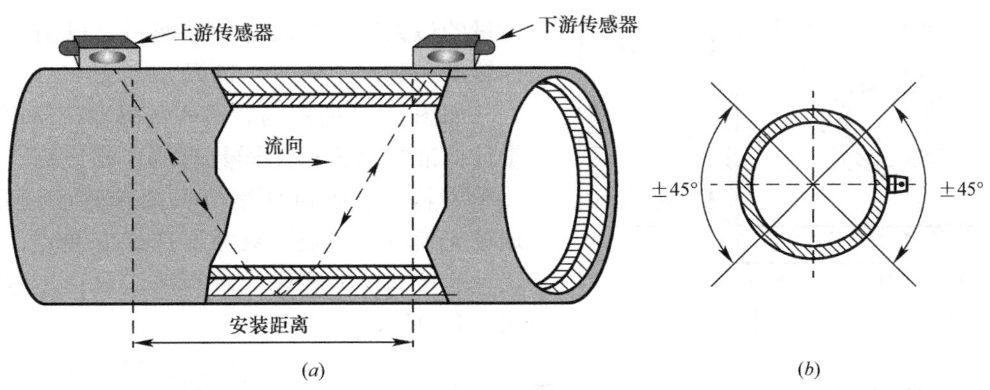

图 9-8 外夹式传感器 V 法安装

（a）顶视图；（b）截面图

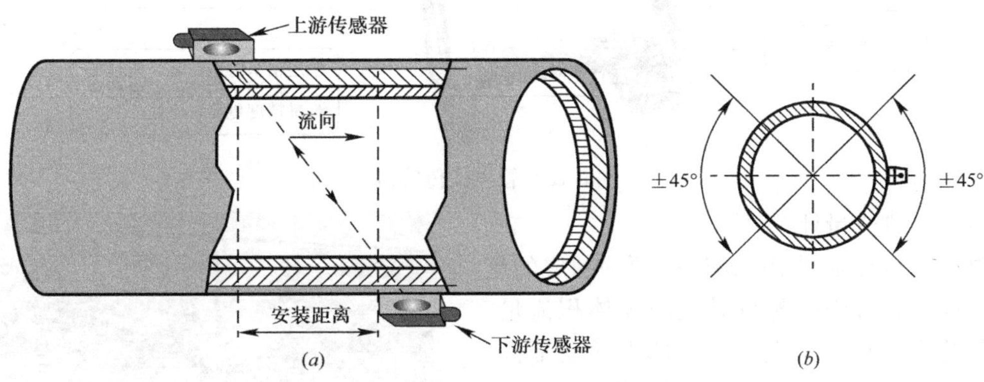

图 9-9 外夹式传感器 Z 法安装

（a）顶视图；（b）截面图

b. 插入式传感器的安装

如图 9-10 所示为插入式传感器，适用于 $DN80$ 以上的管道，通常情况下采用 Z 法安装。只有当安装空间不够时，小于 $DN200$ 的管道可以选用 V 法安装，大于 $DN200$ 的管道可以选用平行插入传感器。

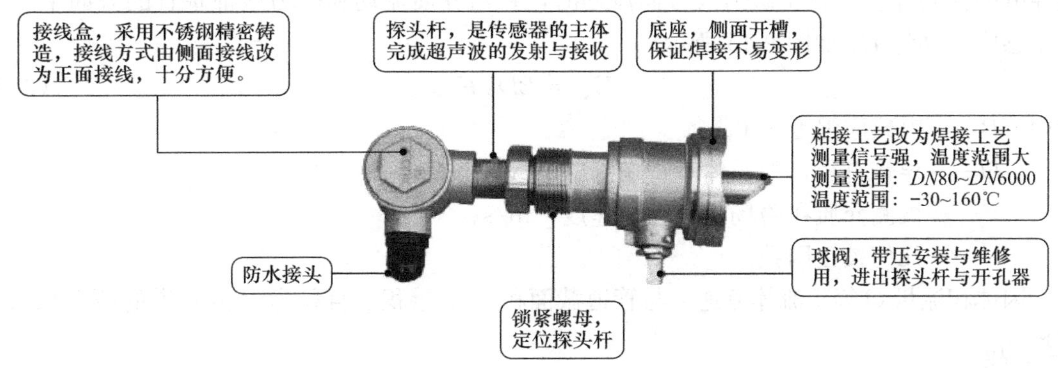

图 9-10 插入式传感器

管段式传感器的安装，当两个传感器的防水接头是相对向内时，传感器的发射角度是正确的。然后以计算的插入深度为基准正时针或逆时针轻微旋转探头找到信号强度和信号

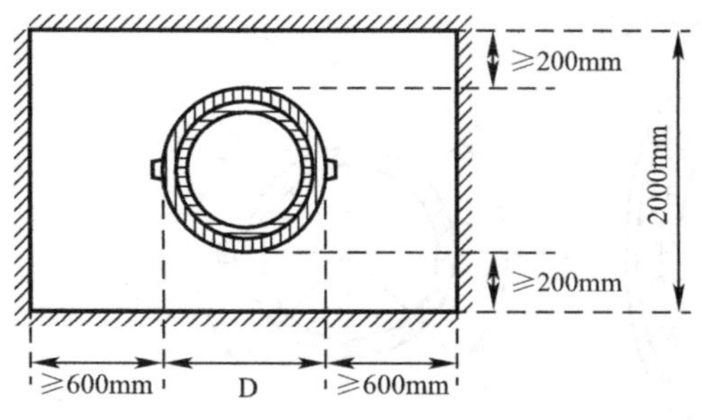

图9-11　插入式传感器的安装

质量的最大值。紧固好锁紧螺母，以防止探头杆转动和漏水，如图9-11所示。

如图9-12所示为管段式传感器，超声波流量计标准管段式传感器具有测量精度高、安装简单等特点。管道规格出厂前参数已设置好，现场无须输入参数，只需要选好安装点，采用法兰连接即可。管段式超声波流量仪示意图如图9-13所示。

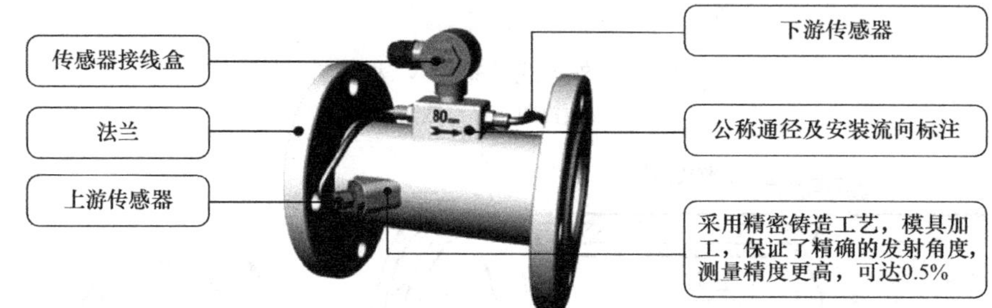

图9-12　管段式传感器

(4) 电磁流量计

电磁流量计是利用电磁感应原理制成的流量测量仪表，可用来测量导电液体体积流量。变送器几乎没有压力损失，内部无活动部件，用涂层或衬里易解决腐蚀性介质流量的测量。检测过程中不受被测介质的温度、压力、密度、黏度及流动状态等变化的影响，没有测量滞后现象，示例如图9-14所示。

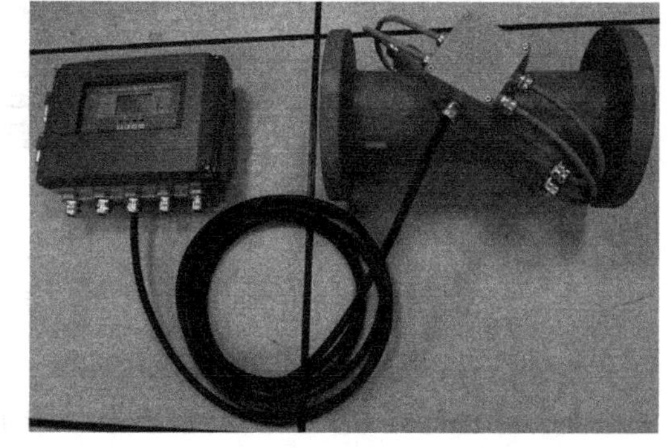

图9-13　管段式超声波流量仪

1) 电磁流量计的测量原理

电磁流量计是电磁感应定律的具体应用，当导电的被测介质垂直于磁力线方向流动时，在与介质流动和磁力线都垂直的方向上产生一个感应电动势 E_X 如图9-15所示。

$$E_X = BDVK \tag{9-7}$$

式中　B——磁感应强度，T；

D——导管直径，即导体垂直切割磁力线的长度，m；

V——被测介质在磁场中运动的速度，m/s；

K——几何校正因数。

因体积流量 Q 等于流体流速 v 与管道截面积 A 的乘积，直径为 D 的管道的截面积 $A=\frac{\pi D^2}{4}$，故：

$$Q = \frac{\pi D^2}{4} v \ \mathrm{m^3/s} \tag{9-8}$$

将公式(9-8)代入公式(9-7)中，可得：

$$E_X = \frac{4B}{\pi D}Q = KQ \tag{9-9}$$

图 9-14 电磁流量计示例图

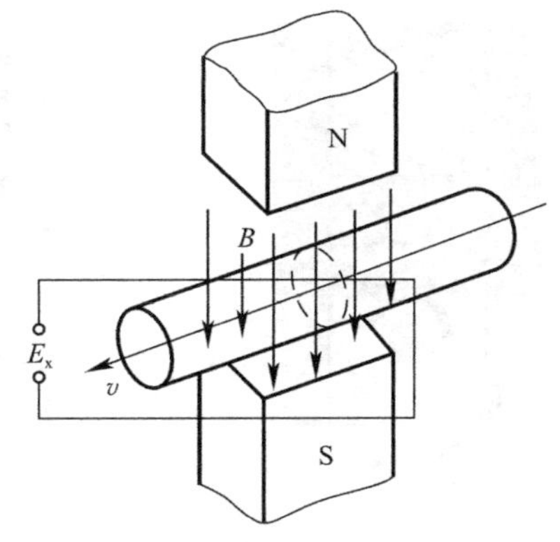

图 9-15 电磁流量计原理图

式中 K 为仪表常数，取决于仪表几何尺寸磁感应强度。

显然，感应电动势 E_X 与被测量 Q 具有现行关系，在电磁流量变送器中，感应电动势由一个与被测介质接触的电极检测，且在电磁流量计中采用的是高变磁场，则 E_X 为交流电势信号，此信号经转换器转换成标准直流信号，送到显示仪表，指示出被测量的大小。测量原理示意图如图 9-16 所示。

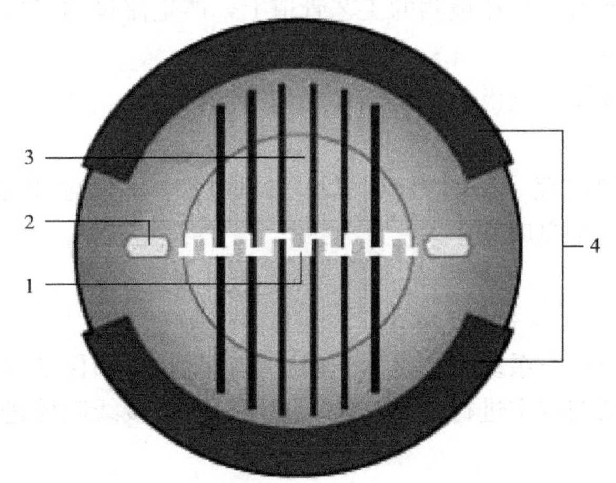

图 9-16 测量传感器构造示意图

1—电压（感应电压正比于流速）；2—电极；3—磁场；4—励磁线圈

2）电磁流量计特点

电磁流量计是根据电磁感应原理工作的，其特点是管道内没有活动部件，压力损失很小，甚至几乎没有压力损失，反应灵敏，流量测量范围大，量程比宽，流量计的管径范围大。适用于一般流量测量，同样使用于脉动流量测量。传感器的输出电势与体积流量呈线性关系，而与被测介质的流动、温度、压力、密度及黏度均无关。目前，电磁流量计的精度较高，一般为 0.5 级。

3）电磁流量计结构

以科隆墙挂式电磁流量计为例，电磁流量计由三个部分组成，分别是测量传感器、信号转换器和链接电缆，如图 9-17 所示。

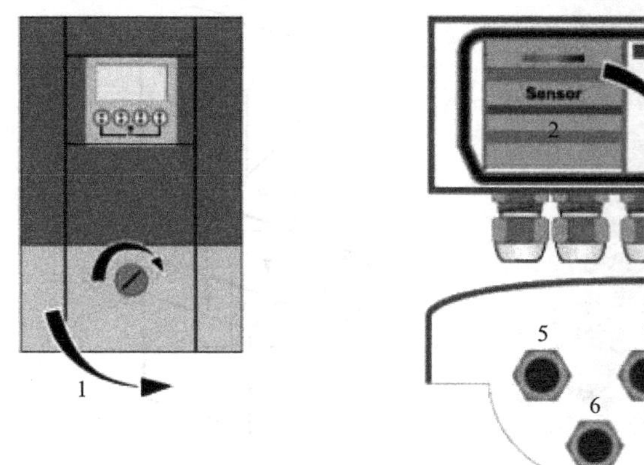

图 9-17　墙挂型信号转换器

1—接线腔体的盖子；2—测量传感器的接线腔体；3—输入和输出的接线腔体；4—带保护罩的电源接线腔体；5—信号电缆接入口；6—励磁电缆接入口；7—输入和输出电缆接入口；8—电源电缆接入口

① 测量传感器

电磁流量计的传感器安装在被测的工艺管道上，产生流量的感应信号，工作时必须在励磁线圈中输入励磁电流。

传感器由导管、线圈、电极、衬里、外壳和法兰组成。

② 信号转换器

信号转换器由电源电路、前置电路、Up 主机电路、I/O 输出电流、通信接口电路、显示电路和励磁电流电路组成。

4）使用

① 开启电源

开启电源前，必须检查系统安装是否正确。这包括：必须保证仪器机械上安全，并且按规定进行安装；必须按规定进行电源连接；必须对电气接线腔体进行保护，并且将盖子拧紧。然后开启电源。

② 启动信号转换器

测量仪器由测量传感器和信号转换器组成。开启电源后，仪器将进行一次自测。自测结束后，仪器立即开始测量并显示当前值。通过操作按键↑和↓可在 2 个测量值窗口、趋势显示窗口和状态信息列表窗口之间切换。

③ 显示及操作按键

信号转换器显示面板及按键如图 9-18 所示。

其中 4 个光敏键的动作点位于玻璃的正前方。推荐从前方按正确的角度触发按键。从侧面触摸可能造成误操作。

在测量模式下，按下按住“＞”键 2.5s 后释放，即可调出设置菜单。具体的菜单设置参考说明书。

5）安装

① 测量传感器安装

传感器上箭头方向必须与实际流量方向一致。且必须保证满管测量状态，安装位置应避免过大的振动和磁场干扰。一些通用安装位置如下：

a. 管径与安装位置关系的选择应满足前“5”后“2”，如图 9-19 所示。

b. 弯管安装，如图 9-20 所示。

c. 在开放式排放口或流量控制阀前安装，在泵后安装。如图 9-21 所示。

② 传感器必须良好单独接地

接地含义：给信号源参考零电位，使被测介质与大地相连通，安全性要求抗外界干扰，接地点离传感器越近越好，绝不能与其他设备接地点相连接，接地电阻≤10Ω。

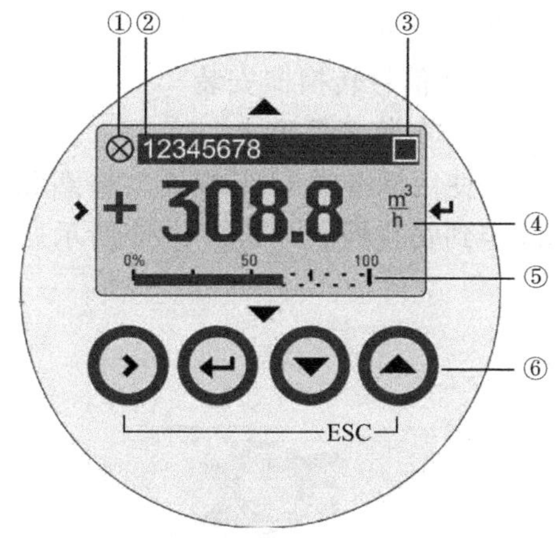

图 9-18　信号转换器显示面板及按键

1—显示状态列表中可能出现的状态信息；2—台位号；3—表示按下了一个按键；4—用大字体显示第 1 个测量变量；5—条形图显示；6—按键

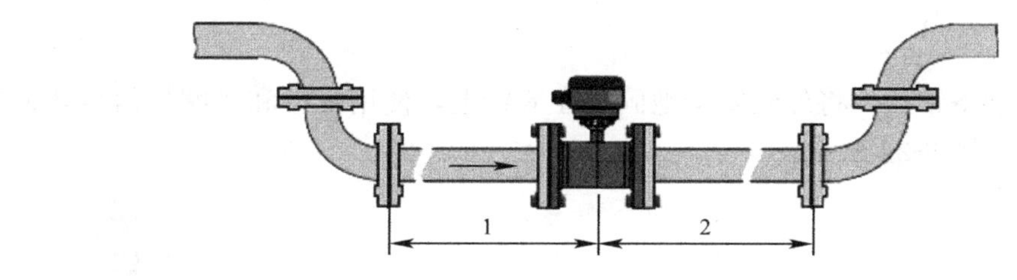

图 9-19　管径与安装位置关系

1≥*DN*5；2≥*DN*2

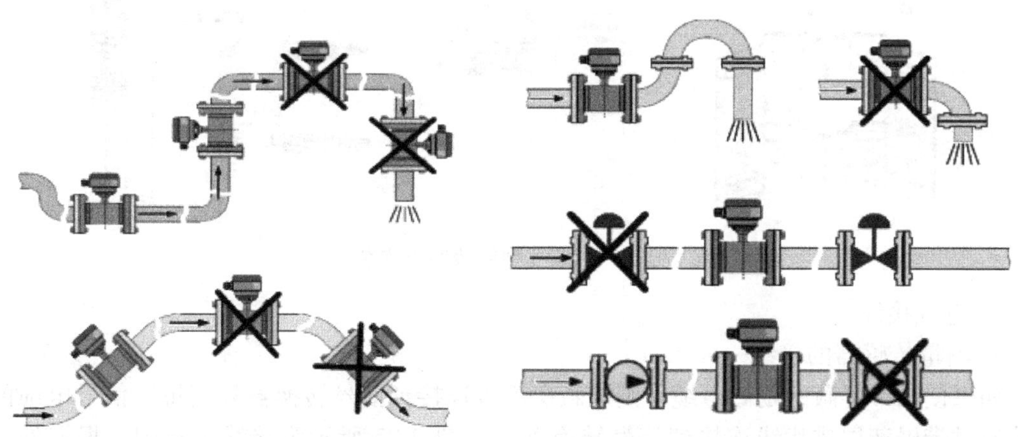

图 9-20　传感器弯管安装

图 9-21　传感器配合其他设备安装

接地要求：电磁流量计变送器外壳、屏蔽线、测量导管及变送器两端的管道都要接地且单独设置接地点，绝不能接在电机电气等公用地线或上下水管道上。

转换器部分已通过电缆线接地，毋须再行接地，以免因电位不同而引入干扰，如

图 9-22 所示。

③ 信号转换器安装

a. 安装于管道上

使用标准的U形螺栓、垫圈和紧固螺母固定安装板。使用螺母和垫圈将信号转换器固定到安装板上。如图 9-23 所示。

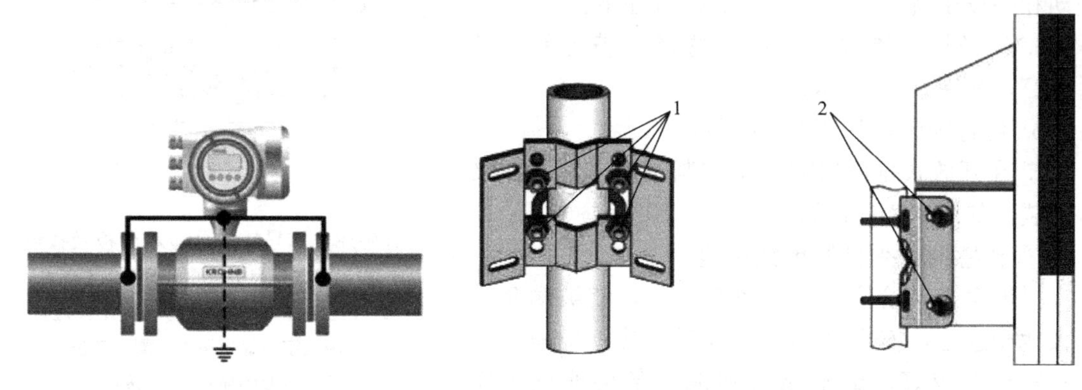

图 9-22　传感器接地

图 9-23　墙挂型的管道上安装

1—管道固定位置；2—仪表面板固定位置

b. 墙面安装

借助安装板准备钻孔，将外壳安全地固定在墙壁上，使用螺母和垫圈将信号转换器固定到安装板上。如图 9-24 所示。

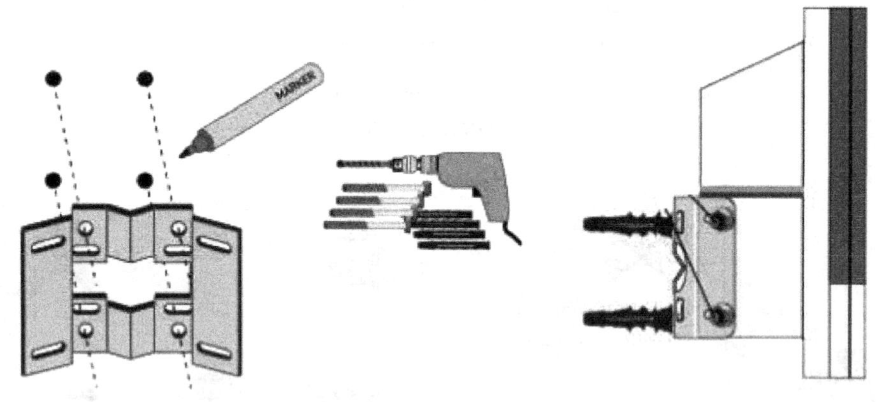

图 9-24　墙挂型的墙壁上安装

④ 电气接线

a. 测量传感器的接线

如果使用带屏蔽的励磁电缆，则屏蔽层不可连接到信号转换器外壳里。信号电缆的外屏蔽通过带屏蔽层排扰线连接到信号转换器。如图 9-25 所示为接线示意图。根据外壳类型的不同，电气接线端子的位置也可能不同。带双层屏蔽的 A 型信号电缆（DS 300 型）和带三层屏蔽的 B 型信号电缆（BTS300 型）可确保测量值的准确传送。IFC 300W 有分别单独的端子腔体用于连接电源、传感器和输出与输入。电源腔体上另外铰链装有盖板，以保护人身安全。信号电缆 A 和 B 屏蔽端子仅连接到传感器的接线盒端子盒内。

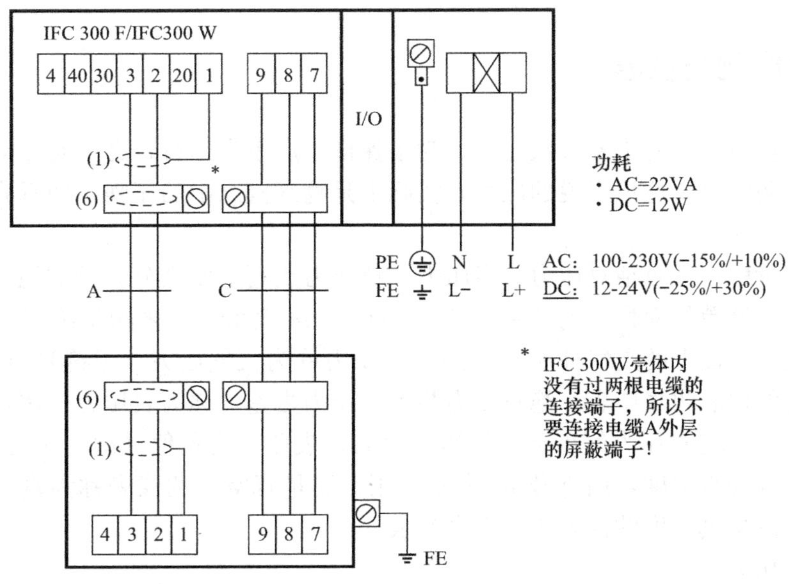

图 9-25 测量传感器的接线

b. 信号转换器接线

连接墙挂型信号转换器需要电缆和励磁电缆。A 型和 B 型信号电缆的外屏蔽通过带屏蔽层排扰线连接。如果使用带屏蔽的励磁电缆，则屏蔽层不可连接到信号转换器的外壳上。

打开外壳盖子；将制作好的信号电缆穿过电缆接入口，连接相应的带屏蔽层排扰线和电线；连接外屏蔽的带屏蔽层排扰线；将制作好的励磁电缆穿过电缆接入口，连接相应的电线。任何屏蔽层均不可连接；拧紧电缆接入口的压紧螺帽，盖上外壳盖子。

c. 输入输出接线

输入输出接线的所有作业只可在切断电源的情况下进行。当频率超过 100Hz 时，必须使用屏蔽电缆以防止电磁干扰，接线端子 A+适用于基本版本。如图 9-26 所示。步骤如下：

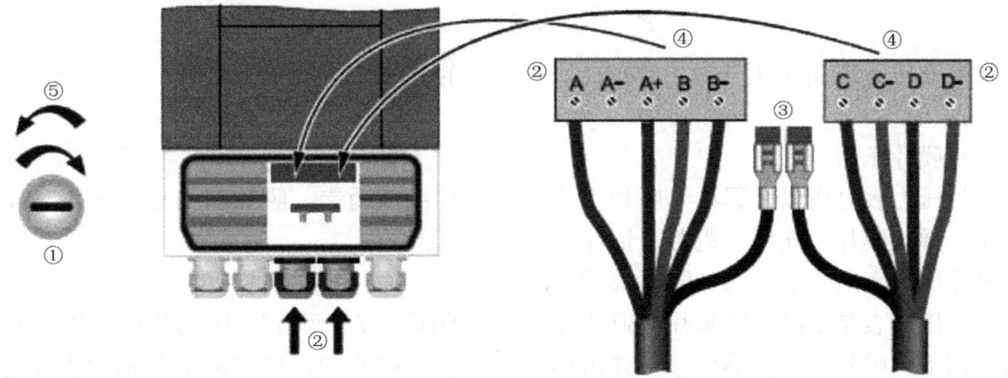

图 9-26 输入输出接线

①打开外壳端子 ②将制作好的信号电缆穿过电缆接入口，并连接到所提供的连接端子上 ③连接外屏蔽的带屏蔽层排扰线，如有需要，需连接屏蔽层 ④将夹好电线的连接插头插到各自的插座内 ⑤盖上外壳盖子

9.2 压力检测与仪表

压力是工业生产中的重要参数之一，为了保证生产正常运行，必须对压力进行监测和控制。但需说明的是，这里所说的压力，实际上是物理概念中的压强，即垂直作用在单位面积上的力。

在压力测量中，常有绝对压力、表压力、负压力或真空度之分。所谓绝对压力是指被测介质作用在容器单位面积上的全部压力，用符号 p_j 表示。用来测量绝对压力的仪表称为绝对压力表。地面上的空气柱所产生的平均压力称为大气压力，用符号 p_q 表示。用来测量大气压力的仪表叫气压表。绝对压力与大气压力之差，称为表压力，用符号 p_b 表示。即 $p_b=p_j-p_q$。当绝对压力值小于大气压力值时，表压力为负值（即负压力），此负压力值的绝对值，称为真空度，用符号 p_x 表示。用来测量真空度的仪表称为真空表。既能测量压力值又能测量真空度的仪表叫压力真空表。

（1）弹簧压力表

弹簧压力表主要由表壳、表罩、表针、弹性元件、机芯、封口片、连杆、表盘、接头组成，其工作原理是弹簧管在压力和真空的作用下，产生弹性变形引起管端位移，其位移通过机械传动机构进行放大，传递给指示装置，再由指针在表盘上偏转指示出压力或真空值，如图 9-27 所示。

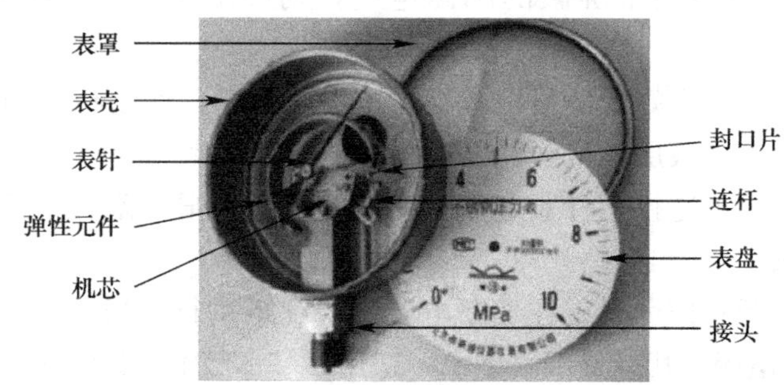

图 9-27 弹簧压力表的结构

弹簧管压力表用于大于 0.06MPa 以上量程的气体或液体压力测量。精度为±1%，±1.5%。

（2）膜片压力表

膜片压力表是指以金属波纹膜片作为弹性元件的压力表。膜片压力表主要由下接体、上接体、弹性膜片、连杆、机芯、指针、表盘等组成。

膜片压力表的内部结构如图 9-28 所示。

膜片压力表是指以金属膜片为弹性敏感元件的压力表。膜片压力表的工作原理是在压力的作用下，膜片产生变形位移，并借助固定在膜片中心的连杆带动机芯指示出压力值。膜片压力表的优点是能根据不同的被测腐蚀介质，选取不同的膜片材料，以达到最好的耐腐蚀性。

膜片压力表用于 2.5MPa 以下具有腐蚀性的气体、液体、浆液的压力测量。最小量程为 0～1kPa。精度为±1.5%，±2.5%。

(3) 膜盒压力表

以膜盒作为弹性敏感元件用来测量微小压力的压力表叫膜盒压力表。膜盒敏感原件由两块焊接在一起的显圆形波浪的膜片组成。

当被测压力从接头进入膜盒腔内后，膜盒自由端受压而产生位移，此位移借助连杆带动机芯中轴转动，由指针将被测压力值在表盘上指示出来，膜盒压力表如图 9-29 所示。

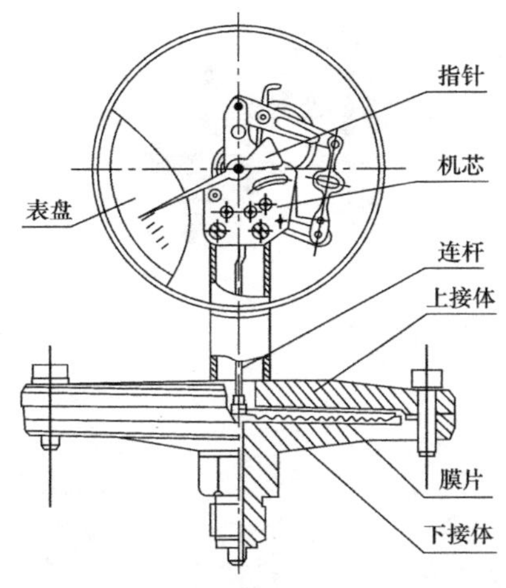

图 9-28 膜片压力表的的内部结构

图 9-29 膜盒压力表

膜盒压力表用于微压气体测量，精度为±1.5%，±2.5%。

(4) 智能压力变送器

智能压力变送器是把带隔离的硅压阻式压力敏感元件封装于不锈钢壳体内制作而成。它能将感受到的液体或气体压力转换成标准的电信号对外输出，广泛应用于水厂各类气水管道等现场测量和控制。

本节以 E+H Cerabar M PMC51 智能压力变送器为例来介绍。

Cerabar M 智能压力变送器具有智能化、模块化、抗过载三大特点。其技术要点包括模拟、数字量压力变送器；线性化精度 0.2%；量程比 10∶1；长期稳定性为 0.1%每年；介质温度－40～100℃；抗电磁干扰 10V/m。

模块化包括：模拟或智能电路、模拟型带模拟显示、智能型带数字显示、电缆接口、过程连接，如图 9-30 所示。

E+H Cerabar M PMC51 压力变送器采用电容式测量单元，带陶瓷过程隔离膜片。电容式压力变送器是根据变电容原理工作的压力检测仪表，是利用弹性元件受压变形来改变可变电容器的电容量，从而实现压力—电容的转换。

电容式压力变送器具有结构简单、体积小、动态性能好、电容相对变化大、灵敏度高等优点，因此获得广泛应用。

① 测量原理

如图 9-31 所示为陶瓷传感器的测量原理。

陶瓷传感器是非充油拟传感器（干式传感器）。过程压力直接作用在结构坚固的陶瓷过程隔离膜片上，导致膜片发生形变。陶瓷基板和过程隔离膜片上与压力成比例关系的电容变化量被测量。陶瓷过程隔离膜片的厚度确定了测量范围。

图9-30　压力变送器模块化

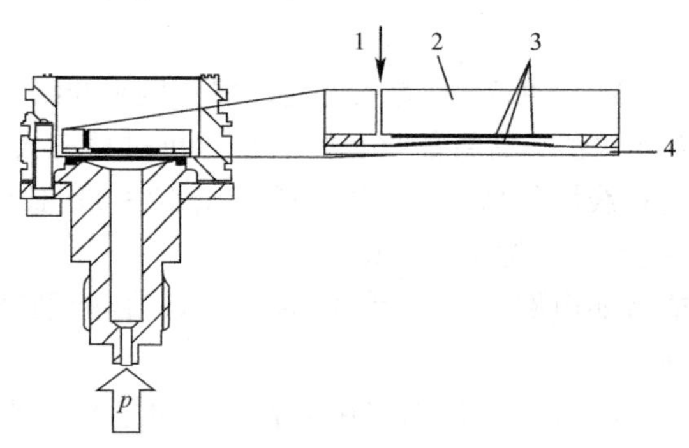

图9-31　陶瓷传感器的测量原理

1—大气压（表压传感器）；2—陶瓷基板；3—电极；4—陶瓷过程隔离膜片

其优点为：抗过载能力高达40倍标称压力；采用99.9%超纯的陶瓷，具有极强的化学稳定性，低松弛度，高机械稳定性；可在绝对真空条件下使用；具有极佳的表面光洁度。

② 使用表压传感器进行电子差压测量

如图9-32所示，两台Cerabar M仪表（均带表压传感器）连接在一起。通过两台独立工作的Cenbar M即可测量差压值。

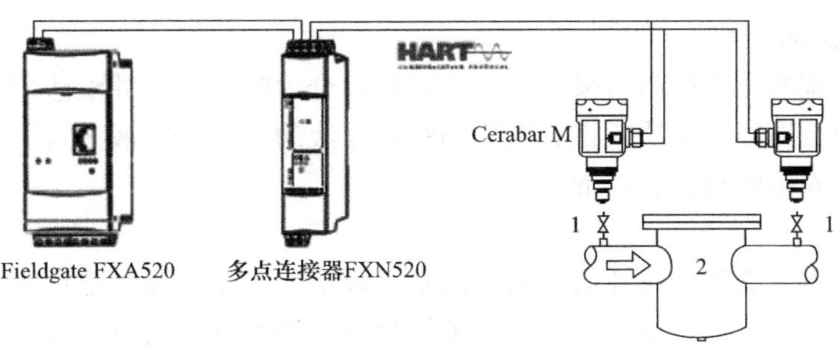

图 9-32 用表压传感器进行电子差压测量

1—截止阀；2—例如：滤波器

(5) 压力仪表的安装

1) 压力取源部件的安装

① 安装条件

压力取源部件有两类。一类是取压短节，用来焊接管道上的取压点和取压阀门。一类是外螺纹短节，在管道上确定取压点后，把没有螺纹的一端焊在管道上的压力点，有螺纹的一端便直接拧上内螺纹截止阀即可。

不管采用哪一种形式取压，压力取源部件安装必须符合下列条件：

a. 取压部件的安装位置应选在介质流速稳定的地方；

b. 压力取源部件与温度取源部件在同一管段上时，压力取源部件应在温度取源部件的上游侧；

c. 压力取源部件在施焊时要注意端部不能超出工艺设备或工艺管道的内壁；

d. 测量带有灰尘、固体颗粒或沉淀物等混浊介质的压力时，取源部件应倾斜向上安装。在水平工艺管道上应顺流束成锐角安装；

e. 当测量温度高于 60℃的液体、蒸汽或可凝性气体的压力时，就地安装压力表的取源部件应加装环形弯或 U 形冷凝弯。

② 就地安装压力表

水平管道上的取压口一般从顶部或侧面引出，以便于安装。安装压力变送器，导压管引远时，水平和倾斜管道上取压的方位要求如下：流体为液体时，在管道的下半部，与管道水平中心成 45°的夹角范围内，切忌在底部取压；流体为蒸汽或气体时，一般为管道的上半部，与管道水平中心线成 0～45°的夹角范围内。

③ 导压管

安装压力变送器的导压管应尽可能的短，并且弯头尽可能的少。

导压管管径的选择：就地压力表一般选用 $\phi18\times3$ 或 $\phi14\times2$ 的无缝钢管；压力表环形弯或冷凝弯优先选用 $\phi18\times3$；引远的导压管通常选用 $\phi14\times2$ 无缝钢管；压力高于 22MPa 的高压管道应采用 $\phi14\times4$ 或 $\phi14\times5$ 优质无缝钢管；在压力低于 16MPa 的管道上，导压管有时也采用 $\phi18\times3$，但它冷撼很难一次成型，一般不常用；对于低压或微压的粉尘气体，常采用 1″水煤气管作为导压管。

导压管水平敷设时，必须要有一定的坡度，一般情况下，要保持 1∶10～1∶20 的坡度。在特殊情况下，坡度可达 1∶50。管内介质为气体时，在管路的最低位置要有排液装置；管内介质为液体时在管路的最高点设有排气装置。

④ 隔离法测量压力

腐蚀性、黏稠的介质的压力采用隔离法测量，分为吹气法和冲液法两种。吹气法进行隔离，适用于测量腐蚀性介质或带有固体颗粒悬浮液的压力；冲液法进行隔离，适用于黏稠液体以及含有固体颗粒的悬浮液。

⑤ 垫片

压力表及压力变送器的垫片通常采用四氟乙烯垫。对于油品，也可采用耐油橡胶石棉板制作的垫片。蒸汽、水、空气等不是腐蚀性介质，垫片的材料可选普通的石棉橡胶板。

2）压力管路连接方式与相应的阀门

① 按阀门和管接头分类

a. 管路连接系统主要采用卡套式阀门与卡套或管接头。其特点是耐高温、密封性能好、装卸方便、不需要动火焊接。

b. 管路连接常用的连接形式是外螺纹截止阀和压垫式管接头。

c. 管路连接系统采用外螺纹截止阀、内螺纹截止阀和压垫式管接头，是炼油系统常用的连接形式。

上述三种方法可以随意选用，但在有条件时，尽可能选用卡套式连接形式。

② 压力测量常用阀门

a. 卡套式阀门

卡套式连接时，应采用卡套式阀门，如卡套式截止阀、卡套式节流阀和卡套式角式截止阀。这种阀可作为根部阀，也可作切断阀，也可作放空阀和排污阀。

b. 内、外螺纹截止阀

内、外螺纹截止阀这类截止阀也可作为一次阀、切断阀、放空阀和排污阀。

c. 常用压力表截止阀

除上述阀门接上 M20X1.5 接头可互接压力表外，还有带压力表接头的截止阀，其型号为 Jll-64、J11-200 和 J11-400，适合于高、中、低压力测量。

9.3　物位检测与仪表

物位测量仪是应用最广泛的非接触式测量方法。两种不相溶的物质的界面位置叫作界位。液位、料位以及相界面总称为物位。对物位进行测量的仪表被称为物位检测仪表。

物位测量的主要目的有两个：一是通过物位测量来确定容器中的原料、产品或半成品的数量，以保证连续供应生产中各个环节所需的物料或进行经济核算；另一个是通过物位测量，了解物位是否在规定的范围内，以便使生产过程正常进行，保证产品的质量、产量和生产安全。

测量液位的物位测量仪表的种类很多，如果按液位、界面、料位来分可分为：测量液位的仪表——玻璃管式、称重式、浮力式、静压（压力式、差压式），电容式、电感式、电阻式、超声波式、放射性式、激光式及微波式等；测量界面的仪表——浮力式、差压式、电极式和超声波式等；测量料位的仪表——重锤探测式、音叉式，超声波式、激光式、放射性式等。

（1）浮力式液位计

浮力式液位计是根据浮在液面上的浮球或浮标随液位的高低而产生上下位移，或浸于液体中的浮筒随液位变化而引起浮力的变化原理而工作的。

浮力式液位计结构简单、造价低、维持方便，因此在工业生产中应用广泛。

浮力式液位计有两种。一种是维持浮力不变的液位计，称为恒浮力式液位计，如浮球、浮标式等。另一种是在检测过程中浮力发生变化的，叫作变浮力式液位计，如沉筒式液位计。下面以恒浮力式液位计为例展开介绍。

1）恒浮力式液位计

恒浮力式液位计是利用浮子本身的重量和所受的浮力均为定值，并使浮子始终漂浮在液面上，并跟随液面的变化而变化的原理来测量液位的。

如图 9-33 所示为机械式就地指示的液位计示意图。浮子和液位指针直接用钢带相连，为了平衡浮子的重量，使它能准确跟随液面上下灵活移动，在指针一端还装有平衡锤，当平衡时可用公式（9-10）表示：

$$G-F=W \tag{9-10}$$

式中 G——浮子的重量；

F——浮子所受的浮力；

W——平衡锤的重量。

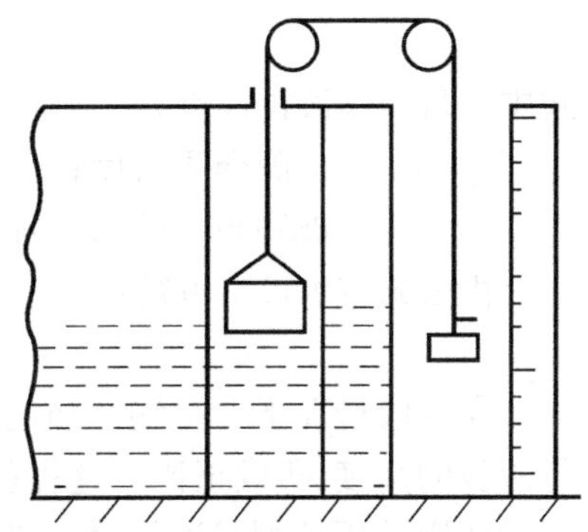

图 9-33 机械式就地指示的液位计

当液位上升时，浮子所受的浮力 F 增大，即 $G-F$ 小于 W，使原有的平衡关系被破坏，平衡锤将通过钢带带动浮子上移，与此同时，浮力 F 将减小，即 $G-F$ 将增大，直到 $G-F$ 重新等于 W 时，仪表又恢复了平衡，即浮子已跟随液面上移到了一个新的平衡位置。此时指针即在容器外的刻度尺上指示出变化后的液位。当液位下降时，与此相反。

公式（9-10）中 G、W 均可视为常数，因此，浮子平衡在任何高度的液面上时，F 的值均不变，所以把这类液位计称为恒浮力式液位计。

2）浮球式液位计的安装

① 浮球式液位计安装

浮球式液位计安装也较简单，在预定位置装上浮球后，注意应保证浮球活动自如。介质对浮球不能有腐蚀，它常用于在公称压力小于 1MPa 的容器内的液位测量，安装的要求也不高。

② 浮标式液位计安装

在大罐上常用，它适用于精度不高，只是要求直观的场合。

③ 浮筒液面计安装

浮筒液面计分为内外浮筒，安装重点是垂直度。内装在浮筒内的浮杆必须自由上下，不能出现卡涩现象。垂直度保证不了，就会影响测量精度。浮筒气动调节器是基地式仪表，需要注意的是浮筒作为发送部分没有可调部件。若发现零位、量程、非线性等问题，只能改变凸轮与凸轮板的接触位置，而这种改变通常要请制造厂到现场服务予以解决，超出了安装的范畴。安装时除保证其垂直度外，还要注重法兰、螺栓、垫片、切断阀的选择与配合。切断阀还须试压合格。

（2）差压式液位计

差压式液位计是利用容器内的液位改变时，液柱产生的静压也相应变化的原理而工作的。

1）差压式液位计的特点：

① 检测元件在容器中几乎不占空间，只需在容器壁上开一个或两个孔即可；

② 检测元件只有一、两根导压管，结构简单、安装方便、便于操作维护，工作可靠；

③ 采用法兰式差压变送器可以解决高黏度、易凝固、易结晶、腐蚀性、含有悬浮物介质的液位测量问题；

④ 差压式液位计通用性强，可以用来测量液位，也可用来测置压力和流量等参数。

如图 9-34 所示为差压式液位计测量原理图。当差压计一端接液相，另一端接气相时，根据流体静力学：

$$p_B = p_A + H\rho g \tag{9-11}$$

式中　H——液位高度；

ρ——被测介质密度；

g——被测与地的重力加速度。

由公式（9-11）可得：

$$\Delta p = p_B - p_A = H\rho g \tag{9-12}$$

在一般情况下，被测介质的密度和重力加速度都是已知的，因此，差压计测得的差压与液位的高度 H 成正比，这样就把测量液位高度的问题变成了测量差压的问题。

使用差压计测量液位时，必须注意以下两个问题：

a. 遇到含有杂质、结晶、凝聚或易自聚的被测介质，用普通的差压变送器可能引起连接管线的堵塞，此时需要采用法兰式差压变送器，如图 9-35 所示。

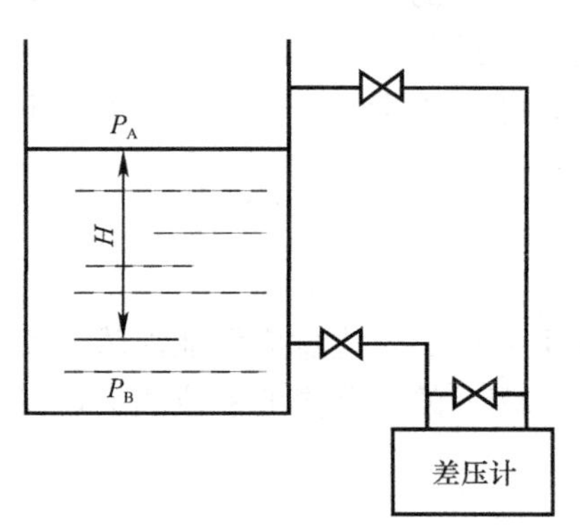

图 9-34　差压式液位计测量原理

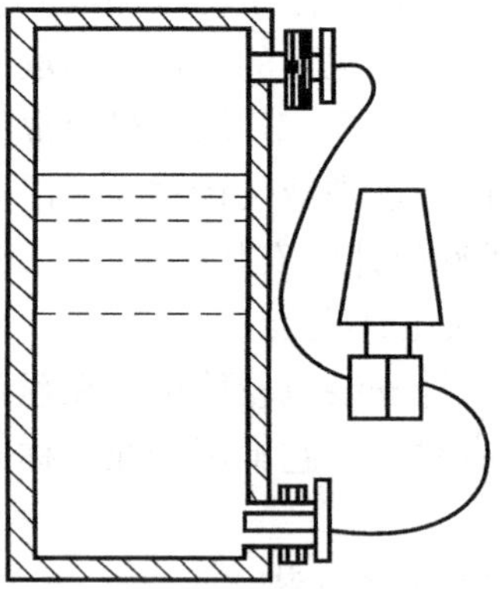

图 9-35　法兰式差压变送器测液位仪

b. 当差压变送器与容器之间安装隔离罐时，需要进行零点迁移。

2）差压式液位变送器安装

对于敞开式容器的液位测量，变送器安装于容器底部液位工艺零点位置，取压点通过测量导管与变送器“+”压室相连，“−”压室通大气作为参考点。对于智能差压式液位变送器，如果测量导管与变送器“+”压室、“−”压室连接相反，只需将变送器测量量程进行反向设置即可，不用更改导压管连接方式。差压变送器的安装高度不应高于下部取压口。

对于密闭式容器的液位测量，其下部取压点通过导压管与变送器的“+”压室相连，其上部取压点与变送器的“−”压室相连。由于密闭容器内除了被测液体的静压外容器内还存在气压，再由于气体的可压缩性，所以，在使用过程中一定要将变送器“+”压室导压管内积存的气体排放彻底，确保其测量导管充满被测液体，以免测量信号失真。对于容器内含有杂质结晶凝聚或易自聚的被测液体及黏度较大的被测液体，可选用毛细管式单法兰变送器以避免测量导管堵塞。

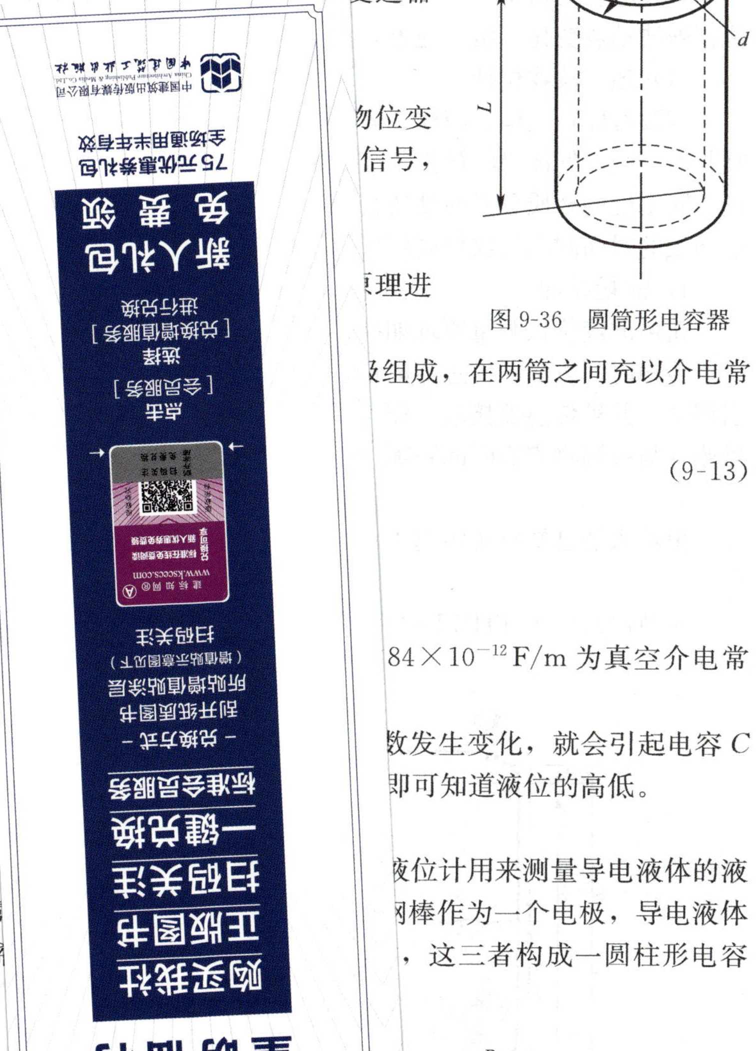

图 9-36　圆筒形电容器

(3) 电容式物位计

电容式物位计是电学……物位变化量转换成电容的变化量……信号，传输给显示仪表进行指示、……

1) 工作原理

电容式物位计的电容……原理进行工作的，结构形式如图 9……

电容器由两个相互绝缘……极组成，在两筒之间充以介电常数为 ε 的电介质时，两圆筒……

(9-13)

式中　L——两极板相互遮盖……

D——外电极的内径；

d——圆筒形内电极的……

ε——中间介质的电介……84×10^{-12} F/m 为真空介电常数，ε_p 为介质的……

由公式 (9-13) 可知，只……数发生变化，就会引起电容 C 的变化。在实际应用中，D、……即可知道液位的高低。

2) UYB-11A 型电容液位……

如图 9-37 所示为 UYB-1……液位计用来测量导电液体的液位，由不锈钢电极套上聚四氟……钢棒作为一个电极，导电液体作为另一个电极，聚四氟乙烯……，这三者构成一圆柱形电容器。如图 9-38 所示。

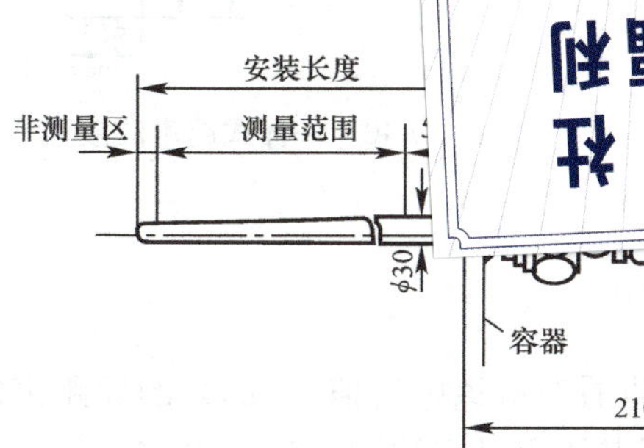

图 9-37　电容液位计的外形尺寸

图 9-38　电容液位计结构图

UYB-11A 电容液位传感器的电容变化量为：

$$C=\frac{2\pi\varepsilon H}{\ln D_2/D_1}-C_0 \tag{9-14}$$

式中　C_0——容器未放液体时，不锈钢电极对容器壁的初始电容。

3）电容式物位计的安装

安装电容式物位计时应根据现场实际情况选取合适的安装点，要避开下料口及其他料位剧烈波动或变化迟缓的地方，要做好信号线的屏蔽接地，防止干扰。

（4）超声波物位计

声波可以在气体、液体、固体中传播，并有一定的传播速度。声波在穿过介质时会被吸收而衰减，气体吸收最强，衰减最大；液体次之；固体吸收最少，衰减最小。声波在穿过不同密度的介质分界面处还会产生反射。超声波物位计就是根据声波从发射至接收到反射回波的时间间隔与物位高度成比例的原理来检测物位的。

1）测量原理

超声波液位仪测量原理如图 9-39 所示。

传输时间方法：传感器向被测物表面发送超声波脉冲，超声波脉冲在被测物表面被反射回来，并被传感器接收。测量脉冲发送和接收之间的时间 t，用时间 t 和声速 c 计算传感器膜片与被测物表面间的距离 D：

$$D = c \times t/2 \tag{9-15}$$

由输入的已知空罐距离 E 计算料位如下：

$$L = E - D \tag{9-16}$$

本节以西门子 THE PROBE 一体式超声波液位计图 9-40 为例展开介绍。

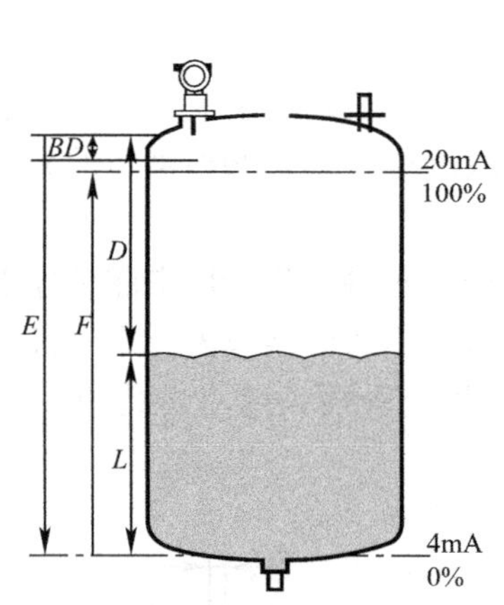

图 9-39　超声波液位仪测量原理

E—空罐距离；D—从传感器膜片到被测物表面的距离；F—量程（满罐距离）；L—物位；BD—死区

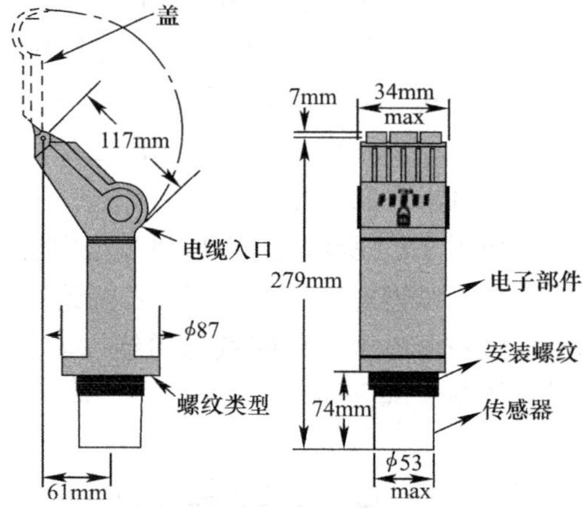

图 9-40　一体式超声波液位计

2）使用

液位计电流输出（mA）可与液位成正比。查看对应该电流值（mA）的原距离值，将界面与传感器表面距离调整至期望值，根据说明书使用对应按键标定。设定新的参考距离值，查看或标定后，液位计会自动转为 RUN 方式（6s），标定值以传感器表面为参照物。

设定盲区是为了忽略传感器前面这个区域，在这个区域里，无效回波达到一定强度并干扰了真实回波的处理。它是从传感器表面向外的一段距离。建议最小盲区设为 0.25m，但为了扩大盲区，也可增大该值。

3）安装

① 超声波物位计安装条件，如图 9-41 所示。

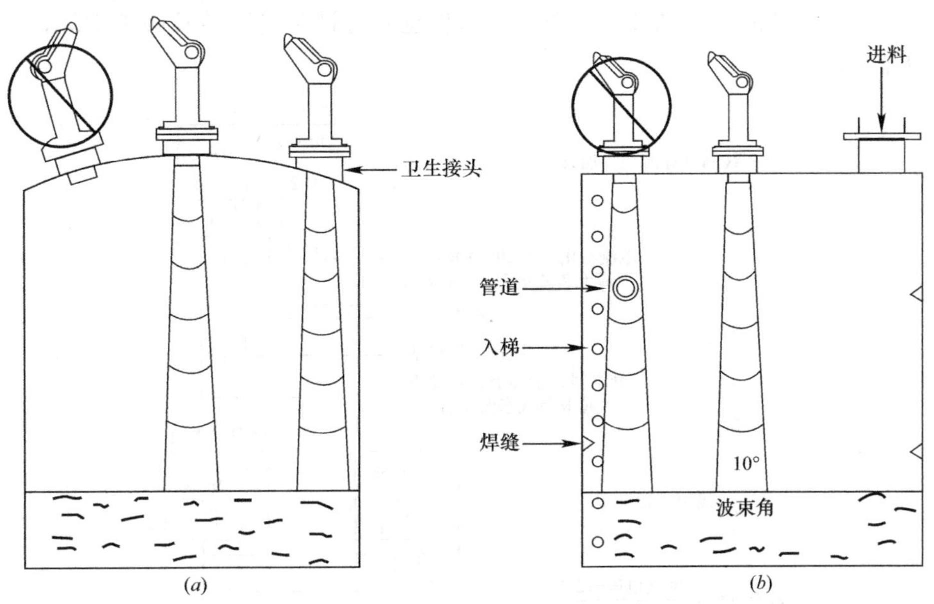

图 9-41 超声波物位计的安装

（a）弧形顶安装；（b）平顶安装和波速角

传感器与罐壁距离要大于储罐直径的 1/6；为了防止阳光和雨水直射，要用防雨罩；不要把传感器安装在储罐中间；要避免穿过料流测量；要保证限位开关、温度传感器等设备不在发射角 α 内；特别是加热盘管、导流片等对称装置会对测量产生干扰；要把传感器调整到与产品表面垂直；不要两个超声波传感器安装在一个储罐，因为两个信号会相互影响；用 3dB 发射角 α 估算传输回波波束及其检测范围。

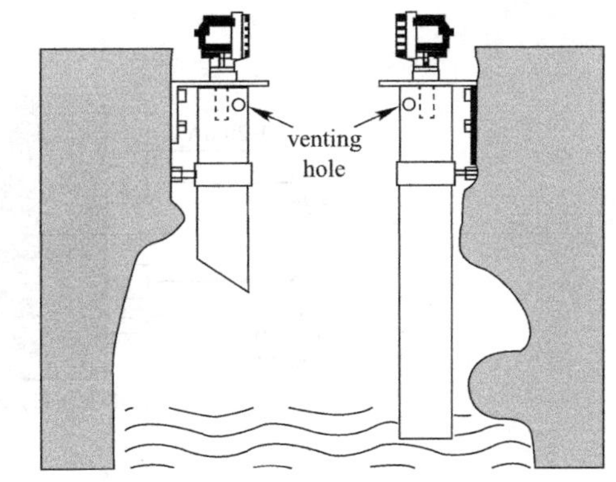

图 9-42 狭窄通道内的安装

② 在狭窄通道内的安装

在狭窄的通道中有很强的干扰回波，建议用最小直径 200mm 的超声导波管，要保证管子不受淤积的污泥所污染。需要时，要定期清洗管子，如图 9-42 所示。

③ 电气接线

该型超声波采用液位计两线制或三线制接线方式，如图 9-43 所示。

盖子未打开前，根据接线需要起开某一侧的塞子；松开螺丝，打开盖子；把电缆引入液位计接好电缆；合上盖子，拧紧螺丝，使扭矩达到 1.1～1.7Nm。

根据实际使用的继电器情况，接线方式如图 9-44 所示。电源输入有反向保护。

④ 安装注意事项

仪表设备安装前，应当按照设计文件仔细地核对其位号、型号、规格、材质和附件，外观应完好无损；在安装过程中物位检测仪表属于精密设备，要轻拿轻放避免碰撞；接线盒出线锁紧头要拧紧，以免使水汽、灰尘和脏物进入接线盒中；安装于露天或是灰尘比较大的场所，在物位计的上方加装防护罩，既可保证物位计免受踩踏及碰撞损坏，也起到防雨防尘的作用。

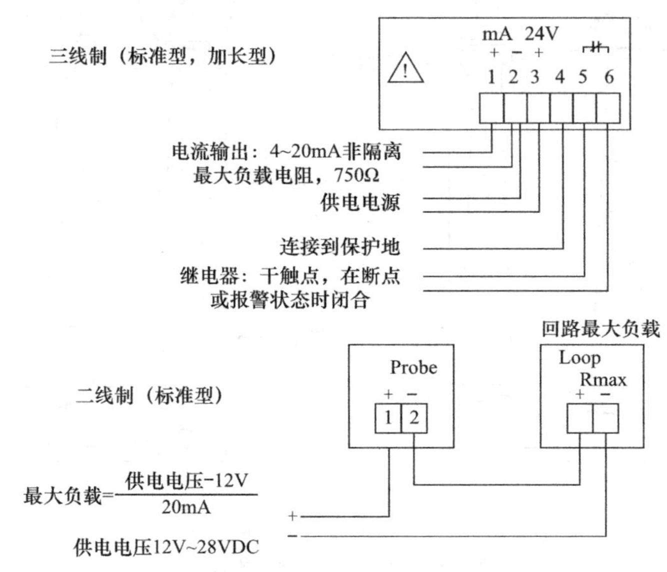

图 9-43　液位计接线图

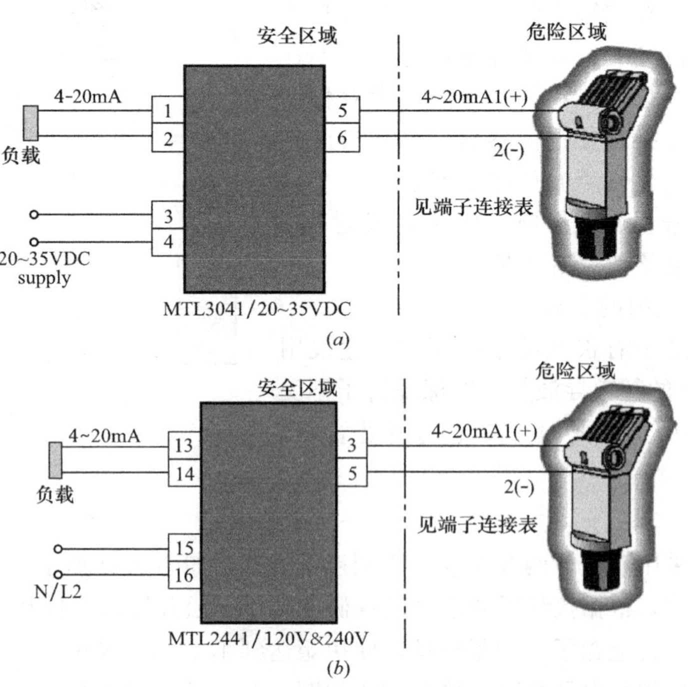

图 9-44　根据继电器接线

（a）直流中继器；（b）交流中继器

PROBE 安装时中，其传感器表面到预计最高液位的距离不低于 25cm。

9.4 温度检测与仪表

温度是表征物体冷热程度的物理量。温度只能通过物体随温度变化的某些特性来间接测量，而用来测量物体温度数值的标尺叫温标。它规定了温度的读数起点（零点）和测量温度的基本单位。目前国际上用得较多的温标有华氏温标、摄氏温标、热力学温标和国际实用温标。

华氏温标（℉）规定：在标准大气压下，冰的熔点为 32℉，水的沸点为 212℉，中间划分 180 等份，每等份为华氏 1 度，符号为℉。

摄氏温标（℃）规定：在标准大气压下，冰的熔点为 0℃，水的沸点为 100℃，中间划分 100 等份，每等份为摄氏 1 度，符号为℃。

温度测量仪表按测温方式可分为接触式和非接触式两大类。

通常来说接触式测温仪表比较简单、可靠，测量精度较高；但因测温元件与被测介质需要进行充分的热交换，故需要一定的时间才能达到热平衡，所以存在测温的延迟现象，同时受耐高温材料的限制，不能应用于很高的温度测量。非接触式仪表测温是通过热辐射原理来测量温度的，测温元件不需与被测介质接触，测温范围广，不受测温上限的限制，也不会破坏被测物体的温度场，反应速度一般也比较快；但受到物体的发射率、测量距离、烟尘和水汽等外界因素的影响，其测量误差较大。

（1）热电偶温度计

热电偶是工业上最常用的温度检测元件之一。其优点是：测量精度高、测量范围广、构造简单。

1）热电偶测温基本原理

将两种不同材料的导体或半导体 A 和 B 焊接起来，构成一个闭合回路，如图 9-45 所示。当导体 A 和 B 的两个接点 1 和 2 之间存在温差时，两者之间便产生电动势，因而在回路中形成一定大小的电流，这种现象称为热电效应。热电偶就是利用这一效应来工作的。

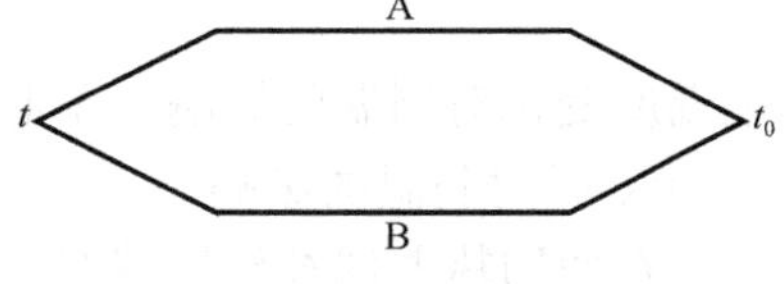

图 9-45 热电偶

热电偶的一端将 A、B 两种导体焊在一起，置于温度为 t 的被测介质中，称为工作端；另一端称为自由端，放在温度为 t_0 的恒定温度下。当工作端的被测介质温度发生变化时，热电势随之发生变化，将热电势送入显示仪表进行指示或记录，或送入微机进行处理，即可获得温度值。

热电偶两端的热电势差可用下式表示：

$$E_t = e_{AB}(t) - e_{AB}(t_0) \tag{9-17}$$

式中 E_t——热电偶的热电势；

$e_{AB}(t)$——温度为 t 时工作端的热电势；

$e_{AB}(t_0)$——温度为 t_0 时自由端的热电势。

当自由端温度 t_0 恒定时，热电势只与工作端的温度有关，即 $E_t=f(t)$。

当组成热电偶的热电极的材料均匀时，其热电势的大小与热电极本身的长度和直径大小无关，只与热电极材料的成分及两端的温度有关。因此，用各种不同的导体或半导体材料可做成各种用途的热电偶，以满足不同温度对象测试的需要。

2）热电偶温度计的结构形式

为了保证热电偶可靠、稳定地工作，对它的结构要求如下：

① 组成热电偶的两个热电极的焊接必须牢固；

② 两个热电极彼此之间应很好地绝缘，以防短路；

③ 补偿导线与热电偶自由端的连接要方便可靠；

④ 保护套管应能保证热电极与有害介质充分隔离。

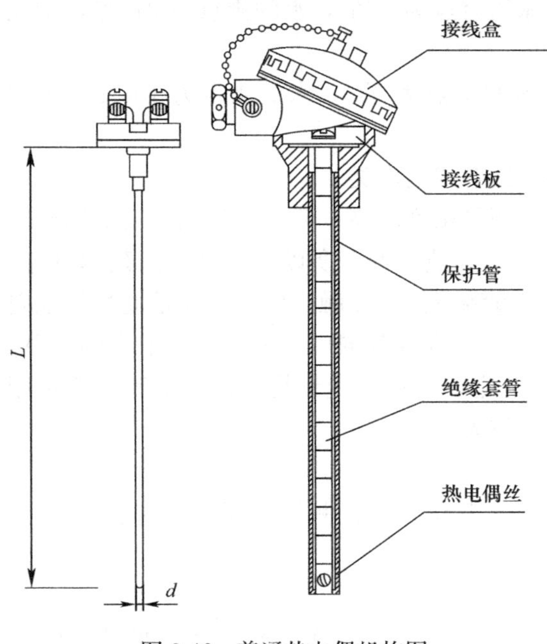

图 9-46　普通热电偶机构图

普通型热电偶是应用最多的，主要用来测量气体、蒸汽和液体等介质的温度。根据测温范围及环境的不同，所用的热电偶电极和保护套管的材料也不同，但因使用条件基本类似，所以这类热电偶已标准化、系列化。按其安装时的连接方法可分为螺纹连接和法兰连接两种。如图 9-46 所示为普通热电偶结构图。

3）热电偶冷端的温度补偿

由于热电偶的材料一般都比较贵重，而测温点到仪表的距离都很远，为了节省热电偶材料，降低成本，通常采用补偿导线把热电偶的冷端（自由端）延伸到温度比较稳定的控制室内，连接到仪表端子上。必须指出，热电偶补偿导线的作用只起延长热电极，使热电偶的冷端移动到控制室的仪表端子上，它本身并不能消除冷端温度变化对测温的影响，不起补偿作用。因此，还需采用其他修正方法来补偿冷端温度 $t_0 \neq 0$℃时对测温的影响。

在使用热电偶补偿导线时必须注意型号相配，极性不能接错，补偿导线与热电偶连接端的温度不能超过 100℃。

冷端温度校正法：因各种热电偶的分度关系是在冷端温度为 0℃时得到的，如果测温热电偶的热端为 t，冷端温度为 t_0（$t_0>0$℃），就不能用测得的 $E(t, t_0)$ 去查分度表得 t，必须根据公式（9-18）进行修正：

$$E(t,0) = E(t,t_0) + E(t_0,0) \tag{9-18}$$

式中　$E(t,0)$——冷端为 0℃而热端为 t 时的热电动势；

$E(t,t_0)$——冷端为 t_0 而热端为 t 时的热电动势；

$E(t_0,0)$——冷端为 t_0 时应加的校正值。

采用补偿电桥法时必须注意下列几点：

a. 所选冷端补偿器必须和热电偶配套；

b. 补偿器接入测量系统时正负极性不可接反；

c. 显示仪表的机械零位应调整到冷端温度补偿器设计时的平衡温度，如补偿器是按 t_0＝20℃寸电桥平衡设计的，则仪表机械零位应调整到20℃处；

d. 因热电偶的热电势和补偿电桥输出电压两者随温度变化的特性不完全一致，故冷端补偿器在补偿温度范围内得不到完全补偿，但误差很小，能满足工业生产的需要。

(2) 热电阻

热电阻是中低温区最常用的一种温度检测器。它的主要特点是测量精度高，性能稳定。其中铂热电阻的测量准确度是最高的，它不仅广泛应用于工业测温，而且被制成标准的基准温度计。在国际实用温标（IPTS-68）中规定－259.34～630.74℃温域内以铂电阻温度计作为基准仪。

1) 热电阻测温原理及材料

热电阻测温是基于金属导体的电阻值随温度的增加而增加这一特性来进行温度测量的。热电阻大都由纯金属材料制成，目前应用最多的是铂和铜。

2) 热电阻的结构

普通型热电阻：从热电阻的测温原理可知，被测温度的变化是直接通过热电阻阻值的变化来测量的。因此，热电阻体的引出线等各种导线电阻的变化会给温度测量带来影响，为消除引线电阻的影响，一般采用三线制或四线制。

3) 热电阻故障原因及处理方法

热电阻的常见故障是热电阻的短路和断路。

一般断路更常见，这是因为热电阻丝较细所致。断路和短路是很容易判断的，可用万用表的“×1Ω”档，如测得的阻值小于 R_0，则可能有短路的地方；若万用表指示为无穷大，则可断定电阻体已断路。电阻体短路一般较易处理，只要不影响电阻丝的长短和粗细，找到短路处进行吹干，加强绝缘即可。电阻体的断路修理必然要改变电阻丝的长短而影响电阻值，为此更换新的电阻体为好，若采用焊接修理，焊后要校验合格后才能使用。热电阻测温系统在运行中常见故障及处理方法见表9-1。

热电阻故障原因及处理方法表 **表9-1**

故障现象	可能原因	处理方法
显示仪表指示值比实际值低或示值不稳	保护管内有金属屑、灰尘，接线柱间脏污及热电阻短路	除去金属屑，清扫灰尘、水滴等。找到短路点，加强绝缘
显示仪表指示无穷大	电热阻或引出线断路及接线端子松开等	更换电阻体，或焊接及拧紧接线螺丝等
阻值与温度关系有变化	电热阻丝材料受腐蚀变质	更换电阻体
显示仪表指示负值	显示仪表与热电阻接线有错，或热电阻有短路现象	改正接线，或找出短路处，加强绝缘

(3) 智能温度变送器

智能温度变送器由软件和硬件两部分组成，软件包栝输入选择、增益调整、冷端补偿运算、显示及通讯控制等。硬件包括输入回路、冷端温度的检测与补偿回路、数字程控放大电路、CPU、A/D转换、电流、电压、数字输出及通信接口等。下面以LD-B10系列干式变压器温度控制器为例来展开介绍。

LD-B10 系列干式变压器温度控制器（简称温控器）是专为干式变压器安全运行设计的一种智能控制器。该温控器采用单片机技术，利用预埋在干式变压器三相绕组中的三只铂热电阻来检测及显示变压器绕组的温升，能够自动启停冷却风机对绕组进行强迫风冷，并能控制超温报警及超温跳闸输出，以保证变压器运行在安全状态。

1）工作原理

温控器由温度监测系统和输出控制系统两部分电路组成。温度监测系统以单片机作为中央处理单元，配合其他电路构成，以完成温度的测量、显示及相应信号输出。输出控制系统完成冷却风机的控制输出和各种状态报警及输出。

温度监测系统中，由预埋在干式变压器三相绕组中三支铂热电阻传感器（PtlOO）产生与绕组温度值相应的电阻信号，经多路开关、滤波、放大和 A/D 转换后输入单片机。单片机根据输入的测量数据以及由外部设定（包括厂家与用户）的各种控制参数，经过计算与处理，显示被测量绕组的温度值并输出相应的控制信号。

监测系统中配有大容量 e^{e}prom 芯片，可随时存贮测量数据，能够对所有的设定参数及测量数据进行掉电保护。为了实现计算机远程监控，系统采用 RS-485 通信方式将温度数据与参数传送到远方的计算机上，以组成集散控制系统。工作原理如图 9-47 所示。

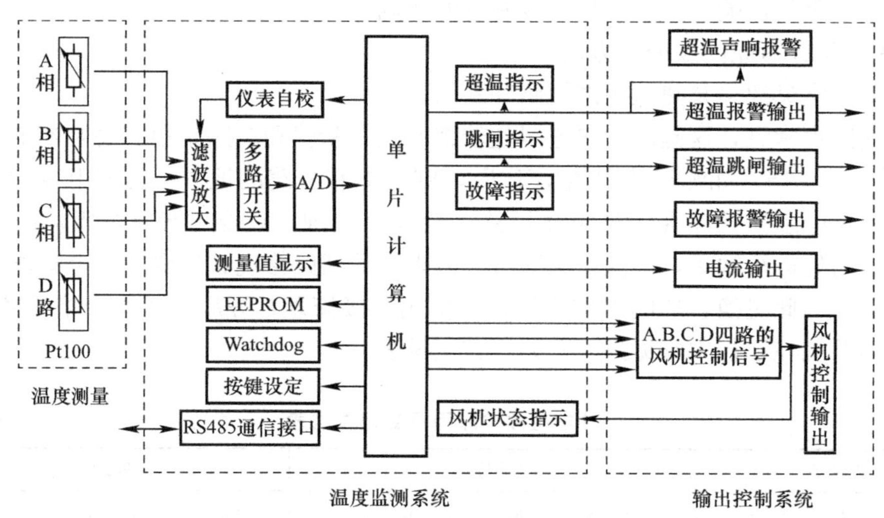

图 9-47　温控器工作原理图

2）工作面板

工作状态显示，如图 9-48 所示。面板的显示状态及 LED 灯指示见表 9-2。

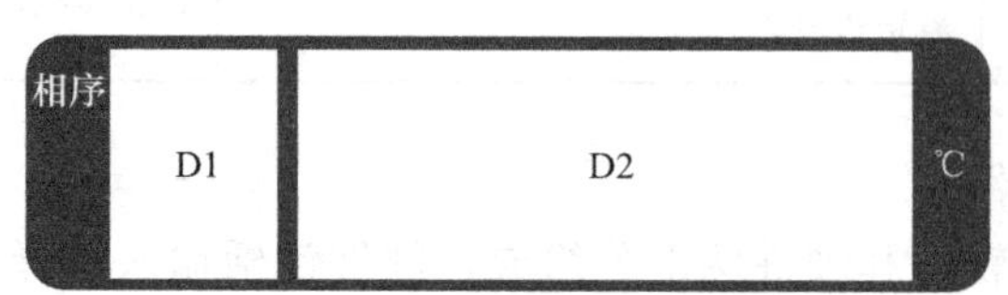

图 9-48　工作状态显示

D1——一位数码显示，显示测量相序及提示符；

D2—四位数码显示，显示测量值及参数

面板的显示状态及 LED 灯指示　　　　**表 9-2**

状态	显示器		LED 灯	控制输出
	D1	D2		
进入功能操作	P	-Cd-	巡检/最大值灯亮	
正常巡检	相序	对应温度	巡检灯亮	
最大值显示	相序	对应温度	最大值显示灯亮	
手动启动风机	相序	对应温度	风机灯亮、手动灯亮	风机闭合
超过风机启动值	相序	对应温度	风机灯亮	风机闭合
超过超温报警值	相序	对应温度	报警灯亮	超温报警闭合
超过超温跳闸值	相序	对应温度	跳闸灯亮	超温跳闸闭合
超出测量范围	相序	-OH-或-OL-	故障灯亮	故障报警闭合
传感器开路	相序	-OP-	故障灯亮	故障报警闭合
温控器故障	相序	-Er-	故障灯亮	故障报警闭合

温控器在正常测量工作状态下，按 SET 键，进入参数设定状态，D1 显示状态提示符，D2 显示参数提示符和设定的参数值，“巡检”和“最大值”两个指示灯同时亮。按 SET 键，可进入下一步状态。

在设定状态中，按一次△键，显示的参数值增 1，按住该键不放，可进行快速增数。正常工作状态下按△键可切换风机处于手动控制状态或自动控制状态。

在设定状态中，按次▽键，显示的参数值减 1，按住该键不放，可进行快速减数。正常工作状态下按▽键可切换温控器处于最大值显示或各相巡检显示状态。

需要对温控器进行手动复位时，按RST键。

3）使用与设置

①“黑匣子”功能

进入该功能操作状态，可查看停电前瞬间各相绕组的温度值，如图 9-49 所示。

② 冷却风机激励（风机定时启停）功能，如图 9-50 所示。

③ 测量值数字补偿设定步骤

当因传感器精度等外部原因引起测量的温度显示值有误差时，可进入测量值数字补偿设定状态，对测量值进行校正，如图 9-51 所示（补偿范围：－19.9℃～＋19.9℃）。

④ 输出状态检测操作步骤

可以通过数字设定，模拟测量温度的变化，对温控器的输出状态及对应触点进行检测，如图 9-52 所示。

（4）温度仪表的安装

1）温度一次仪表安装

温度一次仪表安装按固定形式可分为四种：法兰固定安装、螺纹连接固定安装、法兰和螺纹连接共同固定安装、简单保护套插入安装。

① 法兰安装

适用于在设备上以及高温、腐蚀性介质的中低压管道上安装温度一次仪表，具有适应性广、利于防腐蚀、方便维护等优点。

② 螺纹连接固定

一般适用于在无腐蚀性介质的管道上安装温度计，炼油部门按习惯也在设备上采用这种安装形式，具有体积小、安装较为紧凑的优点。高压管道上安装温度计采用焊接式温度计套管，属于螺纹连接安装形式，有固定套管和可换套管两种形式。前者用于一般介质，后者用于易腐蚀、易磨损而需要更换的场合。

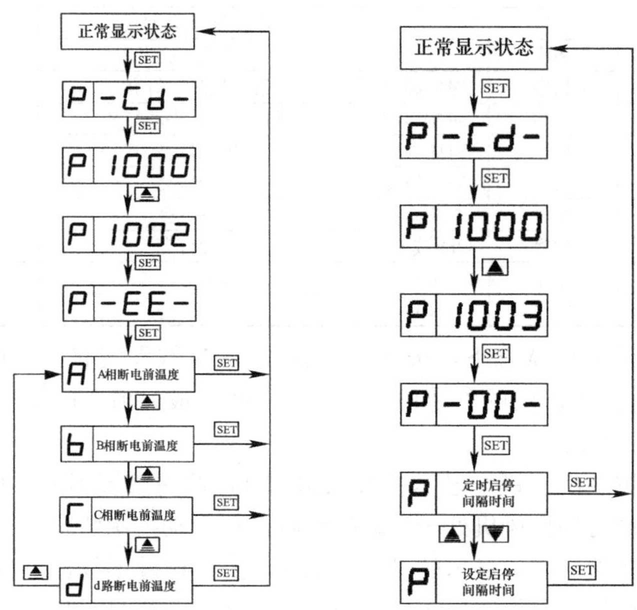

图9-49　“黑匣子”功能　　　图9-50　冷却风机激励功能

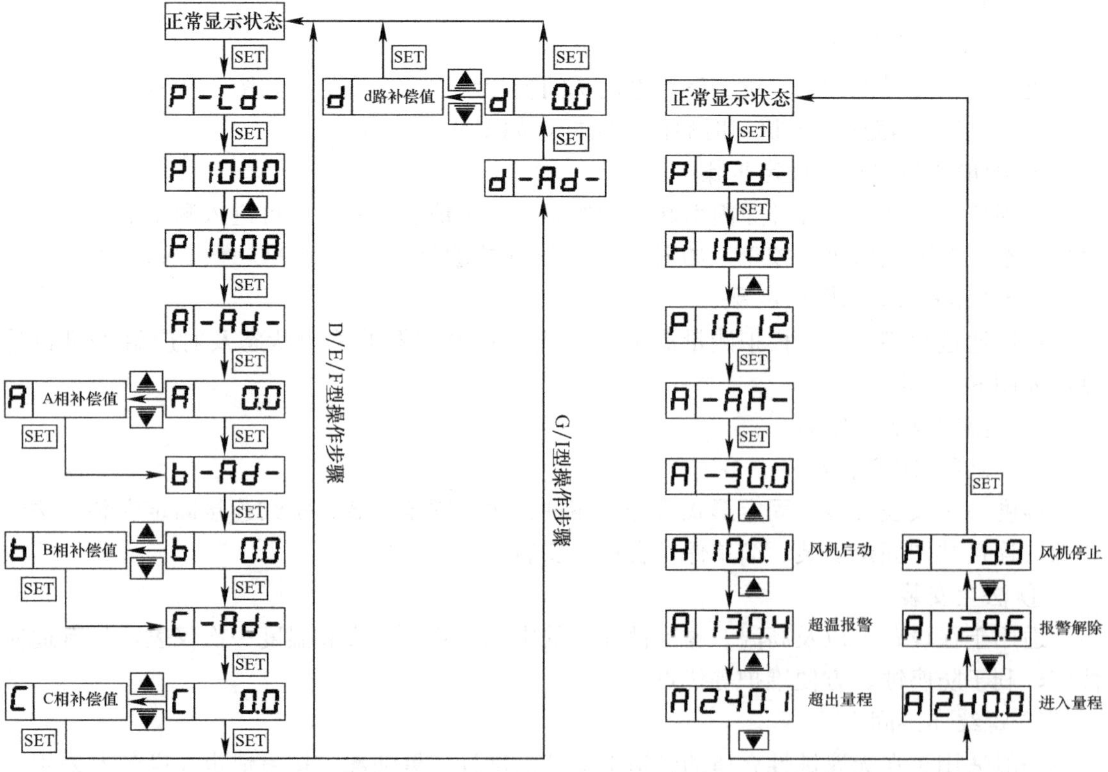

图9-51　测量值数字补偿设定步骤　　　图9-52　输出状态检测操作步骤

螺纹连接固定中的螺纹有五种，英制的有 1 英寸、1/2 英寸和 3/4 英寸，公制的有 M33×2 和M27×2。

热电偶多采用 1 英寸或 M33×2 螺纹固定，也有采用 3/4 英寸螺纹的，个别情况也用 1/2 英寸螺纹固定。

热电阻多用英制管螺纹固定，其中以 3/4 英寸为最常用，1/2 英寸有些也用。双金属温度计的固定螺纹是 M27×2。

③ 法兰与螺纹连接共同固定

当配带附加保护套时，适用于有腐蚀性介质的管道、设备上安装。

④ 简单保护套插入安装

有固定套管和卡套式可换套管（插入深度可调）两种形式，适用于棒式温度计在低压管道上作临时检测的安装。

测温元件大多数安装在碳钢、不锈钢、有色金属、衬里或涂层的管道和设备上，有时也安装在砖砌体、聚氯乙烯、玻璃钢、陶瓷、搪瓷等管道和设备上。后者的安装方式与安装在碳钢或不锈钢管道和设备上有很大不同，但与衬里或涂层设备和管道上基本相间，取源部件也类似，可以参考。

2）温度仪表安装注意事项

① 温度一次点的安装位置应选在介质温度变化灵敏且具有代表性的地方，不宜选在阀门、焊缝等阻力部件的附近和介质流束呈死角处。

a. 就地指示温度计要安装在便于观察的地方。

b. 热电偶的安装地点应远离磁场。

c. 温度一次部件若安装在管道的拐弯处或倾斜安装，应逆着流向。

d. 双金属温度计在管径 $DN\leqslant50$mm 的管道或热电阻、热电偶在管径 $DN\leqslant70$mm 的管道上安装时，要加装扩大管。扩大管要按标准图制作。

e. 压力式温度计的温包必须全部浸入被测介质中。

② 温度二次表要配套使用。热电阻、热电偶要配相应的二次表或变送器。特别要注意分度号，不同分度号的表不能误用。

③ 热电偶必须用相应分度号的补偿导线。热电阻宜采用三线制接法，以抵消环境温度的影响。每一种二次表都有其外接线路电阻的要求、除补偿导线或电缆的线路电阻外，还须用锰铜丝配上相应的电阻，以符合二次表的要求。

④ 补偿导线或电缆通过金属挠性管与热电偶或热电阻连接。

⑤ 同一条管线上若同时有压力一次点和温度一次点，压力一次点应在温度一次点的上游侧。

⑥ 温度二次仪表安装较为简单。把单体调校合格的二次表按安装说明书分别安装在指定的仪表盘上或框架上即可。

温度二次仪表是近年来发展较快的一类显示仪表，大多数指针指示的二次表（即动圈指示仪）逐步被外形尺寸完全一致的数字显示温度表所代替，但在安装上没有多大变化。

3）常用温度仪表的安装

常用温度仪表的安装如图 9-53、图 9-54 所示。

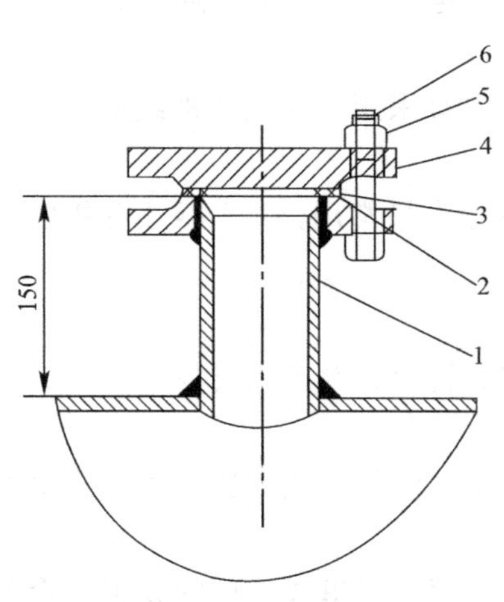

图 9-53　用平焊法兰接管在钢管道焊接

1—接管；2—法兰；3—垫片；
4—法兰盖；5—螺母；6—螺栓

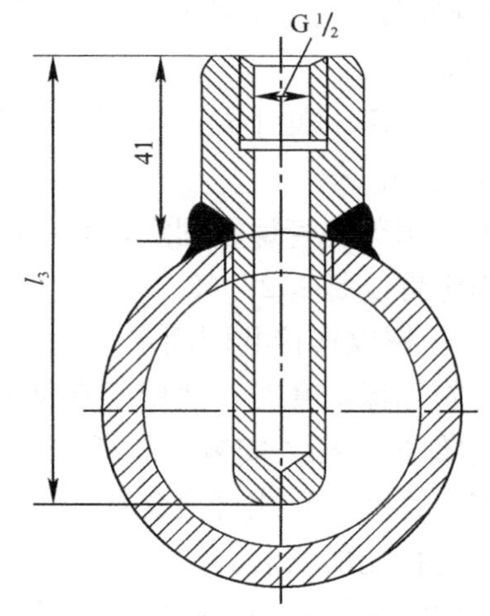

图 9-54　温度计高压管在管道上焊接

9.5　显示与控制仪表

在工业生产中，不仅需要测量出生产过程中各个参数量的大小，而且还要求把这些测量值进行指示、记录，或用字符、数字、图像等显示出来。这种作为显示被测参数测量值的仪表称为显示仪表。

显示仪表直接接收检测元件、变送器或传感器的输出信号，然后经测量线路和显示装置，把被测参数进行显示，以便提供生产所必需的数据，让操作者了解生产过程进行情况，更好地进行控制和生产管理。

控制仪表是一种自动控制被控变量的仪表。它将测量信号与给定值比较后，对偏差信号按一定的控制规律进行运算，并将运行结果以规定的信号输出。工程上将构成一个过程控制系统的各个仪表统称为控制仪表。

目前工业生产过程自动控制系统中，控制仪表相比显示仪表也显得十分重要，分为模拟式控制仪表和数字式控制仪表。本章将以 HACH SC200 通用型数字控制器为例来介绍显示与控制仪表。

(1) HACH SC200 通用型数字控制器

1) 工作原理

SC200 通用型数字控制器多用于市政污水、自来水、污染源、地表水、工业过程水和废水等的监测。可同时连接数字和模拟传感器，降低控制器备品备件的成本和维护量，使用、维护、操作较方便。

以 HACH SC200 通用型数字控制器为例，该仪表为可单独使用，也可同时连接数字和模拟传感器，还可与 pH、电导率、溶解氧和流量传感器一起使用。工作时，控制器显示传感器测量值和其他数据，可传输模拟和数字信号，并可通过输出和继电器与其他设备相互作用及控制其他设备。使用时可通过控制器前面的用户界面配置和校准输出、继电器、传感器及传感器模块。

SC200 通用型数字控制器在连接传感器时，既可以设置为 2 路数字传感器输入，也可以设置为 1 路或 2 路模拟传感器输入，或数字和模拟传感器组合输入。通讯可以选择 MODBUS RS232/RS485 或 Profibus DPV1 等多种通讯方式，便于灵活配置通讯，如图 9-55 所示。

2）使用

① 系统组件，如图 9-56 所示。

图 9-55　SC200 通用型数字控制器

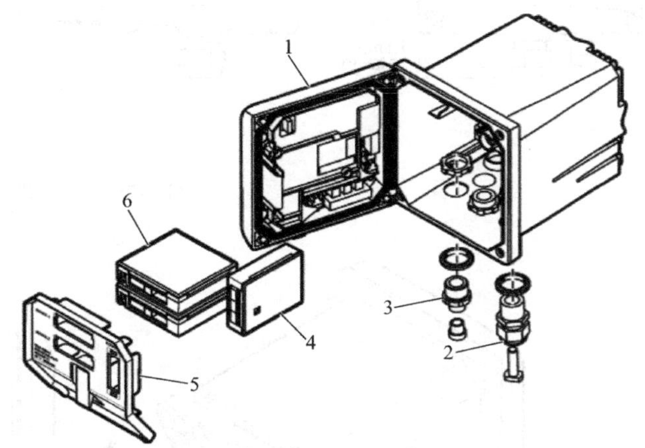

图 9-56　系统组件

1—控制器；2—抗拉装置；3—数字连接管件；4—网络模块；5—高电压防护层；6—传感器模块

② 键盘

通过面板使用键盘和显示屏设置和配置输入和输出。此用户界面用于设置和配置输入和输出、创建日志信息与计算值以及校准传感器。

③ 显示屏

例如，当溶氧传感器连接到控制器时的主测量屏示例。面板显示屏显示传感器测量数据、校准和配置设置、错误、警告和其他信息，如图 9-57 所示。

警告图标会连同指明相关设备的数字显示在显示屏页脚。其中，0 代表控制器；1 代表传感器 1；2 代表传感器 2；3 代表网卡。当出现错误时，错误图标和测量屏均在主显示屏内反复闪烁。

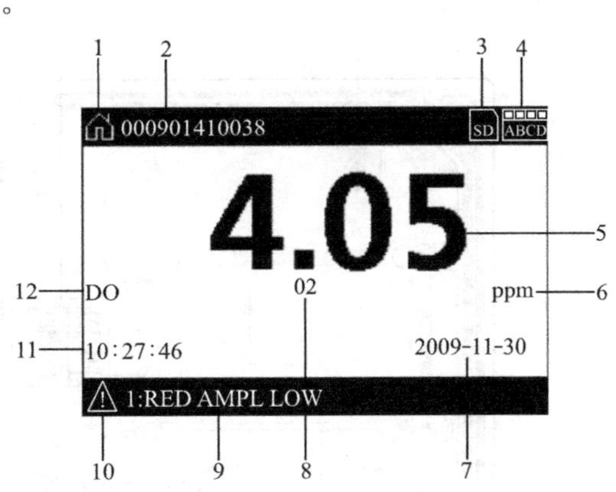

图 9-57　主测量屏示例

1—Home 屏幕图标；2—传感器名称；3—SD 存储卡图标；4—继电器状态指示器；5—测量值；6—测量单位或警告图标；7—日期；8—测量参数；9—显示屏页脚；10—警告图标；11—时间；12—测量名称

3）安装

① 控制器尺寸，如图 9-58 所示。

② 壁式安装，如图 9-59 所示。

③ 接线：

仪表内部端子如图 9-60 所示。

电源接线流程：

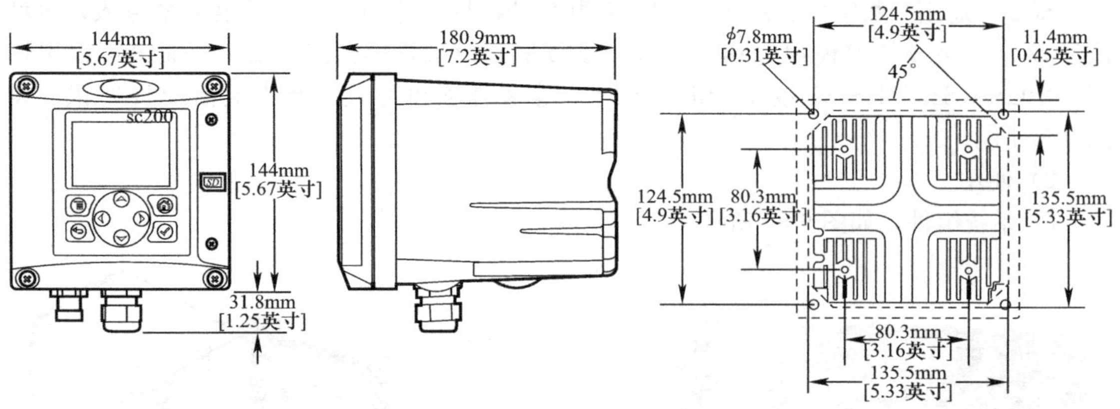

图 9-58　控制器尺寸

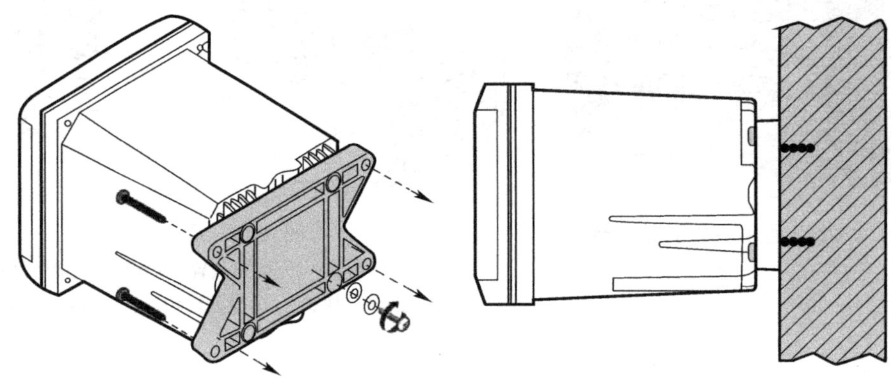

图 9-59　壁式安装

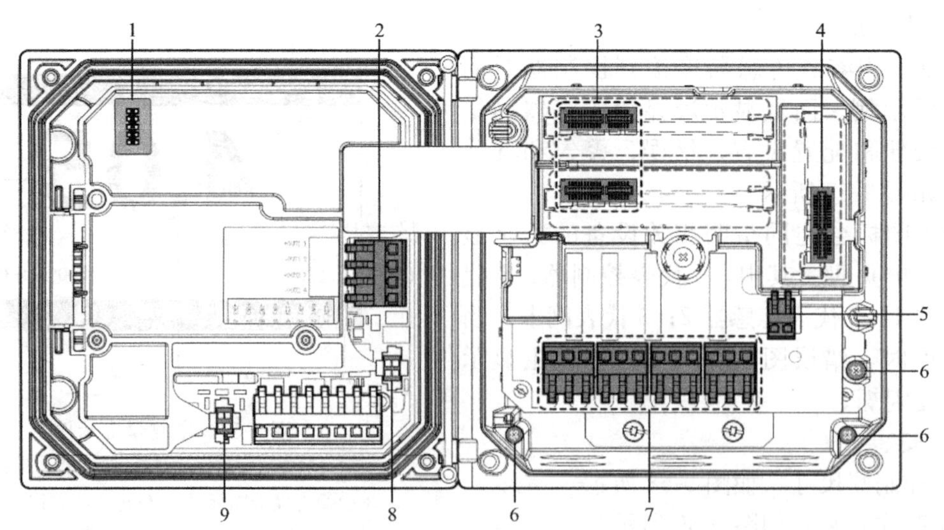

图 9-60　接线连接

1—维修服务电缆连接；2—4～20mA 输出；3—传感器模块连接器；4—通信模块连接器；
5—交流和直流电源连接器；6—接地端子；7—继电器连接；8—数字传感器连接器；9—数字传感器连接器

接线顺序按照编号的步骤见表 9-3 或表 9-4，对控制器进行电源接线。将所有电线插入相应的端子，直到对连接器绝缘且无裸线暴露在外为止。插入后轻轻拖拽，确保连接牢固。用导管开口密封塞密封所有控制器上不使用的开口。

交流电源接线信息 **表 9-3**

端子编号	端子说明
1	火线
2	中性线
—	保护性地线

直流电源接线信息 **表 9-4**

端子编号	端子说明
1	+24V 直流电
2	24V 直流回路

④ 模拟输出连接

设备配有两个独立的模拟输出如图 9-61。这些输出常用于模拟信令或控制其他外部设备，对控制器进行配线连接见表 9-5。

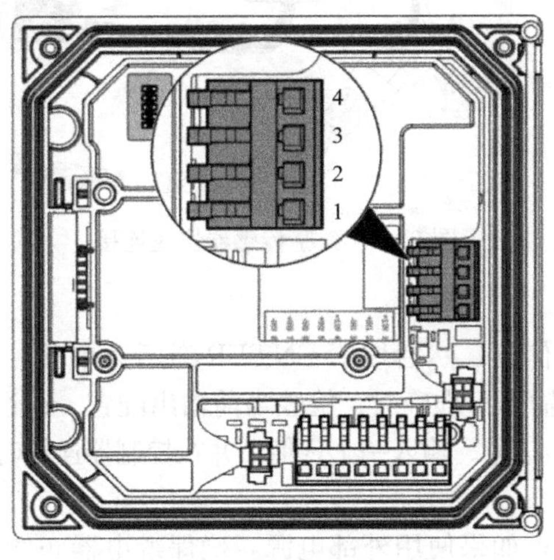

图 9-61 模拟输出的连接

控制器配线连接 **表 9-5**

记录器电线	电路板位置
输出 1+	1
输出 1−	2
输出 2+	3
输出 2−	4

操作流程如下：打开控制器盖；通过抗拉装置插入电线。在必要时调整电线，并紧固抗拉装置。使用双绞屏蔽线进行连接，以及连接受控组件末端或控制环路末端的屏蔽罩。

请勿连接电缆两端的屏蔽罩。使用非屏蔽电缆可能会导致射频发射或磁化级别高于所允许的范围。最大环路电阻为 500Ω，合上控制器盖并紧固盖用螺钉，配置控制器中的输出。

⑤ 连接数字 sc 传感器

数字 sc 传感器可通过键控式快速连接管件连接到控制器如图 9-62 所示。数字传感器可与开启或关闭的控制器连接。当传感器与开启的控制器连接时，控制器不会自动进行设备扫描。要使控制器进行设备扫描，导航到“Test/Maintenance（测试/维护）”菜单，然后选择“Scan Devices（扫描设备）”。如果发现新设备，控制器会执行安装过程，无需采取进一步的行动。如传感器与关闭的控制器连接，则当控制器再次上电时会进行设备扫描。如果发现新设备，控制器会执行安装过程，无须采取进一步的行动。保留接头的盖帽，以便以后取出传感器后可以密封接头的开口。

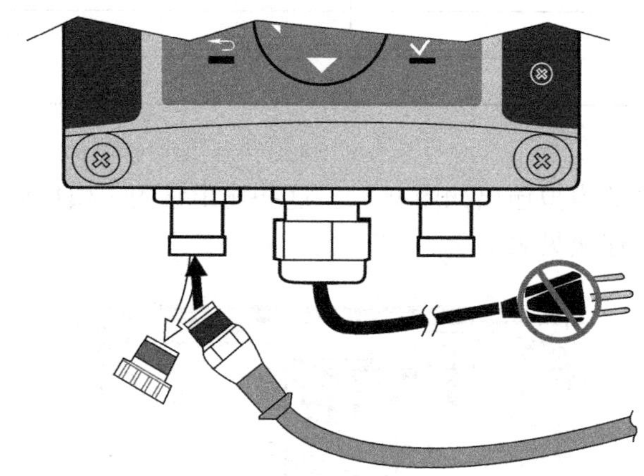

图 9-62　数字传感器快速连接

4）维护

故障排查：选择故障信息，然后按下 ENTER 激活菜单项。

a. 当前无输出或当前输出不准确时：检验当前输出配置。通过 Test/Maintenance（测试/维护）子菜单检测当前输出信号。输入一个现值，并在控制器连接时检验输出信号。

b. 继电器未激活

确保继电器连接牢固；如果使用外部电源，确保继电器布线正确；确保继电器配置正确；通过 Test/Maintenance（测试/维护）菜单，检测继电器的激活状况。继电器应得电并失电；确保控制器未处于校准模式，且继电器未处于暂停状态；重置过量定时，确保定时尚未过期。

c. 控制器未识别到安全数码（SD）存储卡

确保 SD 卡安装方向正确。铜引线应朝向控制器显示屏；确保 SD 卡完全插入槽内，且弹簧锁已啮合；确保卡容量不超过 32GB。确保使用了 SD 卡。其他类型的卡（如 xSD、microSD 和 mini SD）将不会正常运行。

d. SD 卡已满

使用 PC 或其他读卡器设备读取 SD 卡。保存重要的文件，然后删除 SD 卡上的某些或全部文件。

e. 未识别到网络或传感器模块

确保模块安装正确；确保模块选择器开关设为正确的数字；取下传感器模块，并将模块安装在第二个模拟插槽中。将控制器通电，并让控制器进行设备扫描。

f. 未识别到传感器

如果传感器为模拟传感器，且相应的模块安装在控制器内，请参阅网络或传感器模块随附的说明；确保数字连接器线束位于门组合件的内部，且线束未损坏；如果数字传感器连接到带数字终端盒、用户提供的接线盒、数字延长电缆或用户提供的延长电缆的控制器，则将传感器直接连接到控制器并执行设备扫描；确保控制器中仅安装两个传感器。尽管有两个模拟模块端口可用，但如果安装了数字传感器和两个模拟模块，则控制器只能检测到三台设备中的两台。

g. 显示缺少设备错误消息

从 Test/Maintenance（测试/维护）菜单中进行设备扫描；对控制器循环上电。

第 10 章　在线水质监测仪表使用、安装与维护

10.1　浊度检测仪

浊度是指光线透过水中悬浮物所发生的阻碍程度。水中的悬浮物一般是泥土、砂粒、微细的有机物和无机物、浮游生物、微生物和胶体物质等。水的浊度不仅与水中悬浮物质的含量有关，而且与它们的大小、形状及折射系数等有关。水质分析中规定：1L 水中含有 1mgSiO_2 所构成的浊度为一个标准浊度单位，简称 1 度。通常浊度越高，溶液越浑浊。现代仪器显示的浊度是散射光浊度单位 NTU。

(1) 工作原理

浊度仪把来自于传感器头部总成的一束平行强光，引导向下进入浊度仪本体中的试样，光线被试样中的悬浮颗粒散射。散射光线被浸没在水中的光电池检测出来，如图 10-1 所示。

散射光的量正比于试样的浊度。如果试样的浊度可忽略不计，几乎没有多少光线被散射，光电池也检测不出多少散射光线，这样浊度读数将很低。反之，高浊度会造成很高程度的散射光线并产生一个高读数值。

HACH 1720E 为代表的在线式浊度检测仪，在自来水厂滤前、滤后、沉淀和出厂水的浊度监测、市政管网水质监测等方面得到广泛应用。下面以此型号为例展开介绍。

(2) 使用

1) 面板介绍

控制器采用 SC200，其面板如图 10-2 所示，关于 SC200 具体介绍及相关设置参见本书 9.5 节。面板按键功能见表 10-1。

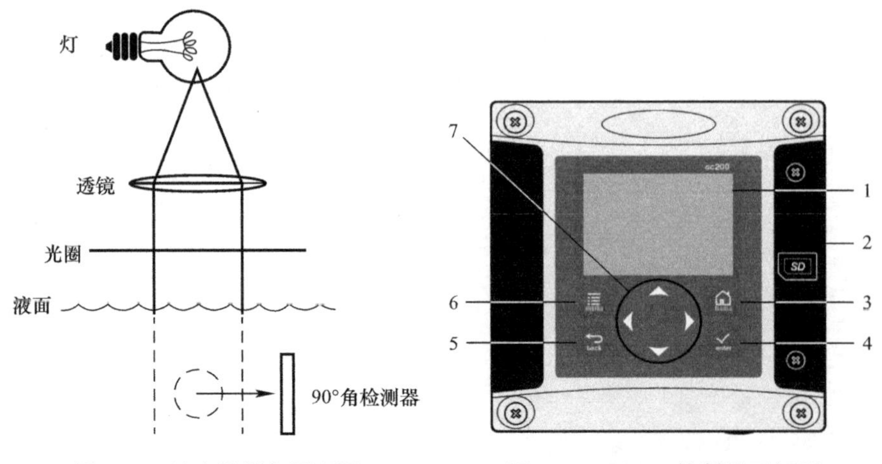

图 10-1　浊度检测仪原理图　　图 10-2　SC200 控制器面板图

SC200面板按键功能 **表10-1**

1. 仪器显示屏	5. BACK键。在菜单层次结构中后退一层
2. 安全数码存储卡插槽盖	6. MENU键。从其他屏幕和子菜单转到Settings Menu（设置菜单）
3. HOME键。从其他屏幕和子菜单转到Main Measuremen（主测量）屏幕	7. 方向键。用于导航菜单、更改设置及增加或减小数字
4. ENTER键。接受输出值、更新或显示的菜单选项	

按下向上或向下方向键，切换测量显示底部的状态栏。页脚栏显示控制器、传感器或网卡错误和警告；传感器和网卡处理事件；次要测量和输出。

如果菜单具有可一次显示的多个选项，显示屏右侧将出现滚动条。按下向上或向下方向键，在可用菜单项之间滚动。

2）一般操作

将传感器的电缆接头上的定位突舌对准控制器接口内的凹槽，使传感器插入控制器。向里推着旋转紧固连接。向外轻轻地拉拽检查连接。当所有管道和电气连接完成并经检查后，把首部放在本体上并向系统提供电源。

当供电时要确保首部固定在本体上，因为此时所测得的是深色读数。如果供电时传感器首部没固定在浊度仪本体上，使传感器首部固定在本体上后再供电。当一个控制器第一次接通电源，屏幕上将出现一个语言选择菜单，在所显示的多个选项中选择一种正确的语言。使用UP（向上）和DOWN（向下）键突出显示适当的语言并按下ENTER（键入）键完成选择。在语言选择后再接通电源，控制器将搜索相连接的各个传感器。显示屏将显示主测量屏面。按下MENU（菜单）键以进入各个菜单。

3）启动试样流动

打开试样供应阀，启动试样流过仪表。让浊度仪运行足够长的时间使管道和仪表本体被完全湿润，并使显示屏上的读数稳定。最初要达到完全稳定可能需要一小时到两小时或更长时间。在完成仪表设置值或进行校正前通过充分的调节使各种读数变得稳定。

4）传感器校准

1720E浊度仪在装运之前由工厂使用StablCal经稳定化的福尔马肼进行校正。该仪表在使用之前必须复校以使其符合签发的精确度技术条件。此外，为保证精度，在重大维护或修理后和在正常运行中至少每三个月进行复校。在初次使用前和每次校正前，浊度仪本体和气泡捕集器必须彻底清洗和冲洗。

校准建议：

① 经常清洗光电管窗口、浊度仪本体。在进行校正前用去离子水冲洗并用一块柔软不起毛的布擦干。

② 在开启StablCal标准溶液瓶子之前先轻轻地倒置瓶子1min。不要摇动。这样能确保标准溶液有一个恒定的浊度。

③ 如果让20.0NTU StablCal标准溶液停留在校正圆筒或浊度仪本体15min以上，在使用之前必须再混合（轻轻地使其在校正圆筒里涡动）以确保一个始终如一的浊度。

④ 在按照容器上的各项说明使用完标准液后，所有的标准液都要废弃掉。绝对不要把标准液再倒回它原来的容器，否则会造成污染。

StablCal 校准步骤见表 10-2。

StablCal 校准步骤　　　　**表 10-2**

步骤	选择	菜单层次/说明	确认
1	back	MAIN MEMU（主菜单）	—
2	∨	SENSOR SETUP（传感器启动）	enter
3	—	CALIBRATE（校正）	enter
4	∨	STABLECAL CAL（用 StablCal 标准溶液校正）	enter
5	∨	OUTPUT MODE（输出方式） 选择 ACTIVE（现用的），HOLD（保持）， 或 TRANSFER（转换）	enter
6		POUR 20NTU STD INTO CYL/BODY。 REPLACE HEAD（向圆筒或仪表本体灌入 20 NTU 标准溶液，重新安装首部）	enter
		测量结果读数（按 1.0 增益量进行）被显示	enter
		GOOD CAL！GAIN：X. XX ENER TO CONT （校正合格！增益：X. XX 输入到计数器）	enter （存储）
		验证 CAL（校正）？	enter （验证） back （不进行验证而退出）

续表

步骤	选择	菜单层次/说明	确认
6		选择 VERIFICATION（验证）类型 或进入初始状态值以完成校正。	enter
7	menu home	Main Memu or Main Measurement Screen （主菜单或主测量屏面）	—

（3）安装

1）浊度仪安装

浊度仪本身的设计适于墙壁上装配。除非使用一个延长电缆，浊度仪传感器必须装配在距控制器 6 英尺的范围内。最大电缆长度为 9.6m。把浊度仪布置在尽量接近取样点的位置。试样通过较短距离会产生较快的响应时间。浊度仪本体结构如图 10-3 所示。

在安装之前按要求清洗浊度仪本体和气泡捕集器。开槽装配支架是浊度仪本体的组合部分。根据下面详细描述的标准安装适于安装环境的金属构造。

① 为保证测量准确性，安装位置应振动隔离且确保浊度仪本身的顶部水平。至少应提供 22cm 空间以从浊度仪本体顶部拆下首部总成及气泡捕集器盖板。浊度仪本体下面也应留有足够空间以在校正或清洗时拆下底部塞堵并在排水口下放一个容器。

② 确保各个螺栓安装水平。

③ 把浊度仪本体的几个开槽装配支架滑到螺栓上。

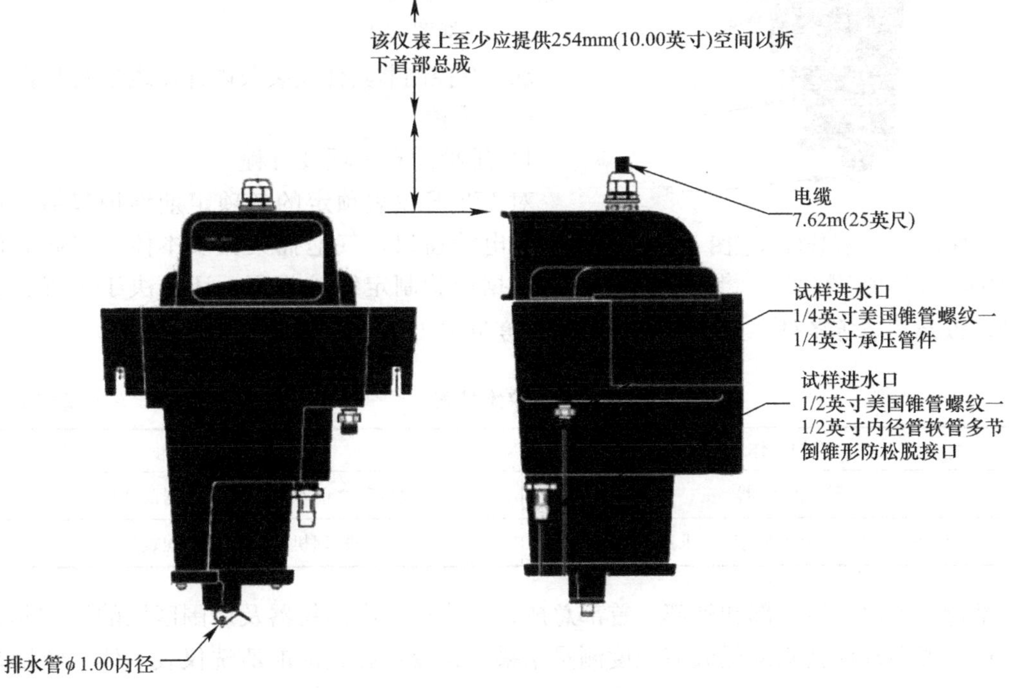

图 10-3 浊度仪本体结构示意图

2）安装试样接口

在浊度仪本体上有试样进口及排水口接口。在本体上安装的试样进口管件是一个1/4英寸NPT×1/4英寸承压管件。随浊度仪供货的另一个管件是一个1/2英寸NPT（与软管的连接管件），用于排水口上的一个1/2英寸内径柔性塑料管连接，试样抽头分接头装置安装方式如图10-4所示。

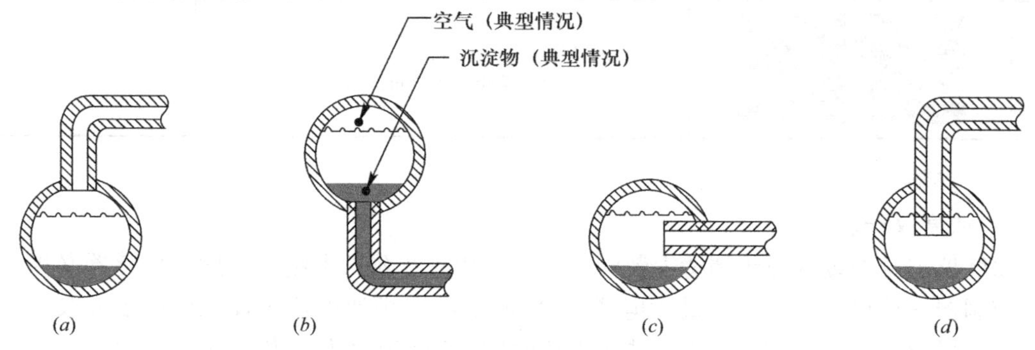

图10-4 几种试样抽头分接头装置

(a) 不好；(b) 不好；(c) 好；(d) 最好

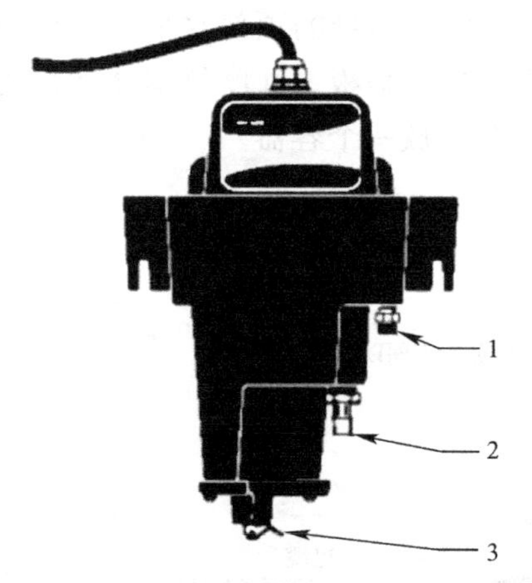

图10-5 试样接口示意图

1—试样进口；2—试样排水口；3—维修排水口

所要求的流量是介于200～700mL/min之间。进入浊度仪的流量可以用进水管线上的一个节流装置来控制。低于200mL/min的各种流量将减少响应时间并造成不正确的读数。高于750mL/min的各种流量将使浊度仪发生溢流，说明流量太高。试样接口如图10-5所示。

3）控制器安装

SC200控制器具体安装及内部接线参见本书9.5。

（4）维护

1）维护注意事项及日程

对1720E仪表预定的各项定期维护包括校正及清洗光电管窗口，气泡捕集器及本体。定期进行维护，根据经验制定维护日程，还取决于装置、取样类型，以及季节等条件。维护注意事项及频度见表10-3。

浊度仪维护表 **表10-3**

维护工作	频度
清洗传感器	每次校正之前和必要时。根据试样性质而定
校正传感器（按管理机构要求进行）	按管理机构指示的日程表进行

维持浊度仪本体内部和外部、首部总成、一体式气泡捕集器及周围区域的清洁非常重要。这样做会确保精确的低数值浊度测量结果。在校正和验证前清洗仪表本体（特别是准备在1.0NTU或更低浊度下测取结果时）。在Sensor Setup/Calibrate（传感器启动/校正）

项下可以得到一个校正历史菜单选项。

2）清洗

① 控制器的清洗

在外壳关闭严密的情况下，用一块湿布擦洗控制器的外部。

② 光电池窗口的清洗

经常检查光电池窗口以确定是否需要清洗。在进行标准校验或校正之前去除光电池窗口上的任何有机物生长物或薄膜。使用一个棉布和异丙醇或是一种柔和的清洁剂去除绝大多数的沉淀物和污物。

③ 清洗浊度仪本体及气泡捕集器

在持续使用后浊度仪本体内部可能聚积沉淀物。读数中的噪声（波动）会指示必须清洗本体及/或气泡捕集器。可能需要拆下仪表的气泡捕集器及底板使清洗更容易进行。在每次进行校正之前进行浊度仪排液和清洗。确定一个定期实施的日程表或者根据目检决定是否进行清洗。

④ 更换灯泡总成

灯泡位于首部总成上面。在正常使用情况下，一年更换一次灯泡以保持最佳性能。更换灯泡步骤如下：

a. 拔下连接器接头，切断浊度仪仪表的电源，断开灯泡引线；

b. 等待灯泡冷却；

c. 戴上棉布手套保护您的双手并避免把手印留在灯泡上；

d. 抓住灯泡并逆时针方向旋转灯泡，轻轻地向外拽，直到它离开灯口；

e. 通过灯口内的孔拉出灯泡引线和连接器。

不要用赤裸的双手触摸一个新的灯泡。这样会造成灯泡被侵蚀，灯泡寿命将减少。戴上棉布手套或用一张纸巾抓住灯泡以避免污染灯泡。如果发生了污染，使用异丙醇擦拭玻璃泡部分。

按上述各项说明相反顺序重新安装灯泡，灯泡底座只适用于一种方式，把金属灯泡接口上的凹槽对准灯座内的孔。灯泡总成示意图如图 10-6 所示。

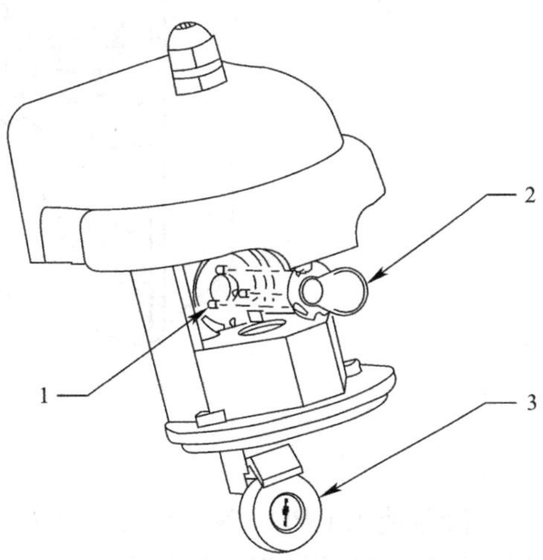

图 10-6　灯泡总成示意图

1—灯口；2—灯泡总成；3—光线接收器

(5) 常见故障及处理

1）灯故障：灯泡烧坏或光源衰弱，需更换灯泡。

2）关闭光源告警：感光元件损坏；如果不影响测量，可关电等待几分钟后重启。

3）Dark Reading Warning：暗读数检测到太多的光线。本体漏光严重，将本体放入测量桶中。

4）传感器丢失：检查传感器是否连接好，重新扫描传感器。

5）显示****/——：测量值超量程，检查样水清洁度，将本体放入测量桶中。

10.2 余氯/总氯分析仪

余氯是指水中投氯，经一定时间接触后，在水中余留的游离性氯和结合性氯的总称。

氯投入水中后，除了与水中细菌、微生物、有机物、无机物等作用消耗一部分氯量外，还剩下了一部分氯量，这部分氯量就叫做余氯。余氯可分为化合性余氯（指水中氯与氨的化合物，有 NH_2Cl、$NHCl_2$ 及 $NHCl_3$ 三种，以 $NHCl_2$ 较稳定，杀菌效果好），又叫结合性余氯；游离性余氯指水中的 OCl^-、HOCl、Cl_2 等，杀菌速度快、杀菌力强，但消失快，又叫自由性余氯；总余氯即化合性余氯与游离性余氯之和。

余氯/总氯分析仪是为了测量水中余氯/总氯的仪表，也是水处理工艺中非常重要的数据之一。

（1）工作原理

哈希 CL17 型余氯分析仪图 10-7 所示，采用微处理器控制，是设计用于连续监测样品流路中余氯含量的过程分析仪。可监测余氯和总氯浓度，其测量范围为 0～5mg/L。余氯或总氯的分析测量精度由所使用的缓冲液和指示剂决定。

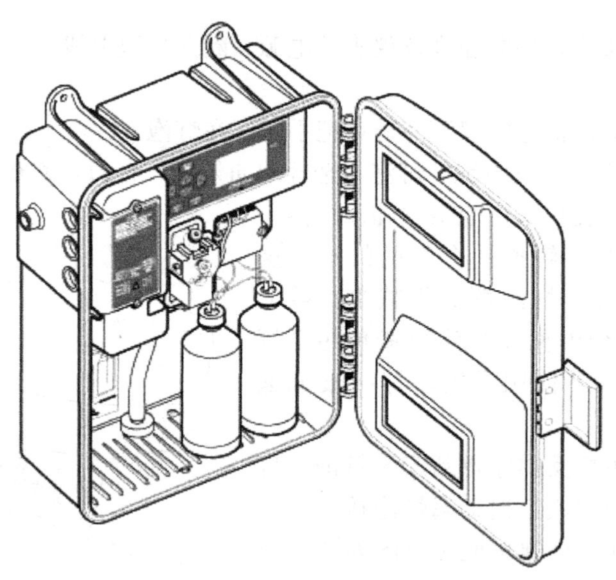

图 10-7　CL17 型余氯仪

仪器使用 DPD（N，N-二乙基对苯二胺）比色方法，所用试剂包括指示剂和缓冲液。指示剂和缓冲液被引入样品中，产生红色，其颜色深浅与余氯浓度成正比。通过光度测量的余氯浓度显示在前面板上，三数字显示，LCD 读数，单位为 mg/L。

水体中可利用的余氯（次氯酸和次氯酸根）在 pH 值介于 6.3～6.6 时会将 DPD 指示剂氧化成紫红色化合物。显色的深浅与样品中余氯含量成正比。针对余氯的缓冲溶液可维持适当的 pH 值。

可利用的总氯（可利用的余氯与化合后的氯胺之和）可通过在反应中投加碘化钾来确定。样品中的氯胺将碘化物氧化成碘，并与可利用的余氯共同将 DPD 指示剂氧化，氧化物在 pH 值为 5.1 时呈紫红色。一种含碘化钾的缓冲液可维持反应的 pH 值。该化学反应完成后，在 510nm 的波长照射下，测量样品的吸光率，再与未加任何试剂的样品的吸光率比较，由此可计算出样品中的氯浓度。下面以 HACH CL17 型余氯分析仪为例展开介绍。

(2) 使用

CL17 余氯仪面板如图 10-8 所示。

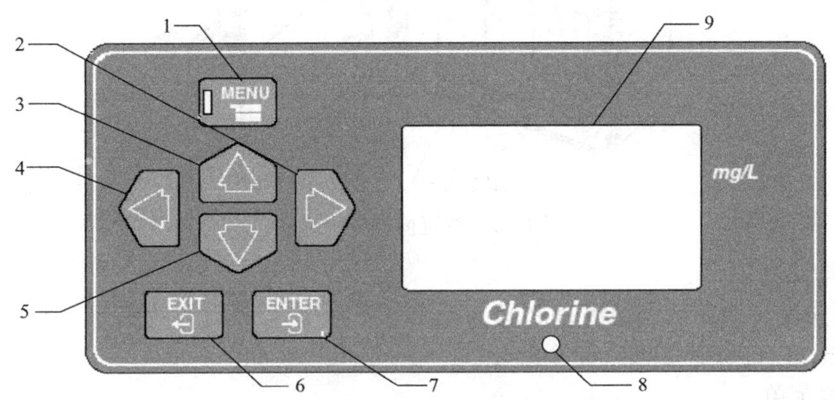

图 10-8 CL17 余氯仪面板

1—MENU（菜单）；2—右箭头；3—上箭头；4—左箭头；5—下箭头；6—EXIT（退出）；7—ENTER（进入）；8—报警发光管；9—显示器屏

1）装入试剂

分析仪要求两类试剂：缓冲溶液和指示剂。仪器箱内空间可安装两个 500mL 的试剂瓶。余氯分析使用到的两种试剂安装在分析仪的液路模块中，并且每个月进行更新。缓冲溶液是余氯缓冲液，用于确定游离态可利用余氯；或是总氯缓冲液，用于总氯分析。缓冲溶液完全在工厂进行配制，随时可以安装。将缓冲溶液瓶的瓶盖和封条打开，盖好 BUFFER（缓冲液）标签的盖子，管子插入缓冲液瓶中。

第二种试剂（指示剂溶液）必须被配备。在使用以前将指示剂溶液和指示剂粉末进行混合，试剂新鲜可以确保最佳的分析效果。使用维护成套部件中所提供的粉末漏斗，将一瓶 DPD 高量程粉末倒入一瓶总氯指示剂溶液，或一瓶余氯指示剂溶液。并予以搅拌或振荡，直到粉末完全溶解为止。取下试剂瓶的瓶盖，将贴有 INDICATOR（指示剂）标签的盖子和管子安装到试剂瓶。管子应插入瓶底，以防止瓶中水平面下降时管子吸入空气。

2）放入搅拌棒

随仪器一同提供的安装成套部件中包括有色度计装置的样品室使用的一根小搅拌棒。该搅拌棒必须安装在仪器中，以保证正常运行。

取下色度计顶部的塞子，将搅拌棒滑落到孔中，确保搅拌棒下落到色度计中，并停留在色度计中，重新插上塞子。如图 10-9 所示。搅拌棒应靠在垂直内腔的底部。

3）样品进样

打开进样阀后样品流开始通过仪器。让管路中压力保持稳定并检查泄漏情况。样品室表面应被完全润湿，否则气泡会贴在样品室壁，从而导致不稳定读数。这种状态是暂时的。其延续时间依赖于样品特性。

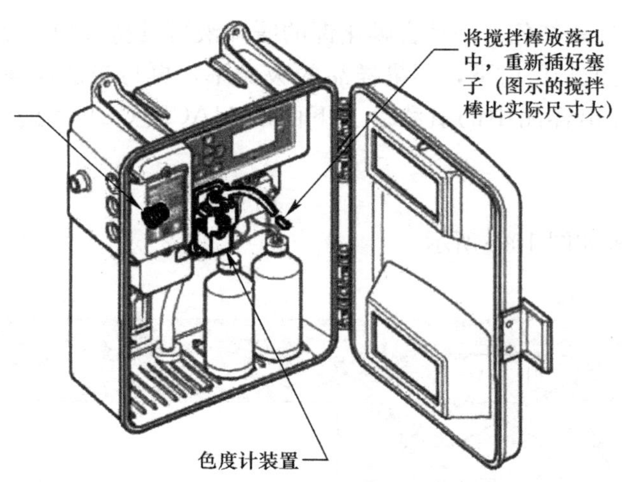

图 10-9　放置搅拌棒示意图

4）电源供给

电源开关位于凹槽区到色度计之间。电源（—/O）开关设置为打开（—），并让分析仪运行约 2h，以确保管子系统完全湿化。

5）设置菜单

CL17 分析仪的主菜单由 ALARMS（报警）、RECRDR（记录）、MAINT（维护）和 SETUP（设置）构成。具体菜单参数可参考说明书。

6）校准

CL17 余氯分析仪在出厂时进行过校准。一条固定的电子曲线程序被预先编排到仪器中。一般情况下仪器不要求重新校准。若需要校准时，可按下列步骤完成校准：

① 通过投加约 4mL 的硫酸亚铁铵到约 2L 的正常样品或不含余氯的软化水中，制备成零位余氯参比溶液。

② 将一个盛装零位参比水的容器放置在分析仪顶盖上方至少 2 英尺处。保持系统垂直，以确保样品流路关断后，零位参比水能以适当的位置进入分析仪。零位参比水通入分析仪运行约 10min。

③ 当读数稳定时，设置零位参比。

a. 进入 SETUP 菜单。

b. 按下箭头键，直至 CAL ZERO（校准零位）显示出来。

c. 按 ENTER 显示当前的测量值。

d. 再次按 ENTER，将该值强行更改为零。

④ 用浓度值介于 3～5mg/L 的溶液制备余氯标准溶液。确定标准值的准度接近 0.01mg/L。

⑤ 取走零位参比水的容器，并替换为余氯标准溶液。将分析仪通过标准溶液运行约 10 分钟。

⑥ 当读数稳定时，进入 SETUP 菜单。

⑦ 按下箭头键，直至 CAL STD（校准标准）显示出来。按 ENTER 显示当前的测量值。

⑧ 按 ENTER，并编辑该值。再次按 ENTER 接受编辑值。测量值将被强行更换成输入值。按 EXIT 键三次，返回正常显示模式。

⑨ 取走标准液，恢复样品流路进入分析仪。仪器此刻完成校准。

(3) 安装

仪器外壳设计适用于常规用途的室内安装，而操作环境温度应保持在 10～40℃。安装时注意防水防阳光直射。该仪器使用 1/4 英寸螺钉壁挂式安装。在现场安装时，尽量将仪器靠近采样点，以确保每个工作周期都可完成样品的更新。在仪器侧面和底部留出足够的空间以方便接管线和电线。余氯仪尺寸及安装示意图如图 10-10 所示。

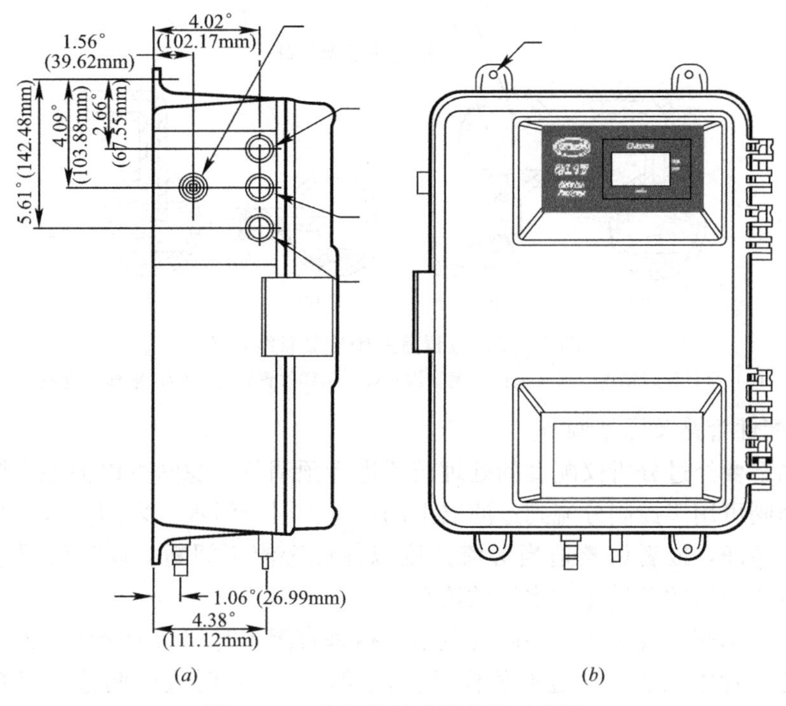

图 10-10　余氯仪尺寸及安装示意图

(a) 余氯仪尺寸；(b) 安装示意图

1) 管道及管线连接

样品进口和排出口连接处位于仪器的底部，使用快速接管装置，所接管道的外径为 1/4 英寸。只要将外径为 1/4 英寸的管道插入接管装置中就可进行连接。当管道为正确连接时，两个特殊的卡套将相互对接上。如图 10-11 所示。

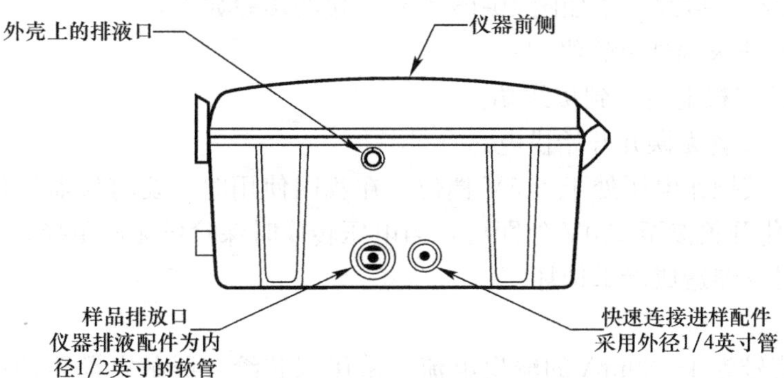

图 10-11　样品管道连接示意图

选择一个好的具有代表性的采样点，对于实现仪器的最佳分析效果非常重要。分析的样品必须能够代表整个水质系统状况。如果采样点太靠近水样流路中添加化学物质的位置，或混和不充分，或化学反应未进行完全等原因，显示的读数将出现不稳定。

安装采样管线抽头时，应选择管径相对更大的水样流路管道的侧面或中心部位，以尽量防止汲入管道底部的沉积物和顶部空气。抽头伸入管道的中部是最为理想的。过程流路中样品管线位置如图 10-12 所示。

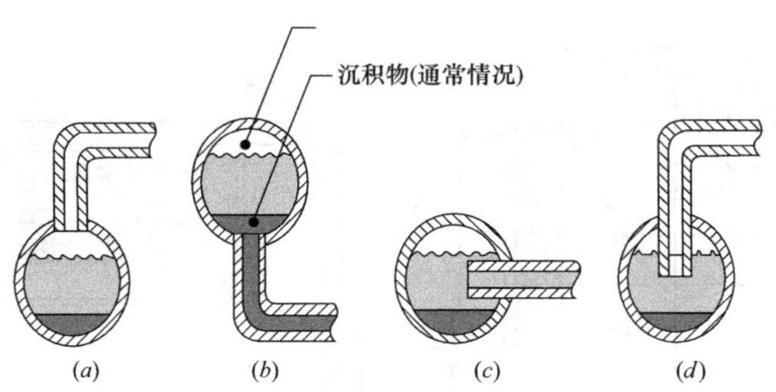

图 10-12 过程流路中样品管线位置

(a) 采样位置错误；(b) 采样位置错误；(c) 采样位置较好；(d) 采样位置最佳

2) 成套配件管路及样品调节

所有样品都要经过分析仪配套的处理装置进行预调节。滤网可以去除大颗粒。原水进口管线上的球阀可用于控制分流到过滤器上的流量。对于污水，采用高旁流量有助于长时间保持滤网的洁净，或者调整适当旁流开度以保证旁流不间断。调整仪器进样管线上球阀，以控制进入仪器的已过滤的水样的流率。

可通过调节球阀设置流量。当阀的调节手柄垂直阀体时阀门为全闭状态，平行时为全开状态。从透明管中观察未经过滤的样品旁流状况。必要时进行调整确保有旁流连续流出。球阀的作用是关闭进入仪器的样品水流。样品调节成套配件如图 10-13 所示。

3) 接线

所有的电源接线都通过仪器左上侧的开孔连接。仪器在装运前用塞子将全部开孔密封。各类接线孔为如图 10-14 所示。

① 电源线

电源线接到接线盒左侧的接线端上。当需要连线时，需开启检修盖，在仪器未通电时进行电源终端接线，接线端子如图 10-15 所示。接线步骤如下：

a. 剥去电源线末端外侧绝缘层；

b. 将对应的三根电线接到接线端；

c. 确保电压设置无误并开始供电。

仪器出厂时其操作电压处于 115V 档位。在我国使用时，要将仪器操作电压的档位转置 230V。将转化开关拨至 230V 处即可，当电压转换时保险丝无需更换。若电压设置未匹配，通电后会对仪器造成严重损坏。

② 输出接线

模拟输出信号为 4～20mA 的输出电流。采用双芯绞合屏蔽电缆连接信号记录仪，并在信号记录仪、受控组件终端或分析仪终端上连接屏蔽线。电缆的两端不能都连接屏蔽。

若使用无屏蔽的电缆会导致发射的射频信号或磁化系数值高于允许值。

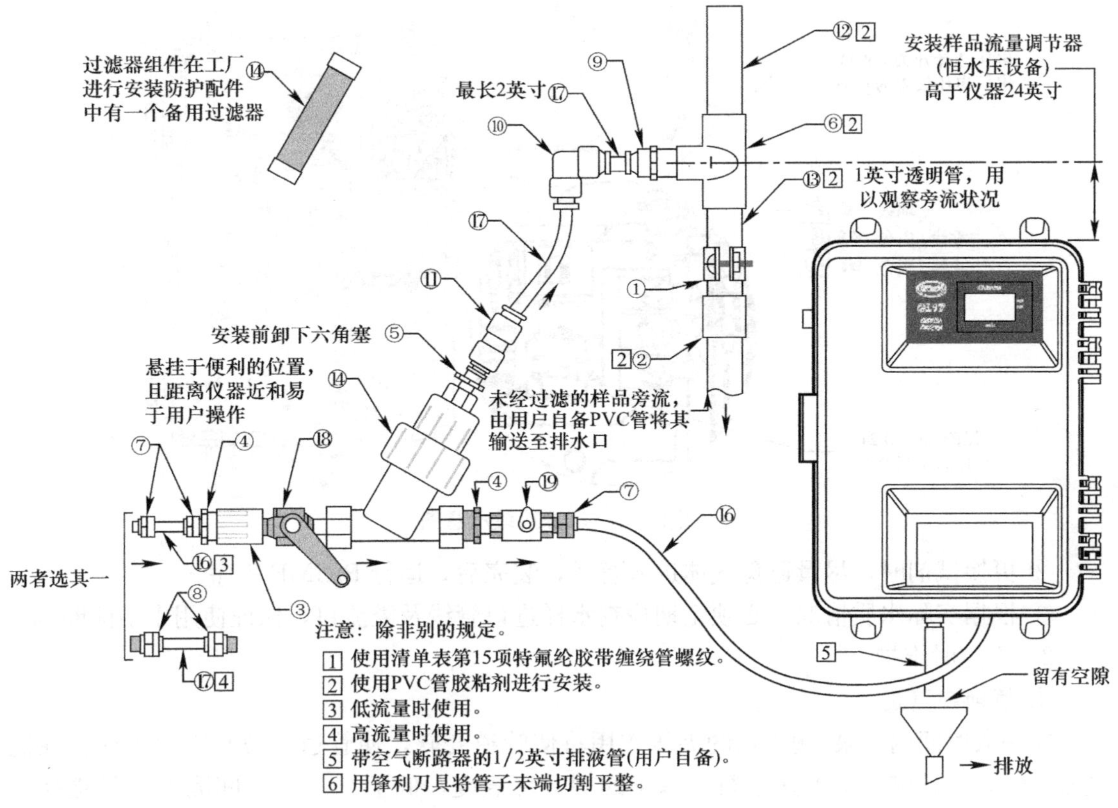

图 10-13 样品调节成套配件

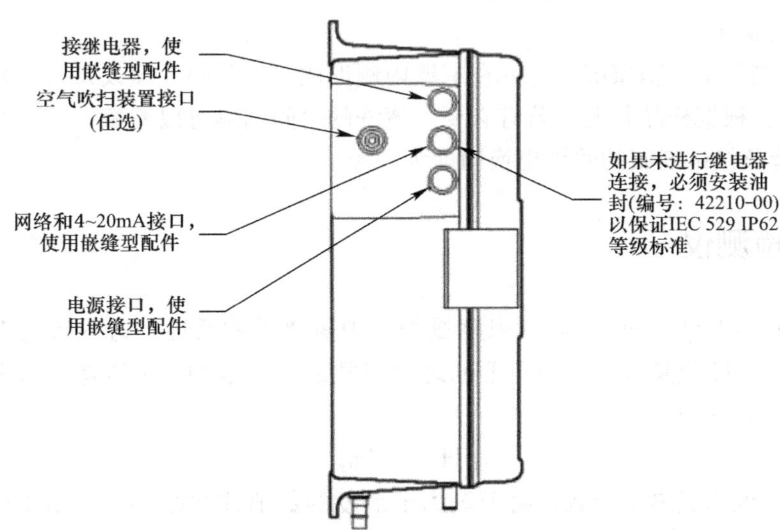

图 10-14 各类接线孔位示意图

（4）维护

1）常规操作

① 每月更换一次试剂，包括缓冲液、总或余氯指示液。

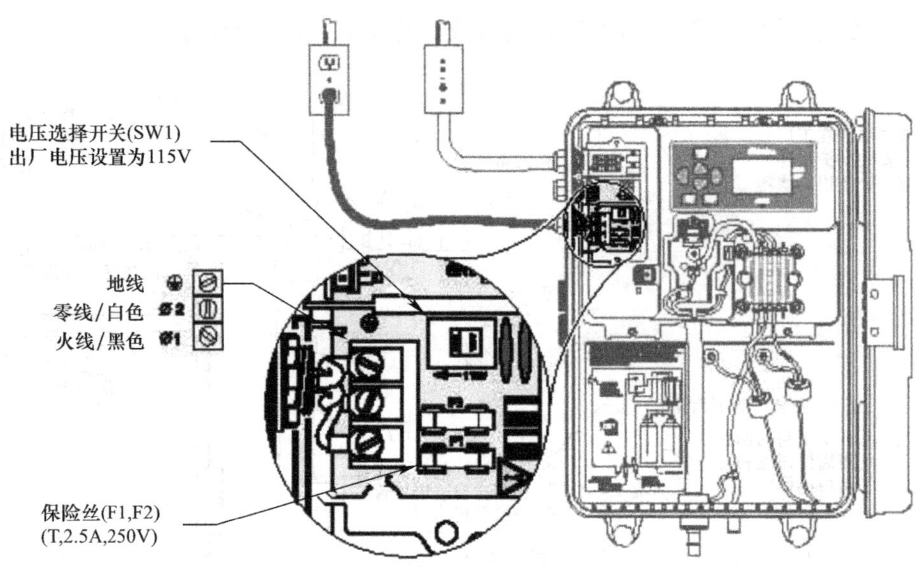

图 10-15　电源接线示意图

② 更换试剂时，尽量避免气体进入管线，装完后，运行 PRIME 程序。

③ 根据实际水质情况，必须定期检查水样进口管线及溢流口，保证使用中不能断水。

2）不定时维护

① 替换泵管道

在一段时间内，泵/阀模块的夹压作用将使管道变软，使管道破裂和阻塞液流。在温度较高时，这种破裂会加速进行。基于四周环境温度，低于 27℃时，间隔 6 个月更换一次，高于 27℃，间隔 3 个月更换一次。

② 清洗色度计

色度计的测量室可积累沉积物或在室壁内侧形成一层薄膜。建议每月使用酸溶液和棉花签进行清洗。根据样品状况，若有必要，清洗的时间间隔可以缩短。

③ 分析管及接试剂瓶的软管更换周期为一年。

10.3　pH 检测仪

pH（Pondus hydrogenii）是用来度量物质中氢离子的活性。这一活性直接关系到水溶液的酸碱性。pH 值是水溶液最重要的理化参数之一。水的 pH 值是表示水中氢离子活度的负对数值，表示为：

$$pH = -\lg a^{H+} \tag{10-1}$$

pH 值有时也称氢离子指数，由于氢离子活度的数值往往很小，应用不便，所以就用 pH 值来作为水溶液酸性、碱性的判断指示。而且，氢离子活度的负对数值能够表示出酸性、碱性的变化幅度数量级的大小，这样应用起来就十分方便，并由此得到：

- 中性水溶液，$pH=-\lg a^{H+}=-\lg 10^{-7}=7$
- 酸性水溶液，$pH<7$，pH 值越小，表示酸性越强；
- 碱性水溶液，$pH>7$，pH 值越大，表示碱性越强。

pH 计是一种常用的仪器设备，主要用来精密测量液体介质的酸碱度值。pH 计被广泛应用于环保、污水处理、科研、自来水等领域。下面以 HACH pH 检测仪为例介绍。

（1）工作原理

测量 pH 值的方法很多，主要有化学分析法、试纸法、电位法。工业现主要使用电位法测 pH 值。电位分析法所用的电极被称为原电池。pH 指示电极是一个对于 pH 值敏感的玻璃电极，它的端部被吹成泡状。管内充填有含饱和 AgCl 的 3mol/Lkcl 缓冲溶液，pH 值为 7。pH 计的参比电极电位稳定，那么在温度保持稳定的情况下，溶液和电极所组成的原电池的电位变化，只和玻璃电极的电位有关，而玻璃电极的电位取决于待测溶液的 pH 值，因此通过对电位的变化测量，就可以得出溶液的 pH 值。

原电池是一个系统，它的作用是使化学反应能量转成为电能。电池的电压被称为电动势。此电动势由二个半电池构成，其中一个半电池称作指示电极，它的电位与特定的离子活度有关；另一个半电池为参比半电池，通常称作参比电极，它一般是测量溶液相通，并且与测量仪表相连。工业用 pH 计的特点是要求稳定性好、工作可靠，有一定的测量精度、环境适应能力强、抗干扰能力强，具有模拟量输出、数字通信、上下限报警和控制功能等。

（2）使用

pH 检测仪传感器旨在配合控制器使用，用于数据收集和操作。多个控制器可与此传感器一同使用。SC200 控制器为目前常用控制器。要将传感器配合其他控制器使用，请参阅所用控制器的用户手册。SC200 控制器面板如图 10-2 所示，关于 SC200 具体介绍及相关设置参见本书第 9.5 节。面板按键功能见表 10-1。

1）配置传感器

使用“Configure（配置）”菜单输入传感器的识别信息，或更改数据处理和存储的选项。以下步骤可用于配置 pH 传感器。

① 按 MENU 键，然后选择“Sensor Setup（传感器设置）”、“Select Sensor（选择传感器）”、“Configure（配置）”。

② 使用方向键选择一个选项，然后按 ENTER。要输入数字、字符或标点符号，则按住向上或向下方向键。按右方向键可移至下一空间。配置菜单详见说明书。

2）校准传感器

传感器特性随着时间缓慢转变，并导致传感器丧失准确性。传感器必须定期校准以保持准确性。校准频率根据应用而有所不同。温度元件用于提供 pH 读数，该读数可将影响有源电极和参比电极的温度变屏化自动调整到 25℃。如果过程温度恒定不变，可手动设置此调整。校准过程中，不会发送数据到数据记录。因此，数据记录可以有间歇数据区域。

① pH 校准程序

a. 将传感器放入第一种参考溶液中。确保传感器的探头部分完全浸入液体中。可以使用 1 种或 2 种参考溶液（1 点或 2 点校准）校准传感器。将自动识别标准缓冲液。如图 10-16 所示。

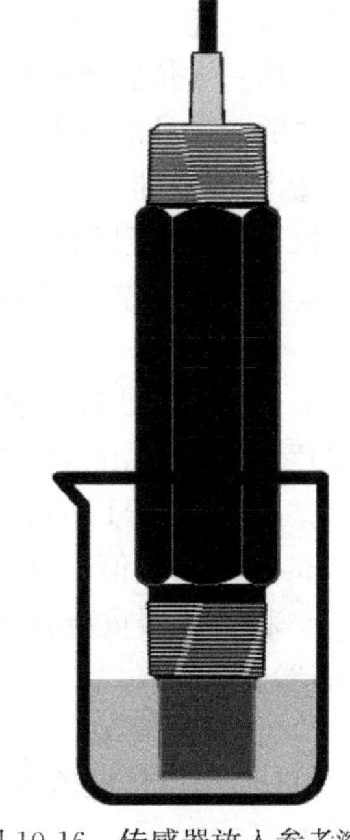

图 10-16　传感器放入参考溶液

b. 等待传感器与溶液温度相等。如果过程溶液与参考溶液的温差很大，此过程可能需要 30min 或以上。

c. 按 MENU 键，然后选择“Sensor Setup（传感器设置）”、“Select Sensor（选择传感器）”、“Calibrate（校准）”。

d. 选择校准类型，见表 10-4：

校准类型　　**表 10-4**

选项	说明
2point buffer（2 点缓冲法）	使用 2 种缓冲液进行校准，例如 pH7 和 pH4。缓冲液必须是指定的缓冲液
1point buffer（1 点缓冲法）	使用 1 种缓冲液进行校准，例如 pH7。缓冲液必须是指定的缓冲液集
2point sample（2 点样品）	使用 2 种已知 pH 值的试样或缓冲液进行校准
1point sample（1 点样品）	使用 1 种已知 pH 值的试样或缓冲液进行校准

e. 将传感器放入第一种参考溶液中，然后按 ENTER，显示测量值。等值稳定后再次按 ENTER。在校准过程中选择输出信号的选项为“Active（激活）”，可使仪器在校准过程中发送当前测量的输出值。

f. 如果参考溶液为试样，则通过辅助验证仪器测量 pH 值。使用方向键输入测量值，然后按 ENTER。

g. 对于 2 点校准，测量第二种参考溶液（或试样）：

- 从第一种溶液中取出传感器，然后用干净水冲洗。
- 将传感器放入下一种参考溶液中，然后按 ENTER。
- 等待值稳定。按下 ENTER。
- 如果参考溶液为试样，则通过辅助验证仪器测量 pH 值。使用方向键输入测量值，然后按 ENTER。

h. 查看校准结果

成功——传感器已经校准并准备测量试样。将显示斜率和/或偏差值。按 ENTER 继续。

失败——校准斜率或偏差超出接受的限值。排除失败原因并用新的参考溶液重复校准。

② 温度校准

仪器出厂时已经校准为精确的温度测量值。校准温度可以提高精度。

a. 将传感器置于装有已知温度水溶液的容器中。使用精确的温度计或单独的仪器测量水温。

b. 按 MENU 键，然后选择“Sensor Setup（传感器设置）”、“Select Sensor（选择传感器）”、“Calibrate（校准）”。

c. 选择“1 PT Temp Cal（1 点温度校准）”，按 ENTER，等待值稳定后再按 ENTER。

d. 输入精确值，再按 ENTER。

e. 将传感器重新放入过程溶液，然后按 ENTER，恢复正常使用。

（3）安装

1）传感器安装

pH 检测仪传感器在不同场合有不同的安装方式。有关传感器在不同应用中的示例，如图 10-17 所示。

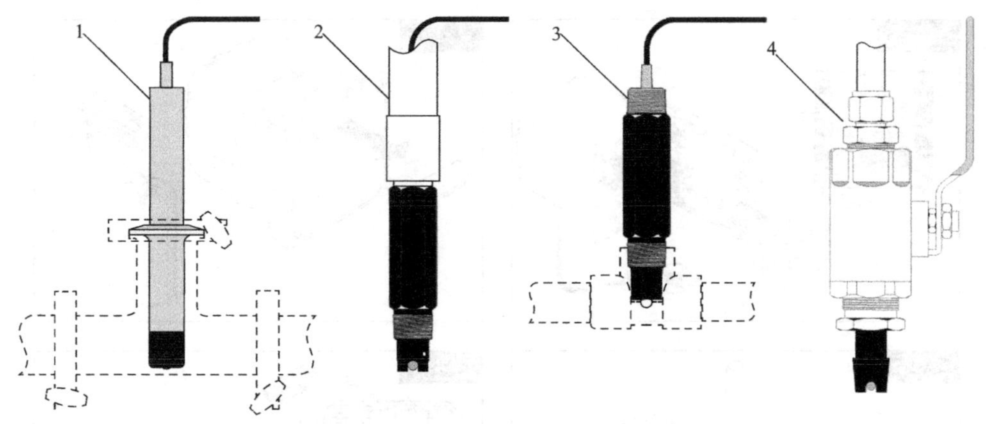

图 10-17 传感器在不同应用中的安装示例

1—卫生级安装；2—管浸入端；3—流通安装；4—球阀插件

2）将传感器连接到控制器模块

① 断开仪器的所有电源。湿度过低环境中接线时要注意释放静电，防止损坏电子组件。

② 打开控制器面板，拆出接线模块，将旋钮旋至 2 所示位置，按表 10-5 所示顺序将线连接至端子，接线顺序如图 10-18 所示。

③ 按相应顺序恢复控制器。

pH 检测仪传感器接线 **表 10-5**

接头	引脚编号	信号	传感器电线	6 插头传感器
8 引脚（J5）	1	基准	金属编织线	金属编织线
	2	内屏蔽	蓝色	黄色
	3	—	—	—
	4	—	—	—
	5	—	—	—
	6	TEMP（温度）＋	红色	绿色
	7	Temp（温度）－	白色	白色
	8	—	—	—
2 引脚（J4）	1	ACTIVE（有效）	透明	透明
	2	—	—	—

（4）维护

清洗传感器

准备：准备温和的肥皂溶液与不含羊毛脂、无磨蚀成分的餐具洗涤剂。羊毛脂会在电极表面形成薄膜，而薄膜会降低传感器性能。定期检查传感器是否存在碎屑和沉淀物。当形成沉淀物或性能降低时，清洗传感器。

1）使用干净的软布清除传感器端壁上的碎屑。使用干净的温水冲洗传感器。

2）将传感器浸入肥皂溶液中 2～3min。

3）使用软毛刷刷洗传感器的整个测量端。

4）如果仍有碎屑，将传感器的测量端浸入稀酸溶液（如＜5％HCl）不超过 5min。

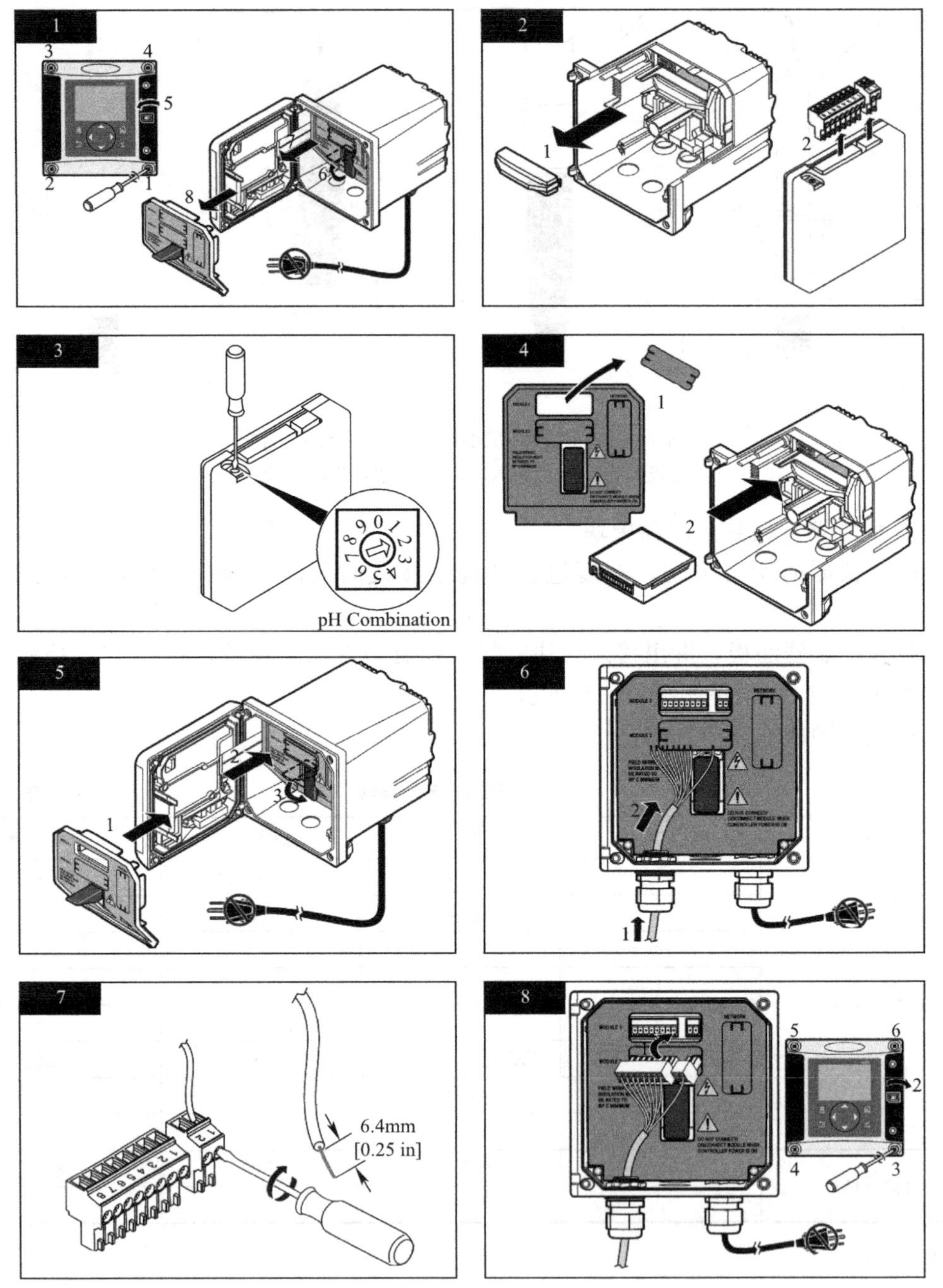

图 10-18　传感器输出接线示意图

5）用水冲洗传感器，然后将传感器放回肥皂溶液中 2～3min。

6）使用干净水冲洗传感器。

为保证测量精度，维护操作后应校准传感器。

10.4　溶解氧分析仪

溶解在水中的空气中的分子态氧称为溶解氧，水中的溶解氧的含量与空气中氧的分压、水的温度都有密切关系。在自然情况下，空气中的含氧量变动不大，故水温是主要的因素，水温愈低，水中溶解氧的含量愈高。水中溶解氧的多少是衡量水体自净能力的一个指标。

溶解氧通常有两个来源：一个来源是水中溶解氧未饱和时，大气中的氧气向水体渗入；另一个来源是水中植物通过光合作用释放出的氧。因此水中的溶解氧会由于空气里氧气的融入及绿色水生植物的光合作用而得到不断补充。但当水体受到有机物污染，耗氧严重，溶解氧得不到及时补充，水体中的厌氧菌就会很快繁殖，有机物因腐败而使水体变黑、发臭。溶解氧值是研究水自净能力的一种依据。水里的溶解氧被消耗，要恢复到初始状态，所需时间短，说明该水体的自净能力强，或者说水体污染不严重。否则说明水体污染严重，自净能力弱，甚至失去自净能力。

溶解氧的在线测量方法分为电极法和荧光法。其中荧光法更为普及且维护方便。荧光法溶解氧仪是基于物理学中特定物质对活性荧光的猝熄原理。传感器前端的荧光物质是特殊的铂金属卟啉复合了允许气体分子通过的聚酯箔片，表面涂了一层黑色的隔光材料以避免日光和水中其他荧光物质的干扰。调制的绿光照到荧光物质上使其激发，并发出红光。

由于氧分子可以带走能量（猝熄效应），所以激发红光的时间和强度与氧分子的浓度成反比。我们采用了与绿光同步的红光光源作为参比，测量激发红光与参比光之间的相位差，并与内部标定值比对，从而计算出氧分子的浓度，经过温度补偿输出最终值。

所以下面将以目前先进的荧光法测量技术为基础，并以 HACH LDO 荧光法无膜溶解氧分析仪为例展开对溶解氧分析仪介绍。

（1）工作原理

探头的组成包括 4 部分，如图 10-19 所示。

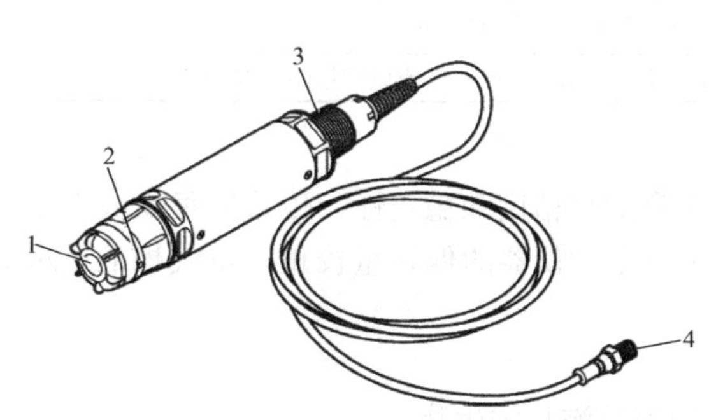

图 10-19　溶解氧分析仪探头的组成

1—传感器盖帽；2—温度传感器；3—一英寸 NPT；4—连接器

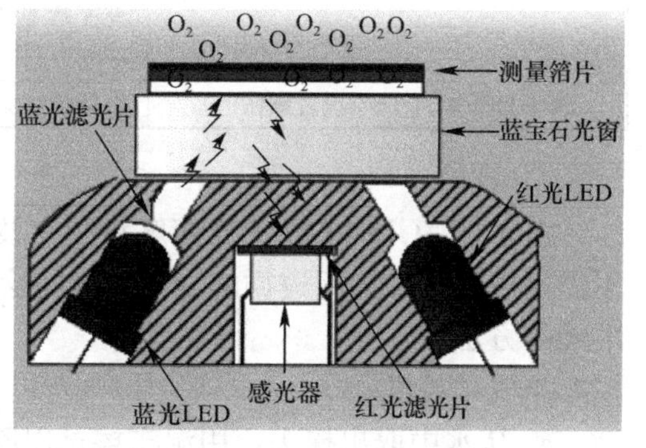

图 10-20　溶解氧工作原理

测量探头最前端的传感器罩上覆盖有一层荧光物质，LED 光源发出的蓝光照射到荧光物质上，荧光物质被激发，并发出红光；内置光电池检测荧光物质从发射红光到回到基态所需要的时间。这个时间只和蓝光的发射时间以及氧气的多少有关，探头另有一个 LED 光源，在蓝光发射的同时发射红光，作为蓝光发射时间的参考。传感器周围的氧气越多，荧光物质发射红光的时间就越短。由此，计算出溶解氧的浓度，如图 10-20 所示。

（2）使用

溶解氧分析仪传感器旨在配合控制器使用，用于数据收集和操作。多个控制器可与此传感器一同使用。SC200 控制器为目前常用控制器，要将传感器配合其他控制器使用，请参阅所用控制器的用户手册。SC200 控制器，其面板如图 10-2 所示，关于 SC200 具体介绍及相关设置参见本书第 9.5 章节。面板按键功能见表 10-1。

1）配置传感器

① 进入“MENU(菜单)>SENSOR SETUP(传感器设置)>[Select Sensor](选择传感器)>CONFIGURE(配置)”。

② 选择选项，然后按“ENTER”（输入）。可供选项列表见表 10-6。

配置传感器　　表 10-6

选项	说明
EDIT NAME（编辑名称）	更改测量屏幕顶端上传感器对应的名称。名称限于字母、数字、空格或标点任何组合的 10 个字符
SET UNITS（设置单位）	TEMP（温度）——将温度单位设置为℃（默认值）或 ℉
	MEASURE（测量）——将测量单位设置为 mg/L、ppm 或%
	ALT/PRESS（海拔/压力）——将海拔单位设置为 m 或者 ft，或者将气压单位设置为 mmHg 或者 torr（默认值=0ft）
ALT/PRESS（海拔/压力）	输入海拔或气压值该值必须准确以便完成饱和度百分数测量和空气校准。（默认值=0ft）
SALINITY（盐度）	输入盐度值。盐度范围：0.00‰～250.00‰
SIGNAL AVERAGE（信号平均）	将信号平均的时间间隔设置为秒
CLEAN INTRVL（清洗间隔）	将手动清洗传感器的时间间隔设置为天（默认值=0 天。值为 0 天时，清洗间隔无效）
RESET CLN INTRVL（重置清洗间隔）	将时间间隔设置为最后一次保存的清洗间隔
LOG SETUP（日志设置）	设置数据日志中数据存储的时间间隔 0.5min、1min、2min、5min、10min、15min（默认值）、30min 和 60min
SET DEFAULTS（设置默认值）	恢复传感器配置默认值。切勿更改斜度或偏移量的设置

2）校准

由于 HACH LDO 荧光溶解氧测定技术本身的高精度和稳定性，传感器很少或者根本不需要进行校准。所遵循的校准步骤将会产生一个对仪器的偏移量校正，空气校准是最为准确的方法。

空气中校准

a. 从水中取出探头，用湿布擦拭以除去碎屑及滋长的生物。

b. 将探头放在提供的校准包中，加入少量水（25～50mL），使校准包将探头体保护起来。

c. 将包着的探头放在远离阳光或者其他热源。不允许将探头接触任何硬的表面。必要时可以使用泡沫聚苯乙烯“垫”或者纸板。

d. 从主菜单中选择“Sensor Setup（传感器安装）”，然后按“回车”键完成选择。

e. 选择所需要的传感器，按“回车”键。

f. 选择“Calibrate（校准）”，按“回车”键。

g. 选择“Air Cal（空气校准）”，按“回车”键。

h. 从可用的“Out Mode（输出模式）”选项（活动、保持或者传输状态），按“回车”键。显示屏上提示“Move the sensor to air（将传感器放到空气中）”。当探头已经放到空气中（在校准包中）后，按“回车”键继续。

i. 空气校准将启动，显示屏将显示：“Wait to stabilize…（等待读数稳定中……）”，以及当前的溶解氧和温度读数。

j. 当读数稳定下来后，校准将自动完成（此过程的最长时间为 45min，否则为超时）；或者直接按“回车”，这样将以当前显示的值为基准进行校准。校准结束后，将显示下列的反馈信息中的一种，见表 10-7。

校准反馈信息 **表 10-7**

校准反馈信息	解释
Cal Complete（校准完毕）	表明校准顺利完成
Cal Fail，Offset High（校准失败，偏移过高）	表明空气校准已经由于过高的增益计算而失败，请重新进行校准
Cal Fail，Offset Low（校准失败，偏移过低）	表明空气校准已经由于过低的增益计算而失败，请重新进行校准
Cal Fail，Unstable（校准失败，读数不能稳定）	表明空气校准已经因为读数在最大允许的校准时间内不能够达到读数稳定而失败，请重新进行校准

k. 按“回车”键，根据提示将探头重新放入需要测量的水中。

l. 按“菜单”键返回主菜单，或者选择“返回”键回到测量显示屏幕。

（3）安装

1）传感器安装

① 断开控制器电源时连接传感器。控制器开启后，将寻找并安装新的传感器。

② 接通控制器电源时连接传感器。使用 Scan Devices（扫描设备）命令安装新的传感器：SC200 控制器进入“MENU（菜单）>TEST/MAINT（测试/维护）>SCAN DEVICE（扫描设备）”。

溶解氧分析仪传感器在不同场合有不同的安装方式。有关传感器在不同应用中的示例，如图 10-21 所示。

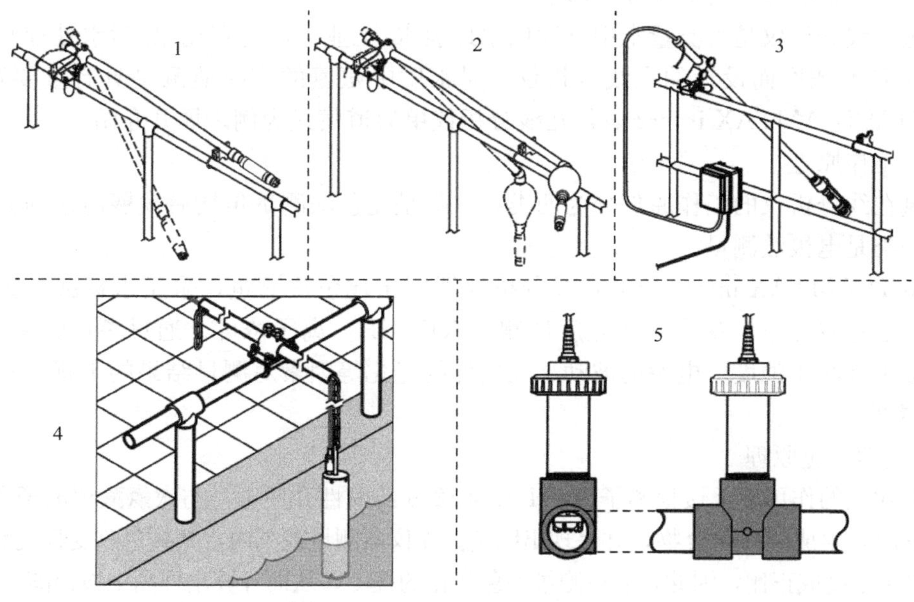

图 10-21 传感器不同的安装方式

1—轨式安装；2—浮点式安装；3—鼓风系统安装；4—链式安装；5—联合安装

2）将传感器连接到控制器模块

① 断开仪器的所有电源。湿度过低环境中接线时要注意释放静电，防止损坏电子组件。

② 溶解氧分析仪连接 SC200 控制器与 pH 计相似，打开控制器面板，按照说明书接线。

③ 按相应顺序恢复控制器。

（4）维护

1）清洗传感器

用水流清洗传感器的外表面。如果仍有碎屑残留，用湿的软布进行擦拭。不要将传感器放在阳光直射或者通过反射能够照到的地方。在传感器的整个使用寿命中如果阳光暴露时间总计达到了 1h 的话，将会引起传感器帽的老化，从而能够引起传感器帽出错，以及显示屏上显示错误的读数。

2）清洁控制器

在外壳关严实的情况下，用湿布擦拭外表面。

10.5　氨氮分析仪

氨氮是指水中以游离氨（NH_3）和铵离子（NH_4^+）形式存在的氮。动物性有机物的含氮量一般较植物性有机物为高。同时，人畜粪便中含氮有机物很不稳定，容易分解成氨。因此，水中氨氮含量增高时指以氨或铵离子形式存在的化合氮。

水中的氨氮可以在一定条件下转化成亚硝酸盐，如果长期饮用，水中的亚硝酸盐将和蛋白质结合形成亚硝胺，这是一种强致癌物质，对人体健康极为不利。

氨氮对水生物起危害作用的主要是游离氨，其毒性比铵盐大几十倍，并随碱性的增强而增大。氨氮毒性与池水的 pH 值及水温有密切关系，一般情况下，pH 值及水温愈高，毒性愈强，对鱼的危害类似于亚硝酸盐。

氨氮在线分析仪是为测量水中（饮用水地表水/工业生产过程用水/污水处理）的铵根离子（NH_4^+）浓度而设计的在线分析仪，对水质中氨氮的实时监测是具有重要意义的。下面以 HACH AMTAX inter2 氨氮在线分析仪单通道模式为例来展开介绍。

（1）工作原理

氨氮在线分析仪的工作原理分为两类，一类是比色法测量包括后发展而来的分光光度法，另一类是电极法测量。

HACH AMTAX inter2 氨氮在线分析仪器属于比色法测量，采用水杨酸—次氯酸测量原理，通过双光束、双滤光片光度计测量水中 NH_4^+ 离子浓度。通过参比光束的测量，仪器消除了样品中浊度、电源的波动、元器件的老化等因素对测量结果的干扰，从而提高了测量精度。

1）化学反应原理

在催化剂的作用下，铵根离子在 pH 值为 12.6 的碱性介质中，与次氯酸根离子和水杨酸盐离子反应，生成靛酚化合物，并呈现出绿色。在仪器测量范围内，其颜色改变程度和样品中的铵根离子浓度成正比，因此，通过测量颜色变化的程度，从而计算出样品中铵根离子的浓度。

2）仪器工作原理

如图 10-22 所示，氨氮在线分析仪器的硬件部分，由溢流瓶、捏阀、样品泵、试剂泵、混合室、光度计、管路和试剂组成。

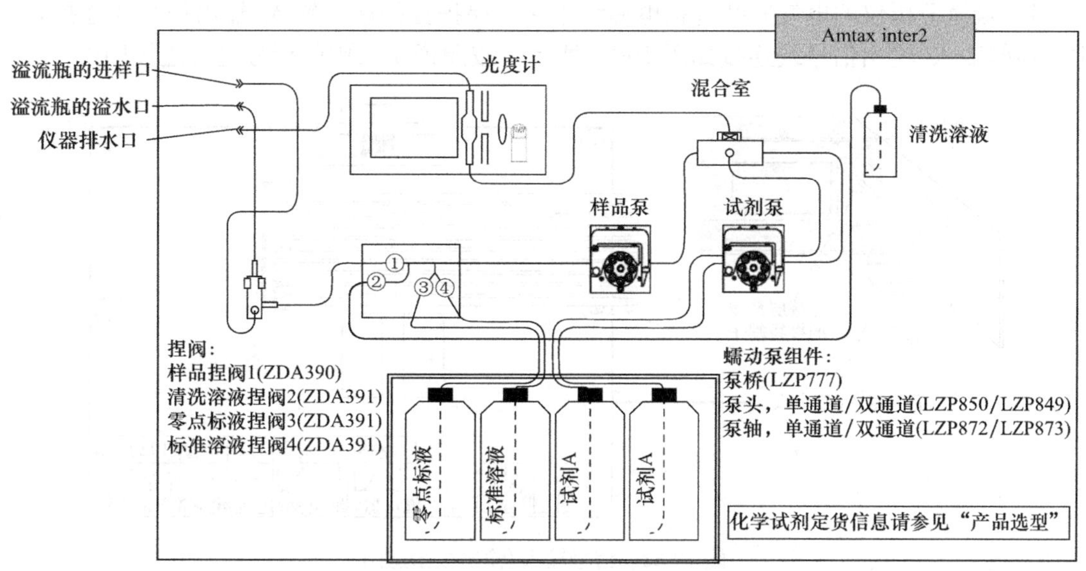

图 10-22　氨氮在线分析仪硬件组成

在每一个测量周期的开始阶段，为了彻底清除上一次测量的残余物，仪器将用待测样品清洗整个测量系统；然后，光度计对样品进行清零测量；在测量模式下，样品首先通过泵 P1 打入搅拌容器中。120s 之后，加入试剂 A 和试剂 B 进行精确定量。在搅拌容器中彻底混合之后，溶液流入比色池，泵被关闭。由于氨离子的存在，比色池中会出现靛蓝色的显色反应。使用双光束双滤光片技术对颜色的深度进行比色测量，环境温度的影响由温度传感器进行补偿。经过一段时间，光度计再次对样品进行测量，并且和反应前的测量结果进行比较，从而计算出氨氮的浓度值。

（2）使用

1）校准

自动校准可以自由选定的间隔执行。零点标液和量程标液会取代水样相继进入搅拌容器。做为两点校准的一部分，为了确保最大的准确度，传输过程中试剂的老化和变化都得到了补偿。每次更换了试剂瓶或样品瓶之后，需手动启动校准。

2）自动清洗

清洗溶液是已经混合好的，放置在 250mL 的透明 PE 瓶中，这样瓶中溶液的体积从外面就清晰可见。瓶子放置在固定夹后面的搅拌容器的右边。瓶盖上带有一个管路连接的快速接头，可以通过插入吸入管，将瓶子和仪器系统很方便的连接起来。

自清洗过程可以随意选择的时间间隔执行，自清洗可以覆盖整个装置中样品流经的管路，从而将所有的管路中和使用的玻璃元件上的干扰物质去除。

3）冷却系统

试剂的使用寿命仅在 10～14℃的条件下有所保证。正是因为这个原因，该装置配有一个冰箱。该系统操作很简单，而且不需任何维护。该设备只需接上电源即可使用。为了能够维持温度在适当范围之内，温度调节置的控制旋钮的位置必须被设定在 5～6。

具体的菜单设置即使用请参考说明书。

（3）安装

1）氨氮分析仪的电气安装包括电源线连接、保护性插座、输入/输出信号线连接，其中具体的输入/输出信号线连接如图 10-23 所示，按照说明书中的标号进行连接即可。

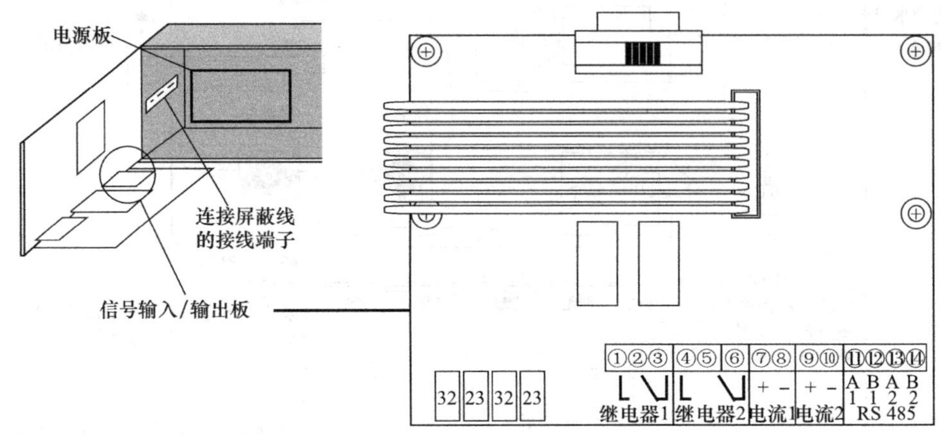

图 10-23　信号输入/输出板示意图

23（左侧）—SEDITAX 2 光纤电缆连接器；继电器 1—MIN（低值触点）；继电器 2—MAX；电流 1—电流输出 1；电流 2—电流输出 2；RS485—DIN 现场总线的接线端子

2）仪器安装

① 仪器尺寸图

图 10-24 和图 10-25 所示为氨氮在线分析仪的外观图与尺寸图，安装时详细参照其尺寸参数安装作业。安装环境应选在干燥的安装位置并且没有阳光直射。每台在线分析仪都应该有独立的出水管。单个装置的出水管应该与具有稳定流量的更大的出水管相连接。

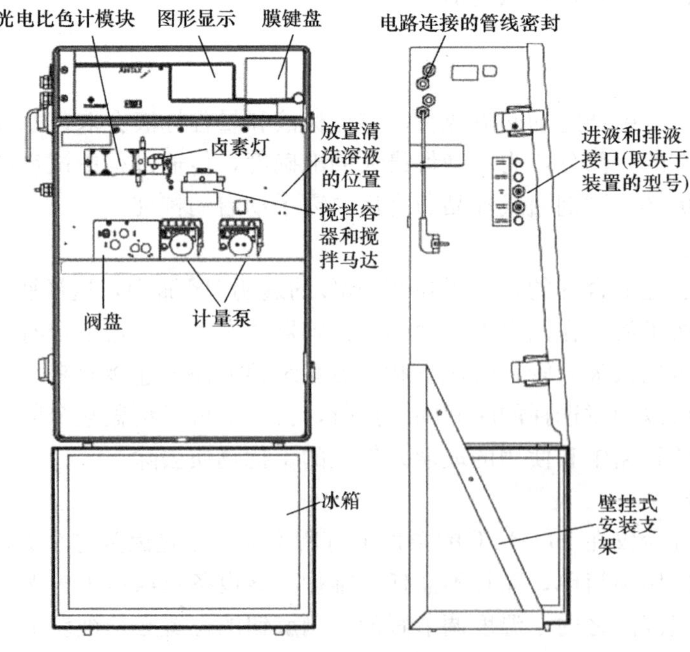

图 10-24　仪器外观图

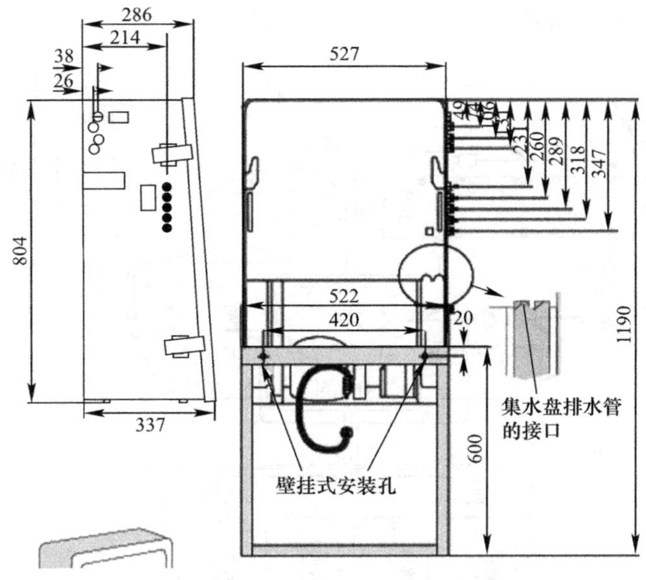

图 10-25 仪器尺寸（单位：mm）

② 进水管和出水管的连接

根据不同的样品预处理方法，PG 螺线密封数量也会有所不同，主要是取决于外墙连接器供水管和排水管的数量。所有的外部管路必须尽可能按顺序无纠结的排列。出水管应该采用尽可能短的管路到下游，较大直径的排水管可以保证即使在冬季结冰的环境下，水流仍然可以无障碍地流动。出水管的阻塞会导致管子破裂，装置内部或外部不牢固。

在单通道模式下使用 FILTRAX 的管路连接或连续进样，如图 10-26 所示。

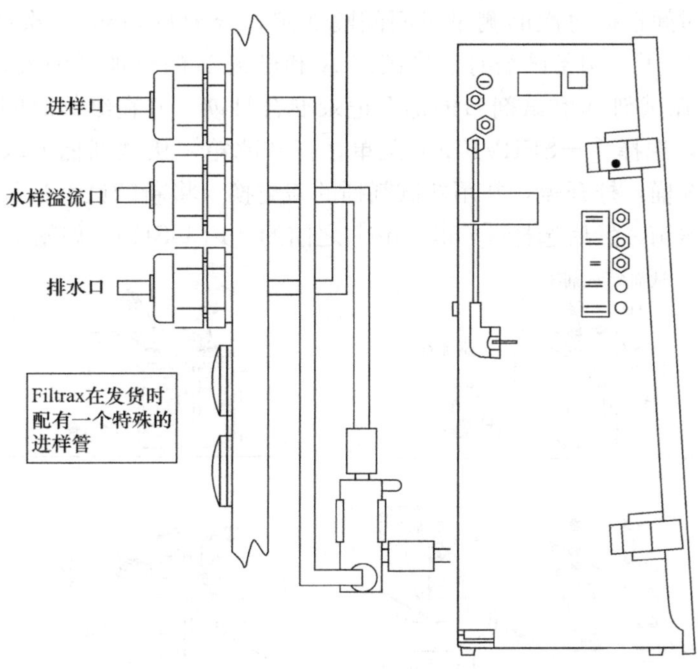

图 10-26 FILTRAX 的管路连接

泵管连接如图 10-27 所示。

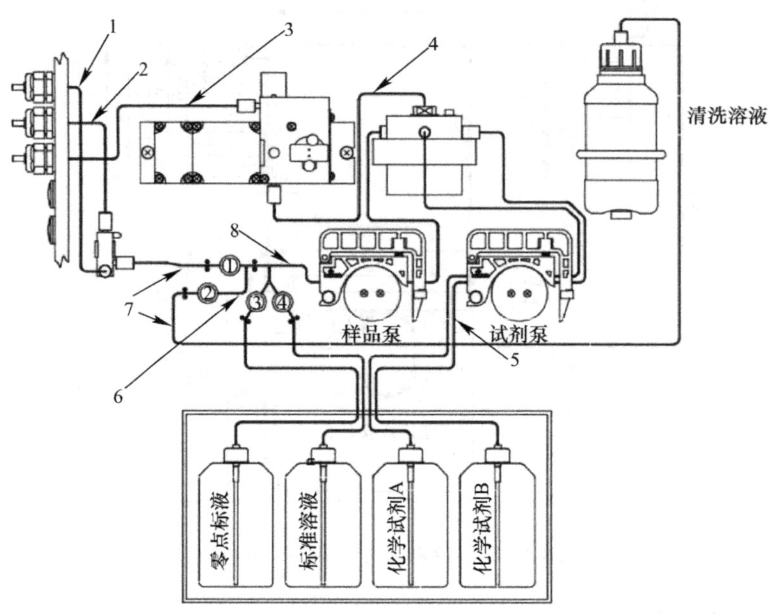

图 10-27　单通道仪器泵管连接示意图

1—样品入口到溢流瓶入口；2—来自于溢流瓶溢流口的样品；3—比色池出水口；4—混合室出水口；
5—化学试剂 A/B 泵管；6—捏阀连接管；7—零点标液/标准溶液/样品/清洗溶液阀管；
8—零点标液/标准溶液/样品/清洗溶液泵管

（4）维护

1）试剂保存与更换

试剂的使用时间根据每次的测量时间间隔而定，分为每 5min 一次或每 10min 一次，试剂可以用 30～60 天。制备试剂时，将试剂 A 和试剂 B 的添加剂倒入相应的试剂桶中，充分摇晃 3min。在试剂 A 和试剂 B 的桶上记录混合日期，并在维修时间表上做记录。持续按下菜单键 3s，选择［＋SERVICE］菜单。打开冰箱，从试剂桶上取下试剂管。从冰箱中取出旧的试剂桶，拧开盖，并用新试剂桶的盖更换。将新的试剂桶放入冰箱中。重新插上管子。关上冰箱，然后选择［Calibrate］之前的［FLUSH］，如图 10-28 所示。

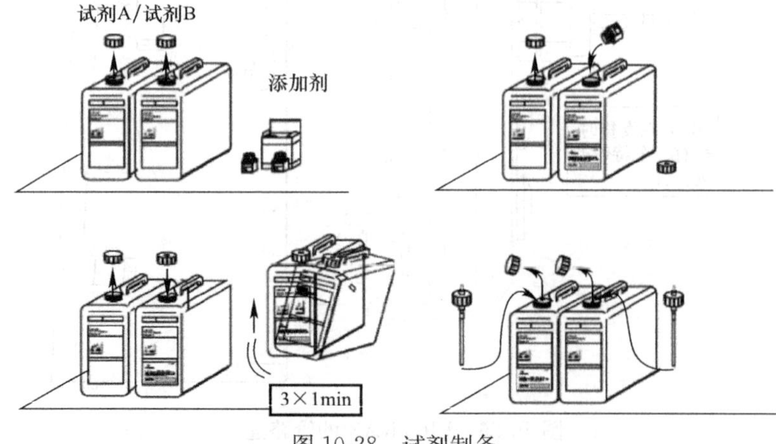

图 10-28　试剂制备

2）清洗

① 按下功能键F1～F4中的任意一个，持续3s。

② 选择［+SERVICE］菜单。

③ 从所有的试剂罐上取下管子，取下所有的瓶子。

④ 取下所有的被污染部件，由于系统是推入配合式的，所以这项操作非常简单，不需要任何特殊工具。

⑤ 用合适的清洗剂去除污染（稀盐酸或次氯酸钠）。对于所使用的清洗剂，请严格按照安全指南操作。

⑥ 重新安装经过清洗的部件，为了将所有的管路充满，选择［Flush］功能。

⑦ 选择［Calibrate］开始校准。

3）更换管路，如图10-29所示。

① 按下功能键F1～F4中的任意一个，持续3s。

② 选择［+SERVICE］菜单。

③ 将蠕动泵涂适量硅油，将新管路连接好，泵侧管路卡在卡槽上。

④ 所有的步骤都完成之后，选择［Flush］功能，这样所有的管路都会被充满。

⑤ 选择［Calibrate］开始校准。

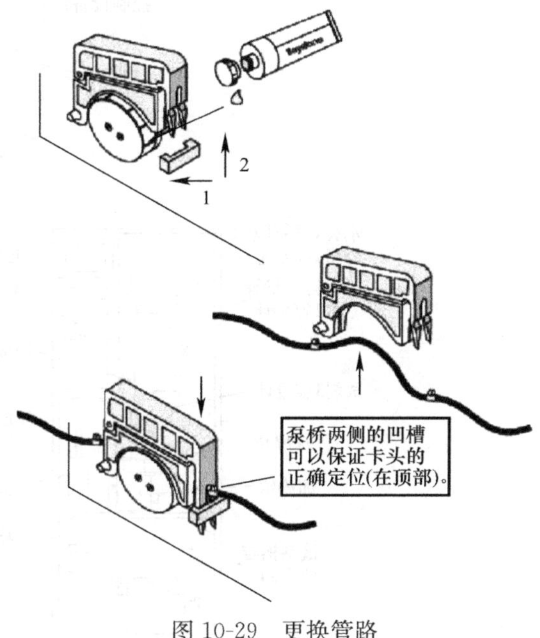

图10-29　更换管路

10.6 COD在线分析仪

COD的中文名称是化学需氧量。它是一种常用的评价水体污染程度的综合性指标，是指利用化学氧化剂将水中的还原性物质（如有机物）氧化分解所消耗的氧量。它反映了水体受到还原性物质污染的程度。由于有机物是水体中最常见的还原性物质，因此，COD在一定程度上反映了水体受到有机物污染的程度。COD越高，污染越严重。我国《地表水环境质量标准》GB 3838—2002规定，生活饮用水源COD浓度应小于15mg/L，一般景观用水COD浓度应小于40mg/L。

化学需氧量（COD）的测定，随着测定水样中还原性物质以及测定方法的不同，其测定值也有不同。目前应用最普遍的是酸性高锰酸钾氧化法与重铬酸钾氧化法。高锰酸钾（$KMnO_4$）法，氧化率较低，但比较简便，在测定水样中有机物含量的相对比较值时，可以采用。重铬酸钾（$K_2Cr_2O_7$）法，氧化率高，再现性好，适用于测定水样中有机物的总量。

本节将以HACH 203ACOD分析仪为例来展开介绍，其测量方法为高锰酸钾（$KMnO_4$）法。

（1）工作原理

HACH 203ACOD分析仪为箱体式，结构分为前后两侧，分别设置有可供打开的门，前面部分有仪器工作的主要部件，如控制面板、计量容器、反应槽、加热槽、电极、滴定泵和下部储存的试剂。后面部分主要包括电源的开关、进出样管路、废液槽、活性炭过滤器等，如图 10-30 和图 10-31 所示。

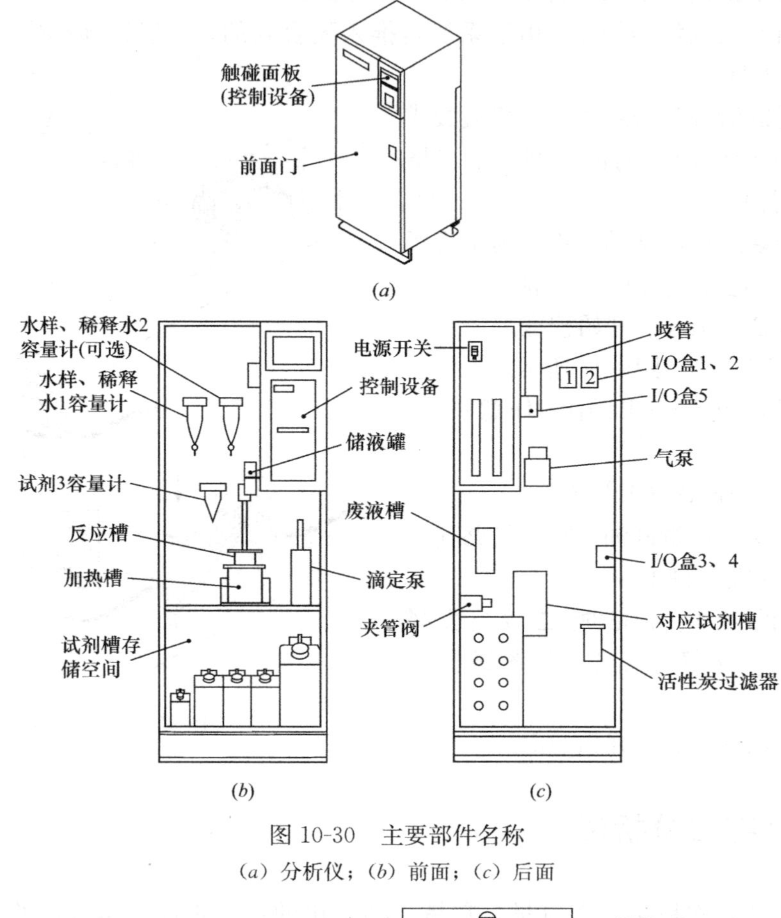

图 10-30　主要部件名称

(*a*) 分析仪；(*b*) 前面；(*c*) 后面

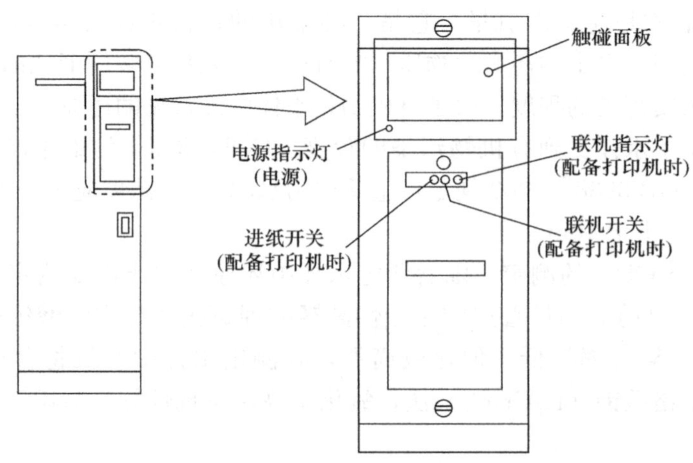

图 10-31　控制装置前面板

试剂组成分为 5 种，分别是零水、试剂 1 标准液、试剂 2 硫酸、试剂 3 草酸钠和试剂 4 高锰酸钾，前两者用于校准，后三者用于反应测定 COD 的反应。

反应原理：高锰酸钾指数是指在一定条件下，以高锰酸钾为氧化剂，处理水样时所消耗的氧量，以氧的 mg/L 来表示。水中部分有机物及还原性无机物均可消耗高锰酸钾。因此，高锰酸钾指数常作为水体受有机物污染程度的综合指标。水样加入硫酸使呈酸性后，加入一定量的高锰酸钾溶液，并在沸水浴中加热反应一定的时间。剩余的高锰酸钾加入过量草酸钠溶液还原，再用高锰酸钾溶液回滴过量的草酸钠，通过计算求出高锰酸盐指数。

工作流程：

1）水样润洗。抽取样水进入计量容器 1，定量计量水样后压送至反应槽，润洗后将水样排至废液槽。

2）反应。再次抽取样水进入计量容器 1 同时滴定泵抽取高锰酸钾，定量计量水样后压送至反应槽，抽取定量硫酸试剂加入反应槽，滴定泵自动去除气泡后加入反应槽，此时加热槽开始工作，加热 25min，为反应槽提供反应条件。

3）测量。加热过后抽取草酸钠加入试剂 3 容器，定量计量，滴定泵抽取高锰酸钾，压送草酸钠进反应槽，此时滴定泵自动去除气泡后，缓缓滴定入反应槽，通过参比电极的测量出 COD 的值。

4）排放及洗涤。后续排放废液，重复水样进水，洗涤各个容器。

需要说明的是 COD 仪为在线仪表，数据是分时段测量的，频次最高可设置每小时一次，实时反映水样在这一时段的 COD 值，便于使用者了解详细的水样数据，对水样进行监测与调控，避免危险与危害的发生。

（2）使用

1）操作面板为图像式触碰面板，共有 15 个界面，操作时可根据使用目的，如自动操作、保养等，切换界面和更改操作参数设定。

2）打开电源开关时，显示屏显示工序表示界面，用户可触碰该界面上的按键切换界面和进行设置，如图 10-32 所示。

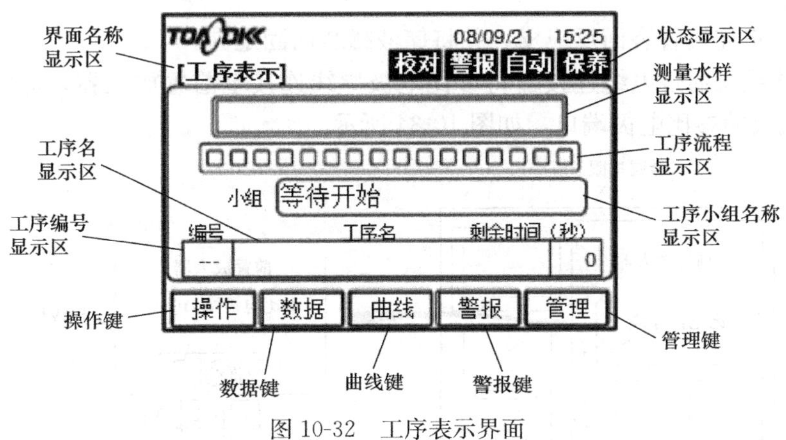

图 10-32　工序表示界面

具体的菜单设置参考使用说明书。

（3）安装

1）将试剂筒装入适量制备好的各种试剂，以备设备使用。试剂使用时间不宜超过一个月，更换试剂时，需穿着防护衣物及装备，防止试剂对人身造成危害，更换前需润洗试剂容器。

2）填充储液罐存储溶液，如图 10-33 所示。

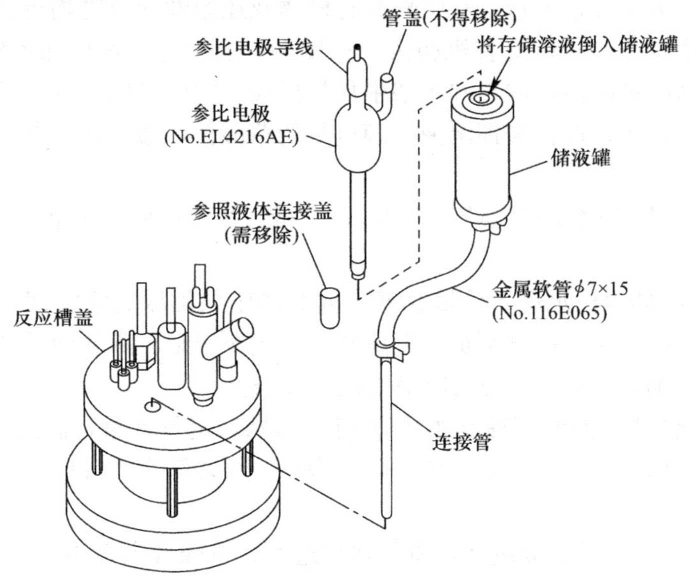

图 10-33　填充储液罐存储溶液

将储液罐存储溶液倒入储液罐，按如下步骤完成：

① 移除连接管和储液罐，将连接管拔出反应槽，并从固定夹上取下储液罐

② 将储液罐存储溶液倒入储液罐，使用洗涤瓶等从储液罐顶部小孔倒入存储溶液，溶液最高可大约达到储液槽的 1/3。

③ 安装参比电极，取下导液橡胶盖，然后将参比电极安装在储液罐上。切勿取下管盖。

④ 除去气泡，清除软管和储液罐中的气泡。此外，电极顶端出现气泡时，需轻摇储液罐去除气泡。

⑤ 归位，将连接管装回反应槽，并将储液罐装回固定夹。

⑥ 连接导线，通过电缆连接器将参比电极导线连接至前置放大器，即将导线接入前置放大器接线板的参比电极端口，如图 10-34 所示。

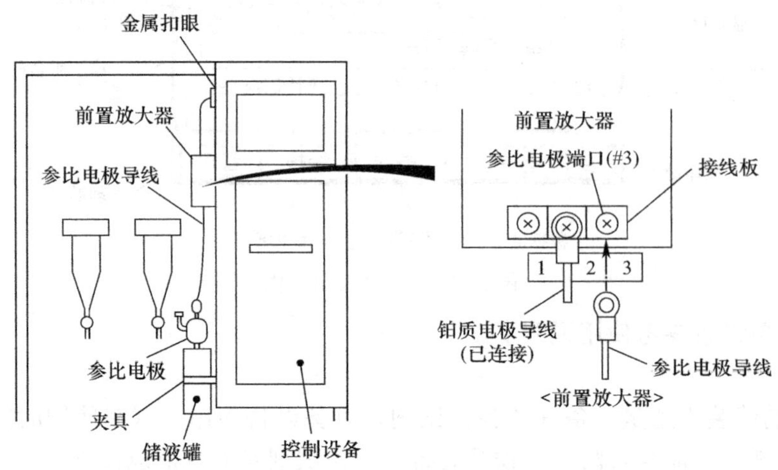

图 10-34　连接参比电极导线

3）填充加热油，如图 10-35 所示。

在设备通电之前将加热油倒入加热槽。

① 填充洗涤瓶，将硅油填充至洗涤瓶。

② 倒灌，将洗涤瓶顶端插入加热槽盖前端的填充口，然后将硅油倒入加热槽，直到硅油液位略高于加热槽顶部两条刻度线的底线。

③ 注意不要将加热油洒在外面或加热槽的加热器上。如果将加热油洒在这些部件上，则可能无法精确测量氧化还原电势，此时，应立即使用蘸有乙醇的纱布清洗洒落部位。

4）安装管路

将水样进水管路连接至水样入口 1，自来水管连接至自来水入口 1，排水管外接排水槽排放，以及废液槽的排水管为软管，排放至适当管路，如图 10-36 所示。

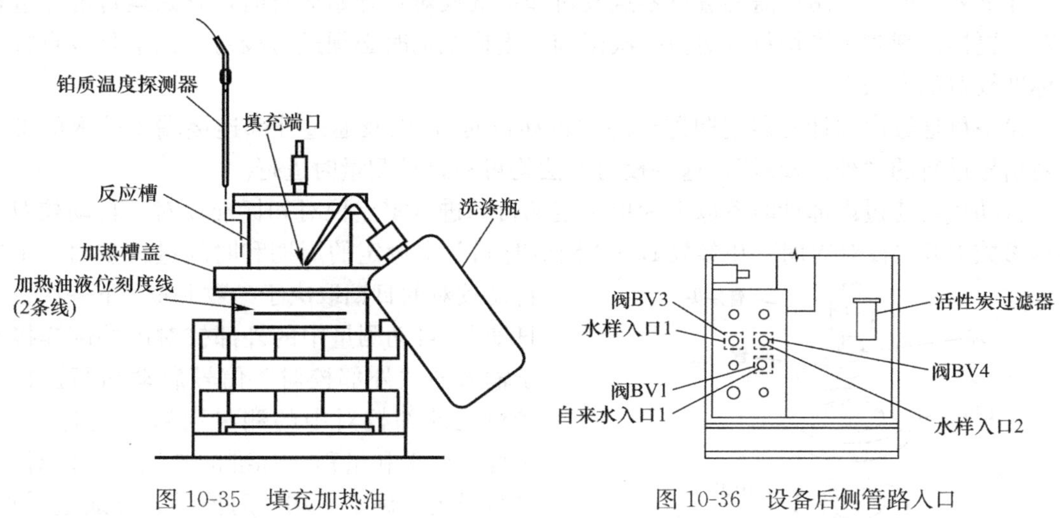

图 10-35 填充加热油

图 10-36 设备后侧管路入口

正常安装后打开管路的阀位，设备内设有溢流管，保持实时水样，如图 10-37 所示。

5）电源线连接

按要求连接电源线，1 端接火线，3 端接零线，E 端保护接地线。接线后用万用表确认无误方可使用，如图 10-38 所示。

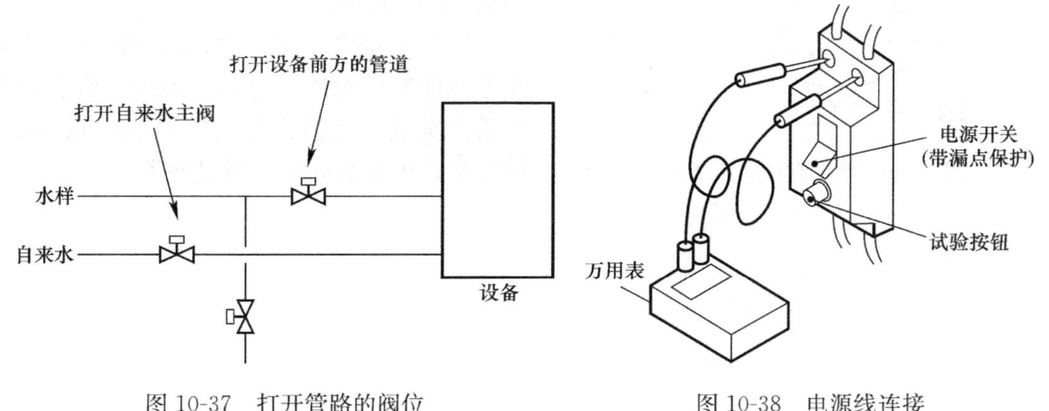

图 10-37 打开管路的阀位

图 10-38 电源线连接

（4）维护

1）更换试剂

试剂的使用以容器的剩余量为准定期更换，常分为每小时测量一次或每两小时测量一次，试剂可以用15～30天。试剂可采购专用的试剂进行更换，更换前取出试剂容器内的抽送管路，清空原有试剂，并用新试剂润洗容器，加入新试剂后，将抽送管路装回容器，装好瓶盖放回柜体内，并在维修时间表上做记录。

2）校对

进行任何测量前，必须将构成测量标准的测定值、零值和量程值存储在设备中。因此，需要对设备进行零点校对和标准校对。校对时，需使用通过活性炭过滤器的水和标准校对溶液。

在下列情况中，用户需要进行零点校对和标准校对：开始运行时，开始运行前需进行校对；更换试剂时，平均每月更换一次试剂。更换试剂时必须进行校对。以下是零点校对和标准校对的方法：

设备可通过内部计时器定期进行的“自动校对”，以及通过外部连接端子输入的外部校对信号进行的“外部校对”，这些校对方法均可在自动测量时进行。

自动校对通过内部计时器以天为单位定期自动进行零点校对和标准校对。自动校对可根据参数B07“校对周期”和参数B08“校对时间”中设定的周期和时间进行校对。下次自动校对的日期取决于参数B09“下一次校对日期”。自动测量中的外部校对由外部连接端子输入的“外部校对”信号启动执行。自动校对或外部校对中的测量次数可通过零点、量程1标准和量程2标准的参数B（校对数）进行设定。确定平均校对值后，可通过零点、量程1标准和量程2标准的参数B（删除数）设定计算无需使用的数据所对应的删除数。

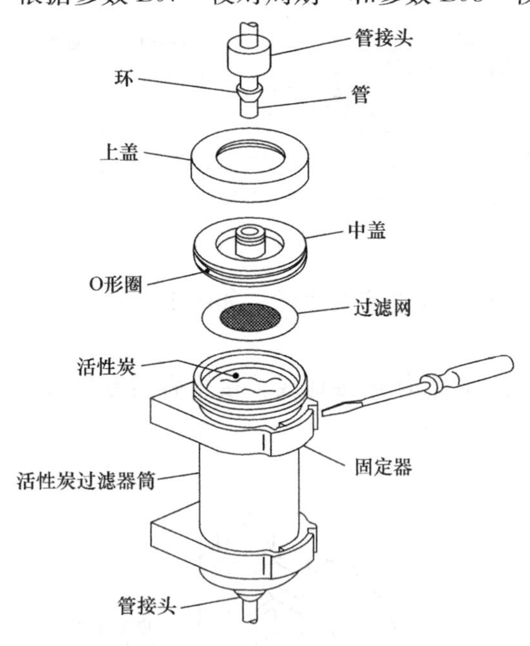

图10-39　活性炭过滤器维护

3）活性炭过滤器维护

活性炭过滤器插入一字改锥等取下，取下活性炭过滤器管子锔子使之相咬的部分，如图10-39所示。

停机状态下，取下内盖，换掉活性炭；洗涤活性炭过滤器筒内部和内盖，网状物等；在活性炭过滤器筒内施行网状物，放入新的活性炭；重新装好活性炭过滤器。

第 11 章　执行器与其他类型仪表

11.1　执行器

执行器是自动控制系统中的执行机构和控制阀组合体。它在自动化控制系统中的作用是接受来自调节器或计算机（DCS、PLC 等）发出的信号，把被调节参数控制在所要求的范围内，从而达到生产过程自动化。因此，执行器是自动控制系统中极为重要而不可缺少的组成部分。

在生产现场，执行器直接控制工艺介质，尤其是高温、高压、低温、强腐蚀、易燃、易爆、易渗透、剧毒及高黏度、易结晶等介质情况下，若选择或使用不当，往往会给生产过程自动化带来困难，导致调节质量下降，甚全会造成严重的生产事故。因此，对执行器的正确选用、安装和维修等各个环节都必须十分重视。

（1）执行器组成

执行器由执行机构和调节机构两部分组成。执行机构按控制器送来的操纵信号产生相应的直线行程或转角行程；调节机构依靠这个行程来改变管道的阻力，实现对调节量的控制。执行器示意图如图 11-1 所示。

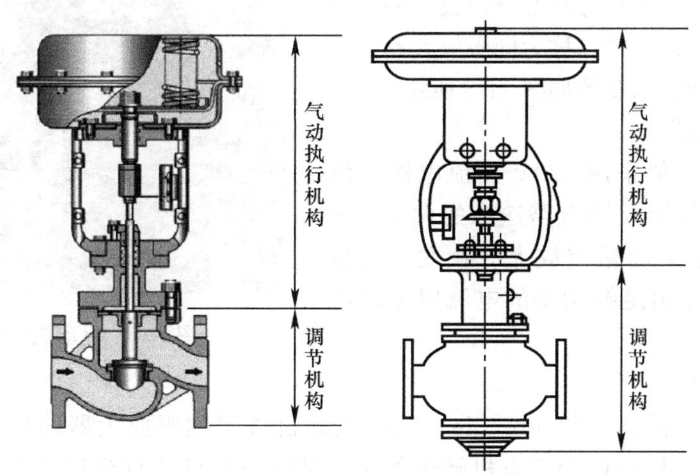

图 11-1　执行器示意图

（2）执行器工作原理

以气动执行器工作原理为例，工作过程如图 11-2 所示。当 P 作用在膜片 2 上，推动阀杆 4 产生位移，改变阀芯 7 与阀座 5 之间的流通面积，从而达到控制通过阀门开度的目的。

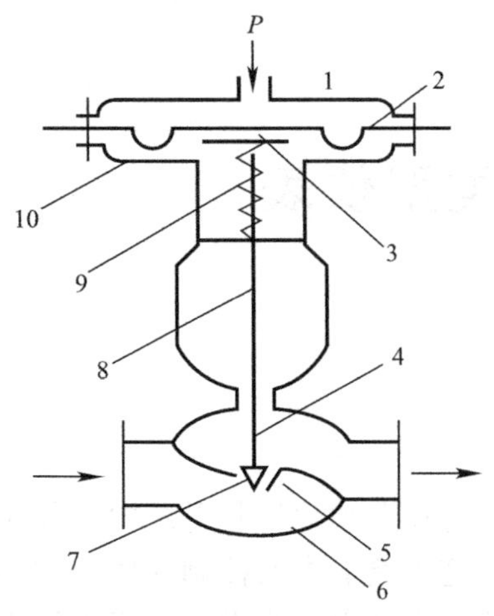

图 11-2　气动执行器原理示意图

1—上盖；2—薄膜；3—托板；4—阀杆；5—阀座；6—阀体；7—阀芯；8—推杆；9—平衡弹簧；10—下盖

执行器的阀门定位器用负反馈来改善执行器的性能，使执行器能按控制器的控制信号，实现准确地定位。当控制系统因停气、控制器无输出或执行机构失灵时，可利用手轮系统直接操纵控制阀，以维持生产的正常进行。

(3) 执行机构

按所使用的能源不同，执行机构可以分为气动、液动、电动等不同种类。

气动执行器：以压缩空气作为能源，0.02～0.1MPa 的标准气压信号。其特点是结构简单、动作可靠、平稳输出、推力较大、维修方便、防火防爆且价格低。

电动执行器：靠伺服电机带动，出于它接收的是电信号，所以易与电动控制器或集散控制系统配合使用，功率大、信号传递迅速，但在爆炸危险场所必须采用相应的防爆型号。

液动执行器：利用高压液体作为能源，较少使用。

这里只将电动执行机构展开介绍。

电动执行机构接收由控制系统发送的 4～20mA 操纵信号，通过控制电动机的正、反转产生推杆的直行程或角行程。因为操纵信号功率小，不可能驱动电机转动，所以要配备功率放大器，构成一个以行程为被控参数的自动控制系统。这种执行机构实际是一整套系统，包括信号比较、功率放大、单相低速同步电动机、减速传动机构、位置反馈电路等几部分组成。一般前两部分集中在一块仪表中，称为伺服放大器；后三部分集中在一起。示意图如图 11-3 所示。

图 11-3　电动执行机构示意图

1) 伺服放大器

伺服放大器一般采用 220V 交流电源，将控制器送来的和位置反馈电路送来的两个 4～20mA 信号相比较，将偏差放大后触发正或反转可控硅电路，输出足够功率的电流以驱动电机转动。

2) 执行机构

执行机构中的低速（如 60r/min）同步电动机按照伺服放大器输出的驱动电流产生相应的正、反转。传动机构把电机转子的转动转换成推杆的直行程或角行程，同时减速以增大力矩。传动机构还带有制动轮和制动盘，以便在断电或无驱动电流时保持原行程。位置反馈电路利用差动变压器把推杆的实际行程转化成 4～20mA 电流，送入到伺服放大器中作此较用，以保证行程与控制器送来的操纵信号成对应的关系。这种关系由位置反馈电路的性质决定，一般是线性关系。随着大功率电子器件的小型化，也可以将伺服放大器与执行机构一体化，使得系统更紧凑。电动执行机构系统组成如图 11-4 所示。

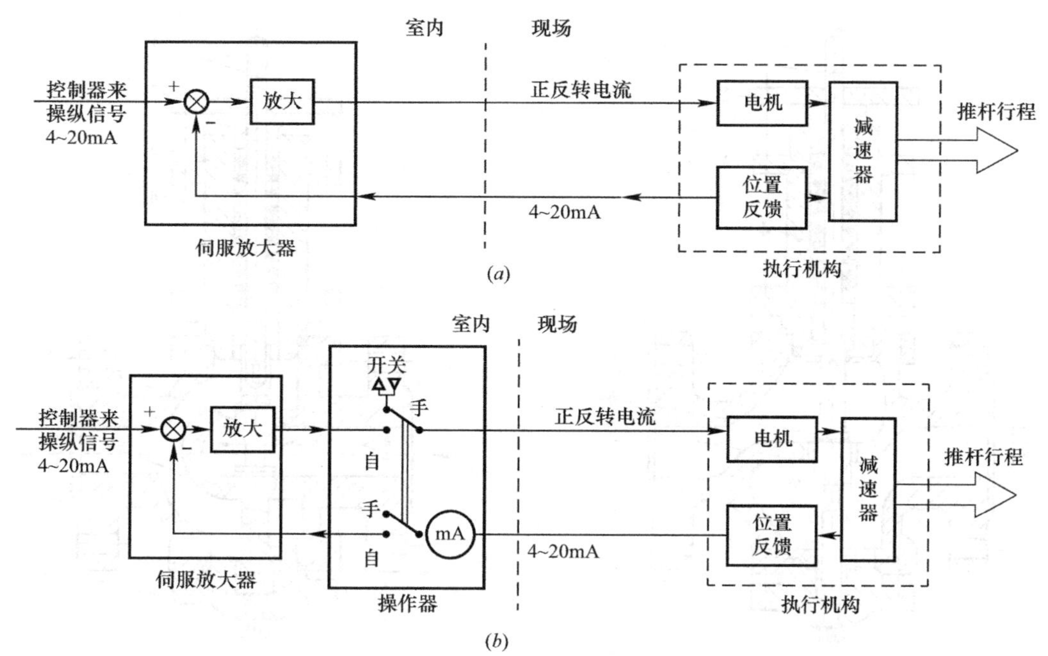

图 11-4　电动执行机构系统组成

(*a*) 无操作器；(*b*) 有操作器

(4) 执行机构的选择

调节机构是直行程类的，就应选用直行程执行机构；调节机构是角行程类的，就应选用角行程执行机构。如果调节机构产生的不平衡力较小，行程也较短，可选用薄膜执行机构；如果不平衡力较大，管径粗行程长，可选用活塞执行机构。如果选用了薄膜执行机构，要求增加输出力，改善行程/信号压力关系，可加装阀门定位器；对活塞执行机构，除用在两位式场合外都要装配阀门定位器。在没有配置气源的场合可以使用电动执行机构，但要注意有无防爆要求。

(5) 调节机构

一种典型的调节机构——直通单座调节阀如图 11-5 所示。通过法兰将它安装在工艺管道上，流体从入口进入，经过流道及阀芯阀座间隙，从出口流出。阀芯通过阀杆与执行机构的推杆相连，当推杆上下移动时阀芯也上下移动，改变间隙的流通阻力，从而控制流体流量。

上阀盖的作用非常重要，它不仅对阀杆导向，而且起密封作用。上阀盖内的密封填料被压板压紧后阻止了流道中流体沿阀杆的泄漏。图 11-5 是普遍型上阀盖，适于常温流体。对于高温、深冷流体，可采用散热型上阀盖，以防填料因温度过高过低而失效，对于挥发性有毒流体，可采用波纹管密封型上阀盖以彻底避免外漏。

按阀芯动作的方式不同，可将调节机构分成直行程和角行程两大类。

阀杆带动阀芯沿直线运动的调节机构属于直行程类。如图 11-5 所示的就是一种直行程调节机构，称为直通单座阀。所谓直通是指入口、出口在同一直线上，与此相对应的是角通和三通调节机构。所谓单座是指只有一组阀芯和阀座，特点是阀芯阀座间的泄漏量（阀芯压紧阀座后仍能流过的流量）很小，但不平衡力（流体对阀芯产生的轴向力，即对执行机构的反作用力）较大。其他几种常见的直行程类调节机构如图 11-6～图 11-9 所示。

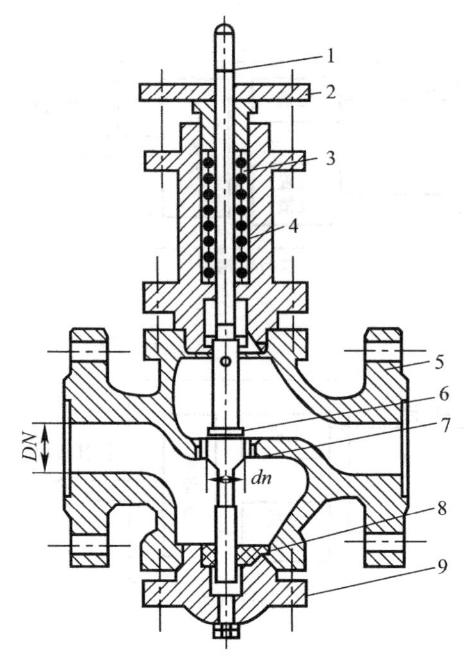

图 11-5　直通单座调节阀

1—阀杆；2—压板；3—填料；4—上阀盖；5—阀体；6—阀芯；7—阀座；8—衬套；9—下阀盖

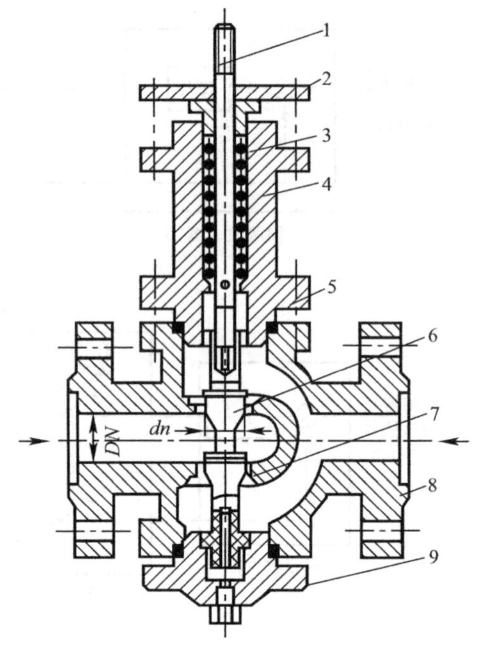

图 11-6　直通双座调节阀

1—阀杆；2—压板；3—填料；4—上阀盖；5—阀体；6—阀芯；7—阀座；8—衬套；9—下阀盖

直通双座调节阀，如图 11-6 所示，有两套阀芯阀座，流体从两个环形间隙中流过。流体对上、下两个阀芯所产生的轴向力可以部分抵消，所以不平衡力较小；但两套阀座不易同时关严，所以泄漏量较大。

三通调节阀，如图 11-7 所示，有两条流道。流体从一端进，从另两端出的，又称为分流三通阀；从两端进，从另一端出的，又称为合流三通阀。三通调节阀多用于换热器及旁路的冷热流控制。合流三通阀的冷热流温差不宜太大，以免在阀体内造成过大的应力而导致损坏。

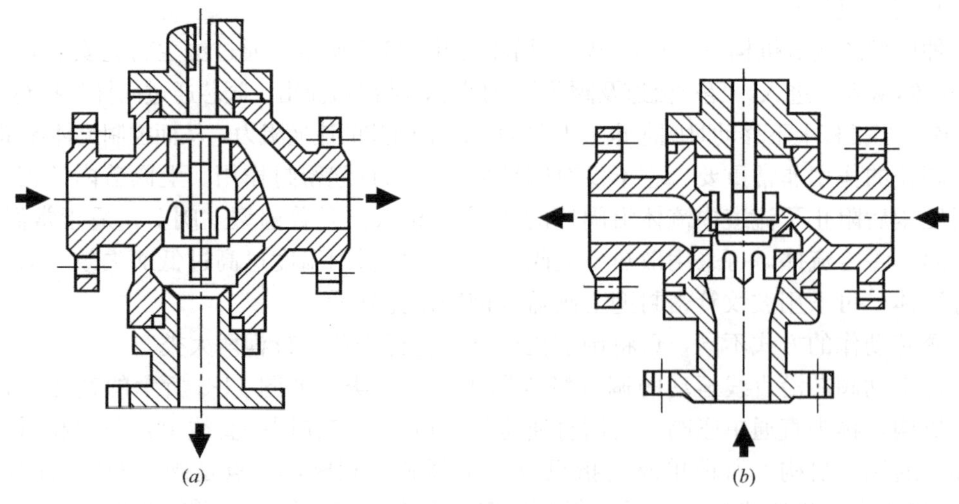

图 11-7　三通调节阀

(a) 分流；(b) 合流

角形调节阀，如图 11-8 所示，它的流道比较简单，不易堵塞，适于高黏度、含颗粒流体的流量控制；与直通类阀门相比较，少一个开口，所以结构耐压，能适于高压场合。

隔膜调节阀，如图 11-9 所示，采用耐腐蚀阀体和隔膜代替阀芯和阀座，由隔膜控制流量，不会外漏，适于腐蚀、有毒流体的调节。

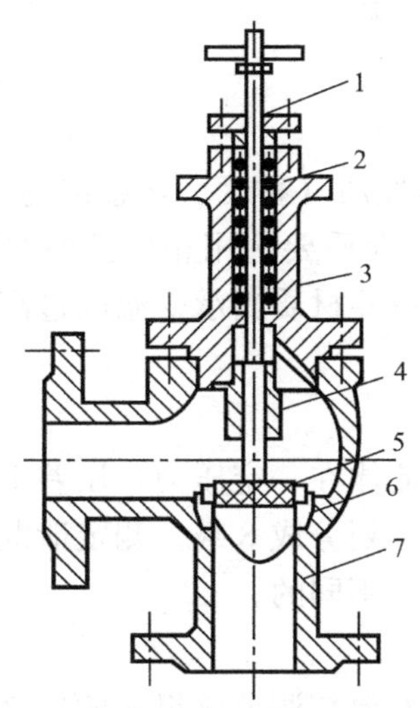

图 11-8 角形调节阀

1—阀杆；2—填料；3—阀盖；4—衬套；5—阀芯；6—阀座；7—阀体

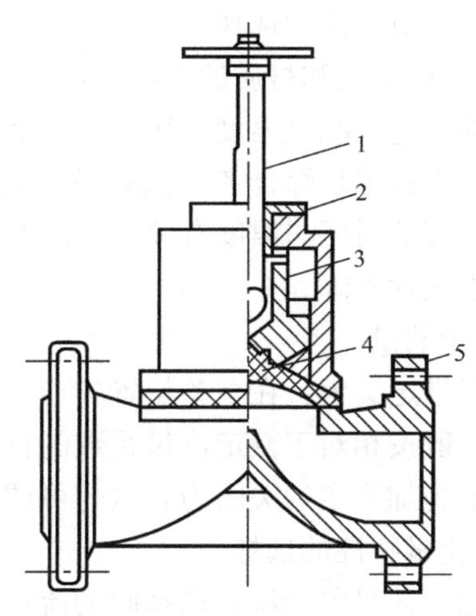

图 11-9 隔膜调节阀

1—阀杆；2—阀盖；3—阀芯；4—隔膜；5—阀体

阀芯按转角运动的调节机构属于角行程类。几种常见的角行程调节机构如图 11-10 所示。它们的阀芯相对于阀座转动，改变间隙阻力，从而控制流量。

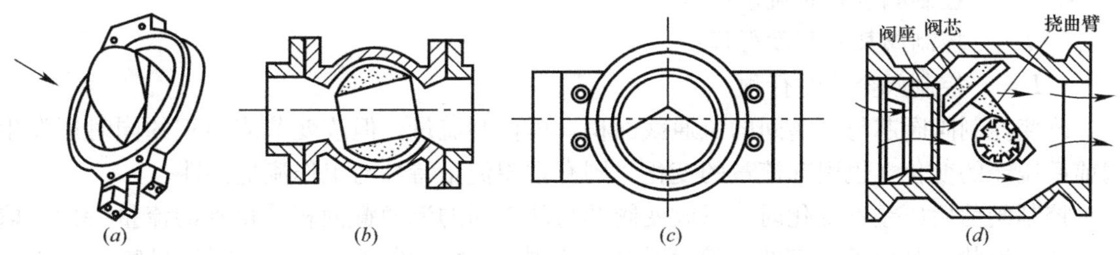

图 11-10 几种常见的角行程调节机构

(*a*) 蝶阀；(*b*) 球阀；(*c*) V 形球阀；(*d*) 偏心旋转阀

蝶阀如图 11-10 (*a*) 所示又称翻板阀，其结构简单，重量轻、价格便宜、流阻极小，但泄漏量大。适于安装在粗管上，例如用于控制大流量的气体等。现在有一种偏心蝶阀，既可在一定范围内控制流量，也可完全切断流量。

球阀如图 11-10 (*b*) 所示，阀芯与阀体都呈球形，适于含颗粒流体的控制。转动阀芯使之与阀体相对位置不同，流通面积就不同，以达到流量控制的目的。阀芯有“V”形和“O”形两种开口形式。V 形球阀如图 11-10 (*c*) 所示转动，使 V 形缺口起节流和剪切的作用。用于高黏度和污秽介质的控制。O 形球阀（即球阀），转动球体可起控制和切断的作用，用于双位控制。

偏心旋转阀又称凸轮挠曲阀。阀芯呈扇形球面状，与挠曲臂及轴套铸成一体，固定在转动轴上如图 11-10（*d*）所示。挠曲臂在压力作用下能产生挠曲变形，使阀芯球面与阀座圈紧密接触，密封性好。其特点为重量轻、体积小、安装方便。适用于高黏度和带有悬浮物的介质流量控制。

另外，根据其他特点还有滑阀、闸阀、针阀等调节机构。

（6）调节机构的选择

1）结构形式和材质的选择

根据工艺状况（温度、压力、压降、流速）和流体性质（黏度、含悬浮物、蒸汽压、腐蚀性、毒性等）综合考虑选择适当的阀形。对腐蚀性介质要选用相应防腐材质的阀内件。调节阀的耐压与温度有关，温度升高耐压会下降，有些材质当承受温度过高后会导致耐压的永久性下降。

2）泄漏量

泄漏量定义为：在全关位置施加一定的关闭力时，流体在一定压力、压差下流过阀的流量。一般按相对于额定流量系数的百分比、将泄漏指标划分成 8 级。测定泄漏量时要求在膜头上施加一定的关闭力，这与可调比中的最小流量是不同的。

3）流量特性的选择

根据工艺对象的特点选择阀的流量特性，使得被控对象与调节阀组成的广义对象具有好的特性（线性），会有利于控制系统的控制效果。

流量特性：被控介质流过阀门的相对流量与阀门的相对开度间的关系：

$$\frac{Q}{Q_{\max}}=f\left(\frac{l}{L}\right) \tag{11-1}$$

式中　Q——控制阀某一开度时流量；

$Q_{\max}$——控制阀全开时流量；

l——控制阀某一开度行程；

L——控制阀全开时行程。

改变控制阀阀芯与阀座间的流通截面积，可控制流量。但改变节流面积的同时还发生阀前后压差的变化，也引起流量的变化，则有理想流量特性与工作流量特性。

控制阀前后压差不变化时，只改变阀芯与阀座间的流通截面积，得到的流量特性，取决阀芯的形状。其分类有直线、等百分比（对数）、抛物线及快开。不同流量特性的阀芯形状及理想流量特性曲线如图 11-11 所示。

直线流量特性：位移变化所引起的流量变化相同，但流量相对变化是不同的。特点：在小开度时，灵敏度高，控制作用强，易产生振荡；在大开度时，灵敏度低，控制作用弱，调节缓慢。

等百分比（对数）流量特性：单位相对行程变化所引起的相对流量变化与此点的相对流量成正比关系。特点：小开度时，控制平稳；在大开度时，控制灵敏。即相同位移变化所引起的流量变化百分比总是相等的。这种阀的调节精度在全行程范围内是不变的。

抛物线特性：单位相对开度的变化所引起的相对流量变化与此点的相对流量值的平方根成正比关系。

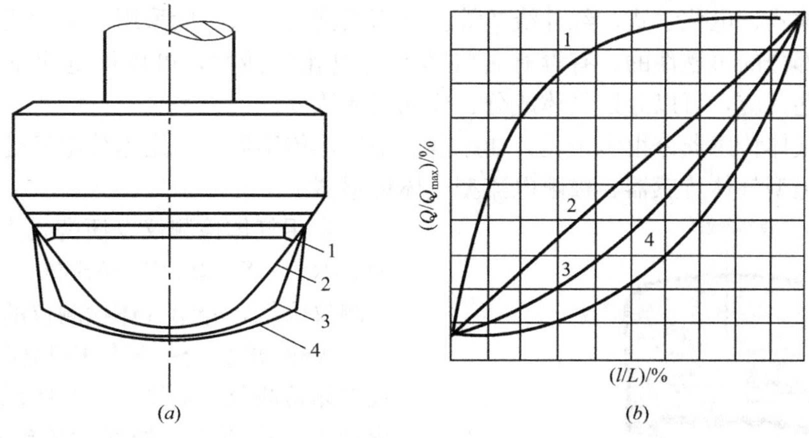

图 11-11　不同流量特性的阀芯形状及理想流量特性曲线

（a）阀芯形状；（b）流量特性曲线

1—快开；2—直线；3—抛物线；4—等百分比

快开特性：在开度较小时就有较大流量，随开度的增大，流量很快就达到最大，故称为快开特性。其阀芯是平板形的，适用于迅速启闭的切断阀或双位控制系统。

由上面调节阀流量特性选择的基本准则可知，若被控对象为线性时，调节阀可采用直线工作特性，而对于那些随负荷变化具有非线性的被控对象，调节阀则应选非线性工作特性。另外需要指出的是，还应考虑工程应用时调节阀的前后实际压降情况，进行工作特性的修正。

4）额定流量系数及口径的选择

根据工艺参数来选择额定流量系数。口径的选择具有重要意义，口径选得过小，额定流量系数就小，全开后仍无法流过足够的流量；口径选择过大，尺寸大、价格高，而且在正常流量下调节阀工作在小开度范围，不稳定、易振荡。选择口径前要先计算出所需要的额定流量系数，以确定合适的口径。

5）调节阀气开、气关形式的选择

调节阀气开、气关形式的选择原则主要是从工艺生产的安全要求出发。当气压信号中断（即无控制信号）时，视调节阀处在全开或全关哪一位置对生产造成的危害大小而定。如阀处于打开位置时危害性小，则选气关式；如阀处于关闭位置时危害性小，则选气开式。如果调节阀的开关形式对生产安全影响不大时，则可根据产品质量、节约能源及物料性质等方面来考虑。对调节阀气开、气关形式的选择，除考虑其基本原则外，还应根据实际情况合理选择。

11.2　气体检测仪

气体检测仪是一种气体泄露浓度检测的仪器仪表工具，其中包括：便携式气体检测仪、手持式气体检测仪、固定式气体检测仪、在线式气体检测仪等。主要利用气体传感器来检测环境中存在的气体种类，气体传感器是用来检测气体的成分和含量的传感器。

（1）工作原理

气体检测仪根据性质及所检测气体种类的不同，具有多种工作原理。如半导体式、燃烧式、热导池式、电化学式、红外线式等。常用便携式仪表一般采用电化学式。

相当一部分的可燃性的、有毒有害气体都有电化学活性，可以被电化学氧化或者还原。利用这些反应，可以分辨气体成分、检测气体浓度。

电化学气体传感器分很多子类：如原电池型气体传感器、恒定电位电解池型气体传感器、浓差电池型气体传感器、极限电流型气体传感器。

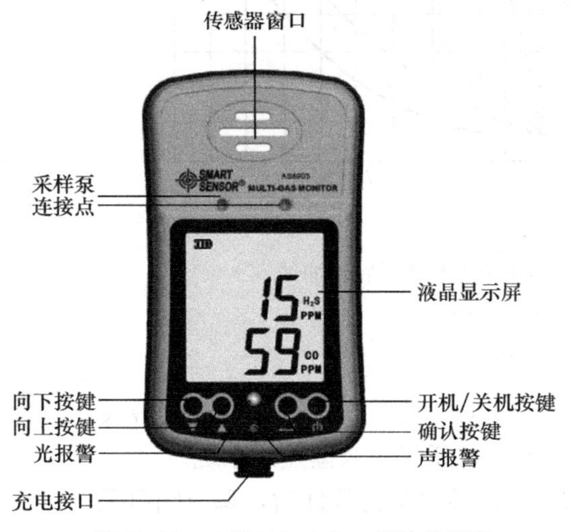

图 11-12 AS8903 二合一气体检测仪

常用气体检测仪以便携式为主，下面以 SMART SENSOR—AS8903 二合一气体检测仪为例，介绍气体检测仪的相关信息。

AS8903 二合一气体检测仪是一款便携式气体检测仪，如图 11-12 所示，它采用电化学式工作原理，能同时连续检测 2 种气体：一氧化碳（CO）和硫化氢（H_2S）。两种气体浓度读数都会显示在液晶显示屏上。仪器提供可自行设置的低浓度/高浓度报警、STEL（短期暴露量极限）/TWA（平均暴露量极限）报警功能。数值当检测结果超出预先设置的报警设定值，仪器便以声、光及振动报警提醒。

（2）使用

1）气体读数模式

开机后进入气体读数模式，将开始对一氧化碳（CO）和硫化氢（H_2S）气体进行连续不间断的检测，并且实时更新液晶显示屏上的检测数据。在屏幕的左上角还有一个电池电量指示图标，用以提醒用户电池电量状况。如果上述任何一种气体的浓度超过了低浓度或高浓度报警设定值仪器就会发出报警。在报警状态下，仪器按一定频率就会发出低频蜂鸣（低浓度报警）、高频蜂鸣（高浓度报警）、光报警以及振动报警。当气体浓度低于报警设定值时，仪器将返回到气体读数模式。在气体读数模式下，还可以通过按［▲］键进入另外的模式。包括校准模式、峰值显示模式、TWA 读数观察模式、STEL 读数观察模式。详细设置可参见说明书。

关于 TWA 报警设置、STEL 报警设置、安全密码设置等可参见说明书。

2）校准

仪器具有快速校准功能，只要使用一个含有混合气体的气瓶就可同时给所有传感器校准。使用快速校准功能，可一次性完成仪器的校准。既可以单独给仪器校准，也可以将其连接在配件（AS8930 采样泵）上进行校准。如果不带 AS8930 采样泵而单独给仪器校准，需将配件（AS8900 校准杯）稳固的套在传感器上，用校准气管连接校准杯与混合气瓶上的流量阀。

进入校准页面后，在该页面上会有［⍓］图标并闪烁提示，闪烁 6s，在闪烁停止前需连接好校准设备。在闪烁时，将仪器校准杯稳固的套在传感器上，用软管将校准杯与混合气体气瓶的流量阀相连。连接后按“确认”键进行校准，此时屏幕上会显示［⍓］［◷］及两种气体的校准数值（校准数值不是固定的）。完成这一步后仪器自动跳到下一步，此时如果屏幕上显示 2 个字母［P］说明气体校准成功。如果有出现［F］图标说明出现此图标的气体校准失败，需要重新校准。两种气体及浓度值是固定的。必须用 25umol/mol（PPM）H_2S，100umol/mol（PPM）CO 混合气瓶，以流速 0.5L/min 对仪器进行校准。

（3）维护

便携式气体检测仪只需要做一些常规的日常保养工作即可。

1）清洗：为保持仪器清洁，定期用柔软而干净的布擦拭仪器外壳。清洁传感器窗口时，要使用柔软干净的布或软毛刷。为避免损伤仪表，不可使用溶剂或清洁剂之类的溶剂。

2）电池充电：在使用仪器前须检查电池电量是否充足。如不充足需及时充电。

（4）注意事项

1）没有标准浓度气体装置，请勿随意进入校准页面，一旦进入校准页面仪器的数值就被更改。

2）传感器的窗孔和滤水膜必须保持清洁，若传感器窗口堵塞或滤水膜被玷污，可能会导致气体读数低于实际气体浓度。

3）当气体读数骤然超过检测范围上限后又下降或是读数不稳定，则可能表示出现了被测气体浓度超出爆炸上限的危险情况。

4）为保证安全，严禁在井下充电。

5）仪器如长期闲置不用，请充满电保存，以免电池过放电造成电池损坏。

11.3　颗粒计数器

颗粒计数器按照使用方式可分为台式（实验室）颗粒计数器、便携式颗粒计数器和在线式颗粒计数器三类。其中，在线式颗粒计数器结构小巧，系统实时监控，具有不可替代的发展前景。

（1）颗粒计数器传感器的原理

遮光式传感器基于颗粒对光遮挡导致的光强减弱这一光学原理，其主要由光源、聚焦系统、传感器探测区、光敏接收管和信号放大电路组成由光源发出的光，经聚焦系统聚焦后形成平行光束照射到传感器探测区，在探测区没有颗粒物质通过时，光强被光敏接收管接收，为基础光强。当颗粒物质通过探测区光束时，会产生遮挡消光现象，光敏接收管接收到的光强减弱，信号放大电路会输出一个与光强变化成正比的电脉冲，颗粒物质在光束中遮光的截面积越大，产生的光强变化也越大，电信号越大，因而，电信号的大小直接反映了颗粒投影面积的大小，也就反映了颗粒尺寸的大小。

早期的光源采用白炽光，但是白炽光强度低，均匀性不好，只能够检测出 5μm 以上颗粒，现在大多数采用激光光源，激光为单色光，可很好的聚焦，均匀性好，检测下限度达到 1μm，可满足目前大多数液体颗粒检测国际、国内标准的要求。下面以 HACH 2200 PCX 颗粒计数器为例介绍。

HACH 2200 PCX 激光二极管一颗粒计数传感器是专门为清水设备设计的。水直接注入传感器并通过一个测定值为 750μm×750μm 玻璃流动池。每个通过传感器的颗粒产生其相应尺寸的信号。每个传感器根据每个颗粒的尺寸反馈的信号得出一条标准曲线。该计数

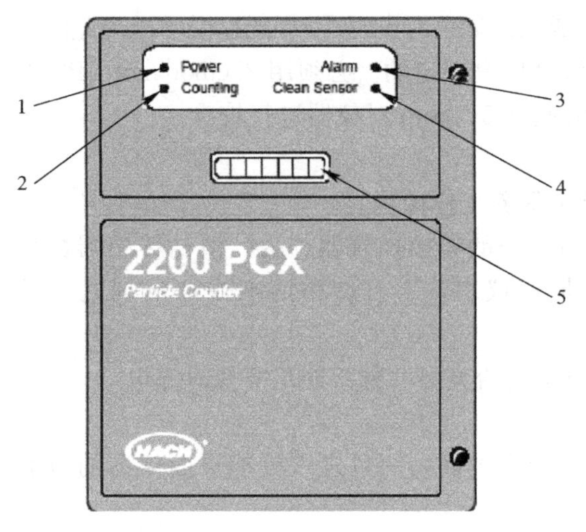

图 11-13　颗粒计数器面板示意图

1—电源指示灯；2—计数指示灯；3—警报指示灯；4—清洁探头指示灯；5—计数显示窗口

器尺寸球体来校准每个传感器。校准信息被存贮在传感器内存中，用来对粒子数进行适当的尺寸分类。

(2) 使用

颗粒计数器面板示意图如图 11-13 所示。该密封控制面板是对诊断灯和粒子数进行快速简便的显示。

1) 设置模拟输入信号

传感器带有一个模拟输入/输出卡，它可以最多连接 8 组外部设备的模拟输出信号。两个输入针脚被配置为 4～20mA 的输入。模拟输入针脚被配置为 0～5V 或 0～10V 的输入。通过设置输入信号为 0～5V 操作来配置 4～20mA 的输入。当模拟输入连接完成后，可以对其进行软件设置。用上述"Load"命令进入程序模块。当进入配置程序后，主菜单将会显示。如果安装了模拟输入/输出卡，将会出现"安装模拟 I/O"的菜单选项。

2) 设置模拟输出信号

可以对带有模拟输入/输出卡的 2200 PCX 传感器的多达 8 组颗粒计数数据模拟输出信号进行配置。对标记为 OUT0 到 OUT7 的模拟输出针脚进行连接。1－RET 为所有模拟输出针脚的接地。所有这些输出针脚被配置为 4～20mA 的输出信号。设定模拟输出信号的第一步是决定适当的计数周期。对原水或过滤后的进水水样来说，推荐设定一个周期为 6～15s 之间。对于过滤后的出水水样来说，可设定为一个周期为 30s～1min。

(3) 安装

2200 PCX 颗粒计数器传感器模型由一个传感器和一个电源组成。传感器有一个 NEMA－4X 的线圈，适用于户内使用。该标准电源必须插入高于液体液面的壁装电源插座内。该多路 NEMA－4X 封闭电源与传感器间是硬接线，它对于需要外加电源使模拟输出信号到外部数据识别系统的应用时是必要的。为了确保流体在重力作用下注入传感器，标准水溢流控制器必须安装在该 2200 PCX 颗粒计数器的顶部，低于水上部溢流，其安装信息如图 11-14 所示。

1) 仪器管件的连接

将水源连接到水溢流控制器和颗粒计数器。

① 在安装 2200 PCX 颗粒计数器时，要安装一个分流管头，包括一个截流阀。

② 在管头上安装一个快速断开装置。可用一段 1/4 英寸白色可压缩的软管装置，安装这些设备时要选用合适的接头。

③ 在快速断开装置末端安装一个 1/4 英寸的黑色半刚性管子。

④ 将黑色半刚性管子（已经事先安装在水溢流堰装置上）引向水源；并连接好管路。

⑤ 在水溢流堰出口处安装一个 18 英寸长 1/4 英寸管径的软管（溢流堰上本身自带）。

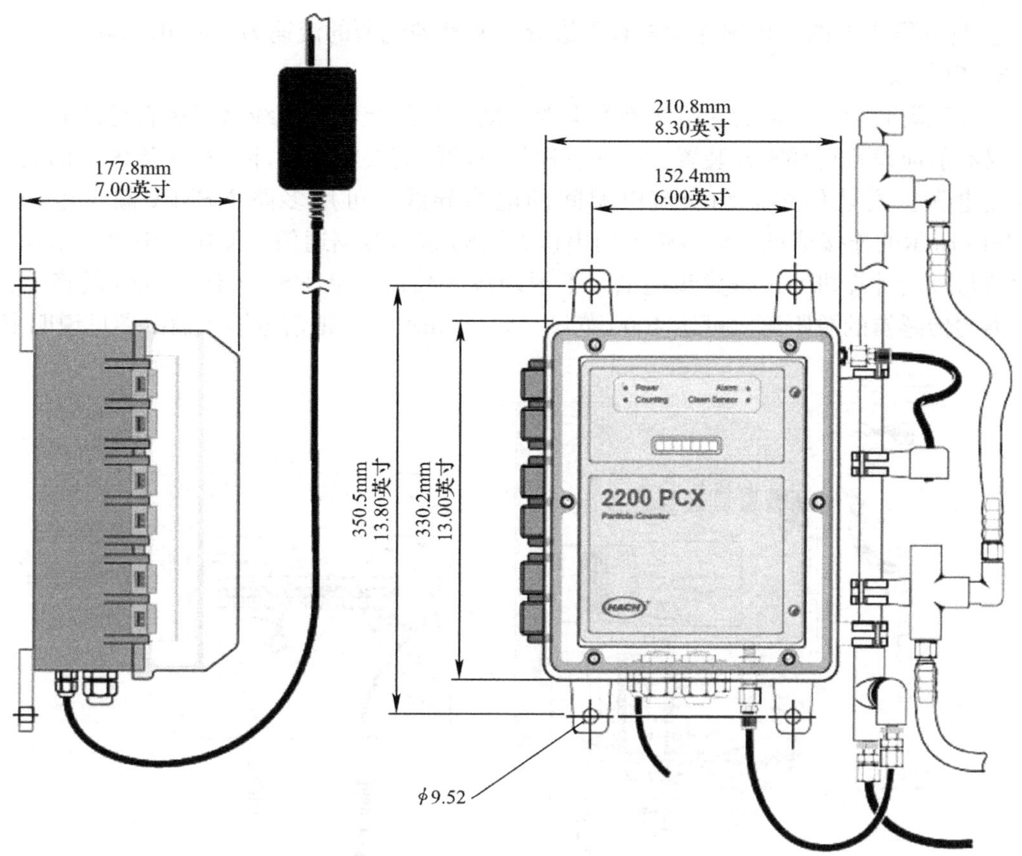

图 11-14 传感器安装信息

⑥ 将些快速断开装置连接到第 5 步中其他管件的末端，然后上紧至传感器的进水端口。

⑦ 将快速断开装置连接到另外一个 12 英寸长 1/4 英寸管径的软管上然后插入粒子传感器的出口处。

⑧ 将第 7 步中其他管件的末端放入水溢流堰回流处，如图 11-15 所示。

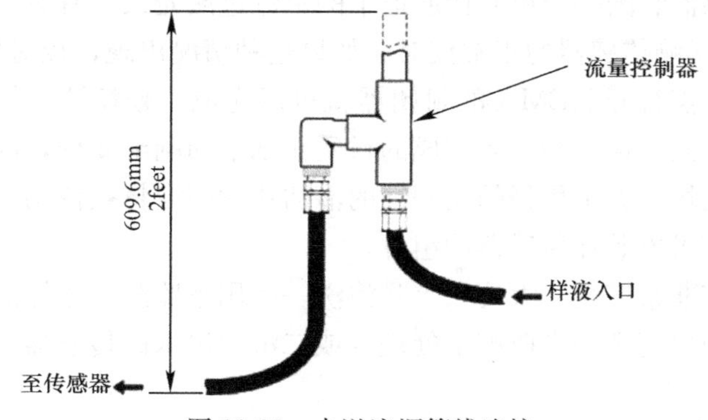

图 11-15 水溢流堰管线连接

⑨ 安装水溢流堰的排水管线。将干净的 1/2 英寸的水龙带连接到带倒刺的溢流装置上并合理布置排水管线。

⑩ 打开管头上的截止阀并检查有否渗透，调整溢流堰的流速为 100mL/min。

2）电气安装

设备现场必须有正常的保险熔断和电源中断。如果交流电源线路安装在导线管中，在接入仪器前应设置局部断开装置。一些程序模块功能需要电流循环。在水流区上面安装封闭交流电源。安装传感器和交流电源间的电缆导线。可用多路 NEMA 额定电源。如图 11-16 所示的连接信息。该传感器用串口 RS485 进行数据通信。RS485 串口网络在复合传感器与控制计算机间进行异步通信。不附加放大器时，从 RS232 到 RS485 转换器到更远距离的传感器的总距离大可达 4000 英尺。4～20mA 等模拟信号输入输出参见说明书。

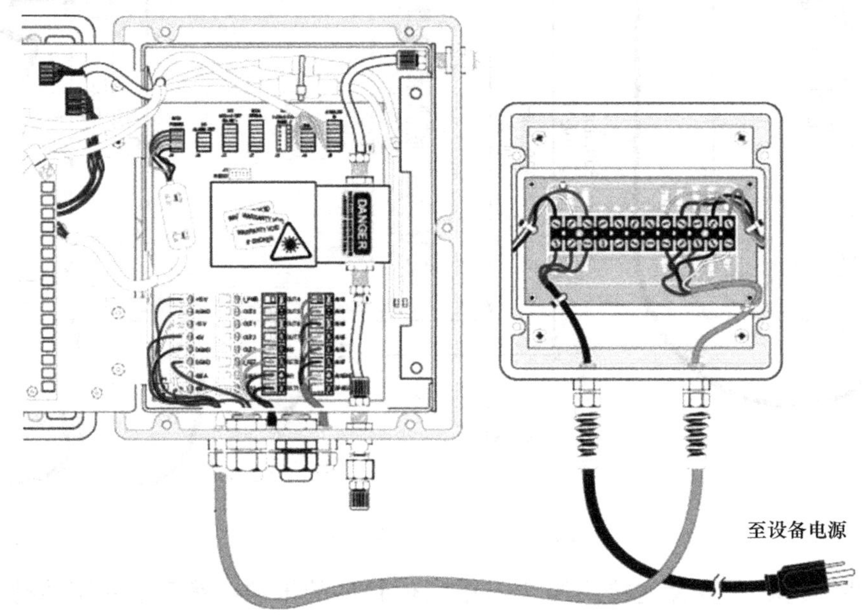

图 11-16　电源与传感器的线路连接

（4）维护

1）清洁传感器

每个在线的传感器装配一个单元让通道中的水流过激光束。有时，该单元会变脏（或形成一层覆盖膜），影响传感器的正常校对。如果这种情况出现，校对出错指示灯将发光。清洗传感器的工作不需打开 NEMA 的封闭器就可以完成。颗粒计数传感器设计了一个专门的清洗刷来清洁单元。传感器单元构成的材质比刷子的刷毛要硬，因此，刷子不会刮伤单元或造成其他的损坏。大量稀释的无磨蚀的清洁化学药液将被使用。千万不要使用浓酸或其盐溶液。浓溶液可能破坏传感器的组件。

清洗的设备分布非常广泛。大约一个月清洗一次用来监测干净样品（比如过滤后的出水）的传感器；每周要清洗用来监测未处理水或二沉池出水的传感器；还可以根据实际情况进行定期清洗。

2）更换传感器流动单元

该颗粒计数传感器有一组可替换的取样单元。如果单元受损，或表面覆盖有不能被清洗液去掉的物质，该取样单元应当被更换，从而使校对测量不受到影响。

3）更换管件

2200PCX传感器所用的管件经过了仔细设计，使脏物和矿物质的沉积物的积累小化。更换时务必选用同样大小和类型的管件。对于处理过的水（如过滤后的出水）测样时应当一年更换管件一次。对于监测沉淀出水的传感器，每隔六个月要进行一次管件更换。对于监测未处理水的传感器，大约每隔三个月要进行一次管件更换。其他使用环境下，根据实际使用效果酌情调整更换时间。

11.4 电导率仪

电导率（conductivity）是用来描述物质中电荷流动难易程度的参数。电导率用希腊字母 σ 来表示，标准单位是西门子/米（简写做 S/m）。电导率的影响因素有以下几方面：

温度：电导率与温度具有很大相关性。金属的电导率随着温度的升高而减小。半导体的电导率随着温度的升高而增加。在一段温度值域内，电导率可以被近似为与温度成正比。为了要比较物质在不同温度状况的电导率，必须设定一个共同的参考温度。电导率与温度的相关性，时常可以表达为，电导率对上温度线图的斜率。

掺杂程度：固态半导体的掺杂程度会造成电导率很大的变化。增加掺杂程度会造成电导率增高。水溶液的电导率高低相依于其内含溶质盐的浓度，或其他会分解为电解质的化学杂质。水样本的电导率是测量水的含盐成分、含离子成分、含杂质成分等的重要指标。水越纯净，电导率越低（电阻率越高）。水的电导率时常以电导系数来记录；电导系数是水在25℃温度的电导率。

电导率的测量通常是溶液的电导率测量。电解质溶液电导率的测量一般采用交流信号作用于电导池的两电极板，由测量到的电导池常数 K 和两电极板之间的电导 G 而求得电导率 σ。电导率测量中最早采用的是交流电桥法，它直接测量到的是电导值。最常用的仪器设置有常数调节器、温度系数调节器和自动温度补偿器，在一次仪表部分由电导池和温度传感器组成，可以直接测量电解质溶液电导率。

（1）测量原理

电导率的测量原理是将相互平行且距离是固定值 L 的两块极板，放到被测溶液中，在极板的两端加上一定的电势（为了避免溶液电解，通常为正弦波电压，频率1～3kHz）。然后通过电导仪测量极板间电导。

电导率的测量需要两方面信息。一个是溶液的电导 G，另一个是溶液的电导池常数 Q。电导可以通过电流、电压的测量得到。根据关系式 $K=Q\times G$ 可以得到电导率的数值。这一测量原理在直接显示测量仪表中得到广泛应用。而 $Q=L/A$。

其中 A 为测量电极的有效极板面积；L 为两极板的距离。

这一值则被称为电极常数。在电极间存在均匀电场的情况下，电极常数可以通过几何尺寸算出。一般情况下，电极常形成部分非均匀电场。此时，电极常数必须用标准溶液进行确定。标准溶液一般都使用KCl溶液。因为KCl的电导率的不同的温度和浓度情况下非常稳定、准确。0.1mol/l的KCl溶液在25℃时电导率为12.88mS/cm。

下面以HACH 3700无极式电导率仪为例介绍电导率仪。3700系列封装型无电极传感器在溶液的闭合环路中感应产生电流，然后通过测量电流的大小来计算溶液的电导率。电导率分析仪驱动线圈 A，在溶液中感应产生交流电流。线圈 B 检测感应电流的大小，该电流与溶液的电导率成正比。分析仪处理这个信号，并显示相应的读数。

（2）使用

电导率仪传感器旨在配合控制器使用，用于数据收集和操作。多个控制器可与此传感器一同使用。sc200 控制器为目前常用控制器。要将传感器配合其他控制器使用，请参阅所用控制器的用户手册。sc200 控制器，其面板见图 10-2 所示，关于 sc200 具体介绍及相关设置参见本书 9.5 节。面板按键功能见表 10-1。电导率传感器如图 11-17 所示。

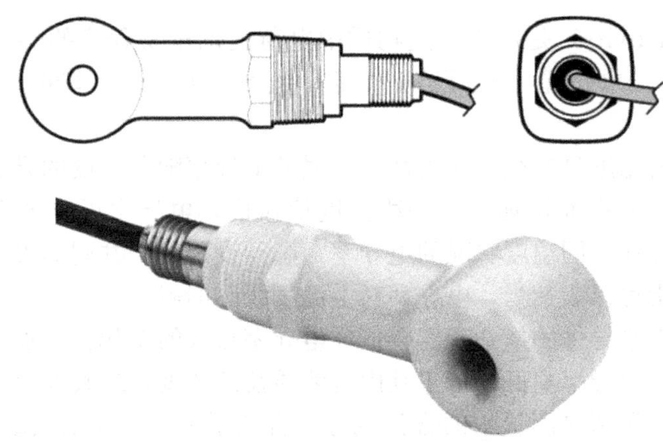

图 11-17　电导率传感器示意图

1）配置传感器

使用"Configure（配置）"菜单输入传感器的识别信息，或更改数据处理和存储的选项。以下步骤可用于配置电导率仪传感器。

① 按 MENU 键，然后选择"Sensor Setup（传感器设置）"、"Select Sensor（选择传感器）"、"Configure（配置）"。

② 使用方向键选择一个选项，然后按 ENTER。要输入数字、字符或标点符号，则按住向上或向下方向键。按右方向键可移至下一空间。配置菜单详见说明书。

2）校准传感器

传感器特性随着时间缓慢转变，并导致传感器丧失准确性。传感器必须定期校准以保持准确性。电导率传感器常用湿校准法校准。湿校准法：使用空气（零点校准）和参考溶液或过程试样定义校准曲线。下面以参考溶液校准为例。校准过程中，不会发送数据到数据记录。因此，数据记录可以有间歇数据区域。

使用参考溶液校准：

校准调整传感器读数，以匹配参考溶液的值。使用与预期测量读数相同或比预期测量读数更大的值的参考溶液。

① 用去离子水彻底冲洗未用过的传感器。

② 将传感器放入参考溶液中。托住传感器，以便它不会接触容器。确保传感器与容器各侧之间的距离至少为 2 英寸，如图 11-18 所示。搅动传感器以去除气泡。

③ 等待传感器与溶液温度相等。如果过程溶液与参考溶液的温差很大，此过程可能需要 30min 或以上。

图 11-18 传感器放入参考溶液

④ 按 MENU 键，然后选择“Sensor Setup（传感器设置）”、“Select Sensor（选择传感器）”、“Calibrate（校准）”。

⑤ 选择校准特定参数，然后按 ENTER：

a. Conductivity（电导率）——电导率校准。

b. TDS——TDS 校准。

c. Salinity（盐度）——电导率校准。

d. Concentration（浓度）——浓度校准或电导率校准。

⑥ 在校准过程中选择输出信号的选项为“Active（激活）”，可使仪器在校准过程中发送当前测量的输出值。

⑦ 将传感器放入参考溶液中，然后按 ENTER。

⑧ 输入参考溶液的参考温度，然后按 ENTER。

⑨ 输入参考溶液的斜率，然后按 ENTER。

⑩ 等待值稳定后按 ENTER。

⑪ 输入参考溶液的值，然后按 ENTER。

⑫ 查看校准结果：

a. 成功——传感器已经校准并准备测量试样。将显示斜率和/或偏差值。

b. 失败——校准斜率或偏差超出接受的限值。用新的参考溶液重复校准。

⑬ 在“New Sensor”屏幕上，选择传感器是否为新：

Yes：传感器之前未通过此控制器校准。传感器的运行天数和之前的校准曲线将重设。

No：传感器之前已通过此控制器校准。

⑭ 将传感器重新放入过程溶液，然后按 ENTER。

（3）安装

电导率仪主要安装步骤和 pH 检测仪相似，具体安装步骤参见第 10.3 章节。接线顺序不同，将线连接至端子的顺序见表 11-1。

3700 电导率传感器接线 **表 11-1**

接头引脚编号	信号	传感器电线
1	传感	绿色
2	信号地线/Temp（温度）－	黄色
9	屏蔽	透明
10	TEMP（温度）＋	红色
11	驱动 1	白色
12	驱动 2	蓝色

（4）维护

清洗传感器

准备温和的肥皂溶液、温水及餐具洗涤剂、硼砂洗手液或类似的脂肪酸盐。定期检查传感器是否存在碎屑和沉淀物。当形成沉淀物或性能降低时，清洗传感器。

1）使用干净的软布清除传感器端壁上的碎屑。使用干净的温水冲洗传感器。

2）将传感器浸入肥皂溶液中 2～3min。

3）使用软毛刷刷洗传感器的整个测量端。

4）如果仍有碎屑，将传感器的测量端浸入稀酸溶液（如<5%HCl）不超过 5min。

5）用水冲洗传感器，然后将传感器放回肥皂溶液中 2～3min。

6）使用干净水冲洗传感器。

为保证测量精度，维护操作后应校准传感器。

第 12 章　PLC 控制系统软硬件操作

12.1　供水自控系统的特点及任务

（1）水厂常见自控系统结构及特点

当前水厂采用最多的控制系统是 IPC＋PLC 系统，该系统是由工业计算机（IPC）和可编程序控制器（PLC）组成的分布控制系统。可以实现 DCS 的功能，其性能已经达到 DCS 的要求，而价格比 DCS 低很多，开发方便，在国内水厂自动化中得到最广泛的应用。

该系统的特点是：

1）可以实现分级分布控制。

2）可以实现“集中管理、分散控制”的功能，将危险分散，大大提高了系统的可靠性。

3）组网方便。硬件系统配置简洁，很容易在网络中增减 PLC 控制器，来实现扩展网络的目的。

4）编程方便，开发周期短，维护方便。由于应用程序采用梯形图或顺序功能图编辑，编程和维护方便。

5）系统内的配置和调整非常灵活。

6）与工业现场信号直接相连，易于实现机电一体化。

7）系统的分布范围不大。

该系统近年发展迅速，已经与 DCS 系统的功能相近，特别是同样具有分级分布控制、实现“集中管理，分散控制”的功能，往往从水处理工艺控制的角度也将此系统称为集散式系统。

另外可能会用到的系统有：

① SCADA（Supervisory Control And Data Acquisition）系统，即数据采集与监视控制系统。SCADA 系统的应用领域很广，它可以应用于电力系统、给水系统、石油、化工等领域的数据采集与监视控制以及过程控制等诸多领域，尤其适宜地理环境恶劣无人值守的环境下进行远程控制。系统是出一个主控站（MTU）和若干个远程终端站（RTU）组成。该系统联网通信功能较强。通信方式可以采用无线、微波、同轴电缆，光缆、双绞线等，监测的点数多，控制功能强。该系统侧重于监测和少量的控制，一般适用于被测点的地域分布较广的场合，如无线管网调度系统等。

现代 SCADA 系统不但具有过程自动化的功能，也具有管理信息化的功能，而且向着决策智能化方向发展。现代 SCADA 系统一般采用多层体系结构。

设备层：包括传感器检测仪表、控制执行设备和人机接口等。设备层的设备安装于生产控制现场，直接与生产设备和操作工人相联系，感知生产状态与数据，并完成现场指示、显示与操作。在现代 SCADA 系统中，设备层具有分散程度高的特点，往往需要使用自动通信接口的智能化检测和执行设备。设备层也在逐步与物联网相结合，走向智能化和网络化。

控制层：负责调度与控制指令的实施。控制层向下与设备层连接，接收设备层提供的工业过程状态信息，向设备层发出执行指令。对于具有一定规模的 SCADA 系统，控制层往往设有多个控制站（又称控制器或下位机），控制站之间联成控制网络，可以实现数据交换。控制层是 SCADA 系统可靠性的主要保障，每个控制站应做到可以独立运行，至少可以保证生产过程不中断。城市供水调度 SCADA 系统的控制层一般由可编程控制器（PLC）或远程终端（RTU）组成，有些控制站又属于水厂过程控制系统的组成部分。

调度层：实现监控系统的监视与调度决策。调度层往往由多台计算机联成局域网，一般分为监控站、维护站（工程师站）、决策站（调度站）、数据站（服务器）等。其中监控站向下连接多个控制站，调度层各站可以通过局域网透明地使用各控制站的数据和画面；维护站可以实时地修改各监控站及控制层的数据和程序；决策站可以实现监控站的整体优化和宏观决策（如调度指令、领导指示）等；数据站可以与信息层公用计算机或服务器，也可以设专业服务器。供水调度 SCADA 系统的调度层可与水厂过程控制系统的监控层合并建设。

信息层：提供信息服务与资源共享，包括与供水企业内部网络共享管理信息和水厂过程控制信息。信息层一般以广域网（如国际互联网）作为信息载体，使 SCADA 系统的信息可以发布到世界任何地方，也可以从任何地方进行远程调度与维护。

② DCS 系统

DCS（Distributed Control System）称为集散型控制系统。是由多台计算机和现场终端机组成。通过网络将现场控制站、监测站和操作管理站、控制管理站及工程师站连接起来，共同完成分散控制和集中操作、管理的综合控制系统。DCS 侧重于连续性生产过程控制。详细内容见本书 5.4 节。

（2）水厂常见自控系统控制要求

1）取水口一级泵房

取水口的工作任务是从水源中采集原水，去除其中可能导致设备损坏的杂质物体，再将水送到厂里处理。实际的控制比较简单，主要是对设备的操作，控制其运行。

对于一级泵房的控制，首先是控制格栅的清洁。大、中型水厂的格栅都是机械式的，可以通过控制器控制清洁装置（如抓斗等），将累积在格栅前的筛除物从水中捞包。这种清洁应能够定时自动进行。同样，除砂、除泥装置也应实现定时进行冲洗、排泥的功能。

水泵控制是取水口一级泵房的主要控制内容。水泵是水厂的主要设备，也是主要的耗能设备，电耗很高。为了保障整个生产、给水系统的高效运行，并且尽量节约能耗，降低生产成本，必须对水泵的工况进行调节。这一般是通过调节水泵转速实现的。常用的方法有串级调速、变频调速等。

取水口水泵的供水压力要随着净水厂的处理能力的变化而改变。如果用户用水量减小，清水池的蓄水量增大，就可能需要减低生产量，取水口也应随着减小供水量，即要调低水泵转速。相应的，如果要恢复产量，转速就要提高。

2）加氯车间

加氯车间负责的是净水生产流程中的消毒环节，通常以液态氯作为消毒剂。由于氯气是属有毒气体，在做好净水消毒控制的同时，也要做好氯气泄漏的安全防范工作。

这个车间的控制就是对氯气的自动投加控制，按控制系统的形式划分，可以有以下几种：

① 流量比例前馈控制：即控制投加量与水流量成一定比例。

② 余氯反馈控制：按照投加以后水中的余氯进行反馈控制。

③ 复合闭环控制：即按照水流量和余氯进行的复合控制，或双重余氯串级控制等。

④ 其他控制方式：以 pH 值和氧化还原电势为参数进行控制等。

3）加药车间

加药车间是对原水进行混凝、沉淀的车间，混凝是净水处理工艺中最重要的环节，混凝剂等药剂的投加关系到滤池的负荷、反冲洗的频率与强度以及出厂水的浊度等。所以，加药间的控制质量要求很高，它对净水厂产出水的质量、生产成本等有重要意义。

关于混凝的控制，一直是水厂控制的难点之一。影响混凝剂投量的因素众多义复杂，目前还只能定性的分析，达不到定量化。选择不同的因素作为控制的输入参数，并通过不同的方法确定输出参数，就构成混凝投药的各种不同的技术方法。常见的有：模拟法，通过某种相似模拟关系来确定投药量；水质参数法，通过表观的水质参数建立经验模型，作为控制依据；特性参数法，利用混凝过程中某种微观特性的变化作为控制依据；效果评价法，以投药混凝后宏观观察到的实际效果作为调整投药量的依据。

目前，国内大中型水厂采用较普遍的是流动电流法（SCD 法），它属于特性参数法，原理是利用水中悬浮颗粒带电荷形成的流动电流，来检验混凝效果。它有以下特点：

① 小滞后系统：检测流动电流的水样取自加药混合后，进入絮凝设备之前，从投药到取样的时差只有几十秒钟；

② 中间参数控制：流动电流设定值是通过相关关系间接反映了浊度要求，流动电流因子也就成为一个中间控制参数。

混凝效果受水量、水质的影响也较大，实际上仅以 SCD 为参数的单回路需要因此而根据现场情况不断调节设定值，这不仅麻烦，还要求工作人员有一定业务素质。混凝控制，很少单独采用 SCD 回路，而是与原水流量、浊度等参数结合共同进行控制。引入原水流量与 SCD 结合，构成前馈反馈控制系统（类似于后加氯控制），可以消除水量变化时，单 SCD 回路的滞后性对控制系统性能的影响。也可以引入沉淀后水的浊度，并将浊度作为直接控制参数，与 SCD 回路组成串级控制。该系统中 SCD 回路可以迅速响应各种干扰的影响，浊度回路则可以修正 SCD 设定值与要求值的偏差。整个系统的控制更加精确可靠，并避免了大滞后问题。

另外，沉淀池还有排泥控制，要求可以根据泥位的高低自动启动吸泥机，也可以定时自动启动。整个吸泥过程，可由吸泥机自带的控制器控制，也可由车间控制站控制。

4）滤池车间

过滤是饮用水净化工艺的最后一道工序。水流通过滤层，由于滤料间表面的过滤作用，沉淀后仍残留在水中的团体颗粒被截流在滤料中，净水则透过滤层进入管道流向清水池。

滤池控制系统一般由受控设备、电气执行机构、控制器和上位机组成。其中受控设备可以分为两部分：滤格阀门和反冲洗系统。常见的滤格有 6 个阀门：

进水阀：控制水流入滤格集水渠的阀门。

清水阀：控制滤后水流出滤格进入清水管的阀门。

排水阀：在集水渠另一端，用于将反冲洗后的污水排出的阀门。

气冲阀：反冲洗时允许气流对滤层进行冲洗的阀门。

水冲阀：反冲洗时允许清水对滤层进行冲洗的阀门。

排气阀：反冲后排出残留在气冲管道中的气体，防止其进入滤层影响过滤。

反冲洗系统一般包括：

鼓风机：用于产生强劲气流对滤层进行冲洗。

反冲水泵：用于抽取清水对滤层进行反冲洗。

电气执行机构负责控制的具体实施，它从控制器接收控制命令，然后相关的继电器接点闭合或断开电路导通，设备获得动力继而进行动作。如果控制器故障，操作人员也可以通过电气执行机构的控制面板，对设备进行手动操作。

5）清水池二级泵房

清水池储蓄处理完毕的清水，通过二级泵房以一定压力送往市区。这个车间是净水厂生产的最后一个环节。

与取水口一级泵房类似，二级泵房的控制内容主要也是水泵的调速或是泵后阀门的开度，以控制出水的压力。在用水高峰期，应结合清水池内清水的自身压力，通过调速等方法，把水厂出水压力稳定在一定的较高值上。当用水量偏小时，则可以减小出水压力。

12.2　常见PLC硬件的安装、调试与维修

（1）PLC硬件的安装与调试

1）开箱检验与安装

① PLC系统必须在控制室内的土建、电器工程、空调等全部完工后安装。保证室内清洁、UPS供电稳定、温湿度达到系统要求。

② 开箱检验应在厂商代表在场的情况下会同GNPOC代表共同进行，检验后应签署检验记录。

③ 设备开箱前，应检查外包装是否完整，开箱后，应检查内包装是否破损、有无积水，防潮、防水、防震措施是否齐备，是否失效。

④ 设备开箱应使用适当的工具，严禁猛烈敲打。开箱检查应按装箱单逐一清点，并应符合以下要求：所有硬件、备件、随机工具的数量、型号、规格均应与装箱单一致。设备及备件外观良好，无变形、破损、油漆脱落、受潮锈蚀等缺陷。资料齐备。

⑤ 操作台和I/O机柜的安装与就位应符合规范的要求，就位后应及时固定。安装后应经常保持室内清洁。

2）品种检验与调试

① 检验调试步骤

a. 品种检验与调试应在设备安装、室内电缆敷设接线后进行，检查调试下列项目：通电前检查，电源电压检查，系统硬件规格检查和诊断，应用软件检查，标准功能检查，冗余功能检查，I/O模件功能及精度试验，系统试验。

b. 通电前应进行以下检查：核对全部电源线、信号线、同轴电缆等连接无误。电缆、导线绝缘电阻符合要求。各接地系统的接地电阻符合设计要求。全部保险丝均完好无损。

盘内所有连接螺丝钉均牢固、无松动。插卡位置正确无误。主机、操作台、机柜的电源开关均处于“断”的位置。

c. 通电检查包括以下内容：主机、操作台、机柜的风扇处于运行状态。I/O 机柜的电源插卡电压输出正确。各插卡的发光二极管指示正确。进行备用切换试验，检查备用电源是否能及时启动。

d. 用随机带的诊断程序对 PLC 主机及 I/O 机柜进行以下诊断：PLC 的 CPU、内存、硬盘、CRT、键盘、I/O 插卡。状态采样时钟。与 SCADA 系统的通讯（可用一台微机模拟进行）。硬件诊断中发现有缺陷的模件应及时予以更换。

e. 加载系统和组态数据，对系统进行全面的 I/O 测试，即分别在输入端子输入信号，在 CRT 上观察指示值，该指示值应符合系统的精度要求；通过键盘给定输出信号，在输出端子上测得的输出值也应符合系统的精度要求。

f. 对系统的各种冗余模件，人为地模拟故障，观察模件能否在规定的时间内投入运行，并注意观察 PLC 的自动切换功能是否正常。

② 进行系统调试时的条件

a. 现场执行机构和检测仪表已安装调试合格。

b. 仪表电缆及接地线已全部敷设，其接线、导通、绝缘试验合格。

c. 仪表配管全部完成。

d. 电器专业已调试合格，与电器专业的交接面已具备接受和输出信号的条件。

e. 各种工艺参数的整定均已确认。

③ 系统试验的要求

CRT 上应显示的所有画面确认正确无误。

从 PLC 的 CRT 上将检测回路逐个调出，核对信号、量程、工程单位、报警上、下限值等，经确认后，在线场加模拟信号，模拟值包括量程的始点和终点，不得少于 5 点，CRT 上的显示值，不得低于系统精度的要求。对有报警要求的检测回路，要做模拟报警试验。

对调节回路，除完成上述第二、第三步的调试内容外，还要检查输出的正/反作用及执行机构的动作是否正确，在键盘上进行手动输出，检查执行机构的动作值是否符合精度要求。

对连锁回路，应模拟联锁的工艺条件，检查连锁动作的正确性。对复杂调节回路，应模拟工艺条件，逐步检查。

（2）PLC 硬件的故障

PLC 控制系统故障分为软件故障和硬件故障两部分。PLC 系统包括中央处理器、主机箱、扩展机箱、I/O 模块及相关的网络和外部设备。现场生产控制设备包括 I/O 端口和现场控制检测设备，如继电器、接触器、阀门、电动机等。

PLC 硬件故障主要为以下几种：

1）PLC 主机系统故障

① 电源系统故障。电源在连续工作、散热中，电压和电流的波动冲击是不可避免的。

② 通信网络系统故障。通信及网络受外部干扰的可能性大，外部环境是造成通讯外部设备故障的最大因素之一。系统总线的损坏主要由于 PLC 多为插件结构，长期使用插拔模块会造成局部印刷板或底板、接插件接口等处的总线损坏，在空气温度变化、湿度变化的影响下，总线的塑料老化、印刷线路的老化、接触点的氧化等都是系统总线损耗的原因。

2）PLC 的 I/O 端口故障。

I/O 模块的故障主要是外部各种干扰的影响，首先要按照其使用的要求进行使用，不可随意减少其外部保护设备，其次分析主要的干扰因素，对主要干扰源要进行隔离或处理。

3）现场控制设备故障

① 继电器、接触器。减少此类故障应尽量选用高性能继电器，改善元器件使用环境，减少更换的频率。现场环境如果恶劣，接触器触点易打火或氧化，然后发热变形直至不能使用。

② 阀门或闸板等类设备。长期使用缺乏维护，机械、电气失灵是故障产生的主要原因，因这类设备的关键执行部位，相对的位移一般较大，或者要经过电气转换等几个步骤才能完成阀门或闸板的位置转换，或者利用电动执行机构推拉阀门或闸板的位置转换，机械、电气、液压等各环节稍有不到位就会产生误差或故障。

③ 开关、极限位置、安全保护和现场操作上的一些元件或设备故障，其原因可能是因为长期磨损，或长期不用而锈蚀老化。对于这类设备故障的处理主要体现在定期维护，使设备时刻处于完好状态。对于限位开关尤其是重型设备上的限位开关除了定期检修外，还要在设计的过程中加入多重的保护措施。

④ PLC 系统中的子设备，如接线盒、线端子、螺栓螺母等处故障。这类故障产生的原因主要是设备本身的制作工艺、安装工艺及长期的打火、锈蚀等造成。根据工程经验，这类故障一般是很难发现和维修的。所以在设备的安装和维修中一定要按照安装要求的安装工艺进行，不留设备隐患。

⑤ 传感器和仪表故障。这类故障在控制系统中一般反映在信号的不正常。这类设备安装时信号线的屏蔽层应单端可靠接地，并尽量与动力电缆分开敷设，特别是高干扰的变频器输出电缆，而且要在 PLC 内部进行软件滤波。

⑥ 电源、地线和信号线的噪声（干扰）故障。

12.3　PLC 组态软件的使用

（1）组态软件特点及功能特点

1）组态软件概况

组态软件指一些数据采集与过程控制的专用软件，它们是在自动控制系统监控层一级的软件平台和开发环境，能以灵活多样的组态方式（而不是编程方式）提供良好的用户开发界面和简捷的使用方法，其预设置的各种软件模块可以非常容易地实现和完成监控层的各项功能，并能同时支持各种硬件厂家的计算机和 I/O 设备，与高可靠的工控计算机和网络系统结合，可向控制层和管理层提供软、硬件的全部接口，进行系统集成。

常用组态软件目前中国市场上的组态软件产品按厂商划分大致可以分为三类：国外专业软件厂商提供的产品、国内外硬件或系统厂商提供的产品、国内自行开发的国产化产品。不同的产品，有相同和不相同的特性。

2）组态软件的特点

① 实时多任务——最显著的特点。

在同一台计算机上同时执行多个任务，如数据采集与输出、数据处理与算法实现、图形显示及人机对话。存储、搜索管理、实时通信等。

② 接口开放——采用“标准化技术”。方便用户根据自己的需求进行二次开发。如用VB自行编制设备构件装入设备工具箱。允许用户自行编写动态链接库，挂接自己的应用程序模块。

③ 强大的数据库——一般带有实时数据库。可存储各种数据，完成和外围设备的数据交换。

④ 高可靠性——组态软件是工控系统的数据处理中心，高可靠性是必要的。

⑤ 安全性高——提供较完善的安全机制，允许有操作权限的操作员对某些功能进行操作。

功能组态软件实际上是一个针对计算机控制系统开放的工具软件，应为用户提供多种通用工具模块。应解决这样一些问题：

如何与采集、控制设备间进行数据交换；使I/O设备的数据与计算机图形画面上的各元素关联起来；处理数据报警及系统报警；存储历史数据并支持历史数据的查询：各类报表的生成和打印输出；为使用者提供灵活、多变的组态工具，可以适应不同应用领域的需求；最终生成的应用系统运行稳定可靠；具有与第三方程序的接口，方便数据共享。

(2) 组态软件的基本结构组成及数据处理流程

1) 组态软件的结构

① 应用程序管理器：应用程序管理器属于一种专用工具，提供应用程序的创建，项目数据的管理及归档，打开各种编辑器（如图形编辑器），运行调试，搜索（变量、客户机计算机、服务器计算机、驱动程序连接等）

② 图形界面系统：供用户设计生成现场各过程图形界面；动画链接设计及显示；报警通知及确认；报表组态及打印；历史数据查询及显示。

③ 实时数据库存储被控对象的历史数据，具备数据档案管理功能。

④ I/O驱动：用于和I/O设备通信交换数据，是必不可少的组成部分。

⑤ 第三方程序接口组件：是组态软件与第三方程序交互以及实现远程数据访问的重要手段之一，也是组态软件开放系统的标志。

⑥ 控制功能组件：为熟悉梯形图或者其他标准编程语言的设计人员用于和I/O设备通信交换数据，是必不可少的组成部分。

2) 组态软件的数据处理流程

组态软件的主要功能：以图形方式直观地显示现场I/O设备的数据；将控制数据送往I/O设备，对执行机构实施控制或调整参数；数据的存储——供查询历史数据使用。数据处理流程示意图如图12-1所示。

(3) 组态软件的使用及任务

1) 使用组态软件的一般步骤：

① 收集所有I/O点的参数，填写表格一，以便在监控组态软件和PLC上组态时使用。

② 确定所使用的I/O设备的生产商、种类、型号、使用的通信接口类型，采用的通信协议。

③ 收集所有I/O点的I/O标识，填写表格二。I/O标识是唯一地确定一个I/O点的关键字，在大多数情况下I/O标识是I/O点的地址或位号名称。

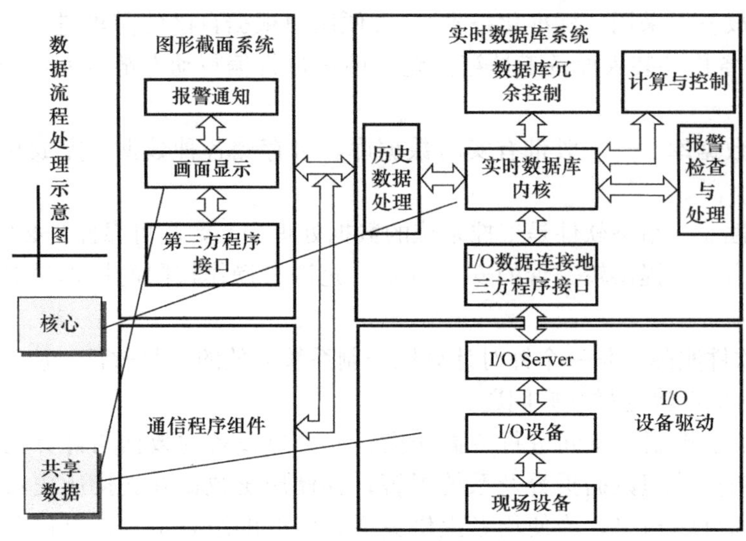

图 12-1　数据处理流程示意图

④ 根据工艺过程绘制、设计画面结构和画面草图

⑤ 根据表格一，建立实时数据库，正确组态各种变量参数。

⑥ 根据表一和表二，在实时数据库中建立实时数据库变量与 I/O 点的一一对应关系，即定义数据连接。

⑦ 根据前面设计的画面结构和画面草图，组态每一幅静态的操作画面（主要是绘图）。

⑧ 将操作画面中的图形对象与实时数据库变量建立动画连接关系。

⑨ 对组态的内容进行分段和总体调试。

⑩ 系统投入运行。

2）组态软件的任务

系统投入运行后，组态软件就是自动监控系统中的数据收集处理中心，远程监视中心和数据转发中心。

在组态软件的支持下，操作人员可完成：

① 查看生产现场的实时数据及流程画面。

② 自动打印各种实时/历史生产报表。

③ 自由浏览各个实时/历史趋势画面。

④ 及时得到并处理各种过程报警和系统报警。

⑤ 需要时，人为干预生产过程，修改生产过程参数和状态。

⑥ 与管理部门的计算机联网，为其提供生产实时数据。

12.4　监控组态软件的使用

（1）HMI 系统

1）HMI 系统

HMI 是 Human Machine Interface 的缩写，“人机接口”也叫作人机界面。人机界面

（又称用户界面或使用者界面）是系统和用户之间进行交互和信息交换的媒介，它实现信息的内部形式与人类可以接受形式之间的转换。凡参与人机信息交流的领域都存在着人机界面。

2）HMI 的接口种类与 HMI 系统的基本能力

HMI 的接口种类很多，有 RS232、RS485、RJ45 等网线接口。

HMI 系统必须有几项基本的能力：

① 实时的资料趋势显示——把获取的资料立即显示在屏幕上。

② 自动记录资料——自动将资料储存至数据库中，以便日后查看。

③ 历史资料趋势显示——把数据库中的资料作可视化的呈现。

④ 报表的产生与打印——能把资料转换成报表的格式，并能够打印出来。

⑤ 图形接口控制——操作者能够透过图形接口直接控制机台等装置。

⑥ 警报的产生与记录——使用者可以定义一些警报产生的条件。

3）人机界面（HMI）产品的组成及工作原理

人机界面产品由硬件和软件两部分组成，硬件部分包括处理器、显示单元、输入单元、通信接口、数据存储单元等，其中处理器的性能决定了 HMI 产品的性能高低，是 HMI 的核心单元。根据 HMI 的产品等级不同，处理器可分别选用 8 位、16 位、32 位的处理器。HMI 软件一般分为两部分，即运行于 HMI 硬件中的系统软件和运行于 PC 机 Windows 操作系统下的画面组态软件（如 JB－HMI 画面组态软件）。使用者都必须先使用 HMI 的画面组态软件制作“工程文件”，再通过 PC 机和 HMI 产品的串行通讯口，把编制好的“工程文件”下载到 HMI 的处理器中运行。

4）人机界面产品的基本功能及选型指标

① 基本功能

a. 设备工作状态显示，如指示灯、按钮、文字、图形、曲线等数据、文字输入操作，打印输出。

b. 生产配方存储，设备生产数据记录。

c. 简单的逻辑和数值运算。

d. 可连接多种工业控制设备组网。

② 选型指标

a. 显示屏尺寸及色彩，分辨率。

b. HMI 的处理器速度性能。输入方式：触摸屏或薄膜键盘。画面存贮容量，注意厂商标注的容量单位是字节（byte）、还是位（bit）。通讯口种类及数量，是否支持打印功能。

5）人机界面的使用方法

① 明确监控任务要求，选择适合的 HMI 产品在 PC 机上用画面组态软件编辑“工程文件”。

② 测试并保存已编辑好的“工程文件”。

③ PC 机连接 HMI 硬件，下载“工程文件”到 HMI 中。

④ 连接 HMI 和工业控制器（如 PLC、仪表等），实现人机交互。

（2）数据库系统

1）数据库系统

数据库是用来存储数据库对象（表、存储过程、视图、触发器等）和数据的地方，数据库管理系统的作用是对各个分站采集的数据进行存储管理，并为服务器处理工作站的数据存储、查询、统计和分析提供接口。一个完善的数据库系统，除了要具备我们熟知的生产工艺参数定时记录、报警记录、报表生成与管理之外，还应具备特殊数据存储、数据库备份、数据迁移、安全管制等功能，它不但能为我们日常的生产管理，特别是故障维修提供第一手资料，而且能为生产和其他各项优化管理提供依据。

2）数据库应用系统基本构成

SQLServer 作为数据库引擎，它还要借助前端开发工具。比如 VisualBasic、VisualC＋＋、Delphi、PowerBuilder、C＋＋Builder 等产品开发出用户界面才能成为一个完整的数据库应用系统。前端开发工具用来设计输入和查询界面，用户通过这个界面输入数据，再由前端程序通过网络传给后端的数据库引擎将数据存储在数据库。当用户查询数据时，前端程序将查询命令传给后端的数据库执行，前端程序则等待接收数据结果然后将结果显示在界面上。SQLServer 和前端平台相连最主要是靠网络，所以网络设定必须正确，SQLServer 才能正常运行。在网络协议方面，SQLServer 可经由 TCP/IP、Net-ware、Namepipe 和 NETBIOS 等通讯协议和前端平台相连。前端应用程序则是靠标准的 ODBC 或 OLEDB 数据库驱动程序和下层的 DB-library 网络程序驱动（由 SQLServer 本身提供）来和 SQLServer 相连，如图 12-2 所示。

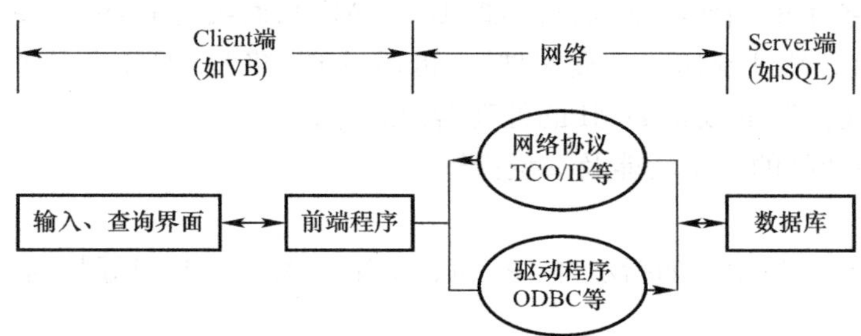

图 12-2 数据库应用系统示意图

3）数据库的功能设计

数据查询是数据库最基本的应用，它包括对控制界面操作日志、报警日志和自动化监控数据的查询。水厂自控系统数据库一般通过生产流程某设备某信号选定要查询的一个或几个数据名称，再通过年、月、日、时选择一个或几个时间段，即可查出某参量在某时间段内对应每一记录时刻的数据。数据可以列表显示，也可以用变化曲线来表示，并可显示最大值、最小值和平均值。参量和时间都可以向上或向下滚动查询，以提高查询速度。

定时自动生成电子报表，自动在记事栏中填写重要生产事件，自动班结、日结。电子报表还能自动判别并提示报表中超过正常值的数据，数据修正后，能自动消除提示；通过权限设定，锁定时间段，使本班人员不能修改其他班的报表。

水厂自控系统数据库，作为整个公司或水厂信息系统的重要组成部分，它必须预留合适的接口，以向信息系统提供数据。信息系统中不同的应用系统，可能工作在不同的网络平台上，它们的数据格式多种多样，必须进行数据转换。

水厂自动化包括控制自动化和管理自动化两层含义，所以，我们把常规数据概括分为常规控制数据和常规管理数据，它是水厂自动化数据库系统的基础。对水厂来说，常规控制数据，主要包括设备运行数据（如电流、电压、压力）、生产工况数据（如开关状态、水位、流量、水质参数、滤池过滤时间）；常规管理数据，主要包括各类软故障和硬故障报警、设备（主要是机泵）运行时间累积、大机泵运行效率、维修记录、联动互锁位等。

在数据存储量较大的地方（如滤池系统），还必须充分考虑存储对控制的响应速度可能产生的影响，在设计中可通过适当提高电脑的硬件配置标准，优化数据库结构，缩减使用空间，对数据进行分类，按信号的重要性设定不同的数据扫描周期和存储时间间隔这些方法来解决。

有些水厂自控系统的数据库系统（严格上还不能叫系统），只有主设备的运行数据和残缺不全的生产工况数据，缺少重要的常规管理数据，不利于发现和分析事故原因。当然，只有常规数据还不能进行准确全面的情况分析。系统还必须对一些特殊数据及时进行记录和处理。

特殊数据主要包括电脑操作记录、数据突变记录。任何一个水厂自控系统，都免不了要进行一些参数调整、控制权转换、停电和复电处理，诸如此类通过电脑的人工干预，以及一些不能通过软件编程锁定的操作，都可能对系统的正常运行产生干扰。将人工的电脑操作记录下来，不但可以健全系统管理档案，而且方便了过程分析。另一方面，虽然在信号超限的情况下有报警记录，但固定的数据记录时数据的安全性考虑，系统采集的数据不可能全部长期堆积在服务器中，必须通过转换定时将数据导出，对错漏的数据进行补调，以保证数据的完整性，并转换成其他格式的数据存放在另外的数据库中。

SQLServer 的数据迁移工具（DTS），提供了系统与其他不同数据库间数据的 export 和 import 转换，这些数据库包括 OLEDB 文件（Excel、Access）、ODBC 文件（Oracle、DB2）和文本文件。

4）数据库的管理

建立数据库系统的目的，就是希望将有价值的原始数据以一种的合适形式使用或保存下来。数据库管理功能设计是数据库功能设计的一个重要方面，考虑到它同时也与控制界面的设计密切相关，所以把数据库管理作为单独一个方面来讨论。

数据库的安全管制包括安全认证和存取许可两大机制：输入正确的登录账号和密码，通过安全认证后方能进入 SQLServer；如果要使用系统的数据库对象，则须通过存取许可，输入正确的登录者（login）和用户（user）代码。

如果 SQLServer 是在 WindowsNT 下执行，只要通过 NTServer 的认证就可连接和登录 SQLServer；如果是在 Windows 下执行，则须使用 SQLServer 的认证模式。登录 WindowsNT 时，可设定系统管理员级和一般用户级两种安全认证等级。在实际的应用中，还可以结合 DESKLOCK 功能，使一般用户登录时，进入 NT 后，在桌面上只能运行自控系统软件，没有“我的电脑”“网上邻居”等与自控无关的软件包，锁死全部快捷键和组合键，有效防止一般用户改动系统设置或系统时间；而系统管理员登录后则可进行上述操作。

SQLServer 的存取许可一般都是针对系统管理人员而言，它与普通操作者的关系不大。通常说的权限管理，是指控制界面的权限等级。为方便管理，我们可以在控制界面中将管理权限分为系统管理员级、值长级、操作员级这三种向下兼容的权限级别。

一般情况下，这三种管理权限的操作范围可设定为：

① 系统管理员级：所有数据库对象的查询、修改和维护（修改时须输入两个不同的管理员级代码）。

② 值长级：生产参数和特殊工况设置、本值段电子报表修改、操作员级操作范围。

③ 操作员级：系统的正常和报警处理操作、本站数据查询、电子报表填写。412 数据库的备份

对于水厂自控系统这种大数据量、24h运行、控制实时性要求高的数据库系统，应做好数据库的备份。除了在系统服务器上设置镜像硬盘外，还要定时将导出后存放在其他数据库中的数据进行刻录保存。

（3）数据发布系统

1）数据发布系统介绍

基于Web的工业现场数据发布方式属于远程交互式系统，通过将现场控制网、企业局域网和互联网三网合一，将各控制子系统、现场生产设备，智能仪表、传感器等生产一线的数据进行统一发布，结合企业生产信息交互快速性的要求，开发出达到实时、历史、故障数据发布功能的工业现场数据发布系统。

2）数据发布系统模式

目前主要有三种模式：主机集中模式、C/S模式、B/S模式。

3）数据发布系统的功能

基于Web的工业现场数据发布系统提供了反映工业生产现场的实时数据，比如传感器、现场仪表、生产设备、PLC等控制器的现场数据。这些实时数据通过局域网传输到企业数据库服务器中，或者被实时的显示在网页中。这样，在网站服务器中将这些数据进行计算分析，远程工作人员就可通过浏览器对生产历史数据曲线图等相关数据进行查看。

第三篇　安全生产

第 13 章　安 全 生 产

13.1　仪器仪表工操作安全规程

(1) 安全生产相关法律法规

为了加强安全生产监督管理，防止和减少生产安全事故，保障人民群众生命和财产安全，促进经济发展，制定了安全生产相关法律法规。其中常用的如下：《中华人民共和国安全生产法》《中华人民共和国消防法》《中华人民共和国职业病防治法》《中华人民共和国劳动法》《中华人民共和国环境保护法》《中华人民共和国清洁生产促进法》《中华人民共和国突发事件应对法》《中华人民共和国劳动合同法》《危险化学品安全管理条例》《使用有毒物品作业场所劳动保护条例》《特种设备安全监察条例》《安全生产许可证条例》《易制毒化学品管理条例》《工伤保险条例》《国务院关于进一步加强安全生产工作的决定》《国务院关于进一步加强企业安全生产工作的通知》《国务院关于坚持科学发展安全发展促进安全生产形势持续稳定好转的意见》《国务院办公厅关于集中开展安全生产领域"打非治违"专项行动的通知》《女职工劳动保护规定》《女职工劳动保护特别规定》《企业事业单位内部治安保卫条例》《国务院办公厅关于印发安全生产"十二五"规划的通知》《国务院办公厅关于印发国家职业病防治规划（2009—2015 年）的通知》《建设工程安全生产管理条例》《公路安全保护条例》。

(2) 安全防护用品

为了保证电力工作人员在生产中的安全和健康，使用防护安全用具，如安全带、安全帽、接地线、临时遮拦、标志牌等。

1) 安全带

安全带是高处作业人员预防坠落伤亡的防护用具。在电力建设高空安装施工、发电厂高空检修、架空线或变电所户外构架作业时，都应系戴安全带。严格遵守安全规程规定：在没有脚手架或者在没有栏杆的脚手架上工作，高度超过 1.5m 时，应使用安全带，或采取其他可靠的安全措施。

安全带按作业性质不同，分为围杆作业安全带、悬挂作业安全带两种，安全带是由带子、绳子和金属配件组成。

2) 安全帽

安全帽广泛用于基建施工和生产现场，凡是须预防高处落物（器材、工具等）或有可能使头部受到碰撞而受伤害的情况下，无论高处、地面工作和其他配合工作人员都应戴安全帽。安全帽是保护使用者头部免受外物伤害的个人防护用具。按使用场合性能要求不同，分别采用普通型或电报警型安全帽。

安全帽保护原理，是安全帽受到冲击载荷时，可将其传递分布在头盖骨的整个面积上，避免集中打击在头颅一点而致命；头部和帽顶的空间位置构成一个冲击能量吸收系统，起缓冲作用，以减轻或避免外物对头部的打击伤害。

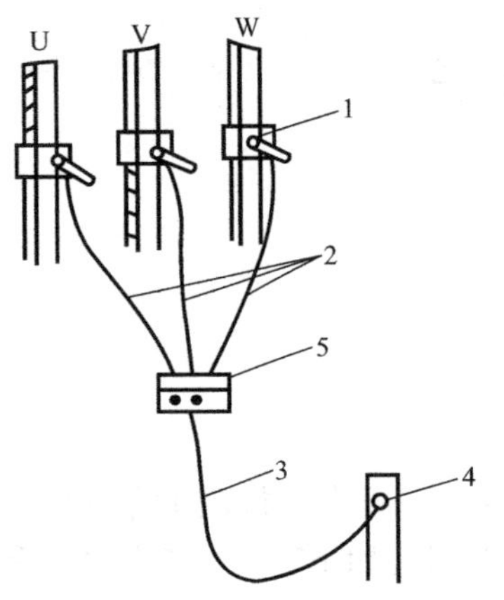

图 13-1　接地线组成

1、4、5—专用夹头（线夹）；
2—三相短路线；3—接地线

3）接地线

在高压电气设备停电检修或进行清扫等工作之前，必须在停电设备上设置接地线，以防设备突然来电或因邻近高压带电设备产生感应电压对人体的触电危害，也可用来放尽停电设备的剩余电荷。

携带型接地线由专用夹头和多股软铜线组成，如图 13-1 所示的 1、4、5 是专用夹头（线夹），夹头 4 将接地线与接地装置连接，5 将短路线与接地线连接起来，1 把短路线设置在需要短路接地的电气设备上，2、3 均由多股软铜线编成 3 根（三相）短的和一根（接地）长的软铜线，其截面积不得小于 25mm^2，并应符合短路电流通过时不致因高热而熔断的要求，此外还需具有足够的机械强度。

地线使用前必须认真检查接地线是否完好，夹头和铜线连接应牢固，一般应由螺丝栓紧，再加焊锡焊牢。接地线应经验电确证断电后，由两人戴上绝缘手套用绝缘棒操作。装拆顺序为，装设接地线要先接接地端，后接导体端。拆接地线顺序与此相反。夹头必须夹紧，以防短路电流较大时，因接触不良熔断或因电动力作用而脱落，严禁用缠绕办法短路或接地。禁止在接地线和设备之间连接刀闸、熔断器，以防工作过程中断开而失去接地作用。接地线的旋置位置应编号，对号入座，避免误拆、漏拆接地线造成事故。

4）临时遮拦

临时遮拦如图 13-2 所示，用干燥木材、橡胶或其他坚韧绝缘材料制作，但不准用金属材料制作，高度不低于 1.7m，并悬挂“止步，高压危险!”的标示牌。临时遮拦是一种可移动的隔离防护用具，用以防护工作人员意外碰触或过分接近带电体，避免触电事故。

5）标示牌

标示牌用来警告工作人员，不准接近设备带电部分，提醒工作人员在工作地应采取的安全措施，以及表明禁止向某设备合闸送电，告示为工作人员准备的工作地点等。按其用途分为警告、允许、提示和禁止 4 类 9 种，其式样如图 13-3 所示。

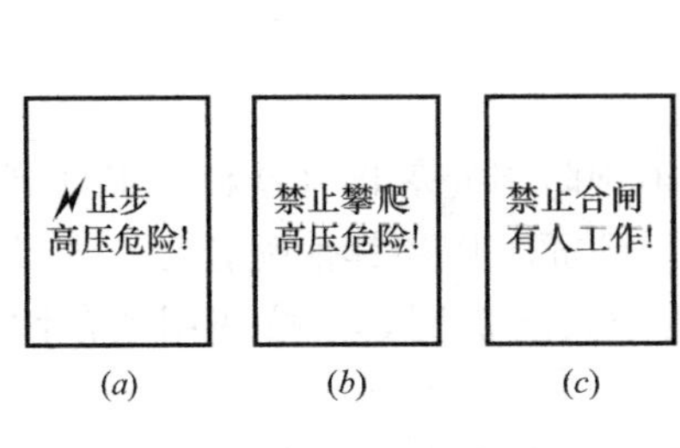

图 13-2　临时遮拦

图 13-3　标示牌示意图

标示牌用木质或绝缘材料制作，不得用金属板制作，标示牌悬挂和拆除应按照电力安全工作规程进行。悬挂位置和数目应根据具体情况和安全要求确定。在现场工作中，也可以根据需要，制作一些非标准的标示牌，悬挂在醒目处。

(3) 仪器仪表工操作安全规程

为加强自动化仪表维护检修的安全、规范、科学，提高仪表设备的检修、维护水平，保障仪表设备安全经济运行，制定本规程。

1) 适用范围

本规程适用于仪表部从事仪表维护、检修、安装、检定等工作的员工。

2) 职责

① 当班人员负责本班的安全、文明生产。

② 负责控制相应的技术参数。

③ 做好巡回检查，发现异常现象应及时处理，处理不了应及时上报。

④ 做好仪表的维护、保养及计划检修工作，确保设备完好运行。

⑤ 及时消除仪表职责范围内的跑、冒、滴、漏。

3) 一般安全规定

① 仪表工应熟知所管辖仪表的有关电气和有毒害物质的安全知识。

② 在一般情况下不允许带电作业。

③ 在尘毒作业场所，须了解尘毒的性质和对人体的危害采取有效预防措施。作业人员应会使用防毒防尘用具及穿戴必要的防毒尘个人防护用品。

④ 非专责管理的设备，不准随意开停。

⑤ 仪表工作业前，须仔细检查所使用工具和各种仪器以及设备性能是否良好，方可开始工作。

⑥ 检修仪表时事前要检查各类安全设施是否良好，否则不能开始检修。

⑦ 现场作业需要停表或停电时，必须与操作人员联系，得到允许，方可进行。电气操作由电气专业人员按制度执行。

4) 仪表维修

① 检修或排除故障时，须与工艺操作人员联系，并落实安全措施，填写好《检修工作票》，密切配合。对重要环节、联锁控制系统等危及装置停车者，须与车间和调度联系后方可进行工作。

② 仪表维修过程中，要使用专用工具和专用校验台。

③ 处理自动控制系统故障时，若有联锁必须先切除，将调节器由“自动”切至“手动”，但不得将调节器停电或停气，以保证“手动”正常工作。

④ 若确定故障是出自调节器或执行机构本身，按前项规定的程序处理完毕，即让操作工进行现场手动操作，然后进行故障排除。

⑤ 维修人员必须对工艺流程、自动系统、检测系统的组成及结构清楚，端子号与图纸全部相符，方可进行处理。故障处理前要做好安全准备，重大故障排除必须经调度或车间值班人员批准，并研究好方案，方可施工。

⑥ 正常维修或进入控制盘时，必须精心操作，轻拿轻放，轻推轻拉，不得碰掉任何导线、插头或仪表部件。正常开车时严禁敲击，防止连锁、按钮或继电器接点动作发生故障。

⑦ 使用电烙铁，要放在隔热支架上。不用时要拔掉电源插头，下班前，切断所有试验装置的电源后，方可离去。

⑧ 对各种带压、带料管线、阀门处理时，必须关掉仪表阀门，放掉压力，卸尽物料以后方能拆装，拆装时均应该在侧面。处理现场问题时，所有管线应该按有压对待。

⑨ 如发现仪表运行异常，尚未查出原因时，仪表又自行恢复工作，必须查出原因方可使用，否则禁用。若该表直接威胁生产，又不能停表，要与生产总调度联系。

⑩ 检修仪表要做好仪表防冻、隔热等工作，防止仪表冻坏、严重发热造成事故。

⑪ 检修、拆卸、检查易燃、易爆、有毒介质设备上的仪表必须两人作业，其中一人为安全监护人，并应在清洗或泄压完毕之后进行。要动火时，必须办理动火手续，并在监护人员监护下进行工作。

⑫ 在蒸气系统进行工作时，应防止烫伤和仪表过热。与氧气、乙炔接触或在附近工作时，严禁油脂、烟火。

⑬ 现场修校工作完毕，应恢复原来的管线交付使用，并将《检修工作票》填写齐全，方可离开现场。

5）仪表安装

① 安装现场仪表，至少须两人作业。

② 拆卸粉尘、有毒、易燃、易爆等危险介质仪表时，必须在清洗置换合格后方准施工。

③ 严格执行有关易燃、易爆物品的领用、保管和存放管理制度。

④ 仪表安装过程中如需使用机械设备、焊接设备及风动、电动工具时，应遵守有关设备的安全技术操作规程。

⑤ 仪表安装就位后应立即紧固基础螺栓，防止倾倒。多台仪表盘并列就位时。手指不得放在连接处。

⑥ 严禁在盘顶和仪表上放置工具等物件。用开孔锯开孔时，盘后不得有人靠近。

⑦ 在高空安装作业时，必须搭设架子或平台，不准坐在管子上开孔和锯管。禁止在已通介质及带压力的管道上开孔。

⑧ 施放电缆，支架要稳固，转动要灵活，防止脱杠和倾倒，木轴筒上的钉要打弯或拔掉。在转弯处操作人员应站在外侧，防止挤伤。

⑨ 调试前应对仪表进行二次调校及系统试验，并应对信号、联锁装置进行通电试验。

⑩ 仪表安装竣工后，根据有关规程和设计要求，检查合格后，方可联动调试。全部仪表及自动控制装置调试合格后，未经验收批准，严禁随意动用。

6）仪表检定

① 仪表检定是指使用国家强制检定的计量器具，依照有关规定进行量法传递的工作，仪表检定需由经过专业培训并取得检定资质的人员操作，以保证量传得准确、可靠、统一。

② 检定标准器具使用维护

a. 凡未经专业培训或对计量标准性能不了解的人员严禁使用计量标准器具。

b. 计量标准器具应按周期进行检定，不得超过周期使用，对超周期或不合格的计量标准器检定人员有权拒绝使用。

c. 对计量标准器具应定期进行维护保养，使其经常处于良好技术状态。

d. 使用人员在操作过程中，如发现异常应立即停止使用，查明原因，防止量传事故的发生，并填写使用记录。

e. 标准仪器及设备不对外借，特殊情况需经仪表部经理批准并由专业人员跟随使用，凡私自出借者，视情况严重处以考核。

③ 检定事故管理

a. 检定人员在工作中如发现异常应立即停止工作，并向检定室负责人报告，待故障排除后方可使用。

b. 使用标准计量器具及设备，要严格执行操作规程，因违反操作规程造成的仪器设备及人身伤害事故，应向室内提出补救措施和处理意见，上报仪表部进行处理。

c. 计量检定人员必须认真执行检定规程，保持数据的准确性，凡属检定人员造成的工作失职，给被检一方造成重大损失者，依法追究相关责任。

d. 由于工作质量造成的事故，由仪表部经理或检定室负责人及时对有关人员或仪器进行检查分析或复核。

e. 对于出现的检修设备事故要有记录，并将处理结果存档备查。

④ 检定记录、证书管理

a. 每个专业项目必须有两名人员取得“计量检定员”证件从事检定与复核工作。

b. 计量检定人员在填写原始记录时，必须按检定规程要求逐项填写，不得遗漏，更不得伪造数据，字迹要清晰工整，不得涂抹修改，计量单位要符合国家法定计量单位。

c. 原始记录要按规定编号，出具检定证书要依据原始记录，两者编号要统一。

d. 复核人员要对原始记录进行认真复核并签字；填写一律用钢笔或圆珠笔，严禁用铅笔填写。

e. 原始记录要妥善保存备查，保存期限为三年。

13.2 电气安全、防雷、接地

13.2.1 过电压与防雷

(1) 过电压

电力系统过电压是指在电力线路上或电气设备上出现的超过正常的工作电压对绝缘具有危害的异常电压。过电压按其产生的原因，可分为内部过电压和雷电过电压两大类。

1) 内部过电压

内部过电压是指由于电力系统本身的开关操作、负荷剧变或发生故障等原因，使系统的工作状态突然改变，从而在系统内部出现电磁能量转换、振荡而引起的过电压。

内部过电压主要有操作过电压和谐振过电压这两种形式。

操作过电压是指电力系统中由于操作或事故，使设备运行状态发生改变（例如停、送电时分、合闸操作），而引起相关设备电容、电感上的电、磁场能量相互转换，这种电、磁场能量的相互转换可能引起振荡，从而产生过电压。如果电路中的电阻较大，能起到较好的阻尼作用，则振荡时能量消耗较快，电流电压迅速衰减进入稳态，过电压较快消失。

在电力系统运行操作时，较容易发生操作过电压的常见操作项目有：切、合高电压空载长线路，切、合空载变压器，切、合电容器，开断高压电动机等。

高电压空载长线路可以看作是电感电容串联电路。因为高压线路都有电感，而且有对地电容，构成电感、电容谐振电路。在利用开关设备分断空载长线路时，电流波形瞬时值经过零点时，开关触头间电弧熄灭，但是这时电压波形瞬时值恰好经过幅值，设为 $U_m=\sqrt{2}U$，由于线路存在电容的缘故，这个电压瞬间不会立即消失。经过交流电半个周期后，电源电压的瞬时值变化到极性相反的最大值，设为 $-U_m$。在开关触头间作用的电位差为：$U_m-(-U_m)=2U_m$，等于电源电压幅值的两倍，有可能使触头间电弧重燃，间隙再次击穿。开关触头间间隙再次击穿后，电源电压对线路又一次充电，由于线路上已有残存电压，电源电压再次对其作用，从而形成振荡，出现过电压。如此反复，会出现很高的过电压数值。由此可见，断路器灭弧能力不够强，在开断时触头间发生电弧重燃容易引起操作过电压。

反之，断路器灭弧能力特别强，在电流波形瞬时值未达到零点之前，就强行将电流截断，如果分断的又是电感性负载，例如高压电动机，或者变压器、电抗器等设备，则有可能发生截流过电压。因为电流的突然变化，电感性负载设备磁路中磁通量跟着发生突变，根据电工基础上有关电磁感应的理论知识，磁通突然变化会产生很高的感应电势，从而发生过电压。由此可见，对于电感性负载设备来说，如果开关设备的灭弧能力特别强，则有可能引发截流过电压。开断空载变压器和开断高压电动机都有可能出现强制灭弧（截流）过电压。

空载长线路在合闸时也可能会出现过电压。这是由于在合闸时，电源电压对由线路电感、电容构成的振荡回路充电，在达到稳态之前，要经历一个高频振荡过程，从而引起过电压。

在中性点不接地系统中发生单相不稳定电弧接地时，接地点的电弧间歇性的熄灭和重燃，则在电网健全相和故障相都可能产生过电压，一般把这种过电压称为电弧接地过电压。产生电弧接地过电压的原因是线路具有电感和对地电容而接地故障使对地电压发生变化，引起电场能量和磁场能量互相转换，在间歇性电弧作用下这种电磁场能量的转换产生强烈振荡，从而引起严重过电压。

谐振过电压是由于系统中的电路参数（R、L、C）在不利的组合下发生谐振或由于故障而出现断续性接地电弧所引起的过电压，也包括电力变压器铁芯饱和而引起的铁磁谐振过电压。

如果串联电路中包括有电感、电容，当电感电抗和电容电抗数值都很大，而且彼此绝对值相等或十分接近相等时，其综合阻抗会十分微小，这时即使在不太高的电源电压下也会出现极大的电流。这个极大的电流在电感、电容上产生很高的电压降。这就是串联谐振过电压。

当谐振过电压发生在铁磁电感与电容组成的电路中时，称为铁磁谐振电路，有可能出现过电压事故。

由于这种过电压持续时间较长，而且由于频率低，电压互感器的铁心严重饱和，因此常会招致电压互感器损坏和阀型避雷器爆炸。为了防止发生分频谐振过电压事故，主要措施是对 10kV 供电的用户变电所要求电压互感器组采用 V/V 接线，这样在系统发生单相接地，健全相对地电压升高时，可避免因电压互感器铁心饱和而引起铁磁谐振过电压。

运行经验证明，内部过电压一般不会超过系统正常运行时相对地（即单相）额定电压的3～4倍。

2）雷电过电压

雷电过电压又称大气过电压，也称外部过电压，它是由于电力系统中的线路、设备或建（构）筑物遭受来自大气中的雷击或雷电感应而引起的过电压。雷电过电压产生的雷电冲击波，其电压幅值可高达1亿伏，其电流幅值可高达几十万安，因此对供电系统的危害极大，必须加以防护。

雷电过电压有两种基本形式：

① 直接雷击

它是雷电直接击中电气线路、设备或建（构）筑物，其过电压引起的强大的雷电流通过这些物体放电入地，从而产生破坏性极大的热效应和机械效应，相伴的还有电磁脉冲和闪络放电。这种雷电过电压称为直击雷。

② 间接雷击

它是雷电没有直接击中电力系统中的任何部分，而是由雷电对线路、设备或其他物体的静电感应或电磁感应所产生的过电压。这种雷电过电压，也称为感应雷，或称雷电感应。

雷电过电压除上述两种雷击形式外，还有一种是由于架空线路或金属管道遭受直接雷击或间接雷击而引起的过电压波，沿着架空线路或金属管道侵入变配电所或其他建筑物。这种雷电过电压形式，称为高电位侵入或雷电波侵入。据我国几个大城市统计，供电系统中由于雷电波侵入而造成的雷害事故，占整个雷害事故的50%～70%，比例很大，因此对雷电波侵入的防护应予以足够的重视。

（2）防雷

1）防雷设备

接闪器就是专门用来接受直接雷击（雷闪）的金属物体。接闪的金属杆，称为避雷针。接闪的金属线，称为避雷线，亦称架空地线。接闪的金属带，称为避雷带。接闪的金属网，称为避雷网。

① 避雷针

避雷针的功能实质上是引雷作用，它把雷电流引入地下，从而保护了线路、设备和建筑物等。它能对雷电场产生一个附加电场，这附加电场是由于雷云对避雷针产生静电感应引起的，它使雷电场畸变，从而将雷云放电的通道，由原来可能向被保护物体发展的方向，吸引到避雷针本身，然后经与避雷针相连的引下线和接地装置，将雷电流泄放到大地中去，使被保护物体免受雷击。

避雷针通常安装在电杆（支柱）或构架、建筑物上，它的下端要经引下线与接地装置相连。其一般采用镀锌圆钢（针长1m以下时直径不小于12mm、针长1～2m时直径不小于16mm）或镀锌钢管（针长1m以下时内径不小于20mm、针长1～2m时内径不小于25mm）制成。

避雷针的保护范围，以它能够防护直击雷的空间来表示。

我国过去的防雷设计规范（如《建筑防雷设计规范》GBJ 57—83）或过电压保护设计规范（如GBJ 64—83），对避雷针和避雷线的保护范围都是按“折线法”来确定的，而现行国家标准《建筑物防雷设计规范》GB 50057—2010则规定采用IEC推荐的“滚球法”

来确定。不过现行电力行业标准《交流电气装置的过电压保护和绝缘配合》DL/T 620—1997 中规定的避雷针、线保护范围，仍与《建筑防雷设计规范》GBJ 57—83 相同，也按“折线法”来确定，适用于变配电所和电力线路的过电压保护。

所谓“滚球法”，就是选择一个半径为 h_r（滚球半径）的球体，按需要防护直击雷的部位滚动，如果球体只接触到避雷针（线）或避雷针（线）与地面，而不触及需要保护的部位，则该部位就在避雷针（线）的保护范围之内。滚球半径 h_r 按建筑物的防雷类别不同而取不同值，见表 13-1。

按建筑物防雷类别确定滚球半径和避雷网格尺寸（GB 50057—2010）　　表 13-1

建筑物防雷类别	滚球半径 h_r（m）	避雷网格尺寸（m）
第一类防雷建筑物	30	≤5×5 或≤6×4
第二类防雷建筑物	45	≤10×10 或≤12×8
第三类防雷建筑物	60	≤20×20 或≤24×16

单支避雷针的保护范围，按《建筑物防雷设计规范》GB 50057—2010 规定，应按以下方法确定，如图 13-4 所示：

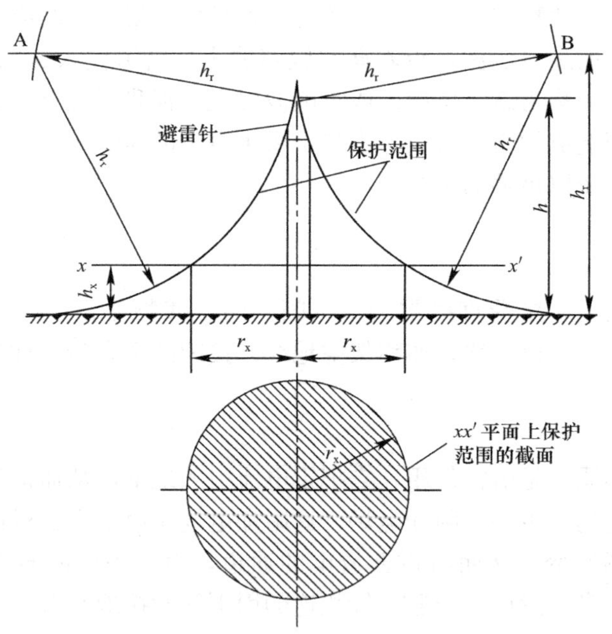

图 13-4　单支避雷针的保护范围

当避雷针高度 $h \leqslant h_r$ 时，在距地面 h_r 处作一平行于地面的平行线。以避雷针的针尖为圆心，h_r 为半径，作弧线交于平行线的 A、B 两点。以 A、B 为圆心，h_r 为半径作弧线，该弧线与针尖相交并与地面相切。从此弧线起到地面上的整个锥形空间，就是避雷针的保护范围。避雷针在被保护物高度 h_x 的 xx'平面上的保护半径，按公式（13-1）计算：

$$r_x = \sqrt{h(2h_r - h)} - \sqrt{h_x(2h_r - h_x)} \tag{13-1}$$

式中　h_r——滚球半径，见表 13-1。

避雷针在地面上的保护半径，按公式（13-2）计算：

$$r_0 = \sqrt{h(2h_r - h)} \tag{13-2}$$

当避雷针高度 $h \geqslant h_r$ 时，在避雷针上取高度 h_r 的一点代替单支避雷针的针尖作圆心，其余的作法与上述 $h \leqslant h_r$ 时的作法相同。关于两支及多支避雷针的保护范围，可参看《建筑物防雷设计规范》GB 50057—2010 或有关设计手册，此略。

② 避雷线

避雷线的功能和原理，与避雷针基本相同。

避雷线一般采用截面不小于 $35mm^2$ 的镀锌钢绞线，架设在架空线路的上方，以保护架空线路或其他物体（包括建筑物）免遭直接雷击。由于避雷线既是架空，又要接地，因此又称为架空地线。

单根避雷线的保护范围，按《建筑物防雷设计规范》GB 50057—2010 规定：当避雷线高度 $h \geqslant 2h_r$ 时，无保护范围。当避雷线的高度 $h < 2h_r$ 时，应按如图 13-5 所示方法确定。但要注意，确定架空避雷线的高度时，应计及弧垂的影响。在无法确定弧垂的情况下，等高支柱间的档距小于 120m 时，其避雷线中点的弧垂宜取 2m；档距为 120～150m 时，弧垂宜取 3m。

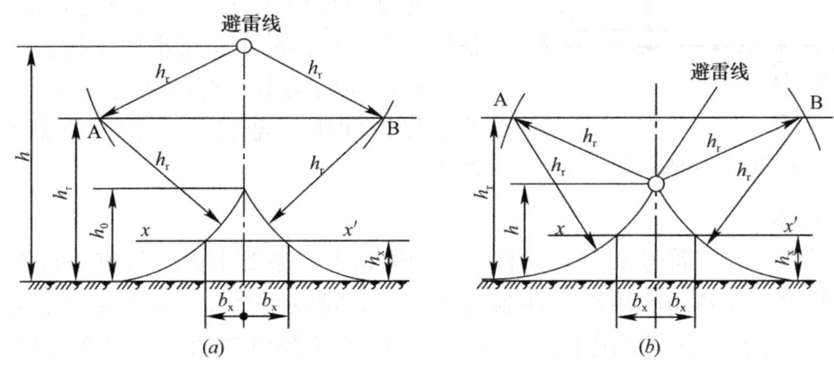

图 13-5　单根避雷线的保护范围

(a) 避雷线高度 $h \geqslant 2h_r$；(b) 避雷线高度 $h < 2h_r$

当 $h \leqslant h_r$ 时，距地面 h_r 处作一平行于地面的平行线。以避雷线为圆心，h_r 为半径，作弧线交于平行线的 A、B 两点。以 A、B 为圆心，h_r 为半径作弧线，该两弧线相交或相切，并与地面相切。从该弧线起到地面止的空间，就是避雷线的保护范围。当 $2h_r > h > h_r$ 时，保护范围最高点的高度 h_0 按以下公式（13-3）计算：

$$h_0 = 2h_r - h \tag{13-3}$$

避雷线在 h_0 高度的 xx' 平面上的保护宽度 b_x 按公式（13-4）计算：

$$b_x = \sqrt{h(2h_r0 - h)} - \sqrt{h_x(2h_r - h_x)} \tag{13-4}$$

关于两根等高避雷线的保护范围，可参看《建筑物防雷设计规范》GB 50057—2010 或有关设计手册，此略。

③ 避雷带和避雷网

避雷带和避雷网主要用来保护建筑物特别是高层建筑物，使之免遭直接雷击和雷电感应。

避雷带和避雷网宜采用圆钢或扁钢，优先采用圆钢。圆钢直径应不小于 8mm；扁钢截面应不小于 48mm^2，其厚度应不小于 4mm。当烟囱上采用避雷环时，其圆钢直径应不小于 12mm；扁钢截面应不小于 100mm^2，其厚度应不小于 4mm。避雷网的网格尺寸要求见表 13-1。

以上接闪器均应经引下线与接地装置连接。引下线宜采用圆钢或扁钢，优先采用圆钢，其尺寸要求与避雷带、网采用的相同。引下线应沿建筑物外墙明敷，并经最短路径接地；建筑艺术要求较高者可暗敷，但其圆钢直径应不小于 10mm，扁钢截面应不小于 80mm^2。

④ 避雷器

避雷器（包括电涌保护器）是用来防止雷电过电压波沿线路侵入变配电所或其他建筑物内，以免危及被保护设备的绝缘，或用来防止雷电电磁脉冲对电子信息系统的电磁干扰。

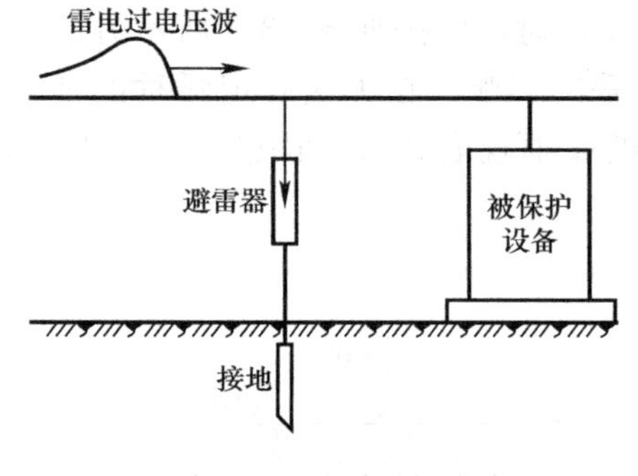

图 13-6　避雷器的连接

避雷器应与被保护设备并联，且安装在被保护设备的电源侧，如图 13-6 所示。当线路上出现危及设备绝缘的雷电过电压时，避雷器的火花间隙就被击穿，或由高阻抗变为低阻抗，使雷电过电压通过接地引下线对大地放电，从而保护了设备的绝缘，或消除了雷电电磁干扰。

避雷器的类型，有阀式避雷器、排气式避雷器、保护间隙、金属氧化物避雷器和电涌保护器等。

⑤ 阀式避雷器

阀式避雷器（文字符号 FV），又称为阀型避雷器，主要由火花间隙和阀片组成，装在密封的瓷套管内。火花间隙用铜片冲制而成。每对间隙用厚 0.5～1mm 的云母垫圈隔开，如图 13-7（*a*）所示。正常情况下，火花间隙能阻断工频电流通过，但在雷电过电压作用下，火花间隙被击穿放电。阀片是用陶料粘固的电工用金刚砂（碳化硅）颗粒制成的，如图 13-7（*b*）所示。这种阀片具有非线性电阻特性。正常电压时，阀片电阻很大，而过电压时，阀片电阻则变得很小，如图 13-7（*c*）所示的特性曲线所示。因此阀式避雷器在线路上出现雷电过电压时，其火花间隙被击穿，阀片电阻变得很小，能使雷电流顺畅地向大地泄放。当雷电过电压消失、线路上恢复工频电压时，阀片电阻又变得很大，使火花间隙的电弧熄灭、绝缘恢复而切断工频续流，从而恢复线路的正常运行。

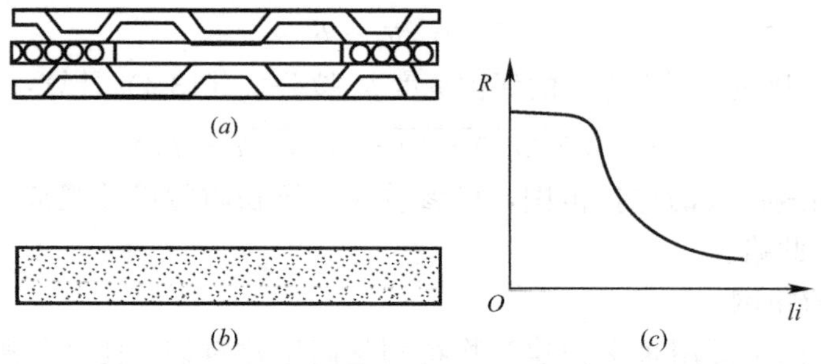

图 13-7　阀式避雷器的组成部件及其特性曲线

（*a*）单元火花间隙；（*b*）阀电阻片；（*c*）阀电阻特性曲线

阀式避雷器中火花间隙和阀片的多少，与其工作电压高低成比例。高压阀式避雷器串联很多单元火花间隙，目的是将长弧分割成多段短弧，以加速电弧的熄灭。但阀电阻的限流作用是加速电弧熄灭的主要因素。

如图 13-8（*a*）和 13-8（*b*）分别是 FS4-10 型高压阀式避雷器和 FS-0.38 型低压阀式避雷器的结构图。

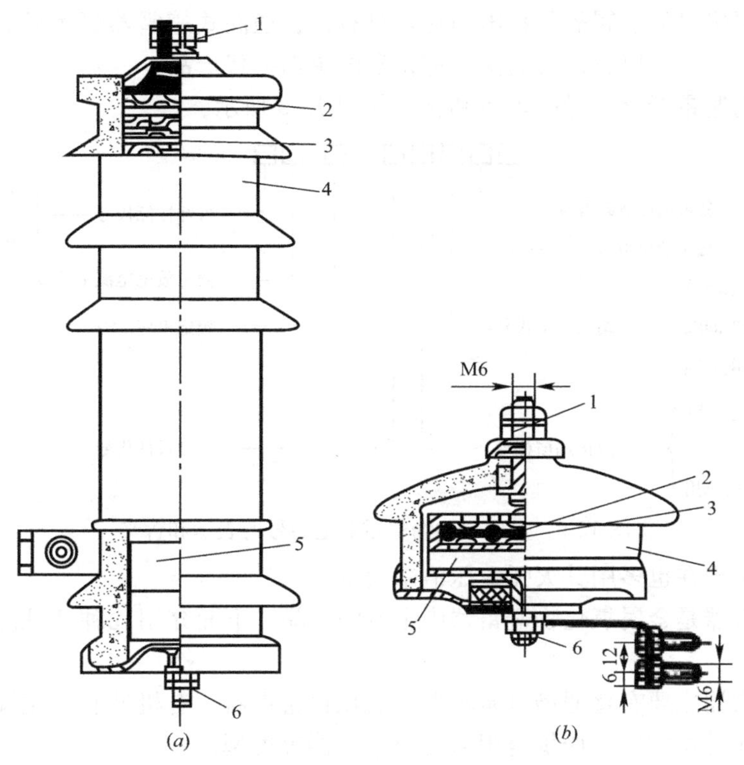

图 13-8 高低压普通阀式避雷器

（*a*）FS4-10 型；（*b*）FS-0.38 型

1—上接线端子；2—火花间隙；3—云母垫圈；4—瓷套管；5—阀电阻片；6—下接线端子

普通阀式避雷器除上述 FS 型外，还有一种 FZ 型。FZ 型避雷器内的火花间隙旁边并联有一串分流电阻。这些并联电阻主要起均压作用，使与之并联的火花间隙上的电压分布比较均匀。火花间隙未并联电阻时，由于各火花间隙对地和对高压端都存在着不同的杂散电容，从而造成各火花间隙的电压分布也不均匀，这就使得某些电压较高的火花间隙容易击穿重燃，导致其他火花间隙也相继重燃而难以熄灭，使工频放电电压降低。火花间隙并联电阻后，相当于增加了一条分流支路。在工频电压作用下，通过并联电阻的电导电流远大于通过火花间隙的电容电流。这时火花间隙上的电压分布主要取决于并联电阻的电压分布。由于各火花间隙的并联电阻是相等的，因此各火花间隙上的电压分布也相应地比较均匀，从而大大改善了阀式避雷器的保护特性。

FS 型阀式避雷器主要用于中小型变配电所，FZ 型则用于发电厂和大型变配电站。

⑥ 金属氧化物避雷器

金属氧化物避雷器（metal-oxide arrester，文字符号 FMO）按有无火花间隙分两种类型，最常见的一种是无火花间隙只有压敏电阻片的避雷器。压敏电阻片是由氧化锌或氧化铋等金属氧化物烧结而成的多晶半导体陶瓷元件，具有理想的阀电阻特性。在正常工频电压下，它呈现极大的电阻，能迅速有效地阻断工频续流，因此无须火花间隙来熄灭由工频续流引起的电弧。而在雷电过电压作用下，其电阻又变得很小，能很好地泄放雷电流。

另一种是有火花间隙且有金属氧化物电阻片的避雷器，其结构与前面讲的普通阀式避雷器类似，只是普通阀式避雷器采用的是碳化硅电阻片，而有火花间隙金属氧化物避雷器采用的是性能更优异的金属氧化物电阻片，具有比普通阀式避雷器更优异的保护性能，且运行更加安全可靠，所以它是普通阀式避雷器的更新换代产品。

金属氧化物避雷器全型号的表示和含义如图13-9所示：

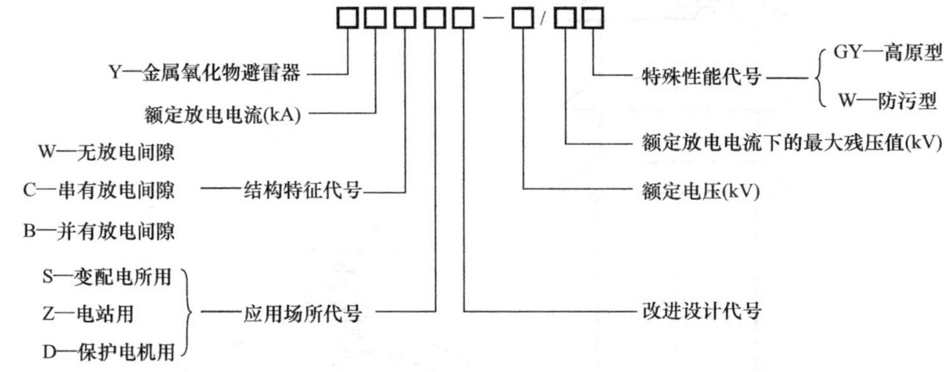

图13-9 金属氧化物避雷器全型号的表示和含义

其额定电压现在也多用其灭弧电压值来表示。

氧化锌避雷器是金属氧化物避雷器中主流的产品，下面介绍几种常见的氧化锌避雷器（图13-10）。

氧化锌避雷器主要有普通型（基本型）氧化锌避雷器、有机外套氧化锌避雷器、整体式合成绝缘氧化锌避雷器、压敏电阻氧化锌避雷器等类型。

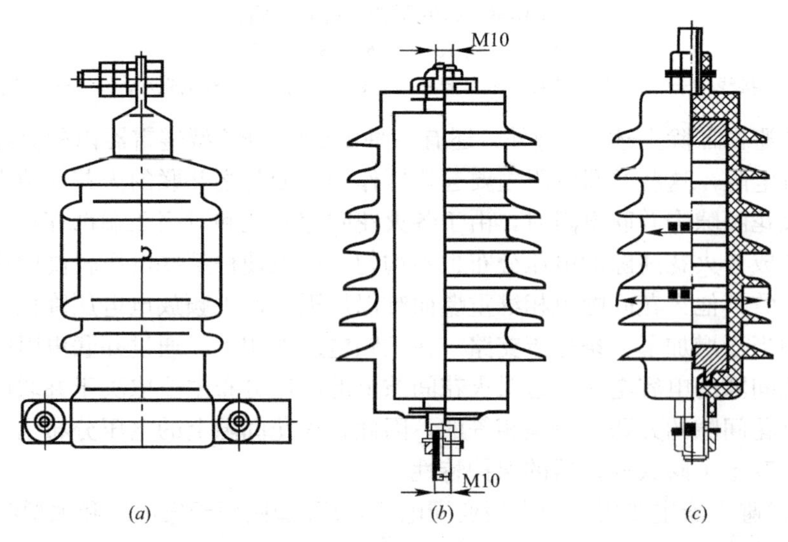

图13-10 氧化锌避雷器

(a) Y5W-10/27型外形图；(b) 有机外套型HY5WS (2) 外形图；

(c) 整体式合成绝缘氧化锌避雷器（ZHY5W）外形图

a. 有机外套氧化锌避雷器分无间隙和有间隙两种。

优点：保护特性好、通流能力强、体积小、重量轻、不易破损、密封性好、耐污能力强等。无间隙有机外套氧化锌避雷器广泛应用于变压器、电机、开关、母线等电气设备的防雷保护，有间隙有机外套氧化锌避雷器主要用于6～10kV中性点非直接接地配电系统中的变压器、电缆头等交流配电设备的防雷保护。

b. 整体式合成绝缘氧化锌避雷器

特点：整体模压式无间隙避雷器，使用少量的硅橡胶作为合成绝缘材料，采用整体模压成型技术。具有防爆防污、耐磨抗震能力强，体积小，重量轻等优点，还可以采用悬挂绝缘子的方式，省去了绝缘子。

应用：主要用于3～10kV电力系统中电气设备的防雷保护。

c. MYD系列氧化锌压敏电阻避雷器

特点：一种新型半导体陶瓷产品，通流容量大、非线性系数高、残压低、漏电流小、无续流、响应时间快。

应用：应用于几伏到几万伏交直流电压的电气设备的防雷、操作过电压保护，对各种过电压具有良好的抑制作用。

氧化锌避雷器的全型号表示和含义如图13-11所示：

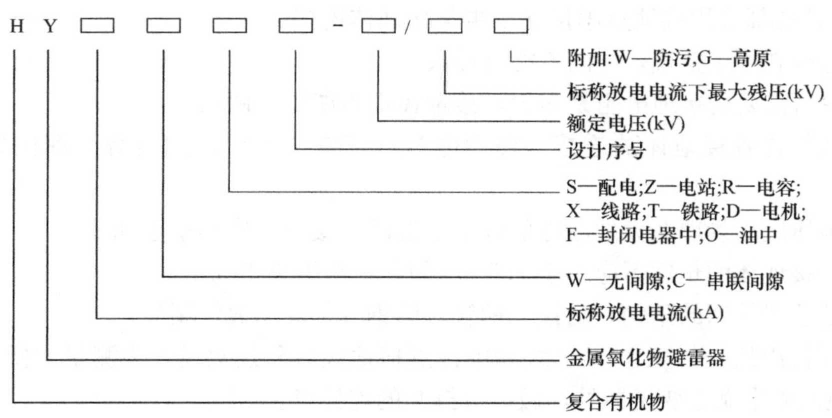

图13-11 氧化锌避雷器型号含义

13.2.2 电气设备接地

所谓接地，就是将电力系统中变压器或发电机的中性点以及防雷设备或电气设备的非带电部分与接地体相链接。其中接地体可以分为人工接地体和自然接地体。自然接地体指兼作接地体使用的直接与大地接触的各种金属构件、金属井管、钢筋混凝土建筑物的基础、金属管道和设备等。

(1) 接地的分类

接地装置是为满足电力系统和电气装置及非电气设备设施和建筑物的工作特性，安全防护而设置的。其大致可以分为以下几种：

1) 功能性接地

在电气装置中，为运行需要所设的接地（如中性点直接接地或经其他装置接地等）称为功能性接地。功能接地还可以分为：

① 交流中性点接地。将电气设备中性点或 TN 系统中的中性点的接地。

② 工作接地。利用大地作导体，在正常情况下有电流通过的接地。

③ 逻辑接地。将电子设备的金属板作为逻辑信号的参考点而进行的接地。

④ 屏蔽接地。将电缆屏蔽层或金属外皮接地达到磁适应性要求的接地。

2）保护性接地

电气装置的金属外壳，配电装置的构架和线路杆塔等，由于绝缘损坏有可能带电，为防止其危及人身和设备的安全而设的接地称为保护性接地。保护性接地有保护性接 PE 和保护性接 PEN 两种。

3）防雷接地

为雷电保护装置（避雷针、避雷线和避雷器等）向大地泄放雷电电流而设的接地。

4）静电接地

为防止静电对易燃油、天然气贮罐和管道等的危险作用而设的接地。

（2）接地装置的安装、接地电阻的要求和测量

1）对于接地装置的安装应满足以下几点要求：

① 电气设备及构架应该接地部分，都应直接与接地体或它的接地干线相连接，不允许把几个接地的部分用接地点串接起来再与接地体连接。

② 接地线必须用整线，中间不能有接头。

③ 不论所需要的接地电阻是多少，接地体都不能少于两根。

④ 接地装置各接地体的连接，要用电焊或气焊，不允许用锡焊。焊接处应涂沥青防腐。

⑤ 接地体应尽量埋在大地冰冻层以下潮湿的土壤中，应不小于 0.6m。

⑥ 垂直接地体的长度不应小于 2.5m，间距一般不小于 5m。

⑦ 接地装置使用的角钢、扁钢、钢管、圆钢等都应用镀锌制品。

⑧ 变压器出线处的工作 N 母线和中性点接地线应分别敷设。为测量方便，在变压器中性点接地回路中靠近变压器处，做一可拆卸的连接点。

⑨ 接地或接零的明线部分应涂上黑漆。

2）接地电阻的允许值

对于接地电阻当然是越小越好，但由于其越小，则工程投资越大，且有时在土壤电阻率较高的地区很难将其降低，但接地装置的接地电阻决不许超过允许值。

① 电压为 1000V 以上的中性点直接接地系统中的电气设备。这种大接地电流系统，线路电压高，接地电流很大，当发生单相碰壳对地短路时，接地装置的对地电压、接触电压都很高，为了保证人身安全，这种系统的接地电阻允许值不应超过 0.5Ω。

② 电压为 1000V 以上的中性点不接地系统中的电气设备，这种小接地电流系统中的对地安全电压值根据高压侧设备和低压侧设备是否采用公用接地装置而定。

当接地装置与 1000V 以下的设备公用时，其接地电阻允许值 R_{eal} 应为：

$$R_{eal} \leqslant \frac{125}{I_e}\Omega \tag{13-5}$$

当接地装置只用于 1000V 以上的设备时，则为：

$$R_{eal} \leqslant \frac{250}{I_e}\Omega \tag{13-6}$$

式中接地电流的计算，可有经验公式得：

$$I_e = \frac{U_N(35l_{cab} + l_{oh})}{350}\text{A} \tag{13-7}$$

式中　U_N——网路的额定线电压，kV；

l_{cab}——电缆网路的总长度，km；

l_{oh}——架空网路的总长度，km。

如上式中所计算的值大于 10Ω，应取 10Ω 为允许值。

③ 电压为 1000V 以下的中性点不接地系统中的电气设备。在这种系统中，当发生单相接地短路时，短路电流一般只有十几安，为保证碰壳时，对地电压不超过 60V，因此，其接地电阻均规定不超过 4Ω。

④ 重复接地的接地电阻不应超过 10Ω，防雷装置的接地电阻不超过 1Ω。

3）接地电阻的测量

① 测量接地电阻的原理

如图 13-12 所示，E 为接地体，B 为电位探针，C 为电流探针，PA 为测量通过接地体电流的电流表，PV 为测量接地体电位的电压表。

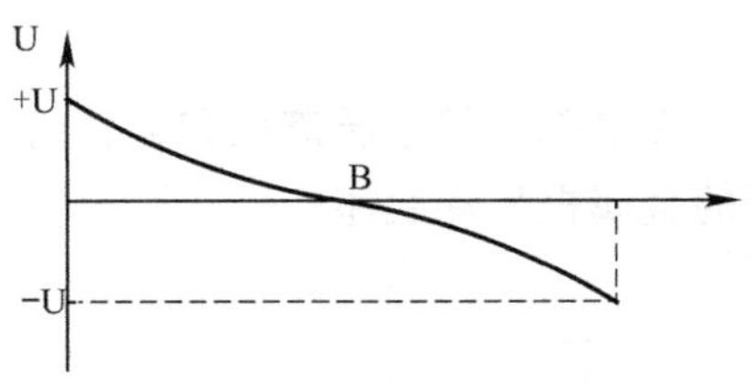

图 13-12　测量接地电阻的原理图

在接地电极 A 与辅助电极 C 之间加上交流电压 U 之后，通过大地构成电流回路。当电流从 A 向大地扩散时，在接地体 A 周围土壤中形成电压降，其电位分布如图 13-12（*a*）所示。由电位分布图可知，距离接地极 E 越近，土壤中的电流密度越大，单位长度的压降也越大；而距 A、C 越远的地方，电流密度小，沿电流扩散方向单位长度土壤中的压降越小。如果 A、C 两极间的距离足够大，就会在中间出现压降近于零的区域 B。一般离电极 20m，即视为压降为零。

接地极 E 的工频接地阻抗为：

$$Z = \frac{U_{AB}}{I} \tag{13-8}$$

式中　U_{AB}——接地极 E 对大地零电位 B 处的电压，V；

I——流入接地装置的工频电流，A；

Z——接地极 E 的接地阻抗，Ω。

② 接地电阻的测量方法

接地电阻一般可以用电流表、电压表法或用接地电阻测量仪测量。接地电阻测量仪测量方法简单，不受电源限制，一般测量接地电阻都是采用此法测量。

测量前先将两根 500mm 长的测量接地棒分别与接地电阻测量仪上的 P 和 C 接线桩引出线联接，然后将 P′和 C′两根测量接地棒插入地中 400mm 深，依直线相距接地极 20m 和 40m，如图 13-13 所示：

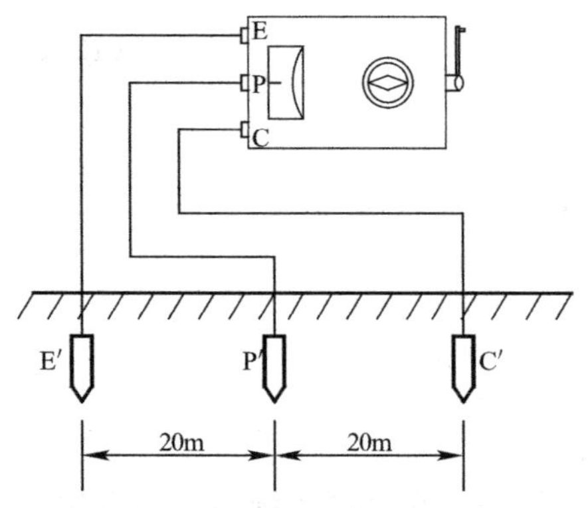

图 13-13 接地电阻的测量方法

测量时，要将测量仪放在水平位置，检查检流计的指针是否指在红线上，若未在红线上，则可用“调零螺钉”把指针调整指于红线。然后将仪表的“倍率标度”置于最大倍数，慢慢转动发电机的摇把，同时旋动“测量标度盘”，使检流计指针平衡。当指针接近红线时，加快发电机摇表的转速达到每分钟120转以上，再调整“测量标盘”，是指针指于红线上。如“测量标度盘”的读数小于1时，应将“倍率标度盘”指于较小倍数，再重新调整“测量标度盘”，以得到正确的读数。

当指针完全平衡在红线上时，用“测量标度盘”的读数乘以“倍率标度”即为所测的电阻值。

③ 接地电阻的测量注意事项

a. 测量应选择在干燥季节和土壤未冻结进行。

b. 采用电极直线布置测量时，电流线与电压线应尽可能分开，不应缠绕交错。

c. 在变电站进行现场测量时，由于引线较长，应多人进行，转移地点时，不得甩扔引线。

d. 测量时，接地电阻表无指示，可能是电流线断（我们实际测量中最可能的就是电流线的夹子从电极地桩上掉下来）；指示很大，可能是电压线断或接地体与接地线未连接（实际中同样最大的可能就是夹子掉下来）；接地电阻摆动严重，可能是电流线、电压线与电极或接地阻抗表端子接触不良，也可能是电极与土壤接触不良造成的。

4）水厂中需要接地的设备

在水厂电气设备中，下列装置的金属部分应接地和接零：

① 电机、变压器的金属底座和外壳。

② 屋内外配电装置的金属或钢筋混凝土构架以及靠近带电部分的金属遮拦和金属门。

③ 配电、控制、保护用的屏（柜、箱）及操作台等的金属框架和底座。

④ 电缆桥架、支架和井架。

⑤ 互感器的二次绕组。

⑥ 控制电缆的金属护层。

⑦ 避雷器、避雷针、避雷线的接地端子。

⑧ 变频器和PLC控制柜。这里最好不要与其他电气设备通用接地。如图13-14所示：

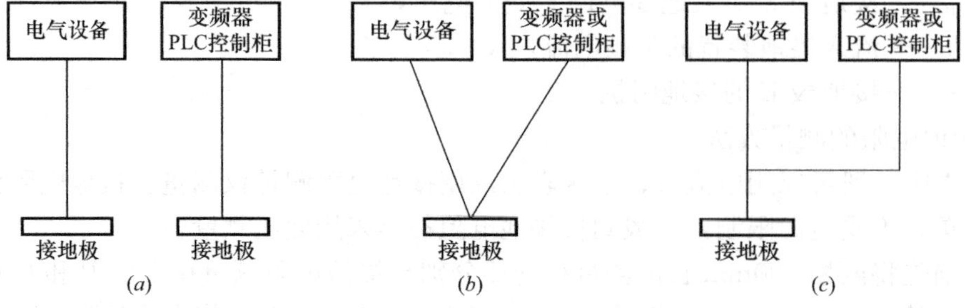

图 13-14 变频器或PLC柜接地

（a）专用接地最好；（b）共用接地可用；（c）公共接地不可以采用

交流电力电缆的接头盒、终端头的金属外壳和可触及的电缆金属护层和穿线的钢管。

当电缆穿过零序电流互感器时，为了零序保护能正确动作，抵消电网正常运行时地线中的杂散电流，电缆接地点在互感器以下使用，接地线应直接接地。当电缆接地点在互感器以上时，电缆头的接地线应通过零序电流互感器后接地，如图 13-15 所示。由电缆头至穿过零序电流互感器的一段电缆金属层和接地线应对地绝缘。

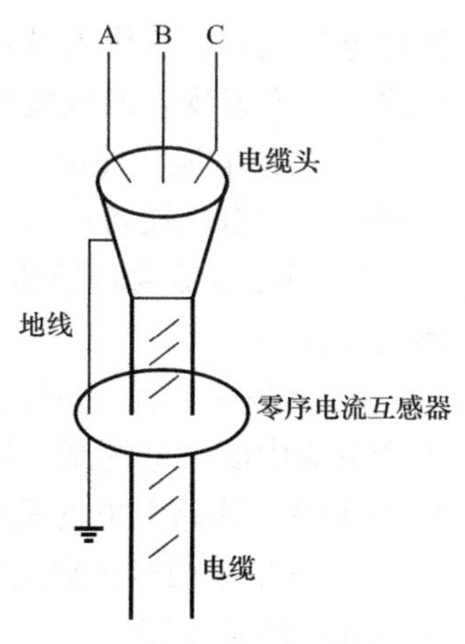

图 13-15 电力电缆接地

在电力系统中，中性点的接地方式决定了系统的运行方式。接地装置的安装是否规范，接地电阻是否达到要求，对系统中的电气设备的安全运行保护是至关重要的。同时还必须做好接地电阻的测量工作。

5）电力系统中中性点的接地运行方式及其特点在本书 4.5 节中有详细介绍。

（3）电气安全

电力是国民经济重要经济能源，现已广泛应用于国民经济各个部门和日常生活中，在对我们提供便利的同时，也会对设备、人身造成损害，我们需要对电力进行深入了解，在生产运行中采取必要的措施，避免造成危害。

现代化供水企业的重要能源，为各类设备提供动力，应用范围越来越广泛，因此，供配电运行工需要掌握安全用电技术知识。

1）常见的电气事故类型

① 触电

一般把人体和电源接触及电流通过人体造成的各种生理和病理的伤害称为触电，触电事故往往造成严重后果，它直接关系到人身安全，是劳动保护的重点。据相关资料统计，发现触电事故具有如下特点：

a. 6～9 月份触电事故多。主要是这段时间天气炎热，人体衣服单薄而且多汗，触电危险性较大。同时这段时间多雨、潮湿，电气设备绝缘性能降低，用电负荷较高，容易造成触电事故增多。

b. 低压设备触电事故多。主要是由于低压设备使用广泛，与之接触机会较多，操作者在使用过程中容易放松安全警惕，造成低压安全事故频发。

c. 便携式和移动式设备触电事故多。主要是由于这些设备需经常移动，工作条件不利，而人体皮肤经常与之接触，容易发生故障。

d. 电气连接部位触电事故多。主要是由于插销、开关、接头等连接部分机械牢固性较差，电气可靠性也较低，容易出现故障。

e. 工矿企业、建筑工地触电事故多。主要是这些行业现场较乱、湿度高，用电设备多等原因造成。

② 短路

短路是电力系统中发生最多的一种事故。所谓“短路”是指供电系统中相线与相线短接、相线与中性线、相线接地（中性点直接接地系统），不管哪种形式短路，短路时在电路中将产生很大的短路电流，其数值是正常值的几倍到几十倍甚至上百倍。瞬间短时大电流对电气设备、工作人员安全造成严重威胁，在发生故障时需快速有选择性地将短路部分切除。研究发现，发生短路事故将产生如下严重后果：

a. 短路电流会使电气设备导体严重发热，严重时使导体烧红、熔化，绝缘损坏甚至起火燃烧，使电气设备损坏。

b. 短路电流通过导体使相互间电动力增加很多，强大的电动力会使设备产生机械变形甚至损坏。

c. 短路发生后，短路点电压为零。短路点后电气设备失去电源，将停止工作，对相应生产造成中断。电源到短路点电压会突然降低，当电压降到额定值30%～40%，并持续1s以上时，线路上电动机可能停止转动，影响到生产运行。

d. 发生单相接地短路时会产生对通讯线路等弱电设施干扰，产生出很高的电动势影响到邻近通信线路。

③ 电气设备爆炸及火灾

电气设备发生爆炸和火灾是电气事故中常见故障。造成爆炸和火灾的原因除了设备缺陷或安装不当等设计、制造和施工方面原因外，在运行中电气设备过热和发生火花或电弧是引起电气火灾和爆炸的直接原因。尤其是变压器等充油设备，假如油面过低或油箱内发生设备短路、局部放电，使油箱内温度急剧升高，油箱内压力激增，如果不及时处理，就要发生设备爆炸事故。

④ 电气误操作

常见的电气误操作事故有：带负荷拉合隔离开关、带电挂接地线、带接地线合闸、误入带电隔离、误拉合开关。这五种恶性误操作事故危害极大，给企业和个人带来严重的损失。有关部门要求加强变配电运行人员安全意见，加强技术业务培训，并制定各种规章制度和防止误操作的措施，但这些事故还是经常发生，这要引起我们变配电工作人员的高度重视。

2）电气安全措施

① 一般措施

工作人员须经医师鉴定，无妨碍工作的病症（体格检查至少每两年一次），具备必要的安全生产知识和技能，从事电气作业的人员应掌握触电急救等救护法，具备必要的电气知识和业务技能，熟悉电气设备及其系统。

作业现场的生产条件、安全设施、作业机具和安全工器具等应符合国家或行业标准规定的要求，安全工器具和劳动防护用品在使用前应确认合格、齐备。

在电气设备上工作应有保证安全的制度措施，可包含工作申请、工作布置、书面安全要求、工作许可、工作监护，以及工作间断、转移和终结等工作程序。在电气设备上进行全部停电或部分停电工作时，应向设备运行维护单位提出停电申请，由调度机构管辖的需事先向调度机构提出停电申请，同意后方可安排检修工作。在检修工作前应进行工作布置，明确工作地点、工作任务、工作负责人、作业环境、工作方案和书面安全要求，以及工作班成员的任务分工。

作业人员应被告知其作业现场存在的危险因素和防范措施，在发现直接危及人身安全的紧急情况时，现场负责人有权停止作业并组织人员撤离作业现场。

② 组织措施

安全组织措施作为保证安全的制度措施之一，包括工作票、工作的许可、监护、间断、转移和终结等。工作票签发人、工作负责人〈监护人〉、工作许可人、专责监护人和工作班成员在整个作业流程中应履行各自的安全职责。

工作票是准许在电气设备上工作的书面安全要求之一，可包含编号、工作地点、工作内容、计划工作时间、工作许可时间、工作终结时间、停电范围和安全措施，以及工作票签发人、工作许可人、工作负责人和工作班成员等内容。

除需填用工作票的工作外，其他可采用口头或电话命令方式。

a. 工作票制度

• 应根据停电范围、电压等级、工作性质填写相应的工作票。

• 工作票应使用统一的票面格式。

• 工作票由设备运行维护单位签发或由经设备运行维护单位审核合格并批准的其他单位签发。承发包工程中，工作票可实行双方签发形式。

• 工作票一份交工作负责人，另一份交工作许可人。

• 一个工作负责人不应同时执行两张及以上工作票。

• 持线路工作票进入变电站进行架空线路、电缆等工作，应得到变电站工作许可人许可后方可开始工作。

• 同时停送电的检修工作填用一张工作票，开工前完成工作票内的全部安全措施。如检修工作无法同时完成，剩余的检修工作应填用新的工作票。

• 变更工作班成员或工作负责人时，应履行变更手续。

• 在工作票停电范围内增加工作任务时，若无需变更安全措施范围，应由工作负责人征得工作票签发人和工作许可人同意，在原工作票上增添工作项目；若需变更或增设安全措施，应填用新的工作票。

• 电气第一种工作票、电气第二种工作票和电气带电作业工作票的有效时间，以批准的检修计划工作时间为限，延期应办理手续。

• 工作票签发人应确认工作必要性和安全性；确认工作票上所填安全措施正确、完备；确认所派工作负责人和工作班人员适当、充足。

• 工作负责人（监护人）应正确、安全地组织工作；确认工作票所列安全措施正确、完备，符合现场实际条件，必要时予以补充；工作前向工作班全体成员告知危险点，督促、监护工作班成员执行现场安全措施和技术措施。

• 工作许可人应确认工作票所列安全措施正确完备，符合现场条件；确认工作现场布置的安全措施完善，确认检修设备无突然来电的危险；对工作票所列内容有疑问，应向工作票签发人询问清楚，必要时应要求补充。

• 专责监护人应明确被监护人员和监护范围；工作前对被监护人员交待安全措施，告知危险点和安全注意事项；监督被监护人员执行本标准和现场安全措施，及时纠正不安全行为。

• 工作班成员应熟悉工作内容、工作流程，掌握安全措施，明确工作中的危险点，并履行确认手续；遵守安全规章制度、技术规程和劳动纪律，执行安全规程和实施现场安全措施；正确使用安全工器具和劳动防护用品。

b. 工作许可制度

• 工作许可人在完成施工作业现场的安全措施后，还应完成以下手续：会同工作负责人到现场再次检查所做的安全措施；对工作负责人指明带电设备的位置和注意事项；会同工作负责人在工作票上分别确认、签名。

• 工作许可后，工作负责人、工作许可人任何一方不应擅自变更安全措施。

• 带电作业工作负责人在带电作业工作开始前，应与设备运行维护单位或值班调度员联系并履行有关许可手续，带电作业结束后应及时汇报。

c. 工作监护制度

• 工作许可后，工作负责人、专责监护人应向工作班成员交待工作内容和现场安全措施。工作班成员履行确认手续后方可开始工作。

• 工作负责人、专责监护人应始终在工作现场，对工作班成员进行监护。工作负责人在全部停电时，可参加工作班工作；部分停电时，只有在安全措施可靠，人员集中在一个工作地点，不致误碰有电部分的情况下，方可参加工作。

• 工作票签发人或工作负责人，应根据现场的安全条件、施工范围、工作需要等具体情况，增设专责监护人并确定被监护的人员。

d. 工作间断、转移和终结制度

• 工作间断时，工作班成员应从工作现场撤出，所有安全措施保持不变。隔日复工时，应得到工作许可人的许可，且工作负责人应重新检查安全措施。工作人员应在工作负责人或专责监护人的带领下进入工作地点。

• 在工作间断期间，若有紧急需要，运行人员可在工作票未交回的情况下合闸送电，但应先通知工作负责人，在得到工作班全体人员已离开工作地点、可送电的答复，并采取必要措施后方可执行。

e. 检修工作结束以前，若需将设备试加工作电压，应按以下要求进行：

• 全体工作人员撤离工作地点。

• 收回该系统的所有工作票，拆除临时遮栏、接地线和标示牌，恢复常设遮拦。

• 应在工作负责人和运行人员全面检查无误后，由运行人员进行加压试验。

• 在几个工作地点转移工作时依次在几个工作地点转移工作时，工作负责人应向工作人员交待带电范围、安全措施和注意事项。

• 全部工作完毕后，工作负责人应向运行人员交待所修项目状况、试验结果、发现的问题和未处理的问题等，并与运行人员共同检查设备状况、状态，在工作票上填明工作结束时间，经双方签名后表示工作票终结。

• 除上述第二条给出的规定外，只有在同一停电系统的所有工作票都已终结，并得到值班调度员或运行值班员的讲可指令后，方可合闸送电。

③ 技术措施

在电气设备上工作，应有停电、验电、装设接地线、悬挂标示牌和装设遮栏（围拦）等保证安全的技术措施。

在电气设备上工作，保证安全的技术措施由运行人员或有操作资格的人员执行。工作中所使用的绝缘安全工器具应满足相应要求。

a. 停电

符合下列情况之一的设备应停电：

• 检修设备。

• 与工作人员在工作中的距离小于表 13-2 规定的设备。

• 工作人员与 35kV 及以下设备的距离大于表 13-2 规定的安全距离，但小于规定的安全距离，同时又无绝缘隔板、安全遮拦等措施的设备。

• 带电部分邻近工作人员，且无可靠安全措施的设备。

• 其他需要停电的设备。

人员工作中与设备带电部分的安全距离 **表 13-2**

电压等级（kV）	安全距离（m）
10 及以下	0.35
20	0.6
35	0.6
66	1.5
110	1.5

注：表中未列电压等级按高一档电压等级安全距离，如 13.8kV 执行 10kV 的安全距离。

• 停电设备的各端应有明显的断开点，或应有能反映设备运行状态的电气和机械等指示，不应在只经断路器断开电源的设备上工作。

• 应断开悍电设备各侧断路器、隔离开关的控制电源和合闸能源，闭锁隔离开关的操作机构。

• 高压开关柜的手车开关应拉至“试验”或“检修”位置。

b. 验电

• 直接验电应使用相应电压等级的验电器在设备的接地处逐相验电。验电前，验电器应先在有电设备上确证验电器良好。在恶劣气象条件时，对户外设备及其他无法直接验电的设备，可间接验电。

• 高压验电应戴绝缘手套，人体与被验电设备的距离应符合安全距离要求，（10kV 以下电压等级不小于 0.7m，20kV 与 35kV 电压等级不小于 1m）。

c. 装设接地线

• 装设接地线不宜单人进行。

• 人体不应碰触未接地的导线。

• 当验明设备确无电压后，应立即将检修设备接地（装设接地线或合接地刀闸）并三相短路。电缆及电容器接地前应逐相充分放电，星形接线电容器的中性点应接地。

• 可能送电至停电设备的各侧都应接地。

• 装、拆接地线导体端应使用绝缘棒，人体不应碰触接地线。

• 不应用缠绕的方法进行接地或短路。

• 接地线采用三相短路式接地线，若使用分相式接地线时，应设置三相合一的接地端。

• 成套接地线应由有透明护套的多股软铜线和专用线夹组成，接地线截面不应小于 25mm^2，并应满足装设地点短路电流的要求。

• 装设接地线时，应先装接地端，后装接导体端，接地线应接触良好，连接可靠。拆除接地线的顺序与此相反。

• 在配电装置上，接地线应装在该装置导电部分的适当部位。

• 已装设接地线发生摆动，其与带电部分的距离不符合安全距离要求时，应采取相应措施。

• 在门型构架的线路侧停电检修，如工作地点与所装接地线或接地刀闸的距离小于10m，工作地点虽在接地线外侧，也可不另装接地线。

• 在高压回路上工作，需要拆除部分接地线应征得运行人员或值班调度员的许可。工作完毕后立即恢复。

• 因平行或邻近带电设备导致检修设备可能产生感应电压时，应加装接地线或使用个人保安线。

d. 悬挂标示牌和装设遮拦

在对停电检修设备完成停电、验电、挂地线措施后，还应在适当的位置，悬挂标示牌和装设临时遮拦。用以标示工作地点和工作范围提醒或警告工作人员及操作人员禁止操作，注意人身安全，并防止工作人员误碰带电设备。

• 标示牌的分类：

禁止类：如“禁止合闸，有人工作！”和“禁止合闸，线路有人工作！”；

警告类：如“止步，高压危险！”和“高压，生命危险！”；

准许类：如“在此工作！”和“由此向下！”；

提醒类：如“已接地！”。

• 标示牌的式样和悬挂地点见表13-3。

标示牌式样及悬挂地点 **表13-3**

名称	悬挂处	式样	
		颜色	字样
禁止合闸，有人工作！	一经合闸即可送电到施工设备的隔离开关（刀闸）操作把手上	白底，红色圆形斜杠，黑色禁止标志符号	黑字
禁止合闸，线路有人工作！	线路隔离开关（刀闸）把手上	白底，红色圆形斜杠，黑色禁止标志符号	黑字
在此工作！	工作地点或检修设备上	衬底为绿色，中有直径200mm和65mm白圆圈	黑字，写于白圆圈中
止步，高压危险！	施工地点临近带电设备的遮拦上；室外工作地点的围栏上；禁止通行的过道上；高压试验地点；室外构架上；工作地点临近带电设备的横梁上	白底，黑色正三角形及标志符号，衬底为黄色	黑字
从此上下！	工作人员可以上下的铁架、爬梯上	衬底为绿色，中有直径200mm白圆圈	黑字，写于自圆圈中
从此进出！	室外工作地点围拦的出入口处	衬底为绿色，中有直径200mm白圆圈	黑体黑字，写于自圆圈中
禁止攀登，高压危险！	高压配电装置构架的爬梯上，变压器、电抗器等设备的爬梯上	白底，红色圆形斜杠，黑色禁止标志符号	黑字

注：1. 在一经合闸即可送电到工作地点的隔离开关的操作把手处所设置的“禁止合闸，有人工作！”、“禁止合闸，线路有人工作！”的标记可参照表中有关标示牌的式样。

2. 标示牌的颜色和字样参照《安全标志及其使用导则》GB 2894—2008。

• 部分停电工作，对于小于规定安全距离的未停电设备，应装设临时遮拦，并悬挂“止步，高压危险”标示牌。35kV及以下设备可用与带电部分直接接触的绝缘隔板代替临时遮拦。

- 工作地点应设置“在此工作!”的标示牌。
- 工作人员不应擅自移动或拆除遮栏、标示牌。

13.3 特种设备的安全

(1) 压力容器

1) 压力容器的定义

《特种设备安全监察条例》所定义的压力容器是指盛装气体或者液体，承载一定压力的密闭设备，其范围规定为最高工作压力大于或者等于 0.1MPa，且压力与容积的乘积大于或者等于 2.5MPa·L 的气体、液化气体和最高工作温度高于或者等于标准沸点的液体的固定式容器和移动式容器；盛装公称工作压力大于或者等于 0.2MPa，且压力与容积的乘积大于或者等于 1.0MPa·L 的气体、液化气体和标准沸点等于或者低于 60℃液体的气瓶、氧舱等。

2) 特点

① 固定式压力容器的主要特点

a. 具有爆炸的危险性。

b. 介质种类繁多，千差万别。易燃易爆介质一旦泄漏，可引起爆燃。有毒介质泄漏，能引起中毒。一些腐蚀性强的介质，会使容器很快发生腐蚀失效。

c. 不同容器的工作条件差别大，有的容器承受高温高压，有的容器在低温环境下工作，有的容器投入运行后要求连续运行。

d. 材料种类多。

② 移动式压力容器的主要特点

a. 活动范围大，运行环境条件复杂，在运输和装卸过程中易受冲击、振动，有时还可能发生碰撞、倾翻。

b. 介质绝大多数是易燃、易爆以及有毒等液化气体，一旦发生事故，造成的损失大、社会影响大。

c. 活动场所不固定，监督管理难度大。

③ 气瓶的特点

a. 容积小、结构相对简单、数量多，流动性大。

b. 事故多数发生在充装环节，主要是超装、混装造成的。

c. 充装单位、检验机构数量多，使用单位也多，还涉及千家万户，监督管理难度大。

3) 分类

① 按压力等级划分：按压力容器的设计压力分为低压、中压、高压、超高压四个压力等级，具体划分如下：

a. 低压（低号 L）0.1MPa$\leqslant P<$1.6MPa；

b. 中压（代号 M）1.6MPa$\leqslant P<$10MPa；

c. 高压（代号 H）10MPa$\leqslant P<$100MPa；

d. 超高压（代号 U）$P\geqslant$100MPa。

② 按压力容器在生产工艺过程中的作用原理划分

按压力容器在生产工艺过程中的作用原理，分为反应压力容器、换热压力容器、分离压力容器、储存压力容器。具体划分如下：

a. 反应压力容器：主要是用于完成介质的物理、化学反应的压力容器，如反应器、反应釜、分解锅、硫化罐、分解塔、聚合釜、高压釜、超高压釜、合成塔、变换炉、蒸煮锅、蒸球、蒸压釜、煤气发生炉等。

b. 换热压力容器：主要是用于完成介质的热量交换的压力容器，如管壳式余热锅炉、热交换器、冷却器、冷凝器、蒸发器、加热器、消毒锅、染色器、烘缸、蒸炒锅、预热锅、溶剂预热锅、蒸锅、蒸脱机、电热蒸汽发生器、煤气发生炉水夹套等。

c. 分离压力容器：主要是用于完成介质的流体压力平衡缓冲和气体净化分离的压力容器，如分离器、过滤器、集油器、缓冲器、洗涤器、吸收塔、铜洗塔、干燥塔、汽提塔、分汽缸、除氧器等。

d. 储存压力容器：主要是用于储存、盛装气体、液体、液化气体等介质的压力容器，如各种形式的储罐。

在一种压力容器中，如同时具备两个以上的工艺作用原理时，应按工艺过程中的主要作用来划分品种。

③ 按介质毒性程度的分级和易燃介质划分

介质毒性程度的分级和易燃介质的划分如下：

压力容器中化学介质毒性程度和易燃介质的划分参照《压力容器中化学介质毒性危害和爆炸危险程度分类标准》HG/T 20660—2017 的规定。无规定时，按下述原则确定毒性程度：

a. 极度危害（Ⅰ极）最高容许浓度<0.1mg/m^3；

b. 高度危害（Ⅱ极）最高容许浓度 0.1～<1.0mg/m^3；

c. 中度危害（Ⅲ极）最高容许浓度 1.0～<10mg/m^3；

d. 轻度危害（Ⅳ极）最高容许浓度≥10mg/m^3。

压力容器中的介质为混合物质时，应以介质的组分并按上述毒性程度或易燃介质的划分原则，由设计单位的工艺设计或使用单位的生产技术部门提供介质毒性程度或是否属于易燃介质的依据，无法提供依据时，按毒性危害程度或爆炸危险程度最高的介质确定。

4）压力容器的技术参数

常用参数有设计压力、设计温度、公称直径等。设计压力系指在相应的设计温度下用以确定容器壳体壁厚的压力，也是标注在铭牌上的压力。在确定容器的设计压力时，一般应遵循下列原则：

设计压力应略高于容器顶部可能出现的最高压力。装有安全泄压装置的压力容器，设计压力应不低于安全阀的开启压力和爆破片装置的爆破压力。盛装液化气体的容器，无保温装置的，设计压力不低于所装液化气体在 50℃时的饱和蒸汽压力；有可靠保温设施的，设计压力不低于其在试验实测的最高温度下的饱和蒸汽压力。

设计温度系指容器在正常操作情况下设定的壳体的金属温度。确定时应注意以下几点：

对常温和高温操作的容器，设计温度不得高于壳体金属可能达到的最高金属温度。对

0℃以下操作的容器，设计温度不得低于壳体金属可能达到的最低温度。在任何情况下，容器壳体或其他受压元件金属的表面温度不得超过材料的允许使用温度。安装在室外且器壁无保温装置的容器，壁温受环境温度的影响可能小于或等于20℃时，设计温度应按容器使用地区月平均最低温度设计。公称直径是按容器零部件标准化系列而选定的壳体直径，焊接的圆筒形容器，公称直径是指它的内径，而用无缝钢管制作的圆筒形容器，公称直径是指它的外径。

5）压力容器的安全卸压装置

压力容器的安全装置是指为了使压力容器能够安全运行装设在设备上的一种附属机构，又常称为安全附件。其中最常用且最关键的是安全泄压装置。为了确保压力容器安全运行，防止设备由于过量超压而发生事故，除了从根本上采取措施消除或减少可能引起压力容器超压的各种因素以外，装设安全泄压装置是一个关键措施。

安全泄压装置是为保证压力容器安全运行，防止它超压的一种器具。它具有如下功能：当容器在正常工作压力下运行时，保持严密不漏，若容器内压力一旦超过规定，则能自动地、迅速地排泄出器内的介质，使设备的压力始终保持在许用压力范围以内。

一般情况下，安全泄压装置除了具有自动泄压这一主要功能外，还有自动报警的作用。因为当它启动排放气体时，由于介质以高速喷出，常常发出较大的响声，这就相当于发出了设备压力过高的报警音响讯号。

安全泄压装置按其工作原理和结构形式可以分为阀型、断裂型、熔化型和组合型等几种。

① 阀型泄压装置

阀型泄压装置就是常用的安全阀。它是通过阀的自动开启排出气体来降低器内的过高压力的。这种安全泄压装置的优点是：仅仅排放压力容器内高于规定的部分压力，而当容器内的压力降至正常操作压力时，它即自动关闭，所以能避免一旦容器超压就得把全部气体排出而造成的浪费和生产中断。装置本身可重复使用多次，安装调整也比较容易。它的缺点是：密封性能较差，即使是合乎规定的安全阀，在正常工作压力下也难免有轻微的泄露；由于弹簧等的惯性作用，阀的开启有滞后现象，因而泄压反应较慢。另外，安全阀若用于介质为不洁净的气体时，阀中有被堵塞和阀瓣有被粘住的可能。

阀型安全泄压装置适用于介质比较洁净的气体，如空气、水蒸气等的设备，不宜用于介质具有毒性的设备；更不能用于器内有可能产生剧烈化学反应而使压力急剧升高的设备。

压力容器的安全泄放量是指压力容器在超压时为保证它的压力不再升高，在单位时间内所必须泄放的气量。安全阀的排量是指安全阀处于全开状态时在排放压力下单位时间内的排放量。选用安全阀时其排放量必须大于设备的安全泄放量。并根据设备的工艺条件和工作介质特性选用安全阀的结构形式，按最大允许工作压力选用合适的安全阀。

② 断裂型泄压装置

这类泄压装置，常用的有爆破片和爆破帽。爆破片多用于中低压容器，爆破帽多用于超高压容器。断裂型安全泄压装置是利用爆破元件在较高的压力下即发生断裂而排放气体的。它的优点是：密封性能好，在容器正常工作时不会泄露；爆破片的破裂速度高，故卸压反应较快；介质中若含有油污等杂物也不会对装置元件的动作压力产生影响。它的缺点是：在完成泄压动作以后，爆破元件即不能继续使用，容器一旦超压就得被迫停止运行；爆破元件长期处于高应力状态，容易因疲劳而过早失效，因而元件寿命较短，需定期更换。此外爆破元件的动作压力也不易准确预测和严格控制。

断裂型泄压装置宜用于器内可能发生压力急剧升高的化学反应，或介质具有剧毒性的容器，不易用于液化气体贮罐。对于压力波动较大，即超压机会较多的容器也不易采用。

③ 熔化型泄压装置

熔化型泄压装置就是常用的易熔塞。它是利用装置内的低熔点合金在较高的温度下熔化，打开通路，使器内的气体从原来填充有易熔合金的孔中排放出来而泄放压力的。它的优点是：结构简单，容易更换；由合金的熔化温度对动作压力较易控制。它的缺点是：装置动作后元件即不能继续工作，容器被迫停止运行；因受易熔合金强度的限制，装置的泄放面积较小；有时因易熔合金受压或其他原因可能脱落或熔化，出现动作失误以至发生意外事故。

④ 组合型泄压装置

这类泄压装置是由两种型式的泄压装置组合而成。常用的是安全阀和爆破片的组合结构或安全阀和易熔塞的组合结构。安全阀和爆破片组合而成的组合型泄压装置同时具有阀型和断裂型的优点，它即可防止单独用安全阀的泄漏，又可以在完成排放过高压力的动作后恢复容器的继续使用。组合装置的爆破片可根据不同的需要，设置在安全阀的入口或出口侧。前者可利用爆破片把安全阀与器内的气体隔离，以防安全阀受腐蚀或被气体中的污物堵塞或粘住，当容器超压时，爆破片断裂，安全阀也开启，容器降压后，安全阀再关闭，容器可以继续暂运行，等设备停机检修时再装上爆破片。这种结构要求爆破片的断裂不妨碍后面安全阀的正常动作，而且要求在爆破片与安全阀之间设置检查器具，防止它们之间存有压力，影响爆破片的正常动作。当爆破片装在安全阀的出口侧时，可以使爆破片免受气体压力与温度的长期作用而疲劳破坏，爆破片则用以补救安全阀的泄漏。这种结构要求将爆破片与安全阀之间的气体及时排出，否则安全阀即失去作用。

组合型结构安全泄压装置一般用于介质具有腐蚀性的液化气体，或剧毒、稀有气体的容器。由于装置中的安全阀有滞后作用，不能用于器内升压速度极高的反应容器。除了安全泄压装置外，压力容器的安全装置还有连锁装置、报警装置和计量装置。连锁装置是为了防止操作失误而设置的控制机构，如连锁开关、联动阀等。报警装置是指容器在运行过程中出现不安全因素致使容器处于危险状态时能自动音响或其他明显报警讯号的仪器。如压力报警器、温度监测仪等。计量装置是指能自动显示容器运行过程中与安全有关的工艺参数的器具，如压力表、温度计、液面计等。

参考文献

[1] 乐嘉谦主编. 仪表工手册 [M]. 第 2 版. 北京：化学工业出版社，2004.

[2] 齐志才，刘红丽编. 自动化仪表 [M]. 北京：中国林业出版社；北京大学出版社，2006.

[3] 中国城镇供水协会编. 供水仪表工 [M]. 北京：中国建材工业出版社，2005.

[4] 刘京南主编. 电子电路基础 [M]. 北京：电子工业出版社，2005.

[5] 黄锦安，钱建平，马鑫全编著. 电工技术基础 [M]. 北京：电子工业出版社，2004.

[6] 王树青，乐嘉谦主编. 自动化与仪表工程师手册 [M]. 北京：化学工业出版社，2010.

[7] 马国华. 监控组态软件及其应用 [M]. 北京：化学工业出版社，2010.

[8] 张毅，张宝芬，曹丽，等编. 自动检测技术及仪表控制系统 [M]. 北京：化学工业出版社，2009.

[9] 候志林主编. 过程控制与自动化仪表 [M]. 北京：机械工业出版社，2003.

[10] 施仁，刘文江，郑辑光编. 自动化仪表与过程控制 [M]. 北京：电子工业出版社，2003.

[11] 周航慈，朱兆伏，李跃忠编. 智能仪器原理与设计 [M]. 北京：北京航空航天大学出版社，2005.

[12] 林德杰主编. 过程控制仪表与控制系统 [M]. 北京：机械工业出版社，2004.

[13] 俞金寿主编. 过程自动化及仪表 [M]. 北京：化学工业出版社，2003.

[14] 王俊杰主编. 检测技术与仪表 [M]. 武汉：武汉理工大学出版社，2002.

[15] 孟华. 工业过程检测与控制 [M]. 北京：北京航空航天大学出版社，2002.

[16] 江秀汉，周建辉，汤楠. 计算机控制原理及其应用 [M]. 西安：西安电子科技大学出版社，1995.

[17] 孙瑜，张根宝编. 工业自动化仪表与过程控制 [M]. 西安：西北工业大学出版社，2003.

[18] 张万忠，刘明芹主编. 电器与 PLC 控制技术 [M]. 北京：化学工业出版社，2008.

[19] 周万珍，高鸿斌编. PLC 分析与设计应用 [M]. 北京：电子工业出版社，2004.

[20] 安毓英，曾小东编. 光学传感与测量 [M]. 北京：电子工业出版社，2001.

[21] Johnson C D. Process Control Instrumentation Technology [M]. 英文影印版. 北京：科学出版社，2002.

[22] Yarbrough J M. Digital Logic：Applications and Design [M]. 英文影印版. 北京：机械工业出版社，2000.